2014 交通运输行业企业社会责任发展报告

2014

THE TRANSPORTATION INDUSTRY CORPORATE SOCIAL RESPONSIBILITY DEVELOPMENT REPORT

大连海事大学企业社会责任与可持续发展研究所　著

人民交通出版社股份有限公司
China Communications Press Co.,Ltd.

内 容 提 要

本报告以国际标准 ISO 26000《社会责任指南》和 GRI《可持续发展报告指南》（G4 版）为基础，充分结合我国交通运输行业企业社会责任的实践发展现状，编写了 2014 年度交通运输行业企业社会责任发展报告，本报告由综合评价、行业发展报告和论文集三大篇组成。

本书的阅读对象主要是：企业管理者、企业社会责任实践者、企业社会责任研究者、政府相关管理部门以及相关专业的研究人员。

图书在版编目（CIP）数据

2014 交通运输行业企业社会责任发展报告 / 大连海事大学企业社会责任与可持续发展研究所著 . — 北京：人民交通出版社股份有限公司，2015.10

ISBN 978-7-114-12557-7

Ⅰ . ① 2… Ⅱ . ①大… Ⅲ . ①交通运输企业 – 企业责任 – 社会责任 – 研究报告 – 中国 – 2014 Ⅳ . ① F512.6

中国版本图书馆 CIP 数据核字（2015）第 252515 号

书　　名：2014 交通运输行业企业社会责任发展报告
著 作 者：大连海事大学企业社会责任与可持续发展研究所
责任编辑：钱悦良
出版发行：人民交通出版社股份有限公司
地　　址：（100011）北京市朝阳区安定门外外馆斜街 3 号
网　　址：http：//www.chinasybook.com
销售电话：（010）64981400，59757915
总 经 销：北京交实文化发展有限公司
印　　刷：中国电影出版社印刷厂
开　　本：880 × 1230　1/16
印　　张：19
字　　数：495 千
版　　次：2015 年 12 月　第 1 版
印　　次：2015 年 12 月　第 1 次印刷
书　　号：ISBN 978-7-114-12557-7
定　　价：180.00 元
（有印刷、装订质量问题的图书由本公司负责调换）

顾　　问：

牛文元（第三世界科学院院士）

武春友（大连理工大学生态规划与发展研究所所长）

编写人员：

匡海波　齐丽云　刘怡君　买　生　栾维新　李振福
贾　鹏　骆嘉琪　李伟侠　韩　兵　赵宇哲　崔　强
郑红星　韩　震　郭柳晨　马　宁　李倩倩　王光辉
鲁　渤　王大鹏　蔡　垚　孙　岩　吴　荻　姜滨滨
孙源远　姜　景　刘　超　张立超　刘天寿　邓顺江

合作出版单位：

大连海事大学企业社会责任与可持续发展研究所

中国发展战略学研究会社会战略专业委员会

出版标注：

此研究报告受以下基金项目资助：（1）教育部长江学者和创新团队发展计划资助：港口协同发展与绿色增长（IRT3048,2013.11-1016.11）。（2）国家自然科学基金：低碳港口生成机理及评价模式研究（71273037）；基于意义建构理论的企业社会责任知识传播研究（71202105）；空港联盟对空港可持续竞争力的影响机制研究（71403034）；面向自贸区的轴辐式海运网络优化与对策研究（71403035）；我国集装箱运输业空箱资源优化配置研究（71303026）。（3）交通运输部交通软科学项目：中国港口区域化发展分析及最佳模式研究（2013-322-225-240）。（4）中央高校基本科研业务费专项资金资助（3132013336，DUT15RW115）。（5）辽宁省高效创新团队支持计划资助：港口低碳智能化及关键技术（2013-2016）。（6）辽宁省交通厅重点科技项目"辽宁省综合交通运输体系发展战略研究"（201419）。（7）辽宁省社科规划基金（L13CGL024）。（8）辽宁省教育厅一般项目（W2014022）。

序　一

1973 年，中国召开第一次全国环境保护会议，是中国环境保护工作的正式起步，至今已经走过了 40 多个年头，我国在环境保护工作方面已是卓有成效，赢得国际社会的普遍赞扬。但由于发展阶段的限制，我们的企业还面临着观念、技术、资金、管理等系统性障碍，客观上来说，仍然没有摆脱“先污染、后治理”的路径。随着进入新常态发展阶段，我国正面临着历史上最严峻的资源环境挑战，环境保护和生态文明建设任重道远。

2015—2020 年是我国实现第一个百年目标的重要五年，也是全面实现小康目标的收官阶段。“十三五”规划期间，配合国家新型城镇化规划和丝绸之路“一带一路”大的战略谋划，选择安全、经济、实用的综合交通发展方向，确定科学的发展战略至关重要。值此重要时刻，匡海波教授带领他的企业社会责任与可持续发展团队，连续将《交通运输行业企业社会责任发展报告》的编写进行到了第四期，我很高兴能够见证他们的努力及成长，也很欣喜地看到在《报告》中对交通运输行业的企业社会责任的履行状况有了更深刻的剖析。

中国改革开放的 30 多年来，从企业开始的成长一路走来，似乎还没有顾及去思考什么是企业的全部天职。随着社会责任被企业的管理者和执行者逐渐认可，作为一个正确的引导，企业社会责任涉及了有关的方方面面，其中涉及最深的当属企业软实力培育，企业竞争力培育以及企业可持续发展能力的培育。企业打造自己的理念和行动，是形成自己企业文化的一个重要组成部分，也代表了一种先进思想、先进文化在国家的发展当中的价值和作用。从可持续发展的理念出发，如果一个企业只懂得赚钱，而不懂得自己的社会责任的话，那么这种可持续发展是没有办法进行的。另外需要提一句的是，一些成熟的企业以及一些跨国公司在它们的运作过程当中对企业社会责任的履行起了相当大的示范作用，得到了社会的广泛认可，引领了前进的方向，塑造了新的企业文化形态。

交通运输在不同发展阶段所面临的主要矛盾不同：发展初期，主要是解决总量不足问题，故加快发展是主题；发展中期，主要是解决结构布局问题，故优化运输结构是主题；而目前，交通运输行业应主要解决效率和服务问题，故提高管理水平、提升服务水平和履行社会责任是主题。“十二五”规划实施以来，交通运输行业的发展方式已由过去重建设、轻管理逐步向注重管理、注重软件建设、提升交通运输的服务水平转变，而不再是一味地搞基础设施建设的规模。在满足人民群众需求的同时，履行社会责任，坚持节能、环保和宜居等绿色要求，向可持续发展的方式推进。

面对政治环境、经济环境、社会环境的新变化，匡海波教授及其团队内的青年学者始终坚持对企业社会责任的积极探索，《2014 年交通运输行业企业社会责任发展报告》以前三年的报告为基础，对有关的评价指标进行了改进，更加细化了交通运输行业履行企业社会责任状况的评价，针对诸如腐败事件等重点问题进行剖析评判，深入浅出地分析了企业内存在社会责任履行及发展问题。古人云：古之立大事者，不惟有超世之才，亦必有坚忍不拔之志。任何事物的发展初期都是寂寞的，匡教授及其团队不忘初心，以矢志不渝的精神坚持在不断探索的学术征程中，以不图一时乱拍手，但求他日暗点头的胸怀开启了社会责任研究的新篇章。志之所向，金石为开，我深信这样一群有志青年必能有所为，我亦深信，在众多奋斗着的学者的努力下，我国企业社会责任的发展也终将满目光辉。

牛文元

2015 年 10 月

序　二

中国古代，丝绸之路在世界版图上延伸，诉说着沿途各国人民友好往来，互利互惠的动人故事，现在，一个新的战略构想在世界政经版图从容铺展——共建“丝绸之路经济带”和“21世纪海上丝绸之路”。习近平总书记在2013年9月和10月分别提出建设“新丝绸之路经济带”和“21世纪海上丝绸之路”的战略构想，强调相关各国要打造互利共赢的“利益共同体”和共同发展繁荣的“命运共同体”，这一跨越时空的宏伟构想，从历史深处走来，融通古今、连接中外，顺应和平、发展、合作、共赢的时代潮流，承载着丝绸之路沿途各国发展繁荣的梦想，赋予古老丝绸之路以崭新的时代内涵。给全世界带来新的发展机遇，更为中国打开全新的“筑梦空间”。

中国经济也在一次又一次战略性改革中高速发展着，企业作为经济的主体也获得了难得的成长机遇。企业自身在获得丰厚利润后，纷纷主动回馈社会、反哺社会，促进社会与企业的良性发展，进而企业公益形式也在不断发生改变。尤其是随着企业社会责任与企业公民的概念逐步深入人心，国内越来越多的企业也开始以更多元化的方式反哺社会。

可持续发展的思想已成为当今世界的共识，作为市场经济主体的企业，社会生产、流通、社会经济技术进步的主要载体，它整合社会中的人力、财力、物力等各种资源保证社会正常运转的重要支柱，因此，企业在可持续发展进程中有着不可替代的地位。同时，企业中的人的重要性越来越突出，企业要想创造超越社会平均发展水平的机遇，就必须发挥企业中人才的可持续创新能力（包括技术创新和管理创新），就必须自觉地提升自身对社会责任的认识，用实际行动履行社会责任来赢得社会和公民的支持。加强企业社会责任工作，是顺应剧烈变化的国际经济形势的迫切需要，是企业做强做优、培育具有国际竞争力的世界一流企业的内在要求。

交通运输行业在我国的经济发展中有着举足轻重的地位，是我国经济发展重要的组成部分，它是国民生产分配各个环节的联系纽带。交通运输行业对物流业、资源开发、招商引资以及相关的产业发展都会起到积极的推进作用。中国交通企业管理协会根据交通运输部赋予的交通行业企业质量管理工作职能，制定了“关于交通行业企业贯彻落实《质量发展纲要（2011—2020年）》指导意见”，明确提出强化交通企业质量主体作用，推动企业履行社会责任。交通企业全面履行社会责任，对交通运输行业质量发展起着关键作用，对促进交通运输行业经济发展方式转变，提高交通企业质量总体水平，实现交通企业又好又快发展至关重要。

近年来，企业社会责任在中国蓬勃发展，这与学术界朋友们的刻苦研究是分不开的。大连海事大学企业社会责任与可持续发展研究所近年来一直致力于交通运输行业企业社会责任与可持续发展的研究，取得了一批可喜的研究成果。2012年出版了《交通运输行业2009—2011年度企业社会责任发展报告》。2013年对上一版的企业社会责任评价方法进行完善与修订，出版了《2012交通运输行业企业社会责任发展报告》，2014年更进一步出版了《2013交通运输行业企业社会责任报告》。市场在变化，经济在进步，一年一次的交通运输行业企业社会责任报告让公民看到了交通运输行业企业社会责任发展切切实实的提升，更让企业直观真实地看到自己的进步与存在的缺陷。褒扬与建议并重，鞭策与指导并行。

今年新发布的《2014 交通运输行业企业社会责任发展报告》对交通运输行业 38 家上市公司的企业社会责任报告进行了详细的分析评估，并且在不同的维度上将这些公司在各个指标上的表现进行对比，指出其中的差异和问题，也给出了改进的途径和建议。该报告是对 2014 年交通运输行业企业社会责任发展境况的详述，能够有效地指导企业的社会责任实践。

冰冻三尺，非一日之寒。希望大连海事大学企业社会责任与可持续发展研究所能够继续潜心地研究企业社会责任，发挥精益求精、严谨求实、不畏艰难、不嫌繁琐的科研精神，在企业社会责任的学术研究方面做出更多的成就，为我国企业社会责任的实践探索研究做出贡献。同时也希望不仅是交通运输行业，其他行业的企业都能够切实的认识履行企业社会责任的重要性，自觉地担当起作为企业公民应承担的艰巨而又光荣的责任，在世界经济低迷和国际、国内经济下行严重的今天，为国家的经济发展和社会做出更大贡献。

武春友

2015 年 10 月

目　录

第二篇 交通运输行业上市公司企业社会责任行业发展报告

附录　论　文　集

引　言

近日来，关于8月12日晚天津港国际物流中心区域内瑞海公司所属危险品仓库爆炸的信息铺天盖地，以至于同时期发生的陕西山体滑坡事故以及山东淄博化工爆炸事故被人们自动“忽略”，这起事故也将企业的安全责任问题推到了风口浪尖。对于企业，特别是危化品生产和储运企业，安全责任大于天，我国《危险化学品安全管理条例》已经于2011年2月16日国务院第144次常务会议修订通过，自2011年12月1日施行。我国《危险化学品安全管理条例》中规定，生产、储存、使用、经营、运输危险化学品的单位的主要负责人对本单位的危险化学品安全管理工作全面负责，安监部门负责危险化学品安全监督管理综合工作。关于危险化学品的管理是有法可依的，但安全责任不是写在制度或者职责上的，而是要贯穿在企业经营中的每一个操作行为上，落到实处的安全检查及严格的政府监管才能最大程度地降低事故发生的可能。李克强在对此次事故进行批示时强调：督促各地强化责任，切实把各项安全生产措施落到实处。我们不希望等到事故发生之后才意识到安全生产的重要性，而是能够防患于未然，及时排查安全隐患、查缺补漏。

不同于天津爆炸事件的痛心，7月31日，2022年冬奥会花落北京的消息振奋了全国人民，在申冬奥陈述中，国际奥委会对中国提出的唯一问题就是：北京如何保障冬奥会的可持续性？早在2012年，国际标准化组织就发布了ISO 20121《活动可持续性管理体系》，指导大型活动以符合可持续发展的理念和方法开展，并且在2014年12月，国际奥委会主席巴赫上任后的首个举措就是推出了《奥林匹克2020议程》，其核心内容就是降低奥运会申办和运行成本，使奥运会可持续发展，提高会议公信力和注重人文关怀等。随着北京张家口成功申冬奥，或许能够推动中国企业社会责任的建设向更高一阶段发展。

2015年3月24日，央企“十三五”责任战略规划研究课题正式启动，在总结“十二五”期间的经验和成绩的基础上，为下一个五年的社会责任工作指明方向。《中央企业“十二五”和谐发展战略》提出了以可持续发展为核心，以推进企业履行社会责任为载体，立足战略高度认识、部署和推进中央企业与社会、环境的和谐发展，围绕一个核心，实现三个目标，推进五个建设，落实二十项措施。而在“十三五”期间，我们面临着更加艰巨的任务，2020年是“全面建成小康社会”等多项中长期社会经济发展规划的截止年份，央企的社会责任工作及其影响也有了更加重要的意义。中央的十八届三中全会，将承担社会责任作为国企改革的六项重点之一，十八届四中全会提出加强企业社会责任立法，这些新的战略性的提议，都需要在未来五年内很好地实施。“十三五”正好是冬奥会的筹备阶段，如何在这五年内既能完成社会责任工作目标，又能很好地建设为冬奥会配套的基础设施，同时推动国内社会责任的发展，这是政府、企业以及相关人士应该考虑的问题。

在推动社会责任发展的过程中，企业逐渐摆脱了单打独斗的成长方式，转而通过联盟来整合各类社会资源，搭建起社会资源互动的空间，在互助中补充完善企业社会责任这一板块。如在2015年7月25日，由《商道纵横》和南方周末联合发起成立了国内首个电商行业企业社会责任联盟，包括当当、京东、唯品会等来自国内多家主流电商企业的可持续发展部门和品牌部门的负责人共同探讨电商这个新兴行业的CSR模式，为国内电商的CSR发展寻求多元解决途径，以来自更多领域机构的力量，来提升整个行业的CSR水平。除此之外，在3月初，珀莱雅与联合国妇女署、中国纺织工业联合会启动"浙江纺织服装业促进女性平等就业"项目，积极投身中国性别平等事业。诸如此类联盟，推动了社会资源间的互动合作，联合行业乃至社会内各组织的企业社会价值，全面推动企业社会责任在中国的发展。

现代企业都逐渐地认识到，履行社会责任是企业现代经营理念和企业自身进步的主要特点，随着对企业社会责任理念的认识越来越完整和清晰，地方政府的参与度也越来越高。地方政府把完善企业履行社会责任作为全面落实科学发展观，促进发展方式转变的重要手段，作为全面建设小康社会惠及地方人民政府的有效途径。目前，已经有部分地方政府开始积极发挥政府部门的职能作用，以政策去引导和规范企业负责任的行为，同时通过逐步建立市场激励和社会监督与服务机制来积极推动企业履行社会责任，尤以广东省深圳市、上海市浦东新区、江苏省常州市、河北省和浙江省表现较为突出。例如广东省深圳市结合城市发展特点以及存在的问题调整了其发展战略，从以忽视社会和环境利益为代价追求发展的战略转变为经济、社会和环境平衡发展，成为中国第一个通过推进企业社会责任调整社会发展模式的城市。由于地方经济发展状况有所差别，社会文化环境有所不同，各省市政府推进企业社会责任的政策和举措也各有特色。

2013年5月，全球报告倡议组织发布新版可持续发展报告指南G4版。与G3相比，新的版本强化了报告相关性和质量方面的要求，尤其提高了对报告实质性的要求。目前G4的使用还处于一个过渡期，但GRI已经宣布，自2016年1月1日开始将不再认可基于G3和G3.1指南编制的报告，在此日期之后发布的报告都应当根据G4指南编制。因此在今年的工作中我们结合G4新标准，对绩效评价指标进行了调整，主要表现在以下几个方面：首先，新的绩效评价指标体系涉及的内容更加全面、细致，充分考虑了企业经营对社会利益的影响，并结合社会发展特点突出了如腐败问题等方面的审核；其次，G4指南在内容上全面新增了有关供应商的指标披露要求，还要求企业在发展过程中不仅要关注企业自身的企业社会建设，还要同时监察供应商的企业社会责任履行情况，因此在新的绩效评价指标体系中，各主题下皆加入了企业在该主题上对供应商的筛选和考察的相关题项，督促、推动整个供应链的企业社会责任发展；另外，GRI的指南中要求企业在其CSR报告的声明中列出短期、中期、长期的整体愿景和战略，在对报告的评价过程中，我们也十分关注企业能否很好的将社会责任融入到企业战略当中去，考核在企业使命、价值观、行为守则或者愿景当中是否体现了企业社会责任目标，能否将企业社会责任很好地与企业的经营活动相结合。在新的指标体系下，我们对交通运输业内38家发布企业社会责任报告的上市公司也有了更加严苛、更加准确的评判，并透过评判结果来深刻剖析企业在履行社会责任过程中出现的本质问题。

概括地说，虽然相比于西方国家，我国企业社会责任实施较晚，但是该种格局正在悄然变化着，国内很多企业都以不同的方式履行着自己的责任，政府也在政策、法规上越来越注重去引导和规范企业行为，这都标志着中国企业履行社会责任的热潮的到来；部分企业在履行社会责任时也逐步跨越机构、行业的边界，达成共识、共同协作，为中国的社会责任事业注入源源不断的新能量。

第一篇

交通运输行业上市公司企业社会责任综合评价

第一章

交通运输行业上市公司企业社会责任报告质量评价

1 企业社会责任报告质量评价体系

1.1 评价指标体系及评语集

本年度沿用2013年度的企业社会责任质量报告评价体系，结构如图1-1所示，具体内容不再赘述，由于2013年5月GRI发布最新版《可持续发展报告指南》(G4版)，并在2014年2月正式发布G4中文版，因此2014年度使用G4版来评价报告。

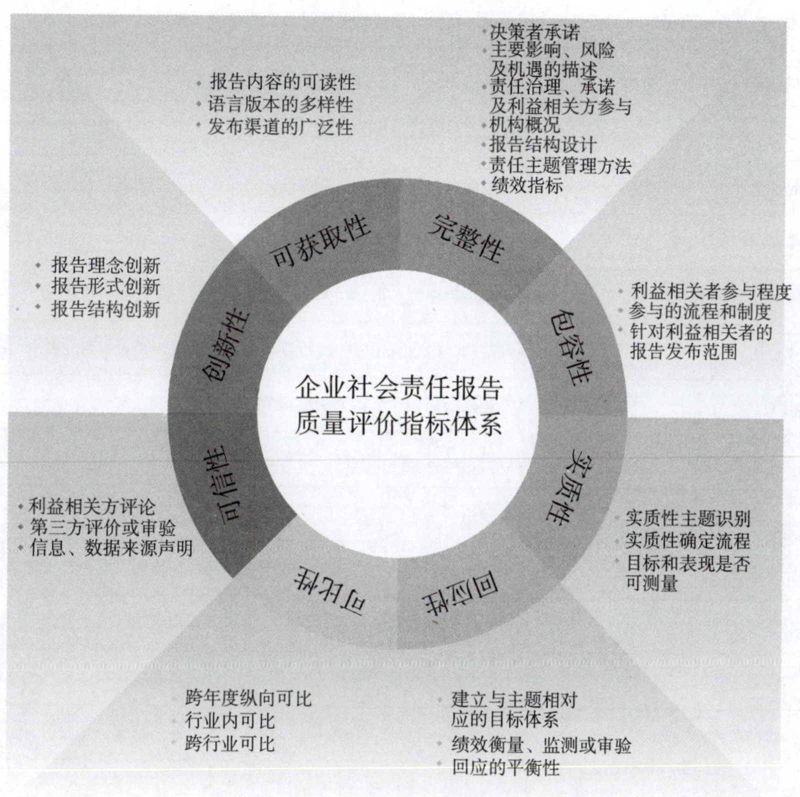

图1-1 企业社会责任报告质量评价指标体系结构

指标评语集在表述方面相对 2013 年度有所调整，如表 1-1 和表 1-2 所示。

企业社会责任报告质量评价二级指标设定及其解释 表 1-1

一级指标	二级指标	解释
完整性	决策者承诺	报告是否包含决策者对企业社会责任战略及目标的相关声明
	主要影响、风险及机遇的描述	报告是否说明企业对可持续发展及利益相关方产生重大影响，以及为企业带来风险和机遇
	机构概况	报告是否说明企业主营业务、运营架构、总部位置及主营业务分布区域、市场结构分布、性质和规模、报告期内的重大变化
	报告结构设计	报告是否包含：报告概况、报告范围及边界、与 GRI-G4 标准（或其他社会责任标准）的对照、报告审验等基本参数设计
	责任治理、承诺及利益相关方参与	报告是否说明企业的责任治理架构、遵循的倡议，有无利益相关群体列表
	责任主题管理方法	报告是否包含每个责任主题（或利益相关者类别）的管理方法
	绩效指标	报告是否包含每个责任主题（或利益相关者类别）责任指标的目标与绩效值
包容性	利益相关者参与程度	报告是否反映了利益相关者参与企业社会责任的程度
	参与的流程和制度	报告是否制定了特定的利益相关方参与的流程和相关制度
	针对利益相关者的报告发布范围	报告是否针对不同的利益相关者发布了不同的版本，以满足各利益相关者的要求
实质性	实质性主题识别	报告是否识别了受企业决策和经营活动影响以及对企业产生重要影响的社会责任主题
	实质性确定流程	报告对实质性主题的识别是否有明确规范的流程
	目标和表现是否可测量	所设定的目标、履行的责任以及表现是否可被测量或验证
回应性	建立与主题相对应的目标体系	所建立的目标体系是否表征了利益相关方关注的实质性主题
	绩效衡量、监测或审验	报告是否对绩效进行了衡量、监测和审验，回应了实质性主题
	回应的平衡性	报告的信息披露是否全面客观，对企业负面信息披露是否充分
可比性	跨年度纵向可比	报告中所体现的企业自身各个年度的责任表现、绩效水平是否具有可比性
	行业内可比	报告结构、内容、指标与同行业其他企业报告是否具有可比性
	跨行业可比	报告结构、内容、指标与跨行业其他企业的报告是否有可比性
可信性	利益相关方评论	报告是否全面包含了各个利益相关方群体的评论意见
	第三方评价或审验	报告是否经过权威度较高的第三方评价或审验
	信息、数据来源声明	对报告中所采用的信息、数据等，是否准确标明了获取来源
创新性	报告理念创新	报告理念是否符合可持续发展原则、体现行业特色，同时自成体系，便于传播等
	报告形式创新	报告形式是否满足展示理念、社会责任表现和便于传播的要求
	报告结构创新	报告结构是否满足了展示理念、社会责任表现和体现行业特色的要求
可获取性	报告内容的可读性	报告是否结构清晰，逻辑性强，语言流畅，通俗易懂，排版设计方便阅读，表达形式直观
	语言版本的多样性	报告发布是否发布多个丰富的语言版本
	发布渠道的广泛性	报告的发布是否覆盖了现有渠道的大部分或全部，或开辟了更多的渠道

企业社会责任报告质量评价体系评语集 表 1-2

一级指标	二级指标	评语集		
		0	1	2
完整性	决策者承诺	没有涉及相关内容	简单提及了对社会责任的认识、在社会责任方面的承诺、企业可持续发展战略及目标等内容	详细说明了对社会责任的认识、在社会责任方面的承诺、企业可持续发展长期、短期战略以及具体目标等内容
	主要影响、风险、机遇的描述	没有涉及相关内容	企业对可持续发展及利益相关方主要影响、可以持续发展趋势为企业带来的风险及机遇有所提及	详细描述了企业对可持续发展及利益相关方主要影响、可以持续发展趋势为企业带来的风险及机遇
	机构概况	对企业主营业务、运营架构、总部所在地及主营业务分布区域、市场结构、企业性质和规模、报告期内重大变化这六大方面的介绍少于等于2项	介绍了企业主营业务、运营架构、总部所在地及主营业务分布区域、市场结构、企业性质和规模、报告期内重大变化这六大方面中的3项或4项	介绍了企业主营业务、运营架构、总部所在地及主营业务分布区域、市场结构、企业性质和规模、报告期内重大变化这六大方面中超过4项的内容
	报告结构设计	没有涉及相关内容	对报告概况（报告期、报告发布周期）、报告的范围及边界、与GRI-G4标准的对照、报告外部审验的政策和现行措施中至少一半的内容有所说明	对报告期、报告发布周期、报告的范围及边界、与GRI-G4标准的对照、外部审验的政策和现行措施全部有详细说明
	治理、承诺及利益相关方参与	没有涉及相关内容	报告对企业责任治理架构、所遵循的倡议以及利益相关方参与群体列表、相关方参与回应策略的部分内容有说明	报告对企业责任治理架构、所遵循的倡议以及利益相关方参与群体列表、相关方参与回应策略有全面、详细的说明
	责任主题管理	没有涉及相关内容	报告对责任主体管理方法有所提及，但针对各个类别主题管理方法有部分提及	报告对识别出的各责任主题的管理方法都进行了详细描述
	绩效指标	没有涉及相关内容	报告对大部分（一半以上）责任主题要达到的目标与绩效值有所提及	报告对主要的每一责任主题要达到的目标与绩效值有详细描述
包容性	利益相关者参与程度	没有涉及相关内容	报告中。简单提及了利益相关者对企业社会责任的参与，并有一定的数据支撑	报告对所有利益相关方参与企业社会责任的程度有详细描述，并有明确的数据支撑
	利益相关者参与流程和制度	没有涉及相关内容	报告对利益相关者参与企业社会责任的流程或制度有所提及	报告中体现了利益相关者参与企业社会责任的具体详细的流程和制度
	针对利益相关者的报告发布范围	没有涉及相关内容	报告考虑到不同利益相关者的需求，并在内容上有简单提及	根据不同利益相关者的需求分别发布了具有针对性的报告
实质性	实质性主题识别	没有涉及相关内容	报告部分识别了对企业社会责任产生重要影响的主题	报告较全面地识别了对企业社会责任产生重要影响的主题
	实质性确定流程	没有涉及相关内容	报告有对实质性主题的识别流程，但不够明确规范	报告对实质性主题的识别有明确规范的流程
	目标和表现是否可测量	没有涉及相关内容	所设定的目标和表现较明确，部分可测量验证	所设定的目标和表现非常明确，可测量和验证
回应性	建立与主题相对应目标体系	没有涉及相关内容	所建立的目标体系部分回应了利益相关方关注的实质性主题	所建立的目标体系较完全地回应了利益相关方关注的实质性主题
	绩效衡量、监测或审验	没有涉及相关内容	报告对绩效进行了衡量、监测或审验，部分地回应了实质性主题。	报告对绩效进行了衡量、监测和审验，回应了实质性主题。
	回应的平衡性	报告的信息披露不全面不客观，对正面信息的披露过于夸大，没有对负面信息的披露	报告的信息披露较全面，对正面信息的披露较客观，但对负面信息的披露不够充分	报告的信息披露全面客观，对正面信息的披露客观真实，对负面信息的披露充分
可比性	跨年度纵向可比	没有涉及相关内容	报告涉及跨年度绩效对比和绩效实现程度描述，但不具体	报告对跨年度绩效对比以及绩效实现程度的描述详细完整
	行业内可比	没有涉及相关内容	报告的结构、内容、指标基本按照行业或国家标准进行描述，但不完整或不规范	报告的结构、内容、指标完全按照行业或国家标准进行了全面详细的描述，可以与行业基准（标准）进行比较

续上表

一级指标	二级指标	评语集		
		0	1	2
可比性	跨行业可比	没有涉及相关内容	报告基本按照编制的一般规范进行编写，但跨行业可比性低	报告按照编制的一般规范进行编写，可以与跨行业企业进行对比
可信性	利益相关方评论	没有涉及相关内容	报告中利益相关方评论不全面或含糊不清	报告中有完整详细的利益相关方评论
	第三方审验	没有涉及相关内容	报告中的第三方评价或审验不具有权威性	报告中包含权威度较高的第三方评价或审验
	信息数据来源声明	没有涉及相关内容	报告对于信息数据的来源声明不完整或不详细	报告对于信息和数据的来源进行了全面、详细的说明
创新性	理念创新	报告理念笼统，不能反映可持续发展原则、没有体现行业特色，在理念上没有创新	报告理念基本反映可持续发展原则，行业特色体现不明显，没有自成体系	报告理念符合可持续发展原则、体现行业特色，同时自成体系，便于传播
	形式创新	报告在形式上没有体现展示理念的原则，不存在任何创新	报告形式能够展示企业理念但缺乏创新或不便于传播	报告在形式上有所创新，同时满足了展示理念和便于传播的要求
	结构创新	报告在结构上没有创新	报告结构创新没有同时达到展示企业理念和体现行业特色的要求	报告通过结构上的创新更好的展示了企业理念和体现了行业特色，便于传播
可获取性	报告内容的可读性	报告无可读性	报告语言通俗易懂，对部分术语和缩略词进行了解释；报告的美工设计清晰、文字排版等直接明了；报告采用了图表等表达形式，信息的表达比较直观	报告行文流畅，语言简洁易懂，对术语、缩略词等专业词汇有科学解释；报告美工设计、文字排版等直接明了，美观；报告通过流程图、数据表、图片等表达形式，使数据、关系、过程等信息表达直观明了
	语言版本多样性	报告只提供一种语言版本	报告提供多种语言版本，但内容欠佳不完整	报告提供多种语言版本，能够满足所有利益相关方的阅读需求，且质量均较高
	发布渠道广泛性	报告发布渠道单一	报告发布渠道涵盖了现有渠道的大部分	报告的发布覆盖了现有渠道的大部分或全部，且开辟了更多的渠道，以方便使用者及时获得

1.2 评价方法

1.2.1 确定指标权重

本报告所构建的评价体系各级指标权重设定采用层次分析法（Analytic Hierarchy Process，AHP）确定。层次分析法是一种定性与定量分析相结合的多准则决策方法，针对一个复杂的多准则决策问题，将问题分解为一些组成因素，按照因素之间的隶属关系形成一个反应因素之间联系的递阶层次结构，把决策问题转化为最底层相对于最高层的相对重要性权重的确定，然后通过综合判断以决定诸因素相对重要性的顺序。该方法尤其适合于对决策结果难以直接准确计量的场合，本报告中指标权重的设计特点与之相符，因此采用层次分析法确定。

本报告采用专家调查法确定报告质量评价体系中八个一级指标的权重，首先，再次邀请“企业社会责任与可持续发展研究所”的四位专家对各项指标进行两两比较，判断其相对重要性，构造判断矩阵。假设专家组每位专家判断结果的重要程度相同，则综合所有专家的判断矩阵，得到每项指标的判断矩阵。随后，将判断矩阵进行归一化处理，得到权重向量并求得最大特征根。最后，运用MATLAB软件进行一致性检验，获得新的八个指标权重值，较2013年有所变化，其中可比性指标由0.0409增加到0.1087，变化最大，增幅达 165%，同时完整性，包容性，实质性，回应性的权重也有所增加。可见专家们在进一步重视社会责任报告整体质量的同时，也在将目光扩展到整个行业之间的横向对比，这也从一个侧面体现了企业对待企业社会责任这一问题的正确的态度。面对这一变化，专家们进行了有针对性的讨论，结合 2015 年 38 家企业发布报告的总体情况，以及近年来企业对企业社会责任认知水平的提高，认为权重的变化具有一定的可信性和可靠性，因此本报告采用最新的八个指标权重值，如表 1-3 所示。

企业社会责任报告质量评价体系一级指标权重 表 1-3

指标	完整性	包容性	实质性	回应性	可比性	可信性	创新性	可获取性
权重	0.2366	0.0984	0.3303	0.1195	0.1087	0.0489	0.0343	0.0233

其中，使用相对一致性指标 CR 进行一致性检验：

$$CR = \frac{CI}{RI}, \qquad CI = \frac{\lambda_{\max} - n}{n - 1}$$

式中：n——评价体系的指标个数，本报告为 8；

RI——指标个数为 8 时的平均随机一致性指标。

1~10 阶判断矩阵的 RI 值如表 1-4 所示。当采用 CR 时，认为判断矩阵具有满意的一致性；如果采用 CR 时，需要调整判断矩阵，使之具有满意的一致性。

1~10 阶判断矩阵的 *RI* 值 表 1-4

阶数	1	2	3	4	5	6	7	8	9	10
RI	0	0	0.58	0.9	1.12	1.24	1.32	1.41	1.45	1.49

1.2.2 综合评分

采用专家评分法对各企业社会责任报告评分。首先，每位专家为每一个指标赋值，分数为 0，1，2，具体评价标准按评语集确定。将各位专家评分加权求和，所得分数为企业各指标得分，各级指标得分乘以相应权重并求和即为评价总分，将评价总分换算成百分制（乘以 50），得到报告综合评分 Z，综合评分公式为：

$$Z = \sum_{i=1}^{8} L_i W_i \times 50 \qquad (i = 1, 2, \cdots, 8)$$

式中：L_i——指标 i 的评价分；

W_i——指标 i 的权重。

1.3 评价流程

（1）样本收集

本报告主要通过以下四个渠道收集交通运输行业上市公司的企业社会责任报告：

· 巨潮资讯网（http：//www.cninfo.com.cn）；

· 东方财富网（http：//www.eastmoney.com/）；

· MQI 关键定量指标数据库（http：//www.sustainabilityreport.cn/）；

· 企业官方网站。

根据企业社会责任报告的发布渠道特性，研究首先从上市公司规定的信息披露平台巨潮资讯网站公告信息项下进行检索，对于未检索到的信息进一步从MQI关键定量指标数据库、东方财富网、企业官方网站等渠道进行补充。对于上述渠道均未检索到的报告信息，则通过百度等公共信息平台查询进行最终确认。

研究记录了上述发布渠道的查询结果,作为企业社会责任报告评价中“可获取性”评价的主要依据。

（2）报告分类

本年度报告沿用年度报告的分类方法，详细内容不再赘述。

（3）报告评分

本报告研究评价小组主要由大连海事大学企业社会责任与可持续发展研究所“交通运输行业企业社会责任发展报告”项目小组成员和外部专家共10人组成。采用专家评分法对38份2014年交通运输行业上市公司的企业社会责任报告进行了评分，评分标准依据本报告设计的交通运输行业企业社会责任报告评价指标和评语集，共获取2组专家的评价数据，按平均值来表示报告质量评价的最终结果。

（4）结果分析

研究从总体报告和分行业报告两个方面对评价结果进行了统计和分析，分析主要涉及到以下几个方面的信息：

①企业社会责任报告披露情况，包括报告发布情况、报告发布类型、报告发布渠道；

②企业社会责任报告质量评价的总体表现和排名；

③企业社会责任报告质量评价维度指标的表现和排名；

④与上年度评价结果的比较分析。

（5）审核与确认

审核和确认的程序如下：

①首先，由项目小组全体成员对评价和分析结果进行内部审查；

②然后，由《企业社会责任和可持续发展研究所》组织专家召开报告论证会，对报告评价内容进行审核，听取专家意见后做出相应修改；

③最后，由企业社会责任和可持续发展研究所对报告评价批准确认并予以发布。

2 交通运输行业企业社会责任报告披露情况及分析

项目小组在深交所、上交所、港交所等行业分类信息平台上进行了查询，截至2015年8月1日，共搜集到2014年度交通运输行业上市公司120家,比2013年的111家增加了9家。由于*ST长油退市，所以较之2013年减少了1家企业，增加了10家新上市的企业，其中龙翔集团、华昱高速、秦港股份在港交所上市。具体如表1-5所示。

在这120家上市企业中只有38家发布了企业社会责任报告，发布报告企业数量占总上市企业数量的31.6%（即发布率），较之2013年34.2%的发布率有所下降。相对于2013年度的交通运输行业企业名录，2014年的名录有一定的变化，具体的变化情况如表1-6所示。其中天津海运更名为天海投资，芜湖港更名为皖江物流，美兰机场更名为海航基础。

2013 年度与 2014 年度交通运输行业上市公司名单变化情况 表 1-5

类 别	股票代码	公司名称	变化原因
减少的企业（1 家）	600087	*ST 长油	退市
增加的企业（10 家）	601021	春秋航空	2015 年新上市
	603066	音飞储存	2015 年新上市
	603223	恒通股份	2014 年新上市
	603885	吉祥航空	2014 年新上市
	2711	欧浦钢网	2014 年新上市
	00935（H）	龙翔集团	港交所上市
	01823（H）	华昱高速	港交所上市
	03369（H）	秦港股份	港交所上市
	06123（H）	先达国际物流	2014 年新上市
	06198（H）	青岛港	2014 年新上市

2013—2014 年度交通运输行业发布企业社会责任报告的上市公司名单变化情况 表 1-6

类 别	股票代码	公司全称	公司名称	变化原因
比 2013 年减少的企业	600317	营口港务股份有限公司	营口港	未发布
比 2014 年增加的企业	576	浙江沪杭甬高速公路股份有限公司	浙江沪杭甬	新发布

2014 交通运输行业上市公司名单及报告发布情况如表 1-7 所示。

2014 年度交通运输行业上市公司统计 表 1-7

股票代码	公司名称	股票代码	公司名称	股票代码	公司名称
铁路运输业（3 家）		水上运输业 (21 家）		01308(H)	海丰国际
600125	铁龙物流★	600026	中海发展★	02343(H)	太平洋航运
601006	大秦铁路★	600242	*ST 中昌	港口运输业（20 家）	
601333	广深铁路★	600428	中远航运★	600017	日照港★
公路运输业（15 家）		600692	亚通股份	600018	上港集团★
600106	重庆路桥	600751	天海投资	600190	锦州港★
600368	五洲交通	600798	宁波海运★	600279	重庆港九
600561	江西长运★	600896	中海海盛★	600317	营口港
600611	大众交通★	601866	中海集运★	600717	天津港★
600662	强生控股	601872	招商轮船	601000	唐山港★
600834	申通地铁	601919	中国远洋★	601008	连云港★
601188	龙江交通★	603167	渤海轮渡	601018	宁波港★
000548	湖南投资	000520	*ST 凤凰	601880	大连港★
002357	富临运业	002320	海峡股份	000022	深赤湾 A
002627	宜昌交运	00144(H)	招商局国际	000088	盐田港★
002682	龙洲股份	00368(H)	中外运航运	000507	珠海港
00062(H)	载通	00560(H)	珠江船务	000582	北部湾港
00066(H)	港铁公司	00598(H)	中国外运	000905	厦门港务
00077(H)	进智公共交通	01145(H)	勇利航业	002040	南京港
00306(H)	冠忠巴士集团	01199(H)	中远太平洋	03382(H)	天津港发展

续上表

股票代码	公司名称	股票代码	公司名称	股票代码	公司名称
港口运输业（20 家）		机场（4 家）		00152(H)	深圳国际
08233(H)	中国基建港口	600004	白云机场★	00316(H)	东方海外国际
03369(H)	秦港股份	600009	上海机场	00351(H)	亚洲能源物流
06198(H)	青岛港	000089	深圳机场	00636(H)	嘉里物流
高速（18 家）		00694（H）	北京首都机场	01292(H)	长安民生物流
600012	皖通高速★	物流（27 家）		01803(H)	瀚洋物流
600020	中原高速★	600119	长江投资	03399(H)	粤运交通
600033	福建高速★	600575	皖江物流	08348(H)	滨海泰达物流
600035	楚天高速	600650	锦江投资	00935(H)	龙翔集团
600269	赣粤高速★	600676	交运股份	06123(H)	先达国际物流
600350	山东高速★	600708	海博股份	航空运输业（12 家）	
600377	宁沪高速★	600787	中储股份★	600029	南方航空★
600548	深高速★	600794	保税科技	600115	东方航空★
601107	四川成渝★	603066	音飞储存	600221	海南航空
601518	吉林高速★	603128	华贸物流	600270	外运发展★
000429	粤高速 A	603223	恒通股份	600897	厦门空港
000828	东莞控股	200053	深基地 B	601021	春秋航空
000900	现代投资★	002245	澳洋顺昌	601111	中国国航★
000916	华北高速	002492	恒基达鑫	603885	吉祥航空
00269(H)	中国资源交通	002711	欧浦钢网	000099	中信海直
00576(H)	浙江沪杭甬★	300013	新宁物流	200152	山航 B
01052(H)	越秀交通基建	300240	飞力达	00293(H)	国泰航空
01823(H)	华昱高速	300350	华鹏飞	00357(H)	海航基础

注：★表示该企业在 2014 年度发布了企业社会责任报告。

在交通运输行业上市公司中，有 13 家企业同时在两个证券交易所上市，厦门港务是在深交所和港交所同时上市，其余 12 家（广深铁路、中国远洋、中海发展、中海集运、南方航空、中国国航、东方航空、大连港、皖通高速、宁沪高速、四川成渝、深高速）都是在上交所和港交所同时上市。现在内地的企业纷纷选择在香港上市，因为在香港上市相对于在内地上市，上市程序更加市场化、上市手续更加透明化，并且使内地企业更加趋于国际化，能够用国际化标准和国际管理规范企业的运作，这也为企业履行社会责任提供了指引和支持。

从近几年交通运输行业发布企业社会责任报告情况可以看出，与 2013 年版报告相比，在 2014 年已发布报告的 38 家企业中，南方航空、中国远洋、福建高速三家企业从 2007 年到 2014 年连续 8 年发布企业社会责任报告（行业和报告数量持续稳定，说明到了一个稳定期，希望政府能够采用各种政策激发交通运输行业更多的企业能够发布报告）。由于 2006 年 9 月深交所发布了《上市公司社会责任指引》倡议，各部委于 2007 年又出台一些相关规定，以及国务院国资委以 2008 年 1 号文件发布了《关于中央企业履行社会责任的指导意见》，都倡导企业积极地发布企业社会责任报告。因此有 24 家企业从 2008 年开始发布企业社会责任报告。从 2007 年起，我们可以发现，交通运输行业的报告发布数量逐年增多，并且企业发布报告的连续性很强，报告发布的广泛性也大大增加，由之前的 3 个行业发展为现在的 8 个行业，整个过程出现良好的态势，但我们同样发现，这 38 家企业中，在 2010 年后发布企业社会责任报告的仅有 5 家企业，即大众交通、锦州港、唐山港、浙江沪杭甬和中储股份。同时行业数量也长时间稳定在 8 个（表 1-8）。行业和发布报告的企业数量持续稳定，说明在社会责任方面交通运输行业进入了一个稳定期，需要外界的力量加以推动才能使其继续进步，如政府采用相应的政策激励交通运输行业企业发布报告，加深大众对企业社会责任的认知等。

2007—2014 年交通运输行业 38 家上市公司发布企业社会责任报告情况　　表 1-8

行　业	公司名称	2007	2008	2009	2010	2011	2012	2013	2014
铁路运输	铁龙物流		★	★	★	★	★	★	★
	大秦铁路		★	★	★	★	★	★	★
	广深铁路		★	★	★	★	★	★	★
公路运输	龙江交通				★	★	★	★	★
	江西长运		★	★	★	★	★	★	★
	大众交通						★	★	★
水路运输	中国远洋	☆	☆	★	★	★	★	★	★
	中海发展		★	★	★	★	★	★	★
	中远航运		★	★	★	★	★	★	★
	宁波海运		★	★	★	★	★	★	★
	中海海盛		★	★	★	★	★	★	★
	中海集运		★	★	★	★	★	★	★
航空运输	南方航空	★	★	★	★	★	★	★	★
	中国国航		★	★	★	★	★	★	★
	外运发展		★	★	★	★	★	★	★
	东方航空		★	★	★	★	★	★	★
港口运输	日照港		★	★	★	★	★	★	★
	锦州港					★	★	★	★
	营口港		★	★	★	★	★	★	
	天津港		★	★	★	★	★	★	★
	唐山港						★	★	★
	连云港		★	★	★	★	★	★	★
	宁波港				★	★	★	★	★
	大连港				★	★	★	★	★
	上港集团		★	★	★	★	★	★	★
	盐田港		★	★	★	★	★	★	★
高速	山东高速			★	★	★	★	★	★
	皖通高速		★	★	★	★	★	★	★
	中原高速		★	★	★	★	★	★	★
	赣粤高速		★	★	★	★	★	★	★
	宁沪高速			★	★	★	★	★	★
	四川成渝			★	★	★	★	★	★
	深高速		★	★	★	★	★	★	★
	福建高速	★	★	★	★	★	★	★	★
	吉林高速				★	★	★	★	★
	现代投资		★	★	★	★	★	★	★
	浙江沪杭甬								★

续上表

行　业	公司名称	2007	2008	2009	2010	2011	2012	2013	2014
机场	白云机场		★	★	★	★	★	★	★
物流	中储股份						★	★	★
总计（份）		3	27	30	34	35	38	38	38

注：★表示企业在该年份发布了 CSR 报告；☆表示该企业以母公司形式发布了 CSR 报告；空白表示该企业没有发布报告。

2014 年的报告相对于 2013 年的报告数量不变，表 1-9 和图 1-2 展示了 2014 年交通运输行业下属 8 个分行业的企业社会责任报告的发布情况。除 2008—2013 年始终发布企业社会责任报告的营口港截至 2014 年 8 月仍未发布报告、浙江沪杭甬 2014 年才发布其第一份企业社会责任报告外，其余公司发布报告均具有连续性且报告的质量相较之前有明显提升，可见这些企业的自愿型企业社会责任信息披露已经形成较为完善的内部机制。需要指出的是，物流运输业包含了 27 家上市公司，却只有中储股份 1 家发布了报告，报告发布率为 3.7%，相比 2013 年的 4.76% 仍然走低，发布情况最为糟糕。同时，4 家机场运输业也只有广州白云机场发布了企业社会责任报告。

2014 年度交通运输行业发布企业社会责任报告数量汇总　　表 1-9

分　行　业	报告数量（份）	上市企业数量	分　行　业	报告数量（份）	上市企业数量
机场运输业	1	4	水路运输业	6	21
物流运输业	1	27	港口运输业	9	20
铁路运输业	3	3	高速运输业	11	18
公路运输业	3	15	合计	38	120
航空运输业	4	12			

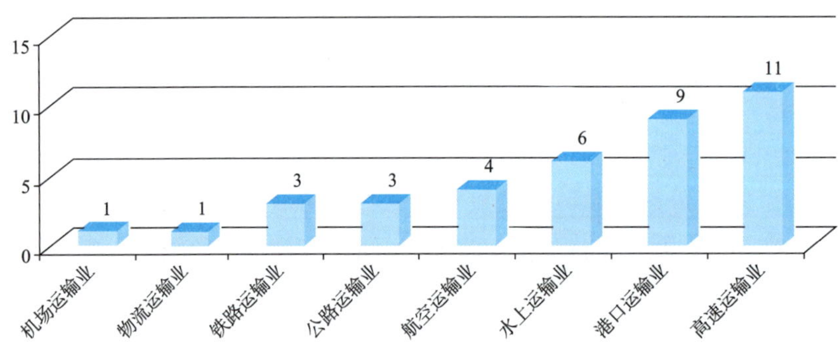

图 1-2　2014 年度交通运输行业发布企业社会责任报告数量汇总

对于上市公司来说，各交易所都已对报告的发布提出了要求。深交所于 2006 年发布了《深圳证券交易所上市公司社会责任指引》；上交所在 2008 年发布了《上海证券交易所上市公司环境信息披露指引》、《关于加强公司社会责任承担工作的通知》；港交所发布《环境、社会及管制报告指引》的咨询文件，建议将一般披露及关键绩效列作建议最佳常规，并将该指引列作港交所上市规则的附录。整体来看，虽然不是所有上市公司都被要求发布企业社会责任报告，但是治理、环境和社会方面的信息，已被视为上市公司信息披露中的重要组成。

交通运输行业的 38 家发布企业社会责任报告的企业中，上交所交通运输行业企业社会责任发布情况最好，达到 57.38%，超出了总体发布率（31.7%）将近 1 倍；深交所的发布情况最为糟糕，仅有 2 家企业发布了企业社会责任报告，发布率仅为 7.69%；港交所中 13 家发布企业社会责任报告的企业除浙江沪杭甬外，同时又都在上交所上市并且发布（表 1-10）。尽管深交所出台政策较之上交所早两年，但其对在该证券交易所上市的企业并没有起到指导和督促作用，结合表 1-8 发现，正是由于上交所的政策出台，2008 年的报告才如井喷式增长，交通运输行业也从 3 家增长到 27 家，可见上交所在关于企业社会责任信息偏离方面的监管力度较大，但是纵观整体，企业社会责任发布情况不容乐观，上交所、深交所和港交所应该众志成城，切实起到督促作用，为我国的企业社会责任信息自愿性披露，甚至企业社会责任事业的发展起到应有的督促和监管作用。

2014 年交通运输行业三大发布平台企业社会责任报告发布情况 表 1-10

发布平台	上市公司数	发布企业总数	发布率
上交所	61	35	57.38%
深交所	26	2	7.69%
港交所	46	13	28.26%

2.1 报告发布类型

（1）企业社会责任报告的分类

按照企业编写社会责任报告框架的国际、国内标准，将交通运输行业企业发布的报告分为：完整型、基本型、简化型三种类型。完整型是指企业编制的企业社会责任报告以全球报告倡议组织（Global Reporting Initiative，GRI）发布的 GRI《可持续发展报告指南》（G4 版）中编制框架进行的编制；基本型是指企业编制的企业社会责任报告是以 2006 年深圳证券交易所发布的《上市公司社会责任指引》或者 2008 年上海证券交易所发布的《关于加强公司社会责任承担工作的通知》为依据进行的编制；简化型是指所有上述两种类型之外的其他报告以及在年度报告中作为附注或其他形式的报告。

按照此方法进行分类的原因是：

① GRI 发布的《可持续发展报告指南》（G4 版）是目前全球范围内较为认可的编制框架，具有广泛的公信力，该框架在机构披露可持续发展绩效方面的普遍适用得到了全球范围内许多利益相关方的认可。2013 年 5 月 GRI 发布最新版《可持续发展报告指南》（G4 版），并在 2014 年 2 月正式发布 G4 中文版。因此，按照《可持续发展报告指南》（G4 版）标准编制的报告在完整性以及报告整体质量方面普遍具有较好的表现。

②深圳证券交易所发布的《上市公司社会责任指引》作为我国发布的第一份社会责任报告编写指导，以我国企业对社会责任的认识为出发点，侧重强调上市公司对股东、职工、客户、环境保护方面的责任要求，相对弱化了公司在发展慈善事业、捐赠公益事业等道德范畴的责任要求，符合我国的社会现状，总体上达到了我国企业编制社会责任报告的基本要求。

③除以上两种类型外，其他报告可以认为在编制过程中没有参照较为权威或公认的报告框架，只是按照企业自身对社会责任的理解来编制，在内容及形式上普遍比较简略，因此确定为简化型。

（2）交通运输行业企业社会责任报告的类型

根据上述企业社会责任报告分类的依据，对交通运输行业的企业社会责任报告的类型进行了分类，结果如表 1-11 所示，报告类型汇总结果如表 1-12、图 1-3 所示。

2014 年度交通运输行业企业社会责任报告类型统计 表 1-11

分 行 业	报 告 企 业	报 告 类 型	分 行 业	报 告 企 业	报 告 类 型
铁路运输	铁龙物流	C	港口运输	天津港	A
	大秦铁路	C		唐山港	C
	广深铁路	B		连云港	C
公路运输	龙江交通	C		宁波港	C
	江西长运	C		大连港	C
	大众交通	C		上港集团	A
水路运输	中海发展	A	高速	山东高速	C
	中远航运	B		皖通高速	C
	宁波海运	C		中原高速	C
	中海海盛	C		赣粤高速	C
	中海集运	B		宁沪高速	C
	中国远洋	A		四川成渝	C
航空运输	南方航空	A		深高速	C
	东方航空	A		福建高速	C
	外运发展	A		吉林高速	C
	中国国航	A		现代投资	C
港口运输	盐田港	B		浙江沪杭甬	C
	日照港	C	机场	白云机场	C
	锦州港	B	物流	中储股份	B

注：A- 完整型，B- 基本型，C- 简化型。

2014 年度企业社会责任报告类型分布汇总 表 1-12

报告年度	报 告 类 型（份）		
	完整型（A 级）	基本型（B 级）	简化型（C 级）
2014	8	6	24

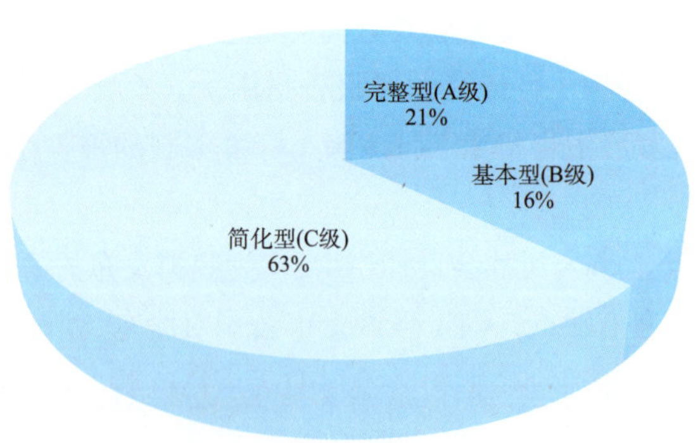

图 1-3 2014 年度交通运输行业企业社会责任报告类型分布汇总

从表 1-11、表 1-12 和图 1-3 可以看出，基本型报告最少，简化型报告最多，而且数量差距较大，完整型与基本型之和仅占简化型报告数量的一半多一点。

航空运输业的 4 家企业均能够严格按照 GRI 的《可持续发展报告指南》G4 标准来编制企业的社会责任报告，报告类型均为 A，而公路运输业、高速公路业、机场运输业和物流运输业均没有企业依据该国际化标准编制企业社会责任报告，且高速业、公路运输业、机场运输业的报告发布类型都为C级简化型，企业只是依据自己对社会责任的理解进行编制，并没有采用权威或公认的报告框架。铁路运输业中只有广深铁路为B，铁龙物流和大秦铁路都为C。水路运输业中中海发展与中国远洋为A，中远航运和中海集运为B，中海海盛和宁波海运为C，较2013年（除中国远洋为A外均为C）提升明显，表现良好。港口运输业中天津港和上港集团为A，盐田港与锦州港为B，其余6家企业都为C。物流运输业中中储股份为B，较2013年有所提升但不明显。整体而言，报告的编制在框架完善程度上还有待加强。

2.2 报告发布渠道

企业社会责任报告是为了系统说明和综合披露企业在一段时期内社会责任绩效表现，利益相关者应当可以从基本的信息获取途径很容易地获得企业披露的社会责任报告信息，例如，通过企业网站、上市公司信息披露网站等渠道直接查阅报告的所有内容，或者定期收到企业寄送、赠送等方式传递的书面报告。报告不应当只作为回应管理要求的应急措施，或用作粉饰、宣传企业和产品的手段。

虽然官方和公众并没有对报告发布形式和渠道做出更多的要求，但通常会被认为电子媒介（如光盘）、网上发布或纸质报告都是报告发布的适当形式，相应的企业网站、官方和公众信息披露平台、公共出版物平台等报告获取渠道也会被认为是适当的，这些形式和渠道的应用都应当以满足主要的利益相关者需求为前提。有关选择取决于企业决定采用的报告期、更新内容的计划、报告预期的使用者及其他实际因素，例如沟通策略等。

根据上述原则，研究搜索到的38份交通运输行业企业社会责任报告，获取途径主要有：中国证监会指定信息披露网站“巨潮资讯网”、第三方社会责任咨询和服务机构“东方财富网”、第三方企业社会责任评级机构“MQI关键定量指标数据库”、企业官方网站以及百度等公共信息平台。各渠道企业社会责任报告发布的分布情况如表1-13所示，汇总结果如表1-14、图1-4所示。

2014年度各渠道交通运输行业企业社会责任报告发布情况 表1-13

报告企业	发布渠道				报告企业	发布渠道			
	A	B	C	D		A	B	C	D
铁龙物流	★	★		★	锦州港		★		★
大秦铁路		★		★	天津港		★	★	★
广深铁路	★	★	★	★	唐山港		★		
江西长运		★		★	连云港		★		★
大众交通		★		★	宁波港	★	★		
龙江交通		★		★	大连港	★	★	★	★
中海发展	★	★	★		盐田港		★		★
中远航运		★		★	南方航空		★	★	★
宁波海运	★	★			东方航空	★	★	★	★
中海海盛	★	★		★	外运发展		★	★	★
中海集运	★	★	★	★	中国国航	★	★	★	★
中国远洋		★		★	白云机场		★		★
日照港	★	★		★	皖通高速	★	★	★	★
上港集团		★	★	★	中原高速		★	★	★

续上表

报告企业	发布渠道				报告企业	发布渠道			
	A	B	C	D		A	B	C	D
福建高速		★	★	★	四川成渝	★	★	★	★
赣粤高速	★	★	★	★	吉林高速		★		★
山东高速	★	★	★	★	现代投资		★	★	★
宁沪高速		★	★		浙江沪杭甬			★	★
深高速		★			中储股份		★	★	★

注：A- 关键定量指标数据库；B- 巨潮资讯网；C- 企业官网；D- 东方财富网。
★代表该渠道可以获得企业的企业社会责任报告。

2014 年度各渠道企业社会责任报告发布情况汇总 表 1-14

年份 \ 数量（份） \ 渠道	A- 关键定量指标数据库	B- 巨潮资讯网	C- 企业官网	D- 东方财富网
2014	15	37	20	33

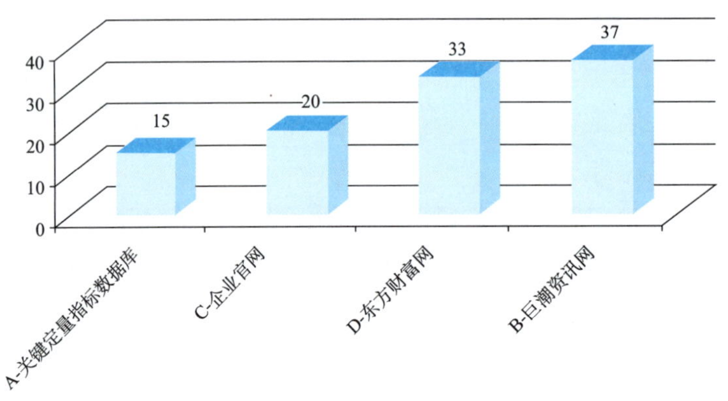

图 1-4 2014 年度各渠道企业社会责任报告发布情况汇总

巨潮资讯是中国证券监督管理委员会指定的上市公司信息披露网站，要求所有上市公司必须在此全面的披露企业信息，权威性和可信度高，也是获取各企业企业社会责任报告的较好途径。截至 2015 年 8 月 1 日，共检索到 2014 年的交通运输行业企业社会责任报告 37 份，即 2014 年交通运输行业的企业社会责任报告最新信息都能在巨潮资讯上全面和及时了解到。

东方财富网是中国访问量最大、影响力最大的财经证券门户网站之一。东方财富网致力于打造专业、权威、为用户着想的财经媒体。2004 年 3 月上线。截至 2015 年 8 月 1 日，共检索到 2014 年的交通运输行业企业社会责任报告 33 份。

MQI 数据库持续收录中国境内发布的企业社会责任报告。数据库根据 MQI 指标体系，定期对所收录的报告进行披露率评价，所生成的分析数据供公开查询。企业可根据此分析数据对照自身在企业社会责任信息披露程度、社会责任绩效方面的水平，从而制定行动政策。企业利益相关方也可参考此信息开展活动，如政府及监管机构进行企业社会责任政策制定、投资者对企业社会责任绩效进行评价、非政府组织开展企业社会责任监督和倡议、专家学者进行学术研究等。截至 2015 年 8 月 1 日，共检索到 2014 年的交通运输行业企业社会责任报告 15 份。

相对于以上获取渠道来说，各企业网站对自己的企业社会责任报告披露理应最为全面、及时和易得，然而现实并非如此。2014 年度，只有 20 家企业在自己的网站上发布了企业社会责任报告。企业网站的发布数量相比于巨潮资讯的信息披露数量，只有一半多一些的水平。企业大部分不愿意主动地披露自己的社会责任相关信息，只是被动地在被要求其必须发布的平台上进行披露。由此可见，第三方评价机构以及社会舆论将会对企业践行社会责任起到很大的推动作用。

3 交通运输行业企业社会责任报告质量评价及分析

3.1 报告质量评分和总体排名情况

本报告评价了交通运输行业 2014 年发布的企业社会责任报告，共计 38 份，总体评价得分和排名情况如表 1-15 和图 1-5 所示。

2014 年度交通运输行业企业社会责任报告质量评价得分和排名 表 1-15

排名序号	企业名称	评价得分	排名序号	企业名称	评价得分
1	中国远洋	90.56	20	江西长运	27.25
2	东方航空	83.24	21	大秦铁路	27.18
3	中国国航	82.56	22	日照港	26.48
4	中海发展	81.09	23	宁波海运	26.39
5	上港集团	78.21	24	吉林高速	26.21
6	南方航空	76.65	25	大连港	24.89
7	外运发展	71.03	26	大众交通	23.58
8	中远航运	63.88	27	铁龙物流	22.68
9	天津港	46.25	28	锦州港	21.88
10	广深铁路	46.05	29	现代投资	20.50
11	中海集运	45.07	30	福建高速	20.17
12	唐山港	44.85	31	白云机场	19.52
13	中储股份	38.01	32	四川成渝	19.17
14	深高速	34.96	33	浙江沪杭甬	19.02
15	山东高速	34.53	34	皖通高速	17.69
16	龙江交通	32.14	35	中原高速	16.88
17	宁沪高速	29.43	36	赣粤高速	16.83
18	宁波港	27.74	37	盐田港	15.47
19	连云港	27.52	38	中海海盛	15.08

注：评分已转化为百分制。

38 家企业发布的企业社会责任报告质量评价的均值为 37.91 分，按照百分制计算，尚未达到及格水平。38 家企业中仅有 8 家企业分数超过 60，及格率维持在 21%。同时，企业得分差距悬殊，第一名的中国远洋和最后一名的中海海盛，相差近 75 分。

其中，航空运输业一共 4 家企业，全部进入前 10 名的行列，另外，三家水路运输企业——中国远洋、中远航运和中海发展，两家港口企业——上港集团和天津港，以及一家铁路运输企业——广深铁路进入了报告质量评价的前10名。而公路、机场、高速和物流运输业则无企业上榜。可见，航空运输业企业社会责任报告的整体质量水平较高，平均得分为78.37，超过交通运输行业整体均值将近40分，领军整个交通运输行业。

排名后10位的企业，企业社会责任报告质量评价的平均得分为18.03，低于交通运输行业整体均值将近20分，集中了7家高速企业，1家港口企业，1家水路企业和1家机场企业。

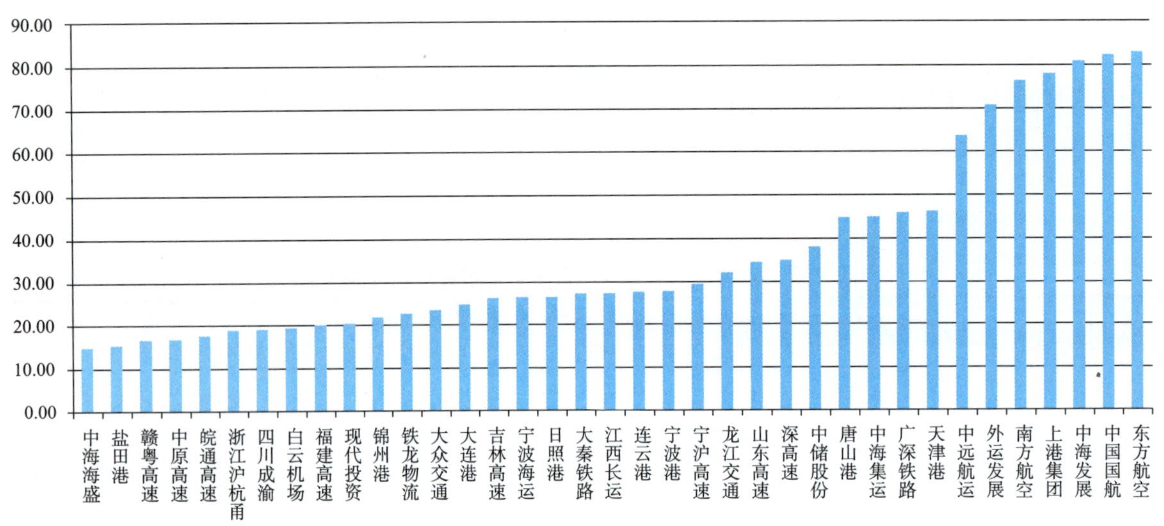

图1-5 2014年度交通运输行业企业社会责任报告质量评价得分

同时，行业内部的差距仍然很大，如港口运输业的上港集团（78.21）和盐田港（15.47），水路运输业的中国远洋（90.56）和中海海盛（15.08）。具体分析详见第二部分的行业报告。

总体来看，航空运输业的报告总体质量最好，四家企业全部进入前十名。水路运输业报告质量水平仅次于航空运输业，其中不仅有排名首位的中国远洋还有排名第四的中海发展和第八的中远航运，其余处于交通运输行业整体的中间水平，以及排名垫底的中海海盛，其余则处于交通运输行业整体的中间水平。铁路运输业和公路运输业，这两分行业报告质量的整体水平不相上下，并且其中所有企业的报告质量水平都处于交通运输行业整体水平的中上游部分。港口运输业企业分布则比较分散，且在本行业内发布的报告质量水平也相差甚远，其中，港口运输业中的上港集团和天津港处于交通运输行业的前十名，但是盐田港的报告质量相对较差，处于后十位，其余则处于中间水平。高速公路运输业整体水平较差，前十位企业中无一入选，表现最佳的深高速排在第十四位，而福建高速、浙江沪杭甬、赣粤高速、现代投资、四川成渝、中原高速和皖通高速则处于后十位，占据一半以上，只有少数几家企业处于中间部分。可见，高速公路运输业整体对报告质量不太重视，高速公路运输业要想跟上交通运输行业整体的步伐，排名靠后的企业应该积极采取相应措施，逐渐缩小行业内差距，而作为分行业报告质量水平标杆企业的深高速，还应继续提升自己，做好高速公路运输行业的带头作用，进而提高整个分行业企业社会责任报告质量的总体水平。而机场与物流各自仅有一家企业发布了企业社会责任报告，但质量相对较低，排名处于中下游，有待继续提高。

相比2013年，今年报告质量指标评分标准更加接近G4和ISO 26000两个国际标准。所以，单从结果来看报告质量整体水平有所提升，就实际情况而言，今年报告质量整体水平较之2013年有明显提升，具体分析如下：

2014 年交通运输行业报告质量均值为 37.91 分，较之 2013 年的 34.75 分，上升了 3.16 分，并且考虑到今年评分标准更加严格，可以看出报告的整体水平有显著提升。其中，2014 年 38 家企业中有 8 家及格，及格率为 21%，而 2013 年的及格率为 15.8%，提升了 5.2%，证明更多的企业开始将企业社会责任纳入规划当中，企业社会责任在企业内部的权重逐渐上升。今年报告质量评价的前 10 名与后 10 名名单相较 2013 年有一定变化，主要体现在水上运输业的良好表现。具体每个企业的社会责任报告质量评价得分对比分析如图 1-6 所示。

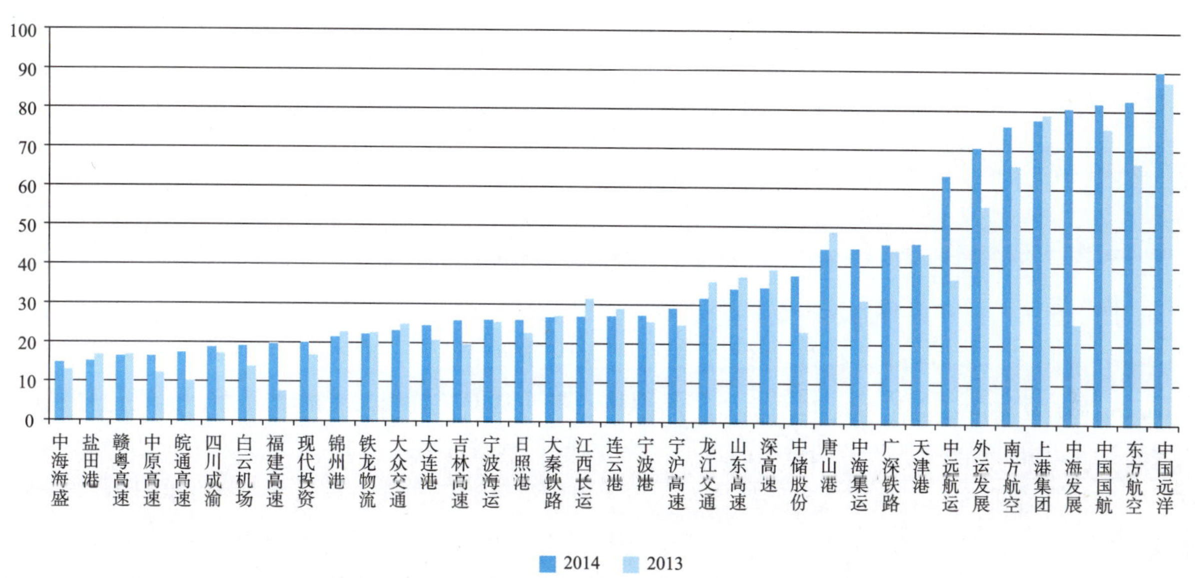

图 1-6　2013—2014 年度交通运输行业企业社会责任报告质量评价得分对比分析

3.2　报告质量分维度评价情况

2014 年度交通运输行业企业社会责任报告质量评价包含八个一级指标，八个一级指标得分情况如表 1-16、图 1-7~ 图 1-14 所示。

2014 年度交通运输行业企业社会责任报告质量评价一级指标得分表　　表 1-16

行业＼指标	完整性	包容性	实质性	回应性	可比性	可信性	创新性	可获取性
铁路运输业	0.67	0.33	0.94	0.50	0.33	0.17	0.39	0.83
公路运输业	0.60	0.33	0.72	0.50	0.39	0.17	0.44	0.67
水路运输业	1.14	0.69	1.25	1.06	0.97	0.53	1.14	1.08
航空运输业	1.75	1.25	1.54	1.33	1.79	1.33	1.67	1.92
港口运输业	0.82	0.39	0.83	0.72	0.48	0.24	0.63	0.74
高速运输业	0.56	0.27	0.50	0.59	0.26	0.08	0.48	0.85
机场运输业	0.50	0.17	0.50	0.33	0.17	0.00	0.50	0.67
物流运输业	1.36	0.67	0.50	0.67	0.67	0.17	0.83	0.83

注：一级指标得分均采用原始得分，满分为 2 分。

如图 1-7 所示，在完整性这一指标上，除航空运输业、物流运输业、水路运输业指标明显偏高以外，其他各行业水平相差不大，得分基本维持在0.5左右，整体水平较高，大部分企业的报告能满足完整性内容的基本要求。较之2013年，物流运输业以及水路运输业指标有所提升，但是各分行业内企业间存在一定差异，如水路运输业中的中国远洋（2.00）和中海海盛（0.36）相差竟然达到1.64。值得一提的是，航空运输业已经连续6年名列榜首，且遥遥领先于行业的平均水平。

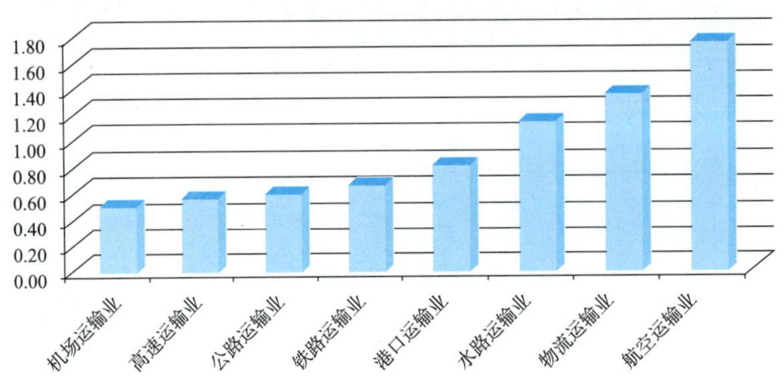

图1-7　2014年度企业社会责任报告完整性维度指标得分

如图1-8所示，在包容性这一指标上，航空运输业得分最高，其次为物流运输业、水路运输业，其余各分行业得分维持在0.3左右。并且，整体行业内部差距较大，正如第一位的航空运输业（1.25）和第二位的水路运输业（0.69）相差0.56。该指标主要强调了利益相关者的重要性，而无论是从理论角度还是实践角度，利益相关者的价值需求都是企业践行企业社会责任的主要目标和方向。从得分来看，唯一一家机场企业——广州白云机场得分为0.17，指标得分较低，除机场运输业外，其他各分行业也不甚理想。众所周知，机场企业是与消费者这一重要利益相关者接触最为密切的行业之一，但是其报告中与利益相关者的提及和参与程度却低于交通运输行业的整体平均水平。所以，白云机场应该加大投入，努力提高其报告质量，完善信息的披露程度。

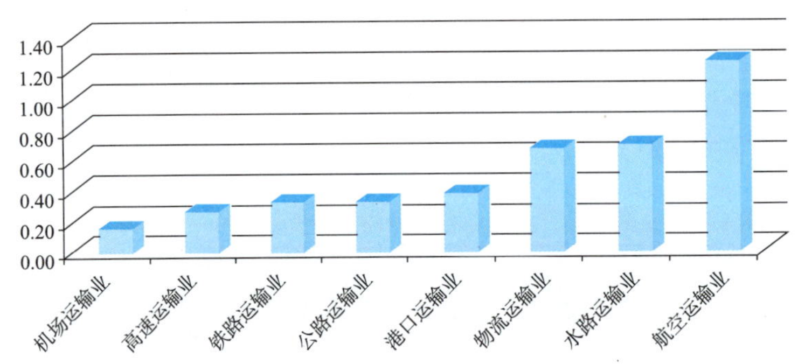

图1-8　2014年度企业社会责任报告包容性维度指标得分

如图1-9所示，在实质性指标上，航空运输业仍然得分最高，其次是水路运输业，铁路运输业紧随其后，高速运输业、机场运输业、物流运输业得分最低，各行业差别不大，基本都能满足实质性指标的基本要求。实质性指标主要考核了企业对于社会责任主题的实践情况。ISO 26000指南已经明确了企业践行社会责任的重要主题及其内涵，因此企业践行社会责任的目标是明确的。企业社会责任报告的披露情况也印证了这一点。

如图1-10所示，在回应性这一指标上，航空运输业仍位居榜首，但机场运输业明显偏低，与各分行业差距明显。回应性主要是指建立与主题对应的目标体系，以及绩效衡量、正负面信息披露的平衡，企业得分差距不大，可见，大部分企业逐渐意识到回应利益相关者是企业社会责任报告中重要的一部分，建立了相对明确的目标体系，对绩效指标进行了一定的衡量和审验，对于利益相关方较为关注的问题能够做到较为全面的披露。但是在负面信息这一块，大部分企业没有进行披露，在内容上报喜不报忧，而这恰恰是利益相关者最为关注的地方，也进一步反映了企业有意隐藏自己的缺陷，回避企业存在的一些不良问题的倾向。

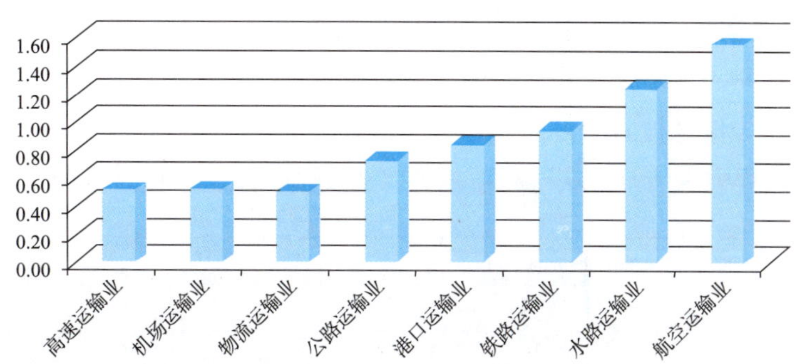

图 1-9　2014 年度企业社会责任报告实质性维度指标得分

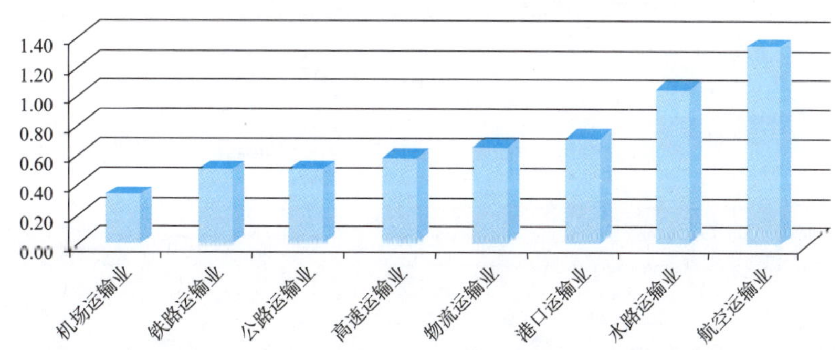

图 1-10　2014 年度企业社会责任报告回应性维度指标得分

GRI 指南规定了编制可持续发展报告时的中肯性原则，即报告不但要有企业积极方面的信息，还应有消极和需要改进的方面的信息。但我国很多企业在报告中对“负面消息”的报道远远不及“正面信息”。以高速运输业为例，高速路不合理收费，建设过程中污染环境、噪音扰民，工作效率低下等负面新闻屡见不鲜。而在所有的高速运输业社会责任报告中均未提及，也未提及相关措施，从侧面印证了企业对消费者权益认识的缺失。在铁路运输业方面，网络及民间也充斥着大量的负面信息，例如货物运输手续繁杂运输速度慢、安检程序冗长低效等问题，在其社会责任报告中均未体现，可见企业在撰写社会责任报告的时候，只是凸显好的一面，对社会大众讨论的热点话题却视而不见，这是极其不成熟的表现。

如图 1-11 所示，在可比性指标上，有一定比例的企业按照《可持续发展报告指南》并融入国际标准《ISO 26000 社会责任指南》编写，使报告的可比性大大增强。从图中数据可知航空运输业指标得分最高，其次是水路运输业，机场运输业最低。可比性指标主要强调了企业报告发布的跨年可比、行业内可比和跨行业可比，而企业得分较低，说明企业在报告发布时更多关注当年的情况，缺乏对于企业践行社会责任的纵向比较和发展趋势的关注，“没有比较就没有进步”，可比性较低可能会在一定程度上降低企业进步的积极性。

如图 1-12 所示，在可信性指标上，除了航空运输业遥遥领先，且超过 1 分，而其他各分行业均处于偏低水平。作为可信性维度的一项重要指标第三方审验，38 家发布报告的企业中，只有 4 家企业的报告获得了第三方的评价或审验，其分别是中国远洋、南方航空、中国国航、上港集团。而第三方审验本身也是G4标准的基本要求。同时，很多企业只是交代了一些实践数据，但是并没有标明数据的真实来源，导致报告缺乏基本的公信度。社会责任报告实施独立第三方评价或审验是为了确保报告的客观性和可靠性，当然，经过第三方评价或审验并不意味着我们可以完全相信其披露的所有信息，但是审验程序的确可以表明企业在数据可信度方面存在很大进步，在数据披露背后存在一套成熟的管理流程和机制。2014年评价的企业中只有11%的企业经过了第三方审验，这就说明了我国企业社会责任报告的编制发展还不成熟，很多企业缺乏向国外权威机构提交审验申请的意识和能力，这也无疑降低了我国企业社会责任报告信息披露的可信度和真实性。另外，在报告评价过程中发现，很多企业在企业社会责任报告编制过程中未能及时获得利益相关者的反馈信息，致使报告流于形式。

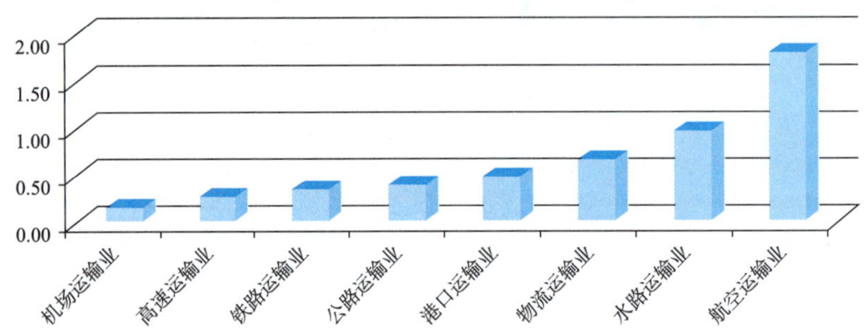

图1-11　2014年度企业社会责任报告可比性维度指标得分

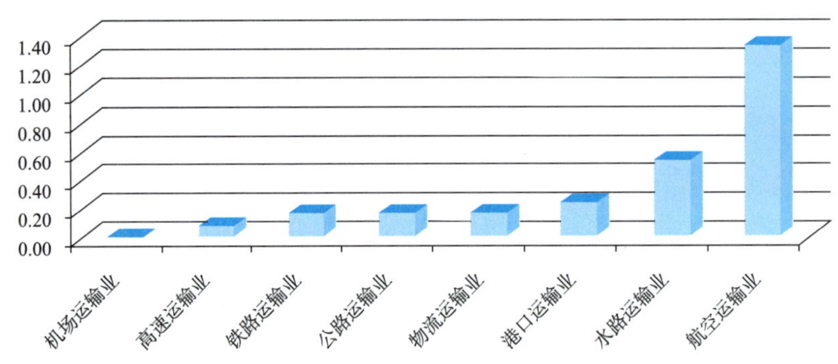

图1-12　2014年度企业社会责任报告可信性维度指标得分

如图1-13所示，在创新指标上，航空运输业1.67遥遥领先，其次水路运输业1.14，其他分行业得分较低，可见，大部分企业对报告的创新性不够重视。创新性是体现企业报告能否体现公司理念、展现行业特色的重要指标。同时，企业为了提高报告创新性，企业可以灵活运用图、表等形式来展现公司理念，增加报告的可读性，提高读者的视觉美感，方便读者更好理解公司经营宗旨。

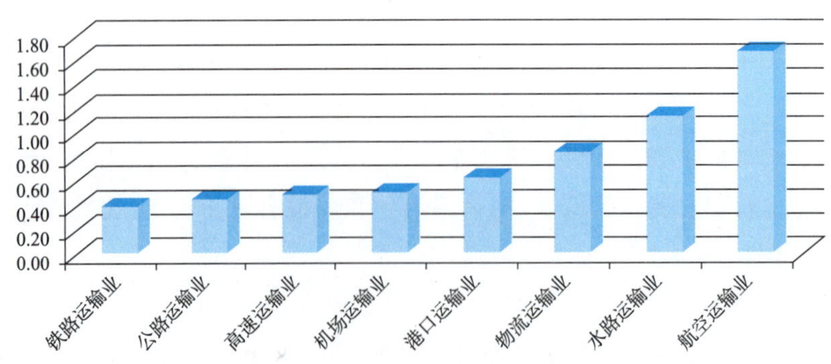

图1-13　2014年度企业社会责任报告创新性维度指标得分

如图 1-14 所示，在可获取指标上，除机场运输业和公路运输业稍逊于其他行业，各分行业水平相差不大。对于语言版本，少数几家企业有英语版报告，包括：广深铁路、南方航空、东方航空、中国国航和深高速。少数几家企业发布了繁体版本，包括：中海发展和浙江沪杭甬。如图 1-14 所示，在可获取指标上，除航空运输业远超于其他行业，各分行业水平相差不大。与 2013 年相比，除航空运输业提升较大，各分行业无显著变化。语言版本方面，仅少数几家企业有英语版报告，如中海发展、南方航空、东方航空、上港集团、深高速等。关于企业社会责任报告发布渠道如前所述，大部分企业只在巨潮资讯网发布了报告，而企业官网反而较少，对于发布报告工作的渠道理解不够深入，只在指定的网站发布报告。总之，为提高企业在利益相关者心中的影响力，其应该更进一步提高报告质量，以及有效利用企业官网，披露企业相关信息。

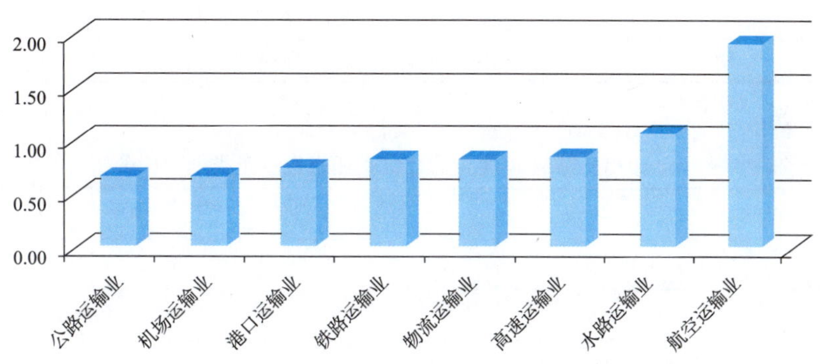

图 1-14 2014 年度企业社会责任报告可获取性维度指标得分

4 与 2013 年度评价结果的对比分析

如报告 2.1 所述，2014 年度参与评比的企业与 2013 年数量相同，均为 38 家，其中，营口港未发布 2014 年报告，浙江沪杭甬新增发布 2014 年企业社会责任报告。因此，本报告仅对这 38 家企业的发展趋势进行跨年度对比分析，具体如表 1-17~ 表 1-21、图 1-15~ 图 1-17 所示。

2013—2014 年度报告发布类型对比分析 表 1-17

报告企业	报告年度		报告企业	报告年度	
	2013	2014		2013	2014
铁龙物流	C	C	中国远洋	A	A
大秦铁路	C	C	南方航空	A	A
广深铁路	B	B	东方航空	A	A
龙江交通	C	C	外运发展	A	A
江西长运	C	C	中国国航	A	A
大众交通	C	C	盐田港	B	B
中海发展	C	A	日照港	C	C
中远航运	C	B	锦州港	B	B
宁波海运	C	C	天津港	A	A
中海海盛	C	C	唐山港	C	C
中海集运	C	B	连云港	C	C

续上表

报告企业	报告年度		报告企业	报告年度	
	2013	2014		2013	2014
宁波港	C	C	深高速	C	C
大连港	C	C	福建高速	C	C
上港集团	A	A	吉林高速	C	C
山东高速	C	C	现代投资	C	C
皖通高速	C	C	白云机场	C	C
中原高速	C	C	中储股份	C	B
赣粤高速	C	C	浙江沪杭甬		C
宁沪高速	C	C	营口港	C	
四川成渝	C	C			

注：A- 完整型，B- 基本型，C- 简化型。

2013—2014 年度企业社会责任报告发布类型对比分析 表 1-18

报告年度	报告类型（份）		
	完整型（A 级）	基本型（B 级）	简化型（C 级）
2013	7	3	28
2014	8	6	24

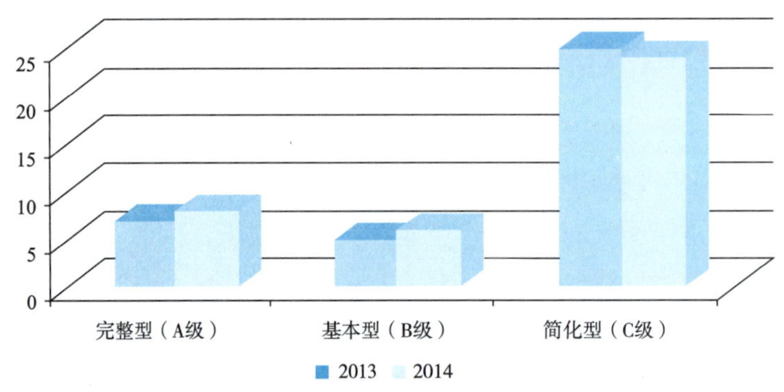

图 1-15 2013—2014 年度交通运输行业企业社会责任报告类型对比分析

从表 1-17、表 1-18 以及图 1-15 可知，2014 年度与 2013 年度企业社会责任报告编写类型相接近，在数量上与 2013 年度相比基本保持不变，各家企业基本上还是遵循了 2013 年的标准。针对整个交通运输行业，报告编制的规范程度基本不变，但其中没有企业社会责任报告被降级，包括中海发展由 C 到 A，中海集运由 C 到 B，中远航运由 C 到 B，中储股份由 C 到 B，总趋势仍是利好。就整体水平而言，基本型（B 级）报告最少，简化型（C 级）的报告数量最多，完整型（A 级）与基本型（B 级）报告的数量之和不到报告总数量的 50%，略超简化型（C 级）报告的一半。这说明企业在一定程度上没有对报告的内容及形式上的编制要求引起必要的重视，缺乏一定的实质性和完整性。可见整个交通运输行业的企业社会责任报告总体框架不够完善，大部分企业都未按照全球报告倡议组织（GRI）发布的《可持续发展报告指南》（G4 版）框架和 2006 年深圳证券交易所发布的《上市公司社会责任指引》或者 2008 年上海证券交易所发布的《关于加强公司社会责任承担工作的通知》来编制企业社会责任报告。

2013—2014 年度各渠道企业社会责任报告发布情况对比分析 表 1-19

报告企业	报告年度						
	2013			2014			
	A	B	C	A	B	C	D
铁龙物流	★	★		★	★		★
大秦铁路	★	★			★		
广深铁路	★	★	★	★	★	★	★
龙江交通	★	★			★		
江西长运	★	★	★		★		
铁龙物流	★	★		★	★		★
大秦铁路	★	★			★		
广深铁路	★	★	★	★	★	★	★
龙江交通	★	★			★		
江西长运	★	★	★		★		
大众交通	★	★			★		
中国远洋	★	★	★		★		
中海发展	★	★	★	★	★	★（简 & 繁）	★
中远航运	★	★			★		
宁波海运	★	★		★	★		★
中海海盛	★	★	★	★	★		★
中海集运	★	★	★	★	★	★	★
南方航空	★	★			★	★	
中国国航		★		★	★	★	★
外运发展		★			★	★	
东方航空	★	★		★	★	★	★
日照港	★	★		★	★		★
锦州港	★	★			★		
营口港	★	★			★		
天津港	★	★	★		★	★	
唐山港	★	★			★		
连云港	★	★			★		
宁波港	★	★	★	★	★		★
大连港	★	★		★	★	★	★
上港集团		★	★		★	★	
盐田港	★	★			★		
山东高速	★	★		★	★	★	★
皖通高速	★	★		★	★	★	★
中原高速	★	★			★	★	
赣粤高速	★	★	★	★	★	★	★
宁沪高速	★	★			★	★	

续上表

报告企业	报告年度						
	2013			2014			
	A	B	C	A	B	C	D
四川成渝	★	★		★	★	★	★
深高速	★	★	★		★		
福建高速		★			★	★	
吉林高速	★	★			★		
现代投资	★	★	★		★	★	
浙江沪杭甬						★（繁）	
白云机场		★	★		★		
中储股份		★	★		★	★	

注：A- 关键定量指标数据库；B- 巨潮资讯网；C- 企业官网；D- 东方财富网。
★代表该渠道可以获得企业的企业社会责任报告。
东方财富网为今年的新增渠道，因其权威性和及时性较强，所以今年新增了东方财富网。

2013—2014 年度各渠道企业社会责任报告发布情况对比分析 表 1-20

报告年度	报告发布渠道（份）			
	A- 关键定量指标数据库	B- 巨潮资讯网	C- 企业官网	D- 东方财富网
2013	32	38	14	—
2014	15	37	20	33

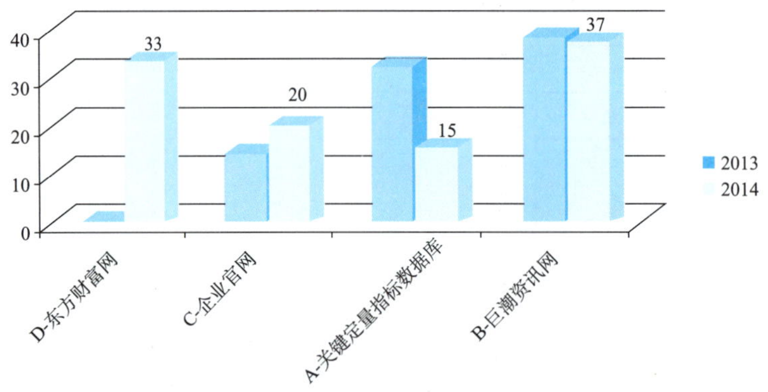

图 1-16 2013-2014 年度各渠道企业社会责任报告发布情况对比分析

从表 1-19、表 1-20 和图 1-16 可知，关键定量指标数据库、巨潮资讯和东方财富网是企业社会责任报告发布的主要平台。2014 年度，37 家参评企业选择巨潮资讯、33 家企业选择东方财富网作为发布其企业社会责任报告的平台之一，15 家企业选择关键定量指标数据库披露信息。和 2013 年一样，几乎所有企业选择在巨潮资讯网站发布 2014 年企业社会责任报告，可见巨潮资源对企业社会责任报告的重视程度，其将成为获取企业社会责任报告的主要渠道之一。其中，东方财富网为今年的新增渠道，因其权威性和及时性较强，所以今年新增了东方财富网，从选择东方财富网发布报告的企业数量来看，东方财富网也是获取企业社会责任的主要渠道。对于企业官网发布情况，发布在企业网站上的报告由 2013 年度的 14 份增加到 2014 年的 20 份，其中 2014 年度，铁路运输业发布了 1 家，公路运输业未发布，水路运输业发布 2 家，港口运输业发布 3 家，高速运输业发布 9 家，机场运输业发布 4 家，物流运输业发布 1 家。在企业网站发布报告的企业数量远小于巨潮资讯，相比于 2013 年，2014 年发布在企业网站的企业数量增加了 6 家，这说明有部分企业逐渐重视企业社会责任报告，主动承担企业责任。2014 年度发布在企业网站上的报告是 20 份，其中铁路运输业发布了 1 家，水路运输业发布 2 家，航空运输业发布 4 家，港口运输业发布 3 家，高速运输业发布 9 家，物流运输业发布 1 家。相比 2013 年仅有 14 份报告发布在企业网站上，说明部分企业已经逐渐满足利益相关者的需求，积极披露信息的意识，趋势利好。但在企业网站上发布报告的企业数量相比于巨潮资讯仅略超一半，说明交通运输行业中仍有部分企业还没有构建完善缜密的社会责任报告发布机制，对于社会责任报告对企业的外部形象和整体竞争力的影响缺乏充分认知，发布社会责任报告的自觉性不足。因此，如何有效地推动企业主动的践行社会责任，积极进行信息披露是利益相关者重要工作之一。

如表 1-21、图 1-17 所示，38 家参加跨年度对比分析的企业中，2014 年报告质量排名较之 2013 年的排名情况，变化很明显。其中 3 家企业排名不变，15 家企业排名上升，20 家企业排名下降。其中，中海发展、中储股份 2 家企业变化范围较大，名次变化超过 10 名。其他企业波动不大，相对来说比较稳定。

2013—2014 年度交通运输行业企业社会责任报告质量排名对比分析　　表 1-21

企业名称	2014 年排名	2013 年排名	企业名称	2014 年排名	2013 年排名
中国远洋	1	1	江西长运	20	14
东方航空	2	4	大秦铁路	21	17
中国国航	3	3	日照港	22	25
中海发展	4	18	宁波海运	23	20
上港集团	5	2	吉林高速	24	28
南方航空	6	5	大连港	25	27
外运发展	7	6	大众交通	26	22
中远航运	8	12	铁龙物流	27	26
天津港	9	9	锦州港	28	24
广深铁路	10	8	现代投资	29	32
中海集运	11	15	福建高速	30	38
唐山港	12	7	白云机场	31	34
中储股份	13	23	四川成渝	32	31
深高速	14	10	浙江沪杭甬	33	—
山东高速	15	11	皖通高速	34	37
龙江交通	16	13	中原高速	35	36
宁沪高速	17	21	赣粤高速	36	33
宁波港	18	19	盐田港	37	33
连云港	19	16	中海海盛	38	35

在企业社会责任报告的编制过程中，很多企业加强了对企业社会责任报告编制框架的重视，尤其是报告权重较高的完整性、包容性、实质性、回应性等方面。部分企业在社会责任主题方面加强了认识，对 8 个主题的信息披露更加详细完整，更有针对性，并不断更新形式、结构和内容，增强报告的可读性、

可比性。企业社会责任意识的加强保证了企业社会责任报告质量的提高。以中海发展为例，中海发展由 2013 年的 18 名上升到 2014 年的 4 名，进入交通运输行业的前十名。对 2013 和 2014 两年度的报告进行分析得知，2014 年度，中海发展企业社会责任报告评价中完整性、可比性、创新性和可获取性这四大模块的得分显著增强。2014 年，中海发展企业社会责任报告较全面地识别了对企业社会责任产生重要影响的主题，并进一步设定明确、可测量的目标，同时企业能够披露责任主题的实践情况，进而实现对利益相关者较为关注的信息进行及时、准确地回应。中海发展信息披露全面客观，不仅对正面信息的披露客观真实，而且对负面信息的披露也较充分，体现了报告回应的平衡性。

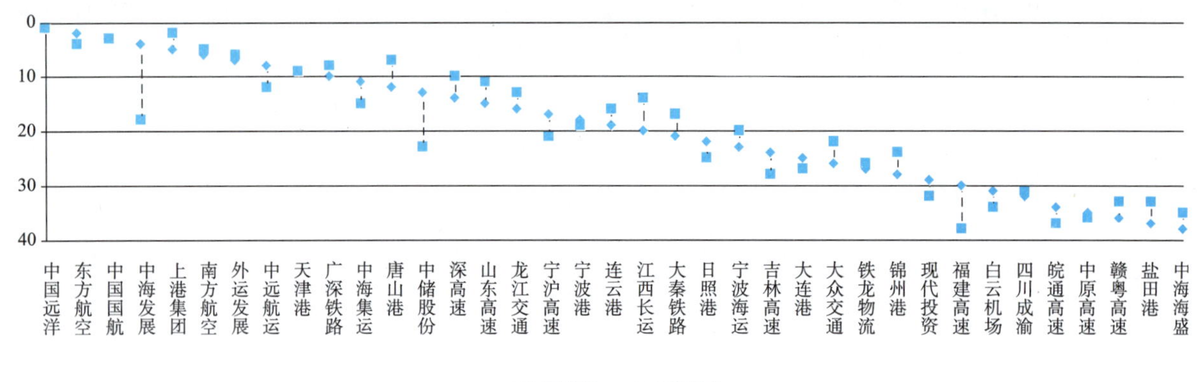

图 1-17 2013—2014 年度交通运输行业企业社会责任报告质量排名对比分

但是，也存在一些企业降低了自身对企业社会责任的关注程度及标准，没有深入理解企业履行社会责任促进企业可持续发展的重要意义。对企业社会责任报告的编制没有引起足够的重视，不进反退。

第二章

交通运输行业上市公司企业社会责任报告应用等级评价

1 企业社会责任报告应用等级评价体系

1.1 评价标准

应用等级审核最重要的部分是围绕着报告内容索引表进行，以内容索引表为基础来判断企业是否达到此应用等级的披露要求（包括战略与概况，管理办法，绩效指标三个主要部分）。

内容索引表列出了报告中所披露的 G4 指南中的条目和 ISO 26000 指南中的核心主题。内容索引表是报告应用等级的指引和评价依据，同时，内容索引表也能够帮助读者更加便捷地在企业社会责任报告中找到所需要的信息。

企业社会责任报告的发布者应当对照内容索引表编制相应等级的内容对照表，表明所披露信息的具体情况，如没有披露部分信息的原因及信息在报告中的页码，读者也能点击链接直接进入浏览其他相关资料。

《2014 交通运输行业企业社会责任发展报告》将企业社会责任报告的应用等级划分为四级，分别是 A 级、B 级、C 级、D 级，其中，对报告进行了相关机构 GRI4 应用水平外部审验的企业则分别给予对应等级的 C+、B+、A+ 评级（带“+”号的报告，表示已经过外部审验）。通过应用等级审核评价企业社会责任报告中对 GRI 指南和 ISO 26000 指南的使用程度，目的是确保声明已达到某应用等级的报告确实已经达到了相应的披露要求。

应用等级标准，如图 2-1 所示；内容索引表，如表 2-1 所示。

1.2 评价方法与评价流程

企业社会责任报告应用等级评价最重要的依据是企业社会责任应用等级内容索引。索引指标是评价的基础，决定企业报告的相应等级和披露标准（战略与概况披露，管理办法披露，绩效指标披露）。

评价机构根据企业或者企业社会责任报告声明的应用等级，准备相应的应用等级检查表，依据相应的应用等级内容索引进行复核。如果企业没有明确企业社会责任报告的应用等级声明，评价机构还可以依据 A 级应用等级内容索引准备检查表，再根据复核的实际应用水平给出相应的应用等级确认。

应用等级评价小组至少由三名成员组成，成员分别采用上述方法对报告作出评价。对于有明显差别的指标评价结果，应当由评价小组进行讨论后作出最终判定。

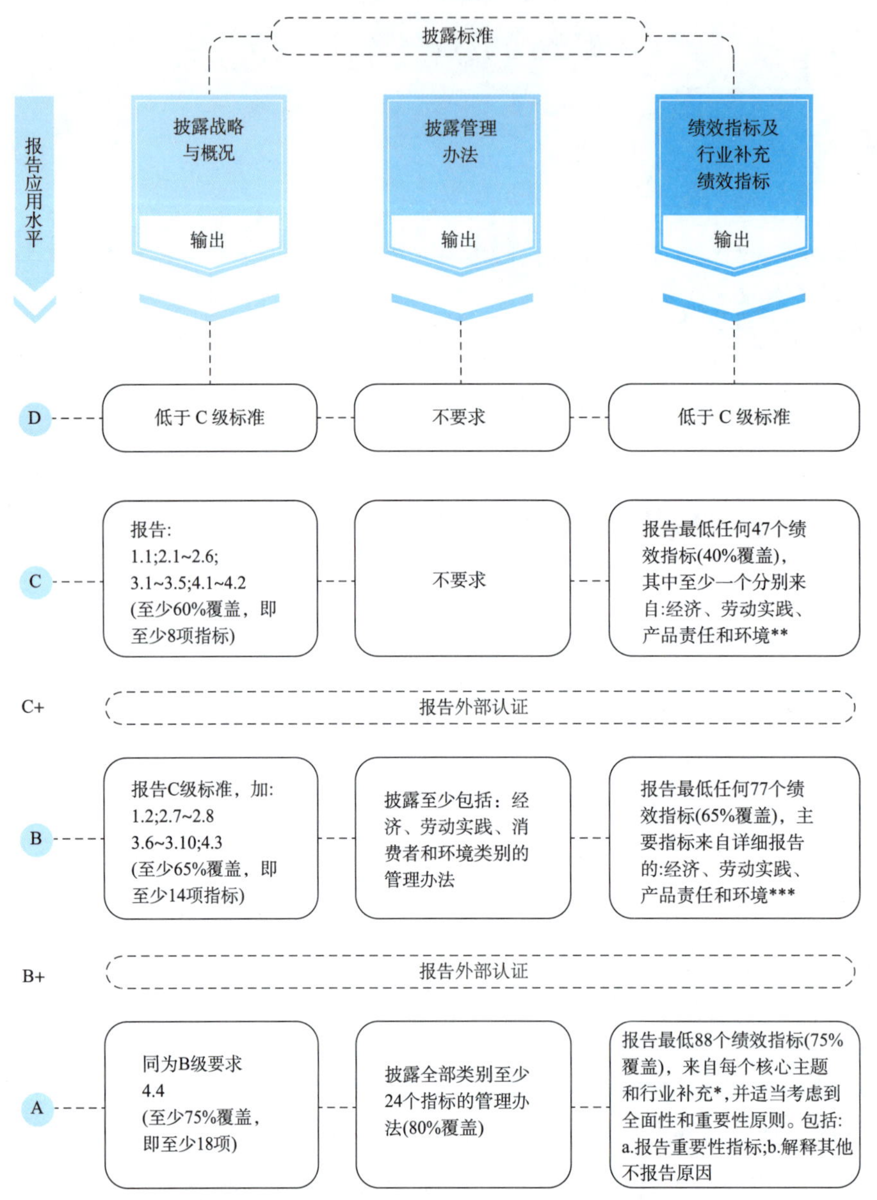

* 最终版本的行业补充。

** 绩效指标可以选择来自任何定稿的行业补充，但12个必须来自经济、劳动实践、产品责任和环境。

*** 绩效指标可以选择来自任何定稿的行业补充，但15个必须来自经济、劳动实践、产品责任和环境。

图2-1　企业社会责任报告应用等级评价标准

企业社会责任报告内容索引表　　表2-1

内容索引		应用等级		
		C级	B级	A级
标准披露第一部分：战略与概况				
1. 战略与分析				
战略与概况				
1.1	最高决策者就公司可持续发展战略的相关的说明	1.1		

续上表

内容索引		应用等级		
		C级	B级	A级
1.2	公司对可持续发展会产生的主要影响、风险及机遇的说明		1.2	
2. 机构概况				
基本信息				
2.1	名称、主要品牌、产品（服务）	2.1~2.6		
2.2	总部位置，运营架构（包括主要部门、运营公司、附属及合资企业）			
2.3	国际化经营范围（在多少个国家运营，在哪些国家有主要业务）			
2.4	所有权性质及法律形式			
2.5	所服务的市场（包括地区细分、所服务的行业、客户/受惠者的类型）			
2.6	机构的资产、员工、市场规模			
变化信息				
2.7	报告期内机构规模、架构或所有权方面的重大变化		2.7	
荣誉和奖励				
2.8	报告期内所获得的奖项		2.8	
3. 报告参数设置				
报告期				
3.1	所提供信息的报告期（如财政年度/日历年），上一份报告的日期（如有）	3.1~3.5		
3.2	报告周期（如每年、每两年一次）			
报告发布渠道				
3.3	查询报告或报告内容的获取方式			
报告内容和范围				
3.4	界定报告内容、编制方法或过程			
3.5	报告范围和边界（如部门、附属机构、合资企业、外包商等）。详情参考 GRI《边界规章》			
3.6	报告所限定范围的依据		3.6	
数据测量方法及计算基准				
3.7	数据测量方法及计算基准，包括用以编制指标及其他信息的各种估测所依据的假设及方法		3.7	
重要差异及解释				
3.8	对前期报告重要信息重订影响及原因的解释（例如合并/收购、基准年份/期间变化、业务性质和测量方法变化）		3.8	
3.9	报告的范围、边界或所用的测量方法与此前报告期间的重大差异		3.9	
报告内容索引检查				
3.10	确定各指标披露在报告中的位置，如内容索引对照表		3.1	
4. 利益相关方参与				
利益相关方参与				
4.1	机构的利益相关方群体列表	4.1~4.2		
4.2	利益相关方识别和选择的主要根据			

续上表

内容索引		应用等级		
		C级	B级	A级
4.3	利益相关方参与的方法（包括不同的利益相关方类型、组别、参与频率）		4.3	
4.4	利益相关方参与的过程中提出的关键主题及问题，以及机构回应的方式（包括以报告回应）			4.4
标准披露第二部分：管理方法披露（G3.1 DMAs）				
DMA EC 经济发展				
1-Dec	对经济发展直接影响（包括影响的程度）的理解和说明		披露类别管理办法	
2-Dec	对经济发展的间接影响（主要指的是通过商业活动、捐赠或公益投资等形式对经济发展产生的间接影响）			披露每个指标类别管理办法
3-Dec	气候变化对机构活动产生的财务影响及其风险、机遇			
DMA EN 环境				
DEN1	环境保护管理			
DEN2	污染防治（包括大气排放、水排放、固液废弃物排放，健康和环境风险披露及事故应急预案等）			
DEN3	可持续资源利用（包括能源效率、节水效率、材料效率）			
DEN4	减缓和适应气候变化（包括准确确定来源，建立测量、改进、报告制度，直接排放量，间接排放量）			
DEN5	环境风险管理			
DEN6	环保公益投资			
DMA LA 劳动实践				
DLA1	劳动和劳动关系			
DLA2	劳动条件和社会保障			
DLA3	职业健康与安全			
DLA4	培训与教育			
DLA5	雇佣的多元化与平等机会			
DMA HR 人权				
DHR1	人权管理组织和制度			
DHR2	对实践结果进行评价和尽职调查			
DHR4	生存权和发展权（尊重人格、健康、相当水准生活以及平等发展和公平享有发展）			
DHR5	公民权和政治权（公民人身自由、安全、人道及尊重，参与公共事务、自由选举和被选举以及自由结社）			
DHR6	经济、社会、文化权（自由平等就业、公正良好工作、基本生活薪酬福利、社会保障，参加社团社会活动、家庭关怀、健康教育、宗教和文化生活）			
DMA SO 社区				
DSO1	社区参与：实施了当地社区参与、影响评估和发展计划			
DSO2	社区发展：促进健康事业、慈善事业以及支持社会投资的计划			
DMA FO 公平运营				
DFO1	遵守法规			
DFO2	反腐败与负责任的政治参与			
DFO3	促进价值链社会责任			
DFO4	尊重产权			

续上表

内 容 索 引		应 用 等 级		
		C级	B级	A级
DFO5	公平竞争			
DMA PR 产品责任				
DPR1	消费者健康和安全			
DPR2	产品和服务			
DPR3	公平营销			
DPR4	消费者信息安全			
	C: 不要求 B: 至少包括经济、劳动实践、消费者和环境 A: 包括全部类别的至少 25 个指标管理办法（80% 覆盖）	C	B	A 至少 25 个 （80% 覆盖）
披露标准第三部分：绩效指标				
EN 环境绩效指标				
物料、能源、水				
EN1	按产品或产品类别划分，可再生物料在生产和包装过程中使用的程度			
EN2	主要产品和服务所采用的循环再造物料的程度			
EN3	可持续资源及二次能源的利用程度			
EN4	通过提高技术水平减少对资源需求的程度			
EM5	减少水源污染的程度			
EN6	生产经营活动中循环及再利用水的程度			
生物多样性				
EN7	有保护和恢复生态系统的相关措施，其活动、产品及服务对保护区或其他具有重要生物多样性意义的地区产生的影响			
EN8	对生物多样性进行战略规划，并对目前和未来的行动进行规划			
EN9	积极参与生物多样性相关的项目			
EN10	说明列入国际自然保护联盟名录及国家保护名册的物种数量在栖息地受企业影响的濒危风险水平			
“三废”排放				
EN11	减少废气、废水、废弃物排放的措施、计划安排及其成效			
EN12	重大污染事件的披露			
EN13	有害废弃物经运输或处理的重量			
环境投资与影响评估				
EN14	采取积极措施评估并改善产品和服务对环境的影响			
EN15	环保开支及投资			
供应商评估				
EM16	将环境标准纳入到企业的供应商筛选、合作管理体系			
EN17	建立应对、识别和评估供应链中的重大实际和潜在的环境相关的负面影响及其改善措施			
申诉机制				
EN18	建立环境保护管理相关的规章制度或规则条例以及风险保障机制			
LA 劳动实践				
就业和雇佣关系				

续上表

内容索引		应用等级		
		C级	B级	A级
LA1	具有保障的就业，提供给正式员工的福利			
LA2	具有保障的就业，提供给兼职员工的福利			
LA3	保证员工享有产假/陪产假			
LA4	保护员工的个人隐私			
LA5	不从合作伙伴、供应商或分销商的不良劳动实践中获益			
LA6	在运营发生变化时，及时对员工作出通知，保障员工的知情权			
职业健康与安全				
LA7	与员工共同建立职工安全保障组织，确保员工的相关权益			
LA8	工伤、职业病以及和工作有关的死亡人数			
LA9	为从事高职业病风险的员工提供相关保障及福利待遇			
LA10	与工会达成包含职业健康与安全条款的正式协议			
LA11	关注、保护员工心理健康，改善职业环境以满足员工的生理和心理需要			
LA12	关注危险设备、危险工序、危险操作和危险物质对职业健康与安全的危害			
发展与培训				
LA13	加强员工持续就业能力及协助员工转职的技能管理及终生学习计划			
LA14	对员工进行职业培训的教育投入水平			
LA15	进行绩效及职业发展考评			
多元化与平等机会				
LA16	平等雇佣不同年龄阶段、性别、民族、地区的员工			
LA17	确保企业内部员工同工同酬			
劳工保护				
LA18	对内部弱势群体提供帮助，确保其收入稳定			
LA19	建立完善的沟通交流机制，确保企业、员工、政府三方面信息交流顺畅，便于进行相关谈判、协商			
供应商评估				
LA20	将劳动实践标准纳入到企业的供应商筛选、合作管理体系			
LA21	建立应对、识别和评估供应链中的重大实际和潜在的环境相关的负面影响及其改善措施			
申诉机制				
LA22	建立劳动实践管理相关的规章制度或规则条例以及风险保障机制			
HR人权				
投入与审查				
HR1	含有人权条款或已进行人权审查的重要投资协议或合约			
HR2	对员工进行与经营相关的人权政策及程序方面的培训			
HR3	对安保人员进行相关人权政策及程序方面的培训			
HR4	接受国家人权审查和评估			
保障平等				
HR5	避免某些规定、标准或做法直接或间接歧视弱势群体，消除就业和职业歧视，采取纠正行动			
HR6	保障自由平等就业、基本生活薪酬福利、公正良好工作、消除强迫与强制劳动			
HR7	平等社会保障，预防涉及侵犯原住民权利的个案			

续上表

内容索引		应用等级		
		C级	B级	A级
公民权和政治权				
HR8	支持员工参与公共事务、自由选举和被选举以及自由结社			
HR9	保障公民人身自由、安全、人道及尊重，杜绝使用童工			
供应商评估				
HR10	将人权标准纳入到企业的供应商筛选、合作管理体系			
HR11	建立应对、识别和评估供应链中的重大实际和潜在的环境相关的负面影响及其改善措施			
申诉机制				
HR12	建立人权管理相关的规章制度或规则条例以及风险保障机制			
FO公平运营				
反腐败和政治参与				
FO1	识别腐败风险，坚决抵制腐败与勒索，为反腐败政策的落实做出承诺、提供鼓励和实施监督			
FO2	对员工和代表进行反腐败政策和程序的培训和信息传达			
FO3	对确认的腐败事件采取必要行动和补救措施			
FO4	建立确保举报人员及后续行动相关人员免遭报复的保障机制			
FO5	确保雇员和代表仅从合法服务中获得恰当的报酬			
FO6	按国家和接受者 / 受益者划分的政治性捐赠的总额			
FO7	支持公共政治进程并促进制定有利于社会大众的公共政策，杜绝可能破坏公共政治进程的不当营销行为			
合规与守法				
FO8	涉及反竞争行为，反托拉斯、反垄断措施，包括价格垄断、传统投标以及掠夺性定价的法律诉讼事件			
FO9	在公平运营方面违反法律法规被处重大罚款以及所受非经济处罚的事件			
尊重产权				
FO10	实施能够推动尊重产权和传统知识的政策和法规，不参与侵犯产权的活动			
供应商评估				
FO11	将公平运营标准纳入到企业的供应商筛选、合作管理体系			
FO12	建立应对、识别和评估供应链中的重大实际和潜在的环境相关的负面影响及其改善措施			
申诉机制				
FO13	建立公平运营管理相关的规章制度或规则条例以及风险保障机制			
PR 产品责任（消费者问题）				
客户健康与安全				
PR1	提示在使用产品时潜在的风险和相应的风险防范措施，对不合格的产品进行召回、回收			
PR2	在产品生命周期阶段，评估、改进产品和服务在健康与安全方面的影响			
产品和服务				
PR3	产品有标签，并且按照相关法律规定正确地披露产品或服务的相关信息			
PR4	违反相关法律提供产品或服务的事件			

续上表

内容索引		应用等级		
		C级	B级	A级
PR5	开展服务体系和服务质量尽职调查，包括客户满意度			
市场推广				
PR6	承诺不销售有争议的产品			
PR7	进行宣传时承诺不进行恶性广告竞争			
客户隐私权				
PR8	建立客户信息安全保障机制，保护消费者隐私			
PR9	预防侵犯顾客隐私			
相关者权益保护				
PR10	以消费者理解的方式提供有关产品和服务的信息，使消费者在知情的条件下做出决策			
PR11	采用公平的合同程序降低双方实践谈判力量的不对等，以保护供应商和消费者双方的合法权益			
PR12	使消费者得到充分的信息，认识到自己的权利和责任，发挥消费者的积极作用			
可持续				
PR13	采用可持续的生产和消费模式			
供应商评估				
PR14	将产品责任标准纳入到企业的供应商筛选、合作管理体系			
PR15	建立应对、识别和评估供应链中的重大实际和潜在的环境相关的负面影响及其改善措施			
申诉机制				
PR16	建立产品责任管理相关的规章制度或规则条例以及风险保障机制			
SO社区参与和发展				
社区参与				
SO1	积极参与社区事务，成为社区企业公民			
SO2	支持社会投资			
SO3	开展的当地社区参与、影响评估、发展计划的情况			
SO4	评估进入、经营和退出运营所在地对当地社区产生的重大负面影响			
健康、教育、文化				
SO5	促进社区教育和文化事业的发展			
SO6	尊重健康权，促进健康事业，减少对社区的危害			
技能开发与就业				
SO7	通过创造就业为减少贫困、促进经济与社会发展做出贡献			
SO8	通过技能开发促进就业，帮助社区居民从事体面、富有成效的工作			
SO9	以促进人力人力资源开发和技术传播的方式采用专门知识、技能和技术，为其运行所在社区的发展做出贡献			
SO10	通过培训，建立伙伴关系等方式扩大社区的技术获取渠道			
技术开发与获取				
SO11	通过创造就业为减少贫困、促进经济与社会发展做出贡献			
SO12	通过技能开发促进就业，帮助社区居民从事体面、富有成效的工作			
SO13	以促进人力人力资源开发和技术传播的方式采用专门知识、技能和技术，为其运行所在社区的发展做出贡献			

续上表

内容索引		应用等级		
		C级	B级	A级
SO14	通过培训，建立伙伴关系等方式扩大社区的技术获取渠道			
财富与收入创造				
SO15	营造富有创业精神的环境，为社区带来长远利益			
SO16	帮助社区居民创造财富和收入，促进社区成员经济利益的平均分配，消除贫困			
SO17	通过自身活动或价值链活动整合社区居民、团体和组织，在社区发展中发挥积极作用			
供应商评估				
SO18	将社区参与和发展标准纳入到企业的供应商筛选、合作管理体系			
SO19	建立应对、识别和评估供应链中的重大实际和潜在的环境相关的负面影响及其改善措施			
申诉机制				
SO20	建立社区参与和发展管理相关的规章制度或规则条例以及风险保障机制			
RM 责任治理				
责任治理				
RM1	公司治理架构，包括治理架构下负责社会责任事务的相关部门			
RM2	单一董事会架构中独立 / 非执行成员的人数和性别			
RM3	向公司治理机构提出社会责任指导或建议的机制			
RM4	治理机构成员、高管人员的报酬与公司绩效之间的关系			
RM5	如何决定责任治理机构及委员会的组成			
责任回应				
RM6	公司使命或价值观、行为守则中是否体现了社会责任的原则			
RM7	治理机构确定和监督社会责任的报告和管理以及遵守国际公认的标准、行为守则及原则的程序			
RM8	评估治理机构自身绩效的程序			
RM9	解释企业是否强调其预警机制和原则的具体描述			
RM10	解释公司参与或支持的外界发起的经济、环境及社会公约、原则或其他倡议			
RM11	公司加入的协会 / 全国 / 国际社会怎倡议组织的会籍			
经济发展				
经济绩效				
EC1	机构产生和分配的直接经济价值			
EC2	应对气候变化对机构活动产生的财务影响及其风险、机遇			
EC3	机构固定收益型养老金所需资金的覆盖程度			
EC4	政府给予的补贴			
市场表现				
EC5	不同性别的工资水平与机构重要运营地点最低工资水平			
EC6	机构在重要运营地点聘用的当地高层管理人员			
间接经济影响				
EC7	开展基础设施投资与支持性服务的情况及其影响			
EC8	重要间接经济影响，包括影响的程度			
采购行为				
EC9	向当地供应商采购			

续上表

内 容 索 引	应 用 等 级		
	C 级	B 级	A 级
C: 报告最低任何 47 个绩效指标，其中至少一个分别来自：经济、劳动实践、产品责任和环境 **。 B: 报告最低任何 76 个绩效指标，主要指标来自详细报告的：经济、劳动实践、产品责任和环境 ***。 A: 报告最低 88 个绩效指标，来自每个核心主题和行业补充 *，并适当考虑到全面性和重要性原则。包括：a. 报告重要性指标；b. 解释其他不报告原因	C 至少 10 个 （60% 覆盖）	B 至少 25 个 （65% 覆盖）	A 至少 50 个 （75% 覆盖）

当评价机构发现复核结果没有达到企业所声明的企业社会责任报告应用等级要求时，除给出确认的应用等级结论外，还应当就如何达到声明等级提供一系列的行动建议，以使企业掌握成功达到此应用等级所应采取的措施。

（企业提供或者检查成员编制的）报告内容索引检查表应当对没有披露或者只能部分披露信息（指标）的原因进行说明，已经确认原因符合下列要求，可以认为该项信息（指标）达到了要求。

“不报告的原因”除非：

①拟披露信息在法律法规上不能被公开披露；

②要求披露的信息在行业中完全缺失。

“不报告的理由”应能帮助读者了解为什么一个概况信息、DMA 方面或者绩效指标没有被披露。评价准则只接受下列“不报告的理由”：

①此信息不相关。根据实质性原则，解释为什么此项绩效指标或方面不是实质性相关，结合企业的业务流程来解释，和 / 或解释为什么企业的活动没有在此项领域产生较大影响；

②此信息不适用。解释为什么内容索引中列出的此方面信息或绩效指标不适用于您的具体业务，或对组成一个指标的数据点有多个等；

③拟披露的信息或数据无法获取。解释为什么目前还无法获取这个信息或数据，并承诺未来具体年份会披露这个信息；

④此项信息不被允许披露或须保密。当地法规或行业规定禁止对此项信息的监控 / 披露，或者披露此项信息、DMA 方面、绩效指标被视为是泄露商业机密。

1.3 评价目的

应用等级是在 2013 年 GRI 的 G4《可持续发展报告指南》和 ISO 26000《社会责任指南》的基础上制定的，这个评价系统的制定旨在给发布企业社会责任报告的企业提供了一个持续不断地改进的策略。等级划分的目的是指导和促进报告在实践中将 GRI 指南和 ISO 26000 进行融合，提升报告质量，以满足国际社会对企业社会责任信息披露的需求。

应用等级反映了企业社会责任报告使用 G4 指南的程度（即引用了 G4 报告框架的哪部分和披露了哪些指标信息），也表明企业社会责任报告关注 ISO 26000 指南核心主题的程度（即哪些 ISO 26000 核心主题和问题得到了关注），可以根据信息披露的程度评价报告的应用等级。但是，应用等级评价并不反应企业社会责任报告的质量以及企业社会责任的实践绩效，它只作为企业社会责任综合评价体系中的一个部分，用于反映企业社会责任报告的透明程度。

2 企业社会责任报告应用等级评价结果及分析

2.1 企业社会责任报告应用等级总体评价情况

2014 年交通运输行业企业社会责任报告应用等级评价结果如表 2-2 所示。综合评价应用等级分类如表 2-3 和图 2-2 所示。

交通运输行业企业社会责任报告应用等级　　表 2-2

内容索引	铁路运输			公路运输			水路运输						航空运输				港口运输		
	铁龙物流	大秦铁路	广深铁路	龙江交通	江西长运	大众交通	中海发展	中远航运	宁波海运	中海海盛	中海集运	中国远洋	南方航空	东方航空	外运发展	中国国航	盐田港	日照港	锦州港
战略与概况	D	D	B	C	D	D	A	A	D	D	B	A+	A+	A	A	A+	D	D	C
管理方法披露	C	B	B	B	C	B	B	B	C	B	B	A+	B+	A	B	B+	B	B	B
绩效指标	D	D	C	C	C	B	B	C	C	C	C	A+	B+	A	B	B+	D	C	C
综合评价等级	D	D	C	C	D	D	B	C	D	D	C	A+	B+	A	B	B+	D	D	C
内容索引	港口运输							高　速										机场	物流
	浙江沪杭甬	天津港	唐山港	连云港	宁波港	大连港	上港集团	山东高速	皖通高速	中原高速	赣粤高速	宁沪高速	四川成渝	深高速	福建高速	吉林高速	现代投资	白云机场	中储股份
战略与概况	D	B	C	D	D	D	A+	C	D	D	C	D	D	C	B	B	D	D	B
管理方法披露	C	A	B	C	C	C	A+	C	C	B	C	B	C	B	B	B	C	B	B
绩效指标	C	C	C	C	C	C	A+	C	C	C	C	C	C	C	C	C	C	C	C
综合评价等级	D	C	C	D	D	D	A+	C	D	D	C	D	D	C	C	C	D	D	C

综合评价应用等级分类表　　表 2-3

等级																					合计（家）	比重（%）
A	中国远洋	东方航空	上港集团																		3	7.89
B	中海发展	南方航空	外运发展	中国国航																	4	10.53
C	广深铁路	中远航运	中海集运	锦州港	天津港	唐山港	山东高速	赣粤高速	深高速	吉林高速	中储股份										11	28.95
D	铁龙物流	大秦铁路	龙江交通	江西长运	大众交通	宁波海运	中海海盛	盐田港	日照港	连云港	宁波港	大连港	皖通高速	中原高速	宁沪高速	四川成渝	福建高速	现代投资	浙江沪杭甬	白云机场	20	52.63

如表 2-2、表 2-3 以及图 2-2 所示，2014 年企业社会责任报告应用等级为 D 企业占到一半以上，表明交通运输行业的大部分企业在企业社会责任信息披露方面随意性比较大，而且对关键主题进行模糊处理，不能满足多方利益相关者对企业社会责任信息的需求。但是不能否认的是也有三家企业的报告的应用等级被评为 A 级，分别是水路运输业的中国远洋、港口运输业的上港集团以及航空运输业的东方航空公司，东方航空是唯一一家报告应用等级由 B 变为 A 的公司。第三方审验是企业社会责任报告应用等级评价的重要指

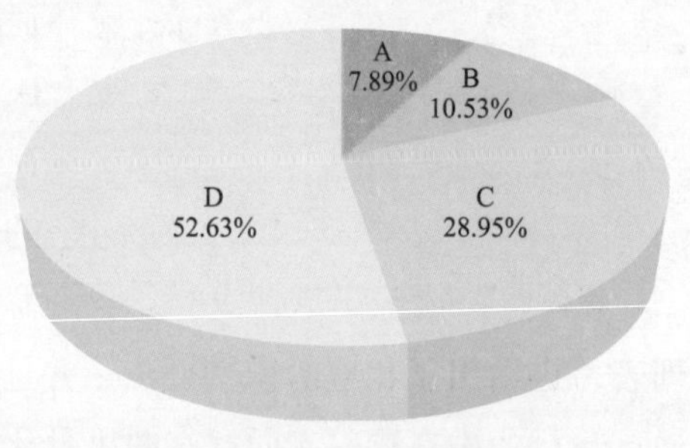

图 2-2　综合评价应用等级分类图

标，2014 年交通运输行业有 4 家企业对企业社会责任报告进行了第三方审验。分别是中国远洋、南方航空、中国国航和上港集团。

第三方审验是企业社会责任报告不可或缺的一部分，从往年的企业社会责任报告中，可以发现大部分企业主要采用的是劳氏质量认证（上港集团）、挪威船级社 DNV 和社会伦理责任协会 AccountAbility（中国远洋）、必维 BV（南方航空、中国国航）这些审核机构。除了这些企业采用的审验机构以外，还有国际审计与鉴证准则委员会 IAASB、普华永道、立信、TUV、德勒 DT、毕马威会计事务所 KPMG、安永华明、浙江鼎尊、通标 SGS、中瑞岳华等等审验机构。在这些审验机构中，国际上公认的是国际审计与鉴证准则委员会的《历史财务信息审计和审阅之外的其他鉴证业务国际准则》（ISAE3000）、社会和伦理责任协会的《AA1000 审验标准》（AA1000AS）以及挪威船级社的《企业社会责任报告审验规章》（Veri Susta In），尤其是挪威船级社对我国的影响力比较大。2008 年 8 月 28 日，毕马威会计事务所发布的《公司社会责任报告全球回顾 2008》,在国际上也具有很高的权威性和影响力。

目前为止，企业编写企业社会责任报告时遇到的主要难题之一就是缺乏一个规范统一具有权威性的编制标准。现存的编写原则、指南、指标体系形形色色，侧重点和评价体系各有不同，导致企业在编制报告过程中出现偏差。目前急需属于本国的权威机构出台具有专业标准的编制原则以及相应评价体系，引领我国企业社会责任报告正规化统一化，加速我国企业社会责任报告信息披露前进的步伐。

2.2 企业社会责任报告应用等级分维度评价情况

交通运输行业企业社会责任报告应用等级分维度评价结果分别如表 2-4~ 表 2-6、图 2-3~ 图 2-5 所示。

战略与概况应用等级分类表 表 2-4

等级																				合计（家）	比重（%）
A	中海发展	中远航运	中国远洋	南方航空	东方航空	外运发展	中国国航	上港集团												8	21.05
B	广深铁路	中海集运	天津港	吉林高速	中储股份															5	13.16
C	龙江交通	锦州港	唐山港	山东高速	赣粤高速	深高速														6	15.79
D	铁龙物流	大秦铁路	江西长运	大众交通	宁波海运	中海海盛	盐田港	日照港	连云港	宁波港	大连港	皖通高速	中原高速	宁沪高速	四川成渝	福建高速	现代投资	浙江沪杭甬	白云机场	19	50.00

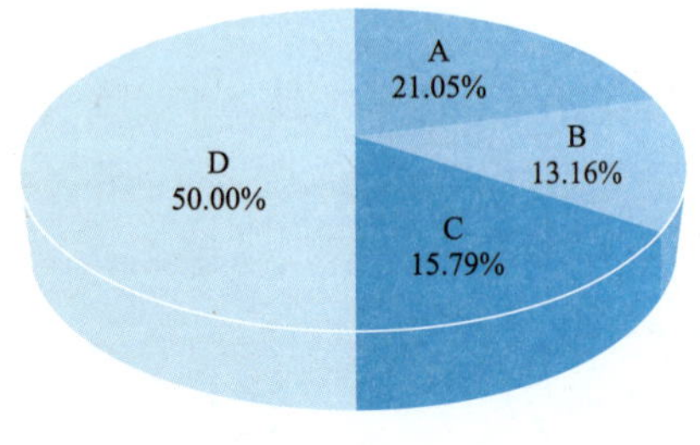

图 2-3 战略与概况应用等级分类图

“战略与概况”主要是要求企业披露与公司经营有关的一些基本信息和报告编制的基本规范等。如表 2-4、图 2-3 所示，整个交通运输行业的在“战略与概况”方面的应用等级主要集中于 C 和 D 等级，占 65.79%，表明整个交通运输行业在报告的规范性方面存在明显的不足。但是值得肯定的是，有 8 家企业在战略与概况的信息披露方面被评为 A 级，基本是按照国际标准进行信息披露。尤其是在利益相关者参与方面，这几家企业既给出了利益相关者列表，也给出了相应的识别办法；并且依照 G4 和 ISO 26000 的要求标准进行编制。由此看来，目前交通运输行业中在这一方面存在两极分化的趋势，报告的规范性存在明显的不均衡现象。

管理方法披露应用等级分类表 表 2-5

等级																					合计（家）	比重（%）
A	中国远洋	东方航空	天津港	上港集团																	4	10.53
B	大秦铁路	广深铁路	大众交通	中海发展	中远航运	中海海盛	中海集运	南方航空	外运发展	中国国航	盐田港	日照港	锦州港	唐山港	中原高速	宁沪高速	深高速	吉林高速	白云机场	中储股份	20	52.63
C	铁龙物流	龙江交通	江西长运	宁波海运	连云港	宁波港	大连港	山东高速	皖通高速	赣粤高速	四川成渝	福建高速	现代投资	浙江沪杭甬							14	36.84
D																					0	0.00

如表 2-5、图 2-4 所示，整个交通运输行业在管理方法披露方面主要集中在 B 级，占 52.63%，表明至少一半企业披露了包括经济、劳动实践、消费者和环境方面的管理办法，这意味着至少一半的企业开始自觉而且有意识的管理自身的责任问题。而且也披露了关键的绩效指标的管理办法。以东方航空产品责任为例，在对顾客的责任章节中的“安全管理、客舱环境、航空餐食、地面服务”等节中对消费者健康与安全加以说明，在安全管理、地面服务、自助值机、行李服务、特色服务等节中详述了公司的产品与服务，并且提供了 2006—2014 年的航空数据统计表以供参考。在该章节中专门用一节来说明了对客户的信息保护，例如建立有效的实时性信息安全控制系统和管理体系、从系统功能上，通过后台设置，系统禁止对会员信息进行导出处理，同时对于系统外部接口实行严格的认证及登录控制、从内部管理上，实施《中国东方航空股份有限公司常旅客系统工号及授权管理办法》等。公平营销在企业概况和责任战略与管理两章中均有详述。因此，在产品责任主题指标上得到满分 4 分。在环境方面，东方航空专门用一章来说明 2014 年企业对环境保护所采取的措施及做出的贡献。如采取低碳飞行，节能减排，新技术运用等措施，并且建立了责任落实，项目实施，监测统计的环保三步走体系。

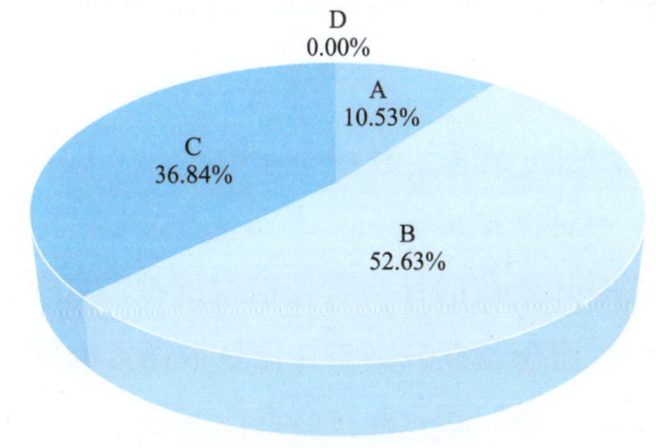

图 2-4 管理方法披露分类图

绩效指标应用等级分类表 表 2-6

等级																											合计（家）	比重（%）
A	中国远洋	东方航空	上港集团																								3	7.89
B	中海发展	南方航空	外运发展	中国国航																							4	10.53
C	广深铁路	江西长运	中远航运	宁波海运	中海海盛	中海集运	日照港	锦州港	天津港	唐山港	连云港	宁波港	大连港	山东高速	皖通高速	中原高速	赣粤高速	宁沪高速	四川成渝	深高速	福建高速	吉林高速	现代投资	浙江沪杭甬	白云机场	中储股份	26	68.42
D	铁龙物流	大秦铁路	龙江交通	大众交通	盐田港																						5	13.16

如表2-6、图2-5所示，交通运输行业的“绩效指标”的应用等级被评为C级，占68.42%，表明大部分企业主要披露包括经济、劳动实践、产品责任以及环境责任等方面的信息，绩效的覆盖面还不是很全，约为2013年C级的2倍，B级由34.21%降到10.53%，整体表现极差。该部分主要是要求企业对践行企业社会责任各个主题的情况进行披露，是影响企业报告等级的重要部分，也是体现企业是否真正想履行企业社会责任的重要部分。2014年“绩效指标”维度下一共包含117个指标，其全面地反映了八个责任主题关注的内容，但是从整体来看，交通运输行业在绩效指标的披露方面完整，与国际标准有一定的差距。

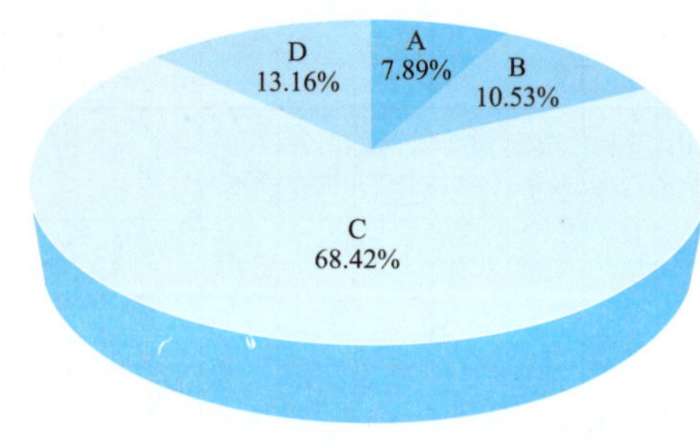

图2-5 绩效指标应用等级分类图

3 与2013年度评价结果的对比

如表2-7、表2-8和图2-6所示，2014年报告应用等级与2013年相比稍有变化，A级企业比2013年增加了1家，B级企业数量没有改变，C级企业相比2013年减少了3家，但D级企业增加了2家。这一对比结果表明，个别企业能够在往年的基础上不断地向企业社会责任披露的国际标准靠近，不断地提升企业的社会责任信息的披露要求，但是三家企业的报告应用等级由C变为D，期待整个交通运输行业在企业社会责任信息披露方面向东方航空公司学习，参照G4标准和ISO 26000的核心主题全面而完整地披露企业社会责任信息。

2013—2014年度交通运输行业企业社会责任报告应用等级评价对比分析 表2-7

企业名称	报告年度		企业名称	报告年度	
	2014	2013		2014	2013
铁龙物流	D	D	唐山港	C	C
大秦铁路	D	D	连云港	D	D
广深铁路	C	C	宁波港	D	C
龙江交通	D	C	大连港	D	D
江西长运	D	D	上港集团	A+	A+
大众交通	D	D	山东高速	C	C
中海发展	B	D	皖通高速	D	D
中远航运	C	C	中原高速	D	D
宁波海运	D	C	赣粤高速	C	C
中海海盛	D	D	宁沪高速	D	C
中海集运	C	D	四川成渝	D	D
中国远洋	A+	A+	深高速	C	C
南方航空	B+	B+	福建高速	D	D
东方航空	A	B	吉林高速	C	C
外运发展	B	B	现代投资	D	D
中国国航	B+	B+	白云机场	D	D
盐田港	D	D	中储股份	C	D
日照港	D	C	浙江沪杭甬	D	
锦州港	C	C	营口港		D
天津港	C	C			

2013—2014 年度交通运输行业企业社会责任报告应用等级评价对比分析　　表 2-8

报告年度	报告等级(家)			
	A	B	C	D
2013	2	4	14	18
2014	3	4	11	20

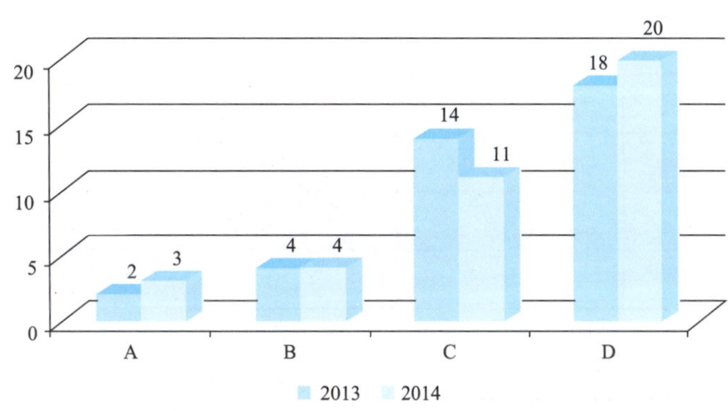

图 2-6　2013-2014 年度交通运输行业企业社会责任报告应用等级评价对比分析

从表 2-9、2-10 和图 2-7 中可以看出，在战略与概况方面，应用等级变化较大，应用等级为 A 的企业增加 4 家，应用等级为 B 的企业增加 3 家，直接导致报告应用等级为 C 级的企业减少 8 家，这一变化结果表明，交通运输行业的大部分企业能报在告中披露企业的基本信息以及与企业社会责任报告编制方面的基本信息。在所有的变化中中海发展等级变化最大，由 D 级变为 A 级，但是也有 4 家企业在此维度的应用等级由 C 变为 D。从总体上看，2014 年的企业社会责任报告等级在战略与概况方面有明显的提升，集中在 C 和 D 等级的企业由 2013 年的 84% 变为今年的 65%，一些企业逐渐认识到企业社会责任信息披露的重要性，在报告中披露更多信息，但仍有一些企业不能全面披露基本信息，尤其是在报告参数设置和利益相关者参与方面缺乏重视，而只是简单地描述了机构概况。

2013—2014 年度战略与概况应用等级对比表　　表 2-9

企业名称	报告年度		企业名称	报告年度	
	2014	2013		2014	2013
铁龙物流	D	D	中国远洋	A+	A+
大秦铁路	D	D	南方航空	A+	B+
广深铁路	B	C	东方航空	A	A
龙江交通	C	C	外运发展	A	B
江西长运	D	D	中国国航	A+	A+
大众交通	D	D	盐田港	D	D
中海发展	A	D	日照港	D	C
中远航运	A	C	锦州港	C	C
宁波海运	D	C	天津港	B	C
中海海盛	D	D	唐山港	C	C
中海集运	B	D	连云港	D	D

续上表

企业名称	报告年度		企业名称	报告年度	
	2014	2013		2014	2013
宁波港	D	C	深高速	C	C
大连港	D	D	福建高速	D	D
上港集团	A+	A+	吉林高速	B	C
山东高速	C	C	现代投资	D	D
皖通高速	D	D	白云机场	D	D
中原高速	D	D	中储股份	B	D
赣粤高速	C	C	浙江沪杭甬	D	
宁沪高速	D	C	营口港		D
四川成渝	D	D			

2013—2014年度战略与概况应用等级对比表 表2-10

报告年度	报告应用等级（家）			
	A	B	C	D
2013	4	2	14	18
2014	8	5	6	19

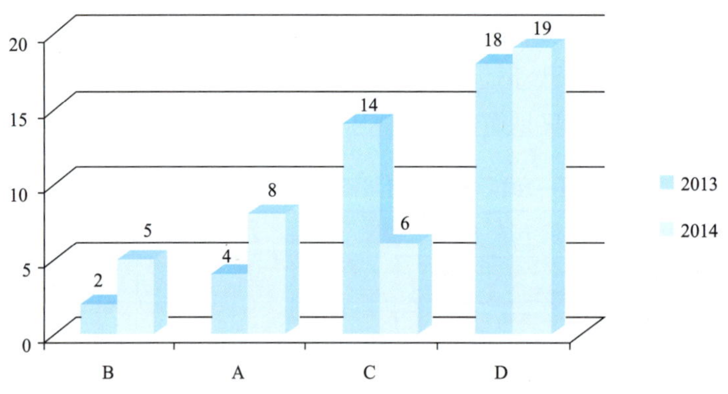

图2-7 2013—2014年度战略与概况应用等级对比图

从表2-11、2-12和图2-8可知，在管理方法披露方面，2014年的报告应用等级较2013年也有明显的变化。A级仅增加2家，但是连云港、宁波港、大连港、山东高速、皖通高速、赣粤高速、四川成渝、福建高速、现代投资、龙江交通等10家企业等级由B变为C，B级减少9家，C级企业比2013年增加7家。仅有4家企业（中国远洋、天津港、东方航空和上港集团）能够披露至少80%的管理方法指标，大多数企业未能全部覆盖经济、劳动实践、消费者和环境类别的管理方法。这一对比结果表明，整个交通运输行业在报告的披露方面存在较大的不稳定性，企业在信息披露过程中存在较大的随意性，甚至可以说企业社会责任的履行还没有上升到管理层面。

2013—2014 年度管理方法披露应用等级对比表 表 2-11

企业名称	报告年度		企业名称	报告年度	
	2014	2013		2014	2013
铁龙物流	C	C	唐山港	B	B
大秦铁路	B	B	连云港	C	B
广深铁路	B	B	宁波港	C	B
龙江交通	C	B	大连港	C	B
江西长运	C	C	上港集团	A+	A+
大众交通	B	B	山东高速	C	B
中海发展	B	B	皖通高速	C	B
中远航运	B	B	中原高速	B	C
宁波海运	C	C	赣粤高速	C	B
中海海盛	B	B	宁沪高速	B	B
中海集运	B	C	四川成渝	C	B
中国远洋	A+	A+	深高速	B	B
南方航空	B+	B+	福建高速	C	B
东方航空	A	B	吉林高速	B	B
外运发展	B	B	现代投资	C	B
中国国航	B+	B+	白云机场	B	B
盐田港	D	C	中储股份	B	B
日照港	B	B	浙江沪杭甬	C	
锦州港	B	B	营口港		C
天津港	A	B			

2013—2014 年度管理方法披露应用等级对比表 表 2-12

报告年度	报告等级（家）		
	A	B	C
2013	2	29	7
2014	4	20	14

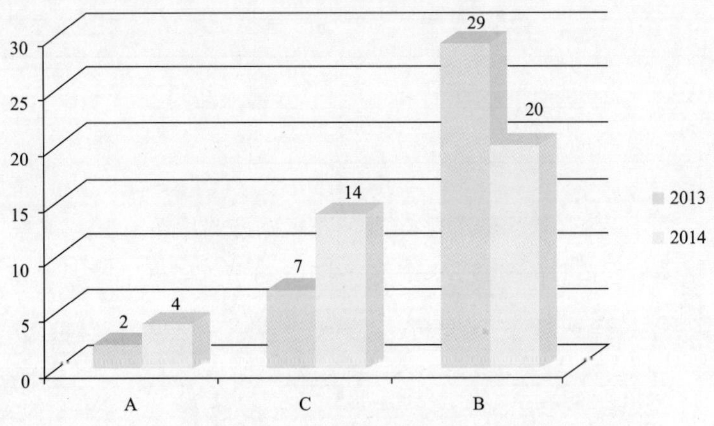

图 2-8 2013—2014 年度管理方法披露应用等级对比图

随着整个社会对企业社会责任的关注，在对企业社会责任绩效考核会越来细化，2014 年的绩效指标的变化数量的增加正是顺应这一变化趋势的结果，今年绩效指标由 2013 年的 74 个增加到 2014 年的

117个指标。从表2-13、表2-14和图2-9中发现，在绩效指标方面，与2013年相差较大。报告应用等级为A、B级的企业数量有所减少，C级企业数量增加。A级企业减少2家，B级减少9家，C级增加11家，D级不变。期望交通运输行业明年能够依据国际标准披露企业社会责任在八个主题方面的绩效。让更多的利益相关者了解并参与进来，推动交通运输行业实现绿色发展、智慧发展。

2013—2014年度绩效指标应用等级对比表 表2-13

企业名称	报告年度		企业名称	报告年度	
	2014	2013		2014	2013
铁龙物流	D	D	唐山港	C	B
大秦铁路	D	C	连云港	C	C
广深铁路	C	B	宁波港	C	C
龙江交通	D	C	大连港	C	C
江西长运	C	B	上港集团	A+	A+
大众交通	D	B	山东高速	C	B
中海发展	B	C	皖通高速	C	C
中远航运	C	C	中原高速	C	C
宁波海运	C	C	赣粤高速	C	C
中海海盛	C	D	宁沪高速	C	C
中海集运	C	D	四川成渝	C	B
中国远洋	A+	A+	深高速	C	B
南方航空	B+	B+	福建高速	C	D
东方航空	A	A	吉林高速	C	C
外运发展	B	B	现代投资	C	C
中国国航	B+	A+	白云机场	C	C
盐田港	D	D	中储股份	C	B
日照港	C	B	浙江沪杭甬	C	
锦州港	C	B	营口港		B
天津港	C	A			

2013—2014年度绩效指标应用等级对比表 表2-14

报告年度	报告等级（家）			
	A	B	C	D
2013	5	13	15	5
2014	3	4	26	5

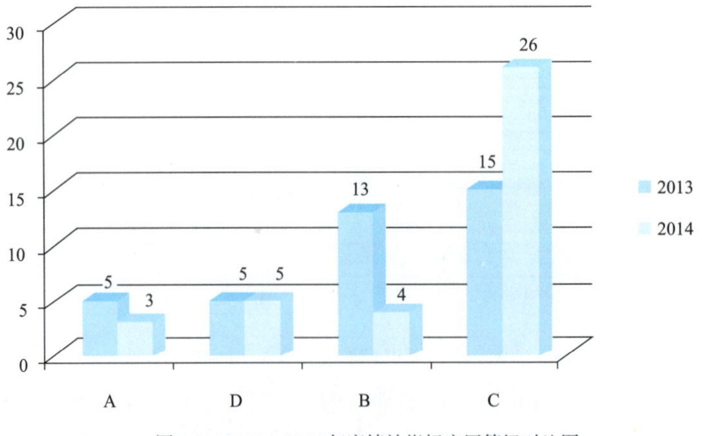

图2-9 2013—2014年度绩效指标应用等级对比图

第三章

交通运输行业上市公司企业社会责任实践绩效评价

1 企业社会责任实践绩效评价体系

1.1 评价标准

（1）评价指标体系

企业社会责任是一个复杂的层次系统，其众多的社会主题、议题和利益相关者问题要素都会与企业的经营活动之间构成关系，这些要素及应对措施共同集合构成了企业社会责任的表现。根据之前对企业社会责任主客体、责任关系以及责任范围的分析，企业社会责任评价所涉及的社会主题和利益相关者问题具有典型的层次结构和树形特征，其企业社会责任的层次关系可以概括为：

①目标层。综合企业社会责任实践绩效表现的总体度量；

②准则层。将企业社会责任实践绩效分解为责任治理、经济发展、人权、劳动实践、公平运营、产品责任、社区、环境八个目标特征的准则；

以社会期望维度分层分解指标体系的原因主要是：首先，不同企业所面对的重要利益相关者是不同的（如保险公司和钢铁厂所面临的产品责任），在进一步的分解中所涉及的要素显然也是不相同的。其次，社会期望主题是企业的共性问题，分层分解中虽然也存在类似的重要性差异问题（如保险公司和钢铁厂的环境问题），但却能够用“环境”主题不同行业的权重来规避这种差异。由此来讲，以社会核心主题进行分层的评价指标体系设计更容易与可持续发展的指标体系相对应。

③指标层。根据准则层的判断标准，从各自不同的表征指标对每一准则进行数量、强度和状态描述，通过表征指标反映各个准则的表现。

④方案层。这一层次主要表征上述指标的具体方案，如表1-2中的三级指标。

2014年度的企业社会责任绩效评价指标体系在往年体系的基础上，结合新的社会责任发展状况，作了一定幅度的调整，进一步地突出了在实质性、反腐败和供应商审核方面的要求，以期能够更加地“与时俱进，与实相符”。体系形成过程中，本报告在调查研究的基础上，结合国际标准ISO 26000《社会责任指南》和GRI可持续发展核心主题设计思想，采用德尔菲调查法设计了如图3-1所示的绩效评价指标体系结构，并且通过问卷调查的方法验证了指标体系的信度和效度。

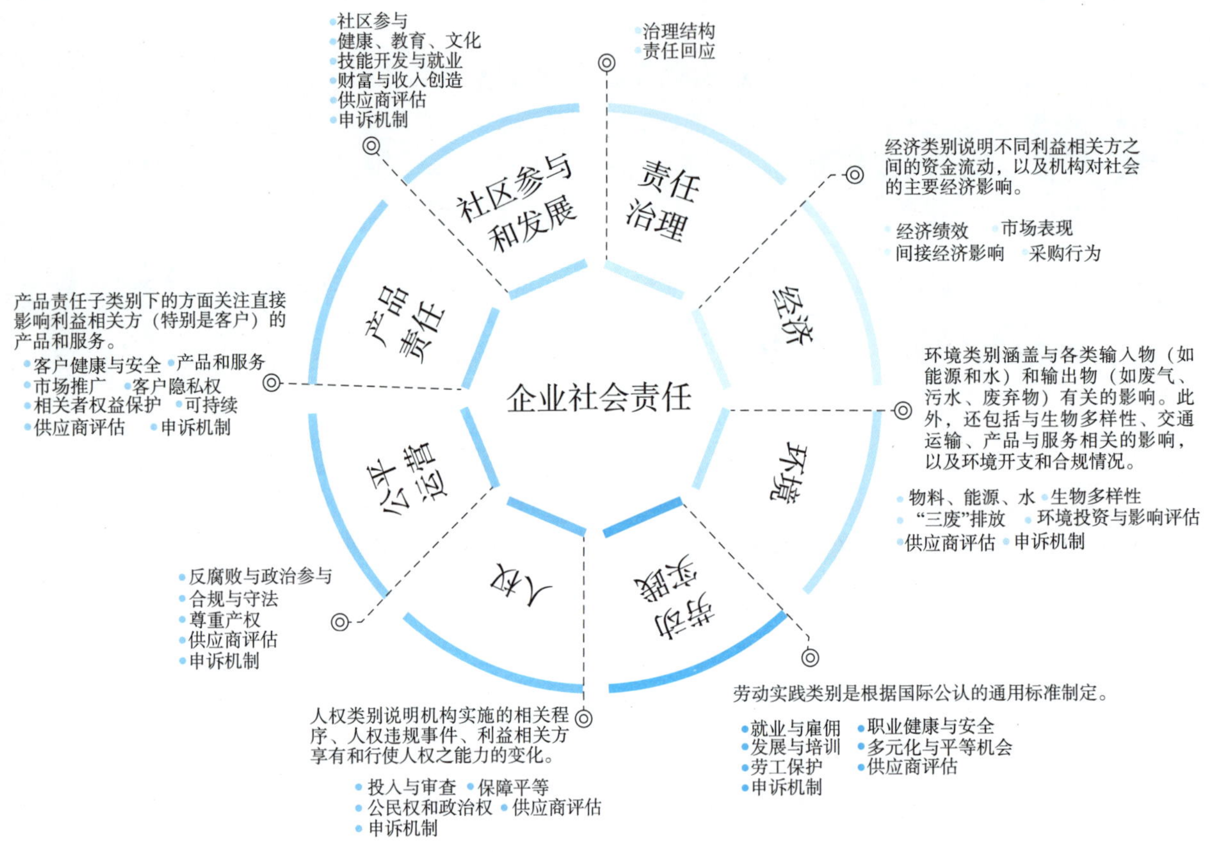

图 3-1 企业社会责任绩效评价指标体系层次结构

该评价指标体系以社会期望的 8 个核心主题为一级指标，向下分解为 43 个主要议题即二级指标，这些主要议题就是构成一级指标层次关系的簇群。然后，以利益相关者利益为基础将二级指标进一步分解为表征一定的社会预期和利益相关者利益的要素，即三级指标，这些指标共 117 个，从原则、过程和结果表征了企业社会责任实践绩效。如表 3-1 所示的企业社会责任评价指标体系。

企业社会责任绩效评价指标体系 表 3-1

一级指标	二级指标	三级指标
环境绩效	物料、能源、水	1. 可再生物料的使用；2. 循环再造物料的使用；3. 可持续资源的利用；4. 提高技术水平；5. 减少水污染；6. 水的循环再利用
	生物多样性	1. 生态系统的保护和恢复；2. 生物多样性战略规划 .3. 栖息地的保护和修复；4. 对濒危物种的影响
	“三废”排放	1. 减少“三废”排放的计划；2. 重大污染事件；3. 有害废弃物的运输或处理
	环境投资与影响评估	1. 评估、改善对环境的影响；2. 环保开支及投资
	供应商评估	1. 应用环境指标筛选供应商；2. 对供应链中的实际及可能的负面影响进行识别和评估
	申诉机制	1. 环境方面问题的申诉机制
劳动实践	就业与雇佣	1. 正式员工的福利；2. 兼职员工的福利；3. 保证享有休假；4. 尊重隐私；5. 不在此方面非法获益；6. 保障员工知情权
	职业健康与安全	1. 建立职工安全保障组织；2. 减少工伤、职业病以及死亡事件发生的可能；3. 关注职业病风险；4. 职业健康与安全条款；5. 关注员工心理健康；6. 关注危险设备、危险工序、危险操作及其他危险物质可能造成的伤害

续上表

一级指标	二级指标	三级指标
劳动实践	发展与培训	1. 员工技能管理及终生学习计划；2. 员工的培训；3. 定期的绩效及职业发展考评
	多元化与平等机会	1. 平等的雇佣；2. 同工同酬
	劳工保护	1. 帮助内部弱势群体；2. 完善的员工、企业、政府三方沟通机制
	供应商评估	1. 应用劳动实践指标筛选供应商；2. 对供应链中的实际及可能的负面影响进行识别和评估
	申诉机制	1. 劳动实践方面问题的申诉机制
人权	投入与审查	1. 经人权审查的投资协议或合约；2. 员工及相关人员的人权方面的培训；3. 对安保人员进行人权方面的培训；4. 接受国家人权审查和评估
	保障平等	1. 消除歧视；2. 保障自由、平等就业；3. 平等社会保障
	公民权和政治权	1. 支持参与公共事务、保障选举权和结社权；2. 保障自由、安全、人道及尊重，杜绝使用童工
	供应商评估	1. 应用人权指标筛选供应商；2. 对供应链中的实际及可能的负面影响进行识别和评估
	申诉机制	1. 人权方面问题的申诉机制
公平运营	反腐败与政治参与	1. 承诺落实反腐工作；2. 进行反腐方面的培训；3. 对确认的腐败事件采取应对行动；4. 举报人员安全保障机制；5. 确保员工和代表的报酬来源合法；6. 政治性捐赠；7. 支持推进、完善公共政治进程
	合规与守法	1. 反竞争行为；2. 合规经营
	尊重产权	1. 尊重产权，不参与侵犯产权的活动
	供应商评估	1. 应用公平运营指标筛选供应商；2. 对供应链中的实际及可能的负面影响进行识别和评估
	申诉机制	1. 公平运营方面问题的申诉机制
产品责任	客户健康与安全	1. 提示潜在的风险，召回有缺陷产品；2. 评估、改进在健康与安全方面的影响
	产品和服务	1. 在产品中随附标有相关信息的标签；2. 产品与服务违法事件；3. 服务体系和服务质量尽职调查
	市场推广	1. 不销售有争议的产品；2. 不进行恶性广告竞争
	客户隐私权	1. 客户信息安全保障机制；2. 避免侵犯顾客隐私
	相关者权益保护	1. 保障消费者的知情权；2. 帮助消费者理智决策；3. 公平的合同程序
	可持续	1. 可持续的生产和消费模式
	供应商评估	1. 应用产品责任指标筛选供应商；2. 对供应链中的实际及可能的负面影响进行识别和评估
	申诉机制	1. 产品责任方面问题的申诉机制
社区发展	社区参与	1. 成为社区公民；2. 支持社会投资发展；3. 参与社区发展计划 4. 评估运营对社区可能带来的负面影响
	健康、教育、文化	1. 促进社区教育、文化发展；2. 尊重健康权
	技能开发与就业	1. 创造就业；2. 对社区居民进行技能开发 3. 通过人力资源开发和技术传播贡献社区发展 4. 扩大社区的技术获取渠道
	财富与收入创造	1. 营造创业环境；2. 努力消除贫困；3. 整合各方面力量
	供应商评估	1. 应用社区参与和发展指标筛选供应商；2. 对供应链中的实际及可能的负面影响进行识别和评估
	申诉机制	1. 社区参与和发展方面问题的申诉机制
责任治理	治理结构	1. 治理架构；2. 董事会架构；3. 提议机构；4. 治理机构、薪酬与绩效的关系；5. 治理机构及委员会的组成；6. 社会责任最高治理机构主席兼任行政职位
	责任回应	1. 社会责任原则的体现；2. 相关程序的制定；3. 预警机制；4. 参与外界 CSR 活动；5. 参与相关协会组织的情况
经济绩效	经济绩效	1. 直接经济价值；2. 应对气候变化带来的影响；3. 机构固定收益型养老金；4. 政府的财政补贴
	市场表现	1. 不同性别的工资水平；2. 在当地聘用高层管理人员
	间接经济影响	1. 开展基础设施投资；2. 重要间接经济影响
	采购行为	1. 向当地供应商采购

如表 3-1 所示，新的企业社会责任评价指标体系共包括八个一级指标，分别是：环境（六个类 18 个项）、劳动实践（七类 22 个项）、人权（五类 12 个项）、公平运营（五个类 13 个项）、产品责任（八类 16 个项）、社区参与和发展（六类 16 个项）、责任治理（两类 11 个项）、经济发展（四类 9 个项）；二级指标共有 43 个类；三级指标共有 117 个评价对象。

（2）企业社会责任实践绩效评价指标评语集

基于上述指标评价准则的设计原理，本报告设计开发了企业社会责任绩效评价指标体系的评价准则——评语集，为指标评价提供了标准和依据。如表 3-2~ 表 3-9 所示。

环境绩效评语集

表 3-2

事　项	表 征 指 标	评　分		
		0	1	2
物料、能源、水	按产品或产品类别划分，可再生物料在生产和包装过程中使用的程度	没有使用	部分使用	全面使用
	主要产品和服务所采用的循环再造物料的程度	没有使用	部分使用	全面使用
	可持续资源及二次能源的利用程度	没有使用	部分使用	全面使用
	通过提高技术水平减少对资源需求的程度	没有相关措施	局部实施	全面实施
	减少水源污染的程度	造成了水污染	没有造成水污染	采取积极的防治措施
	生产经营活动中循环及再利用水的程度	没有相关措施	部分使用	全面使用
生物多样性	有保护和恢复生态系统的相关措施，其活动、产品及服务对保护区域其他具有重要生物多样性意义的地区产生的影响	没有相关措施	随机、零散的措施	系统、全面的措施
	对生物多样性进行战略规划，并对目前和未来的行动进行规划	没有规划	短期的规划	战略上的规划
	积极参与生物多样性相关的项目	没有参与	局部、随机、短期的参与	全面、长期、系统的参与
	说明列入国际自然保护联盟名录及国家保护名册的物种数量在栖息地受企业影响的濒危风险水平	没有评估	简单地评估、说明	系统的评估、说明
“三废”排放	减少废气、废水、废弃物排放的措施、计划及成效	没有相关措施、计划	有相关的措施、计划	取得了有效的成果
	重大污染事件	发生重大污染事件	没有重大污染事件	积极的防治并取得有效成果
	有害废弃物经运输或处理的重量	没有相关处理	简单地处理	系统的处理
环境投资与影响评估	采取积极措施评估并改善产品和服务对环境的影响	没有相关措施	随机、局部的措施	系统、全面的措施
	环保开支及投资	没有相关开支和投资	局部、零散的投入	系统、有规划的投入
供应商评估	将环境标准纳入到企业的供应商筛选、合作管理体系	没有相应要求	局部、模糊的筛选标准	系统、全面的筛选标准
	建立应对、识别和评估供应链中的重大实际和潜在的环境相关的负面影响及其改善措施	没有相关措施	随机、局部的行动	全面、系统的行动
申诉机制	建立环境保护管理相关的规章制度或规则条例以及风险保障机制	没有相关机制	局部、零散的条例或机制	系统、全面的机制

劳动实践评语集

表 3-3

事 项	表 征 指 标	评 分		
		0	1	2
就业和雇佣关系	具有保障的就业，提供给正式员工的福利	没有相关保障措施	提供基本的保障	有完善的保障机制
	具有保障的就业，提供给兼职员工的福利	没有相关保障措施	提供基本的保障	有完善的保障机制
	保证员工享有产假 / 陪产假	没有相关假期	局部保障	全面保障
	保护员工的个人隐私	没有相关措施	局部保障	全面保障
	不从合作伙伴、供应商或分销商的不良劳动实践中获益	有不良行为记录	进行相关承诺	有明文规定和保障措施
	在运营发生变化时，及时对员工作出通知，保障员工的知情权	没有保障措施	局部、随机的保障	全面、系统的保障
职业健康与安全	与员工共同建立职工安全保障组织，确保员工的相关权益	没有相关保障组织	没有员工参与保障组织	有员工参与的保障组织
	工伤、职业病以及和工作有关的死亡人数	出现人员伤亡	没有出现人员伤亡	且有积极避免伤亡的措施
	为从事高职业病风险的员工提供相关保障及福利待遇	没有特殊保障和福利	局部、随机的保障和福利	常态化的保障和福利
	与工会达成包含职业病健康与安全条款的正式协议	没有任何相关协议	局部协议	涉及全面的协议
	关注、保护员工心理健康，改善职业环境以满足员工的生理和心理需要	没有相关措施	承诺关注、保护心理健康	且系统、全面地改善
	关注危险设备、危险工序、危险操作和危险物质对职业健康与安全的危害	没有予以重视	局部、随机的关注	系统、全面的重视和行动
发展与培训	加强员工持续就业能力及协助员工转职的技能管理及终生学习计划	没有相关举措	局部、随机的举措	系统、全面的计划和行动
	对员工进行职业培训的教育投入水平	没有相关投入	局部、随机的投入	系统、全面的投入
	进行绩效及职业发展考评	不进行考评	局部、随机的考评	系统、全面的考评
多元化与平等机会	平等雇佣不同年龄阶段、性别、民族、地区的员工	不能做到平等雇佣	局部的平等	全面的平等
	确保企业内部员工同工同酬	不能确保	局部性同工同酬	全面性同工同酬
劳工保护	对内部弱势群体提供帮助，确保其收入稳定	没有相关行动	局部、随机的帮助	系统、全面的帮助
	建立完善的沟通交流机制，确保企业、员工、政府三方面信息交流顺畅，便于进行相关谈判、协商	没有交流机制	局部的沟通机制	全面、完善的交流机制
供应商评估	将劳动实践标准纳入到企业的供应商筛选、合作管理体系	没有相应要求	局部、模糊的筛选标准	系统、全面的筛选标准
	建立应对、识别和评估供应链中的重大实际和潜在的环境相关的负面影响及其改善措施	没有相关措施	随机、局部的行动	全面、系统的行动
申诉机制	建立劳动实践管理相关的规章制度或规则条例以及风险保障机制	没有相关机制	局部、零散的条例或机制	系统、全面的机制

人权评语集

表 3-4

事　项	表征指标	评　分		
		0	1	2
投入与审查	含有人权条款或已进行人权审查的重要投资协议或合约	没有相关条款和审查	有相关的条款和协议	且接受了人权审查
	对员工进行与经营相关的人权政策及程序方面的培训	没有相关培训	局部的培训	全面、系统的培训
	对安保人员进行相关人权政策及程序方面的培训	没有相关培训	局部的培训	全面、系统的培训
	接受国家人权审查和评估	没有接受审查和评估	—	接受了审查和评估
保障平等	避免某些规定、标准或做法直接或间接歧视弱势群体，消除就业和职业歧视，采取纠正行动	没有相关措施和行动	局部的措施和行动	全面、系统的措施和行动
	保障自由平等就业、基本生活薪酬福利、公正良好工作、消除强迫与强制劳动	没有相关的保障	局部的保障	全面、系统的保障
	平等社会保障，预防涉及侵犯原住民权利的个案	没有相关预防措施	局部的预防措施	全面的重视、预防
公民权和政治权	支持员工参与公共事务、自由选举和被选举以及自由结社	没有相关保障	局部的保障	全面的重视、保障
	保障公民人身自由、安全、人道及尊重，杜绝使用童工	没有相关保障	局部的保障	全面的重视、保障
供应商评估	将人权标准纳入到企业的供应商筛选、合作管理体系	没有相应要求	局部、模糊的筛选标准	系统、全面的筛选标准
	建立应对、识别和评估供应链中的重大实际和潜在的环境相关的负面影响及其改善措施	没有相关措施	随机、局部的行动	全面、系统的行动
申诉机制	建立人权管理相关的规章制度或规则条例以及风险保障机制	没有相关机制	局部、零散的条例或机制	系统、全面的机制

公平运营评语集

表 3-5

事　项	表征指标	评　分		
		0	1	2
反腐败和政治参与	识别腐败风险，坚决抵制腐败与勒索，为反腐败政策的落实做出承诺、提供鼓励和实施监督	没有相关的举措	随机、局部的举措	全面、系统的措施
	对员工和代表进行反腐败政策和程序的培训和信息传达	没有相关培训	局部的培训	全面、系统的培训
	对确认的腐败事件采取必要行动和补救措施	对确认的腐败事件不能及时应对	没有发生腐败事件	对确认的腐败事件应对、补救及时、积极
	建立确保举报人员及后续行动相关人员免遭报复的保障机制	没有相关保障机制	局部的保障	全面、系统的保障机制
	确保雇员和代表仅从合法服务中获得恰当的报酬	没有保证和审查	局部的保证和审查	全面的保证和审查
合规与守法	涉及反竞争行为，反托拉斯、反垄断措施，包括价格垄断、传统投标以及掠夺性定价的法律诉讼事件	涉及反竞争行为	没有反竞争、垄断行为	且有全面的反托拉斯、反垄断措施
	在公平运营方面违反法律法规被处重大罚款以及所受非经济处罚的事件	有相关被罚事件发生	没有相关事件发生	且有全面、完善的预防措施
尊重产权	实施能够推动尊重产权和传统知识的政策和法规，不参与侵犯产权的活动	没有相关措施、举措	局部、随机的措施	全面、系统的措施
供应商评估	将公平运营标准纳入到企业的供应商筛选、合作管理体系	没有相应要求	局部、模糊的筛选标准	全面、系统的筛选标准
	建立应对、识别和评估供应链中的重大实际和潜在的环境相关的负面影响及其改善措施	没有相关措施	随机、局部的行动	全面、系统的行动
申诉机制	建立公平运营管理相关的规章制度或规则条例以及风险保障机制	没有相关机制	局部、零散的条例或机制	全面、系统的机制

产品责任评语集 表 3-6

事 项	表 征 指 标	评 分		
		0	1	2
客户健康与安全	提示在使用产品时潜在的风险和相应的风险防范措施，对不合格的产品进行召回、回收	没有相关举措、机制	局部的措施	全面、系统的措施
	在产品生命周期阶段，评估、改进产品和服务在健康与安全方面的影响	没有相关举措、机制	局部的措施	全面、系统的措施
产品和服务	产品有标签，并且按照相关法律规定正确地披露产品或服务的相关信息	没有相关举措、机制	局部的措施	全面、系统的举措、机制
	违反相关法律提供产品或服务的事件	有相关违法事件	没有相关违法事件	且有完善的预放机制
	开展服务体系和服务质量尽职调查，包括客户满意度	没有相关举措	局部的调查行为	全面、系统的重视、调查
市场推广	承诺不销售有争议的产品	没有相关承诺	模糊的承诺	明确的承诺
	进行宣传时承诺不进行恶性广告竞争	没有相关承诺	模糊的承诺	明确的承诺
客户隐私权	建立客户信息安全保障机制，保护消费者隐私	没有相关机制	局部的保障机制	全面的保障机制
	预防侵犯顾客隐私	发生了侵犯隐私事件	没有发生侵犯隐私事件	且有完善的预放措施
相关者权益保护	以消费者理解的方式提供有关产品和服务的信息，使消费者在知情的条件下做出决策	未维护消费者的知情权	局部、随机的保障	全面的重视、保障
	采用公平的合同程序降低双方实践谈判力量的不对等，以保护供应商和消费者双方的合法权益	没有相关举措	局部、随机的保障	全面的重视、保障
	使消费者得到充分的信息，认识到自己的权利和责任，发挥消费者的积极作用	没有相关举措	局部、随机的保障	全面的重视、保障
可持续	采用可持续的生产和消费模式	没有相关举措	局部、随机的举措	全面、系统的重视、行动
供应商评估	将产品责任标准纳入到企业的供应商筛选、合作管理体系	没有相应要求	局部、模糊的筛选标准	系统、全面的筛选标准
	建立应对、识别和评估供应链中的重大实际和潜在的环境相关的负面影响及其改善措施	没有相关措施	随机、局部的行动	全面、系统的行动
申诉机制	建立产品责任管理相关的规章制度或规则条例以及风险保障机制	没有相关机制	局部、零散的条例或机制	系统、全面的机制

社区发展评语集 表 3-7

事 项	表 征 指 标	评 分		
		0	1	2
社区参与	积极参与社区事务，成为社区企业公民	没有参与	局部、随机的参与	全面、常态化的参与
	支持社会投资	没有相关举措	局部、随机的投资	有系统化的管理
	开展的当地社区参与、影响评估、发展计划的情况	没有相关举措	局部、随机的参与	全面、常态化的参与、评估
	评估进入、经营和退出运营所在地对当地社区产生的重大负面影响	没有相关举措	局部、随机的举措	全面、系统的评估
健康、教育、文化	促进社区教育和文化事业的发展	没有相关举措	局部、随机的行动	系统、全面的行动
	尊重健康权，促进健康事业，减少对社区的危害	没有相关举措	局部、随机的行动	系统、全面的行动

续上表

事　项	表 征 指 标	评　分		
		0	1	2
技能开发与就业	通过创造就业为减少贫困、促进经济与社会发展做出贡献	没有相关举措	局部、随机的行动	系统、全面的行动
	通过技能开发促进就业，帮助社区居民从事体面、富有成效的工作	没有相关举措	局部、随机的行动	系统、全面的行动
	以促进人力人力资源开发和技术传播的方式采用专门知识、技能和技术，为其运行所在社区的发展做出贡献	没有相关举措	局部、随机的行动	系统、全面的行动
	通过培训，建立伙伴关系等方式扩大社区的技术获取渠道	没有相关培训	局部、随机的培训	系统、全面的培训
财富与收入创造	营造富有创业精神的环境，为社区带来长远利益	没有相关举措	局部、随机的行动	系统、全面的行动
	帮助社区居民创造财富和收入，促进社区成员经济利益的平均分配，消除贫困	没有相关举措	局部、随机的行动	系统、全面的行动
	通过自身活动或价值链活动整合社区居民、团体和组织，在社区发展中发挥积极作用	没有相关举措	局部、随机的行动	系统、全面的行动
供应商评估	将社区参与和发展标准纳入到企业的供应商筛选、合作管理体系	没有相应要求	局部、模糊的筛选标准	系统、全面的筛选标准
	建立应对、识别和评估供应链中的重大实际和潜在的环境相关的负面影响及其改善措施	没有相关措施	随机、局部的行动	全面、系统的行动
申诉机制	建立社区参与和发展管理相关的规章制度或规则条例以及风险保障机制	没有相关机制	局部、零散的条例或机制	系统、全面的机制

责任治理评语集　　表 3-8

事　项	表 征 指 标	评　分		
		0	1	2
责任治理	公司治理架构，包括治理架构下负责社会责任事务的相关部门	没有关于公司治理架构的描述	对公司治理架构有所提及	详细地描述了公司治理架构
	单一董事会架构中独立/非执行成员的人数和性别	未提及董事会的人员构成	涉及到董事会不同类型人员的构成	详细罗列了董事会不同类型人员的构成
	向公司治理机构提出社会责任指导或建议的机制	没有相关机制	简单提及到相关机制	明确提及到相关机制
	治理机构成员、高管人员的报酬与公司绩效之间的关系	没有对相关内容的描述	粗略提及了此类关系	对此类关系有较为详细的描述
	如何决定责任治理机构及委员会的组成	对决定的过程没有提及	关于决定的过程有简单的说明	详细说明了决定的过程
	社会责任最高治理机构主席兼任行政职位	不兼任	有行政干预能力	兼任行政职位
责任回应	公司使命或价值观、行为守则中是否体现了社会责任的原则	使命、价值观、行为守则中没有体现社会责任的原则	反映了社会责任的原则，但不明确	使命、价值观、行为守则明确体现了社会责任的原则
	治理机构确定和监督社会责任的报告和管理以及遵守国际公认的标准、行为守则及原则的程序	不能确定	模糊程序	明确的程序
	解释企业是否强调其预警机制和原则的具体描述	企业未作出相关解释	简单解释了相关内容	对此内容作出详细解释
	解释公司参与或支持的外界发起的经济、环境及社会公约、原则或其他倡议	报告没有披露该方面的信息	对该方面信息有所披露	全面披露了该方面的信息
	公司加入的协会/全国/国际社会怎倡议组织的会籍	报告没有披露此类信息	对该方面信息有所提及	全面披露了该方面的信息

经济绩效评语集　　表 3-9

事　项	表征指标	评　分		
		0	1	2
经济绩效	机构产生和分配的直接经济价值	没有产生和分配	产生了直接经济价值	且进行了有益的分配
	应对气候变化对机构活动产生的财务影响及其风险、机遇	没有相关举措	局部、随机的应对	系统、全面的应对措施
	机构固定收益型养老金所需资金的覆盖程度	没有此福利	部分员工享有	所有员工享有
	政府给予的补贴	没有相关补贴	短期、随机的补贴	长期、稳定的补贴
市场表现	不同性别的工资水平与机构重要运营地点最低工资水平	低于当地最低工资水平	某性别低于最低工资水平	不低于当地最低工资水平
	机构在重要运营地点聘用的当地高层管理人员	没有雇佣	有区别的雇佣	无区别的雇佣
间接经济影响	开展基础设施投资与支持性服务的情况及其影响	没有相关举措	局部、随机的投资行为	有系统、全面的规划
	重要间接经济影响，包括影响的程度	没有产生间接影响	局部、短期的影响	全面、长期的影响
采购行为	向当地供应商采购	没有类似采购行为	部分、随机的采购	有全面、长期的采购规划、行动

1.2　熵权法确定的绩效评价指标权重

本报告根据上述确定绩效指标权重的熵权法得出企业社会责任绩效评价指标体系的一级指标（主题）和二级指标的权重（过程已在《2013 交通运输行业企业社会责任发展报告》中详细介绍，此处略过），如表 3-10 所示。

绩效评价指标权重集（归一化权重）　　表 3-10

一级指标	权　重	二级指标	权　重
环境绩效	0.1948	物料、能源、水	0.1941
		生物多样性	0.1161
		“三废”排放	0.1569
		环境投资与影响评估	0.1952
		供应商评估	0.0929
		申诉机制	0.2447
劳动实践	0.1257	就业与雇佣	0.0724
		职业健康与安全	0.15
		发展与培训	0.1974
		多元化与平等机会	0.1177
		劳工保护	0.0883
		供应商评估	0.1819
		申诉机制	0.1924
人权	0.0812	投入与审查	0.188
		保障平等	0.2012
		公民权和政治权	0.2936
		供应商评估	0.1657
		申诉机制	0.1515

续上表

一级指标	权　重	二级指标	权　重
公平运营	0.1045	反腐败与政治参与	0.1717
		合规与守法	0.1255
		尊重产权	0.1268
		供应商评估	0.1348
		申诉机制	0.4412
产品责任	0.0696	客户健康与安全	0.0132
		产品和服务	0.0276
		市场推广	0.6182
		客户隐私权	0.0204
		相关者权益保护	0.0092
产品责任	0.0696	可持续	0.0097
		供应商评估	0.2687
		申诉机制	0.0331
社区发展	0.1514	社区参与	0.2241
		健康、教育、文化	0.2038
		技能开发与就业	0.089
		财富与收入创造	0.1306
		供应商评估	0.0901
		申诉机制	0.2623
责任治理	0.1637	治理结构	0.6577
		责任回应	0.3423
经济绩效	0.1091	经济绩效	0.1729
		市场表现	0.311
		间接经济影响	0.3495
		采购行为	0.1667

1.3　与上版本评价体系的变化情况说明

2014年度的评价指标体系延续了2013年的体系，未做变动，但在各指标的得分设置上做了些许调整。在已发布的企业社会责任报告中，鲜有关于企业负面信息的报道。实际上造成了指标评价得分设置中负分的设置变得毫无用处，而经济指标中的负分并不显多余。故而，与2013年相比，本报告在2014年度的报告评语集中删除了除经济指标外其余七大主题的负分项。

2 交通运输行业企业社会责任实践绩效评价总体情况

2.1　总体绩效情况

截至2015年8月1号，交通运输行业中共有38家上市公司发布了2014年度的企业社会责任报告。在本发展报告的绩效评价体系指导下，以各企业发布的社会责任报告为依据，“企业社会责任与可持续发展研究所”的专家组对38家企业的社会责任绩效进行了总体和分维度的评价。38家企业的总体绩效得分及排名情况如表3-11所示。

2014年交通运输行业企业社会责任绩效得分及排名　　表3-11

排名	企业名称	得　分	百分制	排名	企业名称	得　分	百分制
1	中国远洋	1.2441	62.2048	20	皖通高速	0.3289	16.4438
2	上港集团	1.0132	50.6604	21	宁沪高速	0.3268	16.3386
3	东方航空	0.8255	41.2745	22	吉林高速	0.3208	16.0416
4	中国国航	0.5952	29.7614	23	中原高速	0.3099	15.4956
5	中海发展	0.5185	25.9250	24	江西长运	0.2988	14.9394
6	南方航空	0.5134	25.6703	25	宁波港	0.2951	14.7534
7	外运发展	0.4975	24.8725	26	山东高速	0.2751	13.7528
8	天津港	0.4625	23.1231	27	大秦铁路	0.2670	13.3481
9	中远航运	0.4428	22.1400	28	大连港	0.2638	13.1905
10	中海集运	0.4315	21.5761	29	大众交通	0.2630	13.1514
11	唐山港	0.4191	20.9568	30	白云机场	0.2595	12.9761
12	广深铁路	0.4113	20.5652	31	赣粤高速	0.2560	12.8005
13	日照港	0.3885	19.4262	32	龙江交通	0.2522	12.6095
14	深高速	0.3734	18.6700	33	连云港	0.2460	12.2994
15	锦州港	0.3573	17.8652	34	宁波海运	0.2227	11.1362
16	四川成渝	0.3570	17.8522	35	福建高速	0.2172	10.8576
17	中储股份	0.3503	17.5166	36	中海海盛	0.2135	10.6770
18	浙江沪杭甬	0.3444	17.2186	37	盐田港	0.1865	9.3266
19	现代投资	0.3319	16.5947	38	铁龙物流	0.1570	7.8477

从38家企业的得分情况来看，除中国远洋以62.204的得分勉强达到及格线外，其余企业的企业社会责任成绩均“不及格”。各家企业都做到了“全”，然而多数企业在多数维度上的“责任”深度还有待提高。企业社会责任问题是一把双刃剑，它既是企业提升自己可持续竞争力的着眼点，能够为企业带来软实力的提升，又是企业突发问题的爆发点，造成对企业具有灾难性影响的临界点。随着社会大众对于社会责任的广泛关注，引发了越来越多的企业对企业社会责任这一新关键因素的重视。我国企业面对社会责任这一新因素时，在引起足够重视的同时，应该沉着应对，结合我国国情进行相应调整，建设具有中国特色的企业社会责任发展之路。

图3-2较为直观地展现了38家企业在绩效得分上的总体情况。图中可以清楚地看到，中国远洋、上港集团、东方航空组成了第一梯队，三者相较其余企业在绩效得分上较为突出，余下35家企业的表现大体一致。本年度各企业的绩效得分普遍有所提升，说明各企业在2014年的企业社会责任表现上有所改善。但是，历年来出现的状况重演，排名第一的中国远洋与排名末位的铁龙物流分值差距仍然较大，达到了54.3571。希望在新的一年里，每家企业都能在社会责任实践中获得更大的进步。

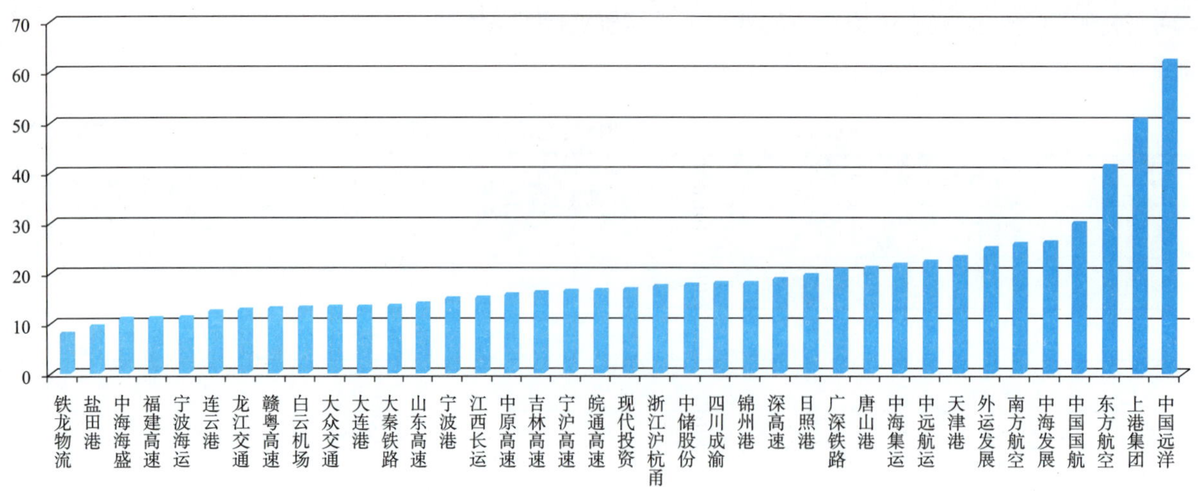

图 3-2　2014 年交通运输行业上市公司企业社会责任绩效得分

2.2　社会期望主题得分及排名

从国际标准 ISO 26000 社会责任核心主题以及全球报告倡议组织（GRI）可持续发展核心主题的原则可知，对于企业来说，识别自身社会责任的有效方法是准确把握核心主题及其有关的事项：环境、劳动实践、人权、公平运营、产品责任、社区参与和发展、责任治理、经济发展这些核心主题已经涵盖了企业应当重视的经济、环境和社会影响问题，从不同的角度引导和影响着企业的社会责任表现。因此，了解企业的社会责任表现还应当从这八个核心主题分析入手，识别企业在这些方面的思考和实践。

本报告从 2014 年交通运输行业企业社会责任实践绩效评价的一级指标（即八个主题）维度获取了各个主题的得分，得分由二级指标得分的加权和得出。其中 8 个主题的最高得分均为 2 分，最低得分均为 0 分。

各个主题得分情况如下所示。

①在环境绩效方面（表 3-12、图 3-3）。环境绩效以 0.6 分的均值高居八大主题榜首，成为交通运输行业平均得分最高的主题。2014 年与 2013 年的情况相比，各企业得分普遍有所提升，未出现零分企业，得分在 0.5 以上的企业有 25 家。占据榜首前两位的企业是中国远洋，上港集团。虽然大部分企业的表现较好，但还是有少数企业退步明显，如唐山港 2014 年排名仅为 29，与 2013 年的 6 位相去甚远。总的来说，38 家其中，除上港集团、中国远洋、东方航空的表现比较突出，得分超过 1 分外，其余企业间的差距相差不大，整体水平呈现稳步递增的态势。

环境绩效主题的得分及排序　　表 3-12

排　序	企业名称	得　分	排　序	企业名称	得　分
1	上港集团	1.303	8	中海发展	0.822
2	中国远洋	1.257	9	南方航空	0.749
3	东方航空	1.136	10	外运发展	0.745
4	中国国航	0.914	11	广深铁路	0.690
5	日照港	0.880	12	宁波港	0.638
6	中海集运	0.869	13	宁沪高速	0.626
7	天津港	0.835	14	现代投资	0.623

续上表

排　序	企业名称	得　分	排　序	企业名称	得　分
15	中储股份	0.623	27	赣粤高速	0.462
16	中原高速	0.613	28	皖通高速	0.444
17	浙江沪杭甬	0.587	28	唐山港	0.444
18	大秦铁路	0.579	30	江西长运	0.411
19	中远航运	0.569	31	福建高速	0.375
20	四川成渝	0.561	32	龙江交通	0.324
21	深高速	0.541	33	大众交通	0.307
22	大连港	0.534	34	盐田港	0.294
23	山东高速	0.533	35	宁波海运	0.288
24	锦州港	0.518	36	连云港	0.265
25	吉林高速	0.500	37	中海海盛	0.263
26	白云机场	0.484	37	铁龙物流	0.203

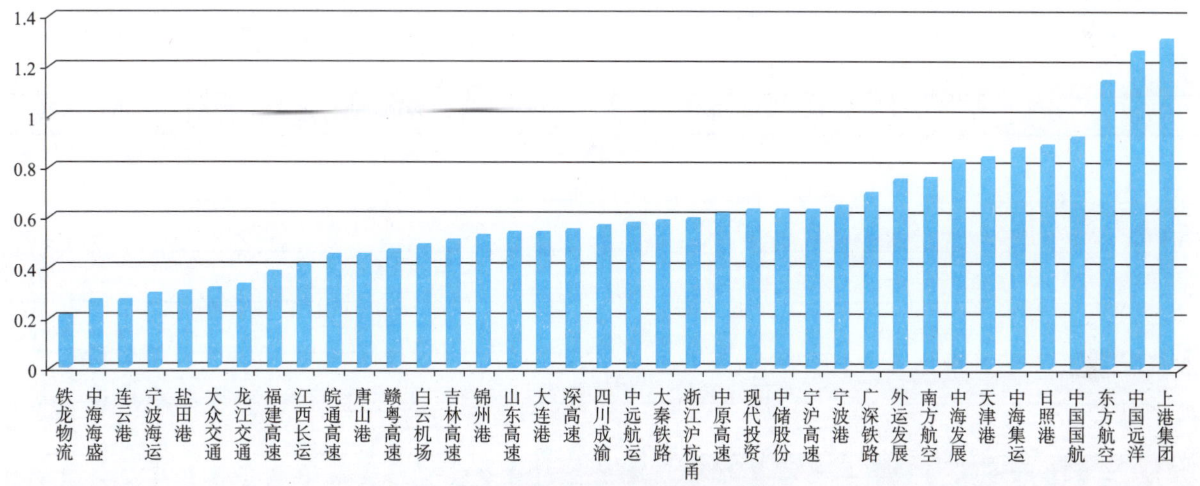

图 3-3　环境绩效主题的得分及排序

环境对于企业而言是一项持续时间长、投入成本高的支出，如何引导企业积极参与到环境事业中去，是今后值得进一步思考的问题。环境的好坏关系到国计民生，希望看到企业 2015 年在环保意识及环保实践方面取得更大的进步。

②在劳动实践方面（表 3-13、图 3-4）。劳动实践在八大主题中的排名第二，均值为 0.523。与 2013 年相比，2014 年企业在劳动实践主题中的得分整体情况有所提升，大部分企业在这一主题的得分均有所提升。占据企业前五名的分别为中国远洋、上港集团、东方航空、南方航空以及唐山港，和 2013 年相比，外运发展跌出前五，南方航空后来居上，得分最低的企业为龙江交通，分别为 0.227，相较 2013 年排名下降 10 位。虽然排名前五的企业得分上有所降低，但中间层次的企业得分普遍有所提升，从而带动了行业的整体提升。职工是企业最重要的资源，而劳动实践主题又是关乎职工群体切身利益的主题。越来越多的企业认识到，满足职工的切身利益需求对企业创造的剩余价值是有积极影响的。希望在未来，企业能够继续保持对这一主题的热度，在这一主题下做出更多的努力。

劳动实践主题的得分及排序 表 3-13

排　序	企业名称	得　分	排　序	企业名称	得　分
1	中国远洋	1.213	20	中海集运	0.452
2	上港集团	1.071	21	福建高速	0.446
3	东方航空	0.857	22	铁龙物流	0.444
4	南方航空	0.803	23	中原高速	0.440
5	唐山港	0.750	23	现代投资	0.440
6	外运发展	0.734	25	四川成渝	0.415
7	中海发展	0.675	26	连云港	0.409
8	中国国航	0.660	27	赣粤高速	0.404
9	深高速	0.654	28	大连港	0.402
10	浙江沪杭甬	0.539	28	吉林高速	0.402
11	中远航运	0.528	30	白云机场	0.400
12	江西长运	0.526	31	盐田港	0.398
13	广深铁路	0.522	32	锦州港	0.392
14	宁沪高速	0.510	32	宁波海运	0.392
15	天津港	0.465	34	山东高速	0.378
15	皖通高速	0.465	35	大秦铁路	0.362
17	宁波港	0.464	35	大众交通	0.362
18	日照港	0.463	37	中海海盛	0.349
19	中储股份	0.460	38	龙江交通	0.227

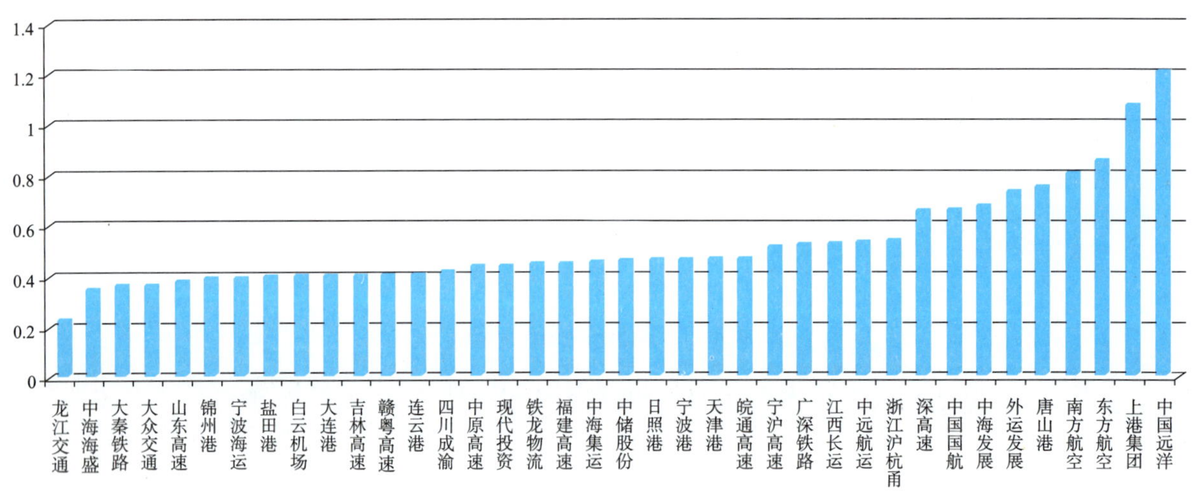

图 3-4　劳动实践主题的得分及排序

③在人权方面（表 3-14、图 3-5）。人权作为一个重点和难点问题，也是西方国家一直诟病我国的地方，在交通运输行业企业社会责任八大主题中排名第四，均值为 0.36。2014 年与 2013 年的人权主题得分情况相比，整个行业的人权表现有所退步，大部分企业在人权方面的表现得分出现了明显的退步。从具体企业来看，中国远洋、东方航空仍然占据着榜首一、二位，排名末位的是龙江交通，得分仅为 0.15。2014 年企业人权主题得分提升有限，没有出现行业性的巨大提升。但是，我们看到行业内各企业对于人权实践的投入是稳步增加的。这说明，人权问题在近年来引起了交通运输行业上市公司的持续关注，期待在未来，所有企业能够有更好的表现。

人权主题的得分及排序　　表 3-14

排　序	企业名称	得　分	排　序	企业名称	得　分
1	中国远洋	1.606	20	连云港	0.272
2	东方航空	1.192	20	中原高速	0.272
3	中国国航	0.551	20	福建高速	0.272
4	中海发展	0.485	23	大秦铁路	0.264
5	浙江沪杭甬	0.469	23	宁波港	0.264
6	上港集团	0.462	25	大连港	0.264
7	南方航空	0.452	26	中海海盛	0.262
8	广深铁路	0.451	27	赣粤高速	0.242
9	大众交通	0.419	27	宁沪高速	0.242
10	唐山港	0.405	27	四川成渝	0.242
11	江西长运	0.394	30	铁龙物流	0.221
12	日照港	0.338	31	外运发展	0.220
13	深高速	0.320	31	天津港	0.220
13	现代投资	0.320	31	吉林高速	0.220
15	中海集运	0.316	34	山东高速	0.198
16	皖通高速	0.294	35	锦州港	0.177
16	中储股份	0.294	36	宁波海运	0.176
16	白云机场	0.294	37	盐田港	0.153
19	中远航运	0.287	38	龙江交通	0.150

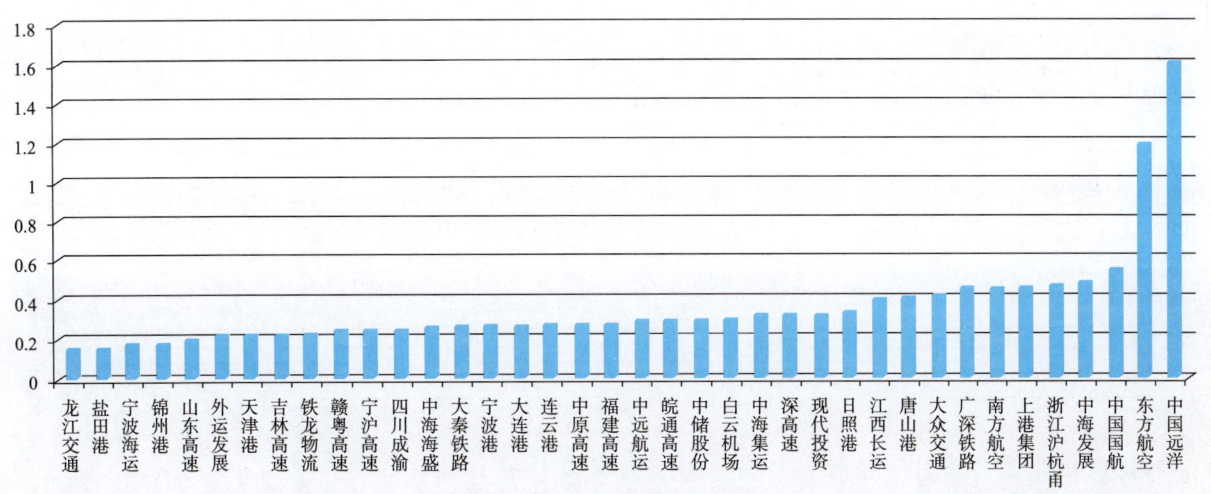

图 3-5　人权主题的得分及排序

④在公平运营方面（表 3-15、图 3-6）。公平运营主题在八大主题中位于中下水平，排名仅为第六，得分均值为 0.267。通过数据我们发现，和 2013 年相比，2014 年 38 家企业在整体层面上来看，得分普遍提高，并且今年无“零分”企业，比较排名靠后的企业得分均有所提高。就单个企业而言，中国远洋虽然仍占据第一的位置，但其得分仅为 0.965，相较 2013 年的 1.311 有所下滑，企业变化较大的还有吉林高速，从 2013 年的第 37 位上升至 2014 年的第 3 位，进步巨大。从得分分布上看，有 22 家企业的得分在 0.1 到 0.2 之间，占到了总数的 57% 以上，得分较 2013 年有所提升。企业在经营管理过

程中，不仅要关注自身的发展，对于与自己经营相关的合作企业和竞争企业的关注也要逐步加强，要想在激烈的市场中站稳脚跟，处理好与其他企业的竞合关系是发展的必须。

公平运营主题的得分及排序 表 3-15

排　序	企业名称	得　分	排　序	企业名称	得　分
1	中国远洋	0.965	20	宁波海运	0.179
2	中远航运	0.736	21	中海集运	0.172
3	吉林高速	0.605	21	盐田港	0.172
4	四川成渝	0.498	23	宁沪高速	0.168
5	外运发展	0.468	24	中原高速	0.159
6	上港集团	0.401	24	福建高速	0.159
6	广深铁路	0.401	24	赣粤高速	0.159
8	皖通高速	0.352	27	大秦铁路	0.158
9	深高速	0.340	28	连云港	0.157
10	中国国航	0.331	29	日照港	0.152
11	中海海盛	0.297	29	大连港	0.152
12	中海发展	0.275	31	铁龙物流	0.148
13	东方航空	0.271	32	大众交通	0.146
14	江西长运	0.255	32	锦州港	0.146
15	天津港	0.243	32	唐山港	0.146
16	南方航空	0.202	32	宁波港	0.146
17	浙江沪杭甬	0.190	32	山东高速	0.146
17	中储股份	0.190	32	白云机场	0.146
19	现代投资	0.181	38	龙江交通	0.144

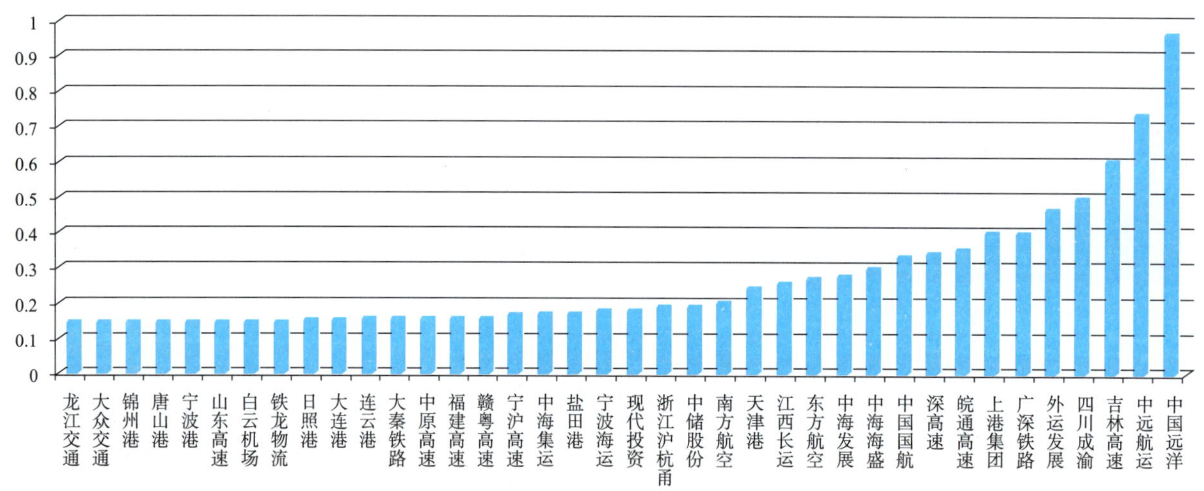

图 3-6　公平运营主题的得分及排序

⑤在产品责任方面（表 3-16、图 3-7）。产品责任这一主题的平均得分在八个主题中排名第八，得分均值仅为 0.125。比较 2013 年的数据，我们发现，38 家企业 2014 年在这一方面的表现整体而言并无突出的表现，基本保持前一年的状态。就单个企业而言，占据榜首的依然是中国远洋，不过和 2013

年的情况相比，2014 年其得分有所下降。有 33 家企业的得分小于 0.2，这说明绝大多数的企业在产品责任方面的表现较差。

产品责任主题的得分及排序　　表 3-16

排　序	企业名称	得　分	排　序	企业名称	得　分
1	中国远洋	1.016	19	连云港	0.081
2	上港集团	0.498	19	锦州港	0.081
3	东方航空	0.364	22	山东高速	0.079
4	中国国航	0.276	23	盐田港	0.070
5	外运发展	0.230	24	江西长运	0.067
6	日照港	0.150	25	中海发展	0.061
7	深高速	0.142	26	中远航运	0.052
8	南方航空	0.115	27	皖通高速	0.046
9	大众交通	0.114	28	中海集运	0.044
10	宁沪高速	0.109	29	中海海盛	0.041
11	唐山港	0.106	30	现代投资	0.040
12	中储股份	0.103	31	大秦铁路	0.036
13	天津港	0.094	31	龙江交通	0.036
14	宁波海运	0.091	33	浙江沪杭甬	0.035
15	吉林高速	0.090	34	铁龙物流	0.034
16	大连港	0.086	35	赣粤高速	0.029
16	广深铁路	0.086	36	中原高速	0.028
18	宁波港	0.084	37	白云机场	0.027
19	四川成渝	0.081	37	福建高速	0.027

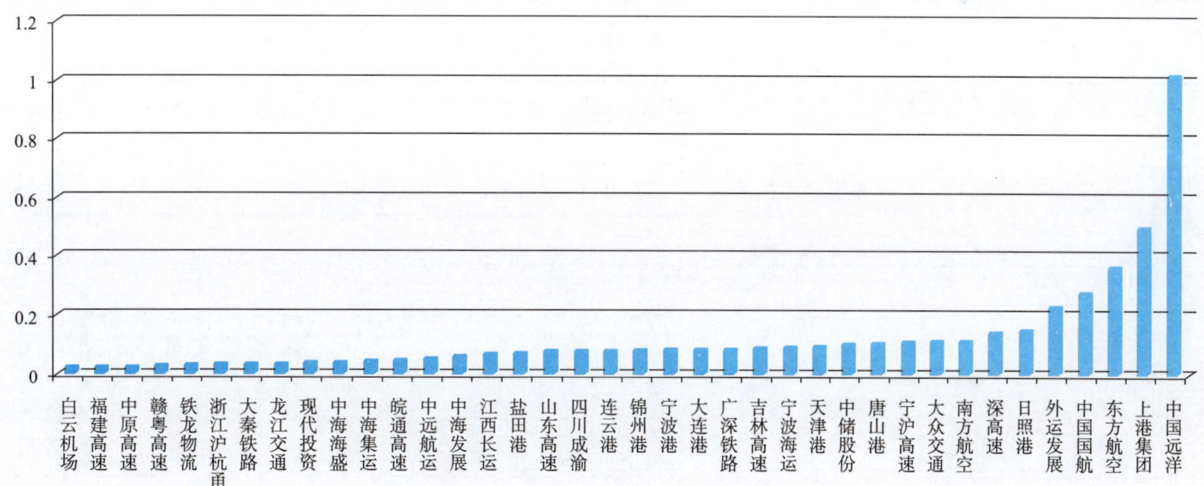

图 3-7　产品责任主题的得分及排序

随着三鹿奶粉、苏丹红、天津港爆炸等涉及到食品安全、产品质量管理、生产安全等问题事件的发生，媒体、公众、政府等众多利益相关者对这些焦点问题的关注日益加剧。企业的社会责任逐步成为影响企业实力的双刃剑，作为提升企业软实力的有效措施，其“成也萧何，败也萧何”的特征导致了企业不愿过多地披露其相关信息。我们迫切地希望企业在产品责任主题上有突飞猛进的发展。

⑥社区参与和发展方面（表 3-17、图 3-8）。社区参与和发展方面在交通运输行业的八大主题中排名居中，位列第四。2014 年各企业在社区参与和发展方面的整体情况相较 2013 年的水平有所下降。占据榜单前两位的依旧是中国远洋和上港集团，且两家企业的得分远超第三位的中国国航。整体来看，与 2013 年相比各企业的表现有所下滑，如 2013 年排名最低的营口港得分为 0.153，而 2014 年排名最低的铁龙物流得分仅为 0.031。

社区发展主题的得分及排序 表 3-17

排　序	企业名称	得　分	排　序	企业名称	得　分
1	中国远洋	1.281	20	龙江交通	0.397
2	上港集团	1.277	21	唐山港	0.393
3	中国国航	0.778	22	外运发展	0.381
4	锦州港	0.733	23	大众交通	0.379
5	中远航运	0.684	24	连云港	0.371
5	中海发展	0.634	24	白云机场	0.371
7	南方航空	0.626	26	赣粤高速	0.353
8	浙江沪杭甬	0.537	27	山东高速	0.326
9	四川成渝	0.531	28	中储股份	0.308
10	东方航空	0.490	29	宁波海运	0.296
11	深高速	0.460	30	宁波港	0.295
12	天津港	0.449	31	盐田港	0.247
13	中原高速	0.446	32	大秦铁路	0.226
14	宁沪高速	0.442	33	广深铁路	0.201
15	皖通高速	0.440	34	中海海盛	0.191
16	中海集运	0.429	35	吉林高速	0.175
17	现代投资	0.424	36	大连港	0.160
18	江西长运	0.421	37	福建高速	0.134
19	日照港	0.417	38	铁龙物流	0.031

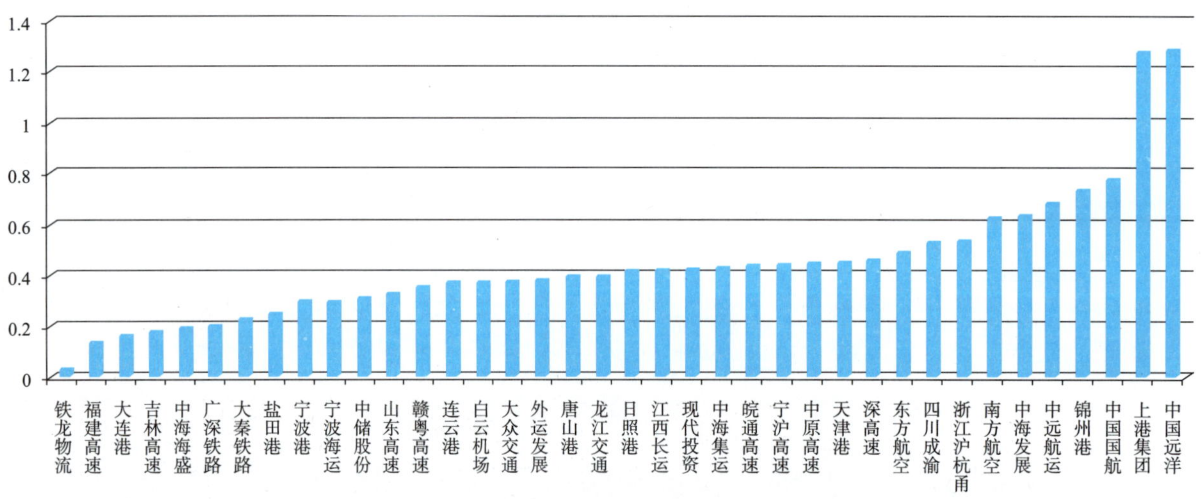

图 3-8　社区参与和发展主题的得分及排序

但是从社区发展主题的内容情况来看，企业主要在促进志愿者服务、健康事业、公益和慈善、促进教育和文化方面做得较好，在创造就业和技能开发、促进科技开发和利用以及支持社会投资发展方面有所欠缺。企业在社区参与和发展方面还是把重点放在志愿者服务、物质捐献的层面。志愿者、公益、慈善是授之以鱼，我们更多地希望看到企业可以为社区提供更多的就业机会，帮助社区提高科技文明水平，真正地做到授之以渔。

⑦在责任治理方面（表 3-18、图 3-9）。随着企业社会责任理念的推广与发展，2014 年各企业在责任治理方面有了长足的发展，继续保持无"零得分"记录，绩效表现在八个维度中排名第五，均值为 0.301。总体来看，责任治理维度的绩效得分保持在较高的水平上，且较之 2013 年有了明显的进步。中国远洋和上港集团继续占据排行榜一、二名的位置，东方航空本年度超越上年度的第三名中国国航，取得了季军位置，中海集运表现出强劲的进步势头。中国国航与中国南航的排名有所下降，这说明随着社会责任理念的不断发展，水路运输业和航空运输业不再是社会责任的"垄断者"，开始呈现出"百花齐放"的局面。2014 年整体行业继续保持进步态势，虽然大部分企业尚未获得像中国远洋、上港集团那样高绩效，但各企业付出的努力还是获得了很好的效果。

责任治理主题的得分及排序　　表 3-18

排　序	企业名称	得　分	排　序	企业名称	得　分
1	中国远洋	1.208	20	山东高速	0.173
2	上港集团	1.167	21	日照港	0.164
3	东方航空	1.022	22	宁波海运	0.156
4	唐山港	0.701	23	宁波港	0.131
5	中海集运	0.521	23	福建高速	0.131
6	外运发展	0.501	23	宁沪高速	0.131
7	中国国航	0.463	26	中海海盛	0.129
8	天津港	0.430	27	连云港	0.121
9	广深铁路	0.422	28	大秦铁路	0.110
9	中海发展	0.422	28	江西长运	0.110
11	南方航空	0.403	28	大连港	0.110
12	锦州港	0.337	28	深高速	0.110
13	中储股份	0.312	32	四川成渝	0.104
14	龙江交通	0.293	32	赣粤高速	0.104
15	中远航运	0.263	34	中原高速	0.096
16	吉林高速	0.222	35	铁龙物流	0.082
17	现代投资	0.219	36	浙江沪杭甬	0.068
18	皖通高速	0.200	36	白云机场	0.068
19	大众交通	0.194	38	盐田港	0.027

⑧在经济绩效方面（表 3-19、图 3-10）。与其他七个主题相比，经济发展得分均值排名靠后，仅位列第七，均值为 0.239。受指标体系变化的影响，各家企业 2014 年度在这一维度下的得分变化较大，企业整体表现进步明显，与 2013 年相比，中国远洋、上港集团、东方航空、中国国航、南方航空重新占据第一梯队的位置，其进步十分瞩目，其中中国远洋、上港集团得分均超过 1 分。虽然中国远洋由于受全球经济不景气的影响处于亏损状态，但其在经济发展方面的表现仍然十分抢眼，占据排行榜首位，

这说明其在这一方面的表现是值得肯定的。但是也有一些企业受经济大环境的拖累，在这一方面表现较差，如宁波港、盐田港，排名分别为37位和38位。

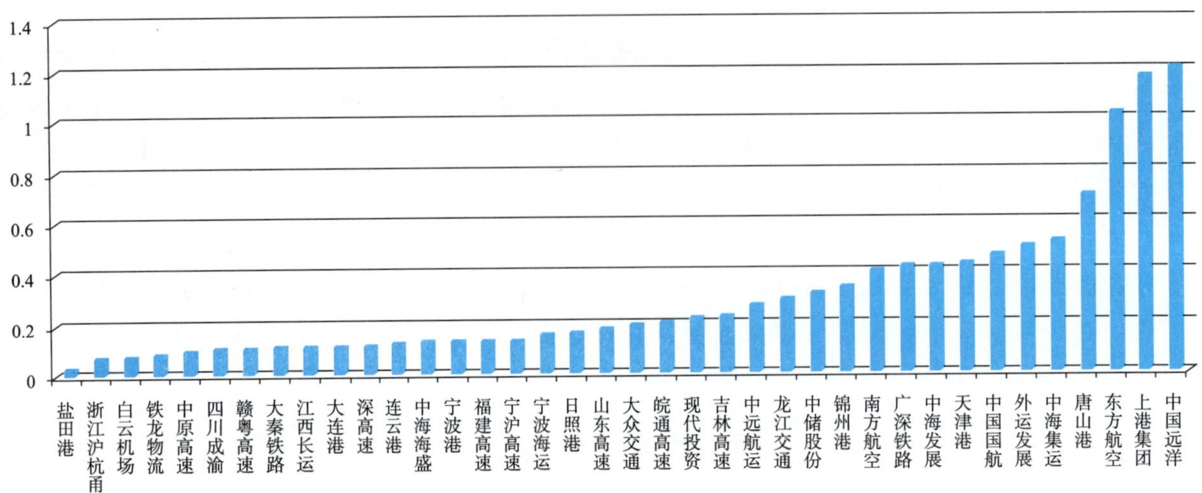

图 3-9 责任治理主题的得分及排序

经济绩效主题的得分及排序 表 3-19

排 序	企业名称	得 分	排 序	企业名称	得 分
1	中国远洋	1.404	20	日照港	0.139
2	上港集团	1.158	21	中海海盛	0.122
3	东方航空	0.959	22	中原高速	0.104
4	天津港	0.488	22	大众交通	0.104
5	中国国航	0.386	24	浙江沪杭甬	0.087
6	南方航空	0.366	25	山东高速	0.086
7	外运发展	0.346	26	中海集运	0.079
8	中海发展	0.331	27	唐山港	0.078
9	广深铁路	0.249	28	现代投资	0.070
10	深高速	0.246	28	宁沪高速	0.070
11	大连港	0.218	30	铁龙物流	0.069
12	龙江交通	0.209	30	江西长运	0.069
12	连云港	0.209	32	宁波海运	0.069
12	吉林高速	0.209	33	赣粤高速	0.061
15	中储股份	0.207	33	白云机场	0.061
16	皖通高速	0.191	35	锦州港	0.052
16	四川成渝	0.191	35	福建高速	0.052
18	大秦铁路	0.148	37	宁波港	0.035
19	中远航运	0.139	38	盐田港	0.017

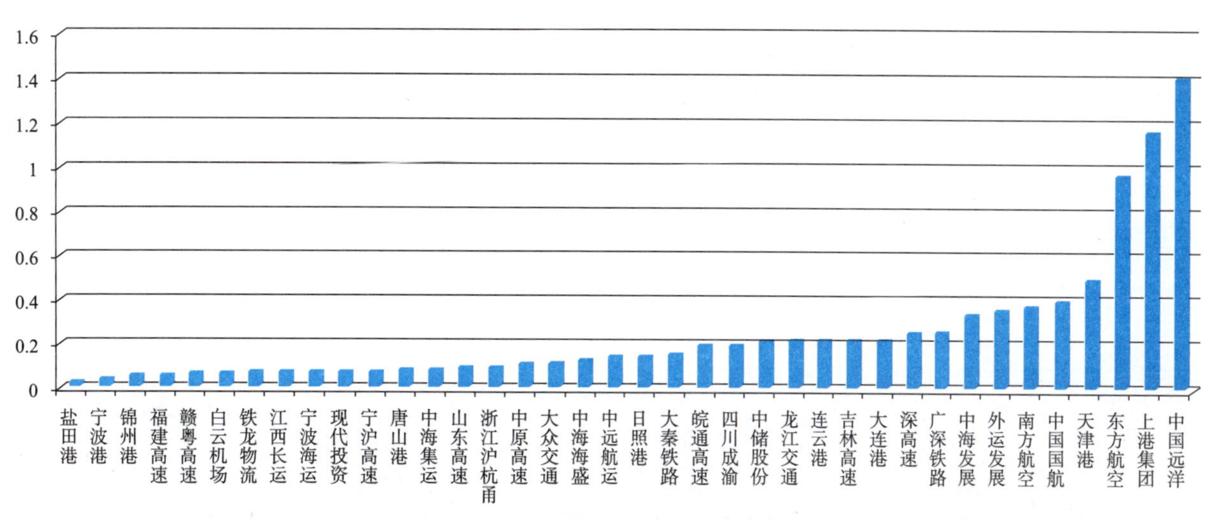

图 3-10　社区发展主题的得分及排序

为了能更好地表现三个年度各个主题的得分情况，对表 3-12~ 表 3-19 中的数据进行均值处理，得到表 3-20 和图 3-11 所示的结果。

2014 年交通运输行业企业社会责任八个主题平均得分　　表 3-20

主题	环境绩效	劳动实践	人　权	公平运营	产品责任	社区参与和发展	责任治理	经济绩效
均值	0.6	0.523	0.36	0.523	0.6	0.44	0.301	0.239

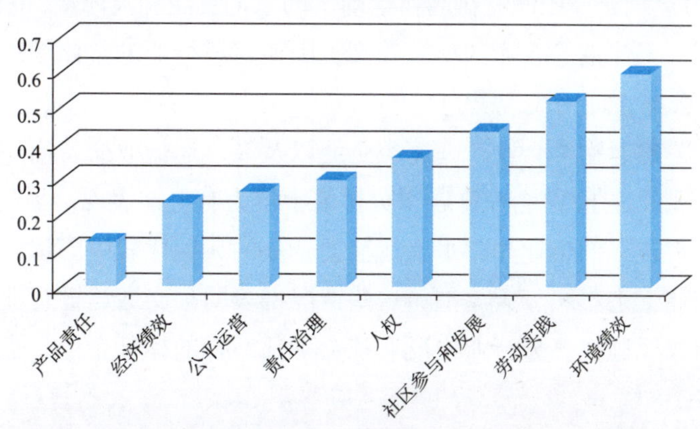

图 3-11　2014 年交通运输行业企业社会责任八个主题平均得分对比

2.3　前十名及后十名企业社会责任绩效评价情况

一般认为，排名靠前和排名靠后的企业较中游企业更能够清晰地说明好与不好的关键出在什么地方。本报告取 2014 年交通运输行业企业社会责任绩效排名前十名和后十名的企业为样本，通过对它们的社会责任绩效得分情况的说明，以期有所启示。样本企业名单及得分、排名情况如表 3-21 所示。

从各个行业的得分情况来看，中国远洋、上港集团、东方航空三家企业处于绝对的领先地位，分列前三位，优势明显。例如，中国远洋的得分 62.2048，几乎是第四名中国国航 29.7614 的两倍还要多；第十名中海集运的得分只有 21.5761，与中国远洋的分值差达到了 40 分以上。前十名的得分跨度巨大，说明 38 家交通运输行业上市公司在社会责任绩效表现上缺乏竞争力。后十名企业的得分跨度在 6 分以内，相对而言比较集中。在后十名的榜单中可以看到，龙江交通和铁龙物流在 2014 年度都有较大的下滑。然而从得分上来看，所有企业的责任表现都有所改善，应给予称赞。

2014年交通运输行业企业社会责任绩效前十、后十企业 表3-21

排 名	前十企业	得 分	排 名	后十企业	得 分
1	中国远洋	62.2048	29	大众交通	13.1514
2	上港集团	50.6604	30	白云机场	12.9761
3	东方航空	41.2745	31	赣粤高速	12.8005
4	中国国航	29.7614	32	龙江交通	12.6095
5	中海发展	25.9250	33	连云港	12.2994
6	南方航空	25.6703	34	宁波海运	11.1362
7	外运发展	24.8725	35	福建高速	10.8576
8	天津港	23.1231	36	中海海盛	10.6770
9	中远航运	22.1400	37	盐田港	9.3266
10	中海集运	21.5761	38	铁龙物流	7.8477

中国远洋除在环境绩效主题上次于上港集团外，在其他七个主题所涉及方面均为表现最优者。上港集团在各主题中均有不错的表现，除在人权和公平运营方面均居于第6位外，其余各主题都在三强之列。38家企业中共有4家航空运输公司，全部列于前十，彰显整个航空运输业在国内践行社会责任企业中的领先地位。港口运输企业中既有排名位居前十的上港集团和天津港，也有居于末十位的连云港、盐田港，由于上港集团、天津港等企业的得分较高，因而对该行业的整体绩效有拉升效果。与此形成鲜明对比的是，铁路与公路企业的表现乏力。

水上运输类企业、公路运输类企业、高速类企业以及港口运输业交替出现在后十名的榜单中，从各主题表现情况我们发现，这10家企在主题得分排名中均为有上佳表现。另一方面，我们也发现，在这四类企业中，也有表现较好的企业如，水上运输类企业的典型代表中国远洋以及位于前十排名的中海发展，港口运输业企业上港集团、天津港，这些情况都表明，交通运输行业的企业社会责任发展不单单只是某一家企业独领风骚，各分行业中既有社会责任践行的标杆企业，也有需要加强的社会责任实践的后进企业。

本报告的绩效评价是以企业发布的年度社会责任报告为依据进行的，可能会与实际情况有所差距。一些企业可能在实践中，做得比“说”得要更多，更好。但企业社会责任报告作为企业非财务信息披露的重要渠道，是为了更好地与利益相关者沟通，减少信息的不对称性，实现企业与利益相关者的共赢，因此，期望企业可以认真地对待，切莫误入“酒香不怕巷子深”的传统，通过报告来展示企业践行社会责任的丰硕成果。

3 与上年度评价结果的对比分析

3.1 总体排名比较

2014年与2013年交通运输行业企业社会责任绩效得分及排名对比概况如表3-22、图3-12所示。

2014 年交通运输行业企业社会责任绩效排名与 2013 年对比　　表 3-22

企业名称	得分	2014 年排名	2013 年排名	排名变化
中国远洋	62.2048	1	1	0
上港集团	50.6604	2	2	0
东方航空	41.2745	3	3	0
中国国航	29.7614	4	7	–3
中海发展	25.9250	5	24	–19
南方航空	25.6703	6	8	–2
外运发展	24.8725	7	4	3
天津港	23.1231	8	6	2
中远航运	22.1400	9	15	– 6
中海集运	21.5761	10	20	–10
唐山港	20.9568	11	5	6
广深铁路	20.5652	12	9	3
日照港	19.4262	13	16	–3
深高速	18.6700	14	14	0
锦州港	17.8652	15	10	5
四川成渝	17.8522	16	27	–11
中储股份	17.5166	17	26	–9
现代投资	16.5947	19	34	–15
皖通高速	16.4438	20	18	2
宁沪高速	16.3386	21	13	8
吉林高速	16.0416	22	28	–6
中原高速	15.4956	23	37	–14
江西长运	14.9394	24	11	13
宁波港	14.7534	25	21	4
山东高速	13.7528	26	17	9
大秦铁路	13.3481	27	23	4
大连港	13.1905	28	22	6
大众交通	13.1514	29	31	–2
白云机场	12.9761	30	29	1
赣粤高速	12.8005	31	35	–4
龙江交通	12.6095	32	19	13
连云港	12.2994	33	36	–3
宁波海运	11.1362	34	32	2
福建高速	10.8576	35	33	2
中海海盛	10.6770	36	38	–2
盐田港	9.3266	37	30	7
铁龙物流	7.8477	38	25	13
浙江沪杭甬	17.2186	18		
营口港			12	

注："得分"为百分制；排名变化列中的负数代表名次上升，正数代表名次下降。

从表 3-22 中情况来看，仍是中国远洋、上港集团和东方航空领先态势稳定，未发生变化。共 18 家企业的名次出现了下降，唐山港、锦州港、宁沪高速、江西长运、山东高速、大连港、龙江交通、盐田港和铁龙物流的名次下降均超过了 5 名，分别为 6、5、8、19、9、6、7 和 13 个位次，此外共 16 家企业的名次有了进步，中海发展、中原航运、中海集运、四川成渝、中储股份、现代投资、吉林高速和中原高速的名次上升均超过了 5 名，分别为 19、6、10、11、9、15、6 和 14 个次位。还有四家企业的名次并未发生变化，浙江沪杭甬作为本年新增加的企业，在交通运输行业的 38 家企业中位于 18 名。

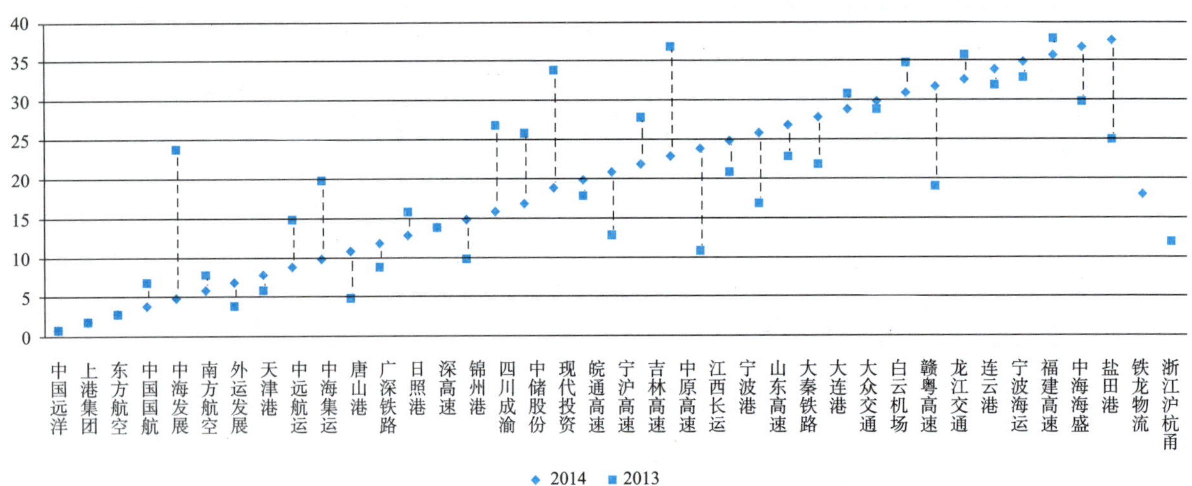

图 3-12 2014—2013 交通运输行业企业社会责任绩效排名对比分析

3.2 分主题排名比较

2014 年度企业社会责任各主题得分与 2013 年度得分情况对比如表 3-23~ 表 3-30 以及图 3-13~ 图 3-20 所示。

2014 年企业社会责任主题——环境与 2013 年排名对比 表 3-23

企业名称	得 分	2014 年排名	2013 年排名	排名变化
上港集团	1.303	1	2	-1
中国远洋	1.257	2	1	1
东方航空	1.136	3	10	-7
中国国航	0.914	4	11	-7
日照港	0.880	5	5	0
中海集运	0.869	6	27	-21
天津港	0.835	7	4	3
中海发展	0.822	8	14	-6
南方航空	0.749	9	9	0
外运发展	0.745	10	12	-2
广深铁路	0.690	11	30	-19
宁波港	0.638	12	20	-8
宁沪高速	0.626	13	7	6
现代投资	0.623	14	23	-9
中储股份	0.623	14	35	-21

续上表

企业名称	得　分	2014年排名	2013年排名	排名变化
中原高速	0.613	15	21	-6
浙江沪杭甬	0.587	16		
大秦铁路	0.579	17	33	-16
中远航运	0.569	18	17	1
四川成渝	0.561	19	31	-12
深高速	0.541	20	16	4
大连港	0.534	21	8	13
山东高速	0.533	22	19	3
锦州港	0.518	23	3	20
吉林高速	0.500	24	24	0
白云机场	0.484	25	32	-7
赣粤高速	0.462	26	25	1
皖通高速	0.444	27	28	-1
唐山港	0.444	27	6	21
江西长运	0.411	28	13	15
福建高速	0.375	29	37	-8
龙江交通	0.324	30	34	-4
大众交通	0.307	31	18	13
盐田港	0.294	32	15	17
宁波海运	0.288	33	36	-3
连云港	0.265	34	26	8
中海海盛	0.263	35	22	13
铁龙物流	0.203	36	38	-2

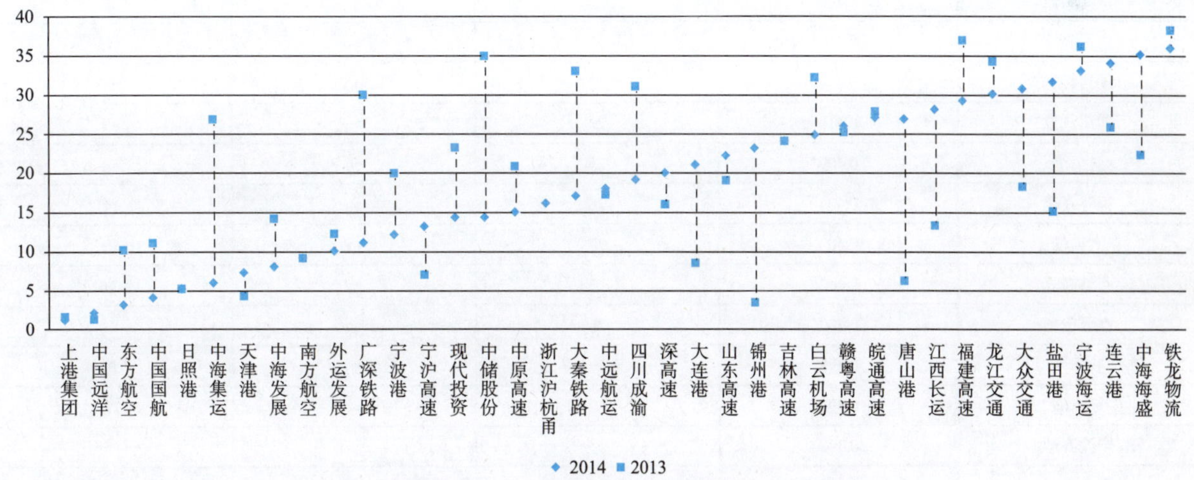

图 3-13　2014 年企业社会责任主题——环境与 2013 年排名对比

从表 3-23、图 3-13 可以看出，在环境主题方面 2014 年名次上升的有 15 家，进步名次超过 10 名的是四川成渝、大秦铁路、广深铁路、中海集运和中储股份，前进名次分别为 12、16、19、21、21 名。退步较大的企业是大连港、锦州港、唐山港、江西长运、大众交通、中海海盛和盐田港，分别退步了 13、20、21、

15、13、13和17名。环境主题整体得分较高，得分超过0.5的有24家，占到总企业数的63.2%，排名前三的分别是上港集团、中国远洋和东方航空，三家企业得分均在1以上，其中东方航空今年较2013年变化较大，前进了7名并跻身前三名。

2014年企业社会责任主题——劳动实践与2013年排名对比 表3-24

企业名称	得　分	2014年排名	2013年排名	排名变化
中国远洋	1.213	1	3	-2
上港集团	1.071	2	1	1
东方航空	0.857	3	2	1
南方航空	0.803	4	10	-6
唐山港	0.750	5	5	0
外运发展	0.734	6	4	2
中海发展	0.675	7	24	-17
中国国航	0.660	8	8	0
深高速	0.654	9	7	2
浙江沪杭甬	0.539	10		
中远航运	0.528	11	14	-3
江西长运	0.526	12	9	3
广深铁路	0.522	13	13	0
宁沪高速	0.510	14	34	-20
天津港	0.465	15	6	9
皖通高速	0.465	16	17	-1
宁波港	0.464	17	26	-9
日照港	0.463	18	25	-7
中储股份	0.460	19	15	4
中海集运	0.452	20	30	-10
福建高速	0.446	21	32	-11
铁龙物流	0.444	22	22	0
中原高速	0.440	23	36	-13
现代投资	0.440	23	20	3
四川成渝	0.415	24	33	-9
连云港	0.409	25	29	-4
赣粤高速	0.404	26	12	14
大连港	0.402	27	11	16
吉林高速	0.402	27	37	-10
白云机场	0.400	28	38	-10
盐田港	0.398	29	20	9
锦州港	0.392	30	18	12
宁波海运	0.392	30	35	-5
山东高速	0.378	31	23	8
大秦铁路	0.362	32	27	5
大众交通	0.362	32	16	16
中海海盛	0.349	33	31	2
龙江交通	0.227	34	28	6

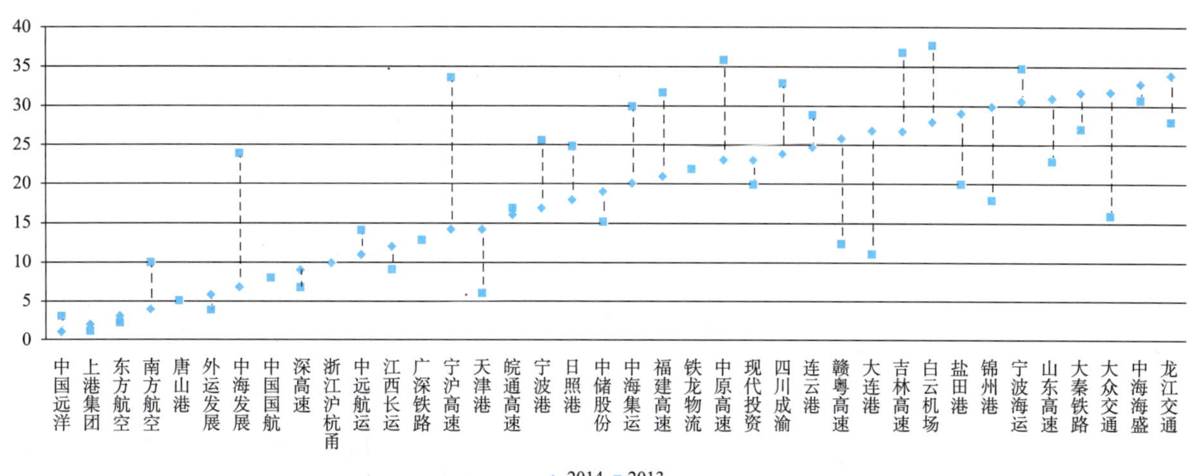

图 3-14 2014 年企业社会责任主题——劳动实践与 2013 年排名对比

从表 3-24、图 3-14 可以看出，在劳动实践主题方面名次上升有 16 家，上升名次超过 10 名的是中海发展、宁沪高速、福建高速和中原高速分别上升了 17、20、11 和 13 名。名次下降的有 17 家，下降名次超过 5 名的有天津港、赣粤高速、大连港、盐田港、山东高速、大众交通和龙江交通分别下降了 9、14、16、9、12、8、16 和 6 名。在劳动实践主题上中国远洋代替上港集团成为行业第一，上港集团今年排名第二仍然处在领先的位置，整体来看在劳动实践主题上得分处在 0.4~0.6 之间的有 19 家企业，占到了企业总数的 50%，该主题得分相对于其他主题来说更加集中。

2014 年企业社会责任主题——人权与 2013 年排名对比 表 3-25

企业名称	得 分	2014 年排名	2013 年排名	排名变化
中国远洋	1.606	1	1	0
东方航空	1.192	2	5	-3
中国国航	0.551	3	2	1
中海发展	0.485	4	11	-7
浙江沪杭甬	0.469	5		
上港集团	0.462	6	6	0
南方航空	0.452	7	3	4
广深铁路	0.451	8	14	-6
大众交通	0.419	9	35	-26
唐山港	0.405	10	7	3
江西长运	0.394	11	15	-4
日照港	0.338	12	9	3
深高速	0.320	13	8	5
现代投资	0.320	13	26	-13
中海集运	0.316	14	34	-20
皖通高速	0.294	15	30	-15
中储股份	0.294	15	16	-1
白云机场	0.294	15	26	-11
中远航运	0.287	16	17	-1
连云港	0.272	17	21	-4

续上表

企业名称	得　分	2014年排名	2013年排名	排名变化
中原高速	0.272	17	21	-4
福建高速	0.272	17	31	-14
大秦铁路	0.264	18	36	-18
宁波港	0.264	18	31	-13
大连港	0.264	18	23	-5
中海海盛	0.262	19	23	-4
赣粤高速	0.242	20	37	-17
宁沪高速	0.242	21	25	-4
四川成渝	0.242	21	20	1
铁龙物流	0.221	22	10	12
外运发展	0.220	23	13	10
天津港	0.220	23	33	-10
吉林高速	0.220	23	26	-3
山东高速	0.198	24	38	-14
锦州港	0.177	25	4	21
宁波海运	0.176	26	19	7
盐田港	0.153	27	29	-2
龙江交通	0.150	28	18	10

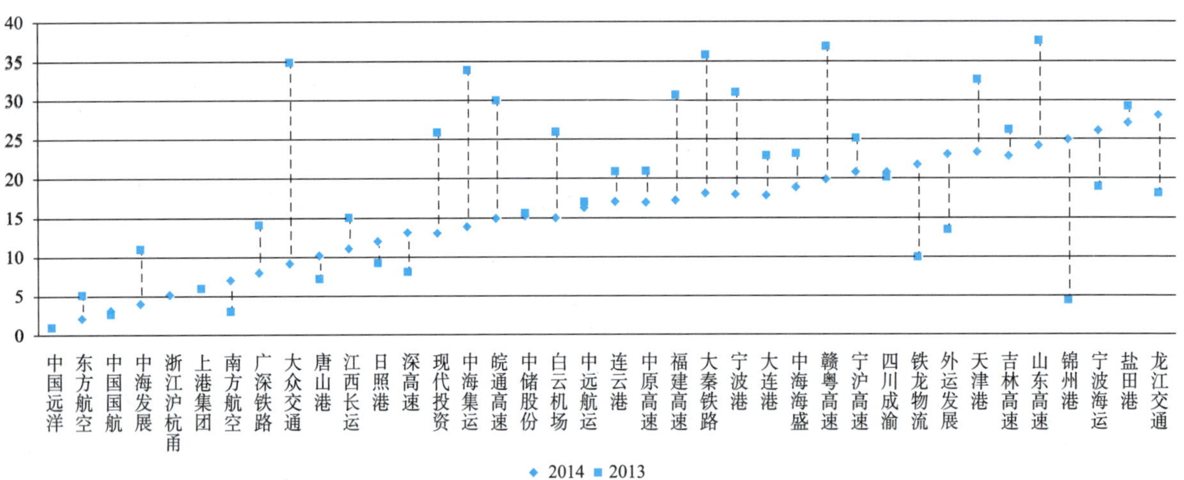

图 3-15　2014 年企业社会责任主题——人权与 2013 年排名对比

从表 3-25、图 3-15 可以看出，在人权主题方面进步的企业有 24 家，下降数量较多，下降超过 10 名的下降的企业有大众交通、现代投资、中海集运、皖通高速、白云机场、福建高速、大秦铁路、宁波港、赣粤高速和山东高速分别上升名次为 26、13、20、15、11、14、18、13、17、14 名。下降名次超过 5 名的有铁龙物流、外运发展、锦州港、宁波海运和龙江交通分别下降了 12、10、21、7 和 10 名。在人权主题上排名第一的仍然是中国远洋，并且明显高于排名第二的东方航空，而东方航空的得分又明显高于排名第三的中国国航，除前两名得分高于 1 之外，其他企业的得分均处于 0.1~0.6 之间。今年进步较大的是大众交通、中海集运、大秦铁路和赣粤高速分别前进 24、20、18 和 17 名，退步较大的锦州港较 2013 年下降 21 名。

2014年企业社会责任主题——公平运营与2013年排名对比 表3-26

企业名称	得 分	2014年排名	2013年排名	排名变化
中国远洋	0.965	1	1	0
中远航运	0.736	2	3	-1
吉林高速	0.605	3	37	-34
四川成渝	0.498	4	28	-24
外运发展	0.468	5	4	1
上港集团	0.401	6	2	4
广深铁路	0.401	6	9	-3
皖通高速	0.352	7	14	-7
深高速	0.340	8	25	-17
中国国航	0.331	9	19	-10
中海海盛	0.297	10	28	-18
中海发展	0.275	11	5	6
东方航空	0.271	12	12	0
江西长运	0.255	13	10	3
天津港	0.243	14	15	-1
南方航空	0.202	15	13	2
中储股份	0.190	16	26	-10
浙江沪杭甬	0.190	16		
现代投资	0.181	17	32	-15
宁波海运	0.179	18	6	12
中海集运	0.172	19	30	-11
盐田港	0.172	19	21	-2
宁沪高速	0.168	20	27	-7
中原高速	0.159	21	21	0
福建高速	0.159	21	34	-13
赣粤高速	0.159	21	34	-13
大秦铁路	0.158	22	18	4
连云港	0.157	23	16	7
日照港	0.152	24	21	3
大连港	0.152	24	31	-7
铁龙物流	0.148	25	36	-11
大众交通	0.146	26	17	9
锦州港	0.146	26	7	19
唐山港	0.146	26	11	15
宁波港	0.146	26	20	6
山东高速	0.146	26	24	2
白云机场	0.146	26	37	-11
龙江交通	0.144	27	32	-5

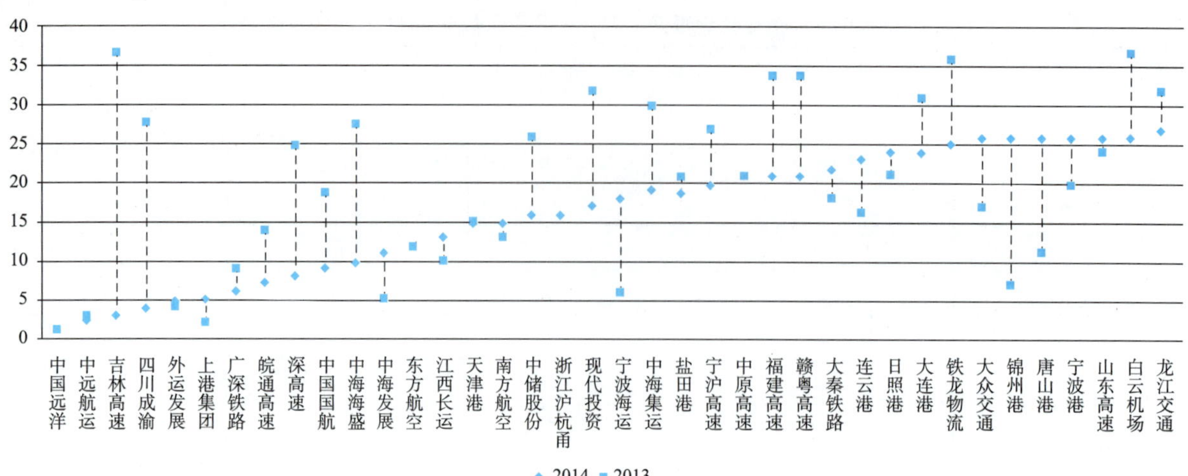

图 3-16　2014 年企业社会责任主题——公平运营与 2013 年排名对比

从表 3-26、图 3-16 可以看出，2014 年公平运营主题上名次进步的有 20 家，进步名次超过 10 名的企业有 10 家，吉林高速、四川成渝和中海海盛分别进步了 34、20 和 18 名。名次退步的有 14 家，退步较大的企业是宁波海运、锦州港和唐山港分别退步了 12、19 和 15 名，其中得分在 0.5 以下的有 35 家，占到总企业数的 92%，排名第一的仍然是中国远洋，但得分仅为 0.965，说明公平运营主题整体得分较低。

2014 年企业社会责任主题——产品责任与 2013 年排名对比　　表 3-27

企业名称	得　分	2014 年排名	2013 年排名	排名变化
中国远洋	1.016	1	1	0
上港集团	0.498	2	3	-1
东方航空	0.364	3	5	-2
中国国航	0.276	4	2	2
外运发展	0.230	5	9	-4
日照港	0.150	6	14	-8
深高速	0.142	7	30	-23
南方航空	0.115	8	6	2
大众交通	0.114	9	21	-12
宁沪高速	0.109	10	20	-10
唐山港	0.106	11	11	0
中储股份	0.103	12	26	-14
天津港	0.094	13	7	6
宁波海运	0.091	14	38	-24
吉林高速	0.090	15	33	-18
大连港	0.086	16	23	-7
广深铁路	0.086	17	4	13
宁波港	0.084	18	33	-15
四川成渝	0.081	19	16	3
连云港	0.081	19	28	-9

续上表

企业名称	得　分	2014年排名	2013年排名	排名变化
锦州港	0.081	19	19	0
山东高速	0.079	20	15	5
盐田港	0.070	21	29	–8
江西长运	0.067	22	13	9
中海发展	0.061	23	21	2
中远航运	0.052	24	16	8
皖通高速	0.046	25	12	13
中海集运	0.044	26	7	19
中海海盛	0.041	27	18	9
现代投资	0.040	28	26	2
大秦铁路	0.036	29	24	5
龙江交通	0.036	29	30	–1
浙江沪杭甬	0.035	30		
铁龙物流	0.034	31	25	6
赣粤高速	0.029	32	36	–4
中原高速	0.028	33	30	3
白云机场	0.027	34	37	–3
福建高速	0.027	34	33	1

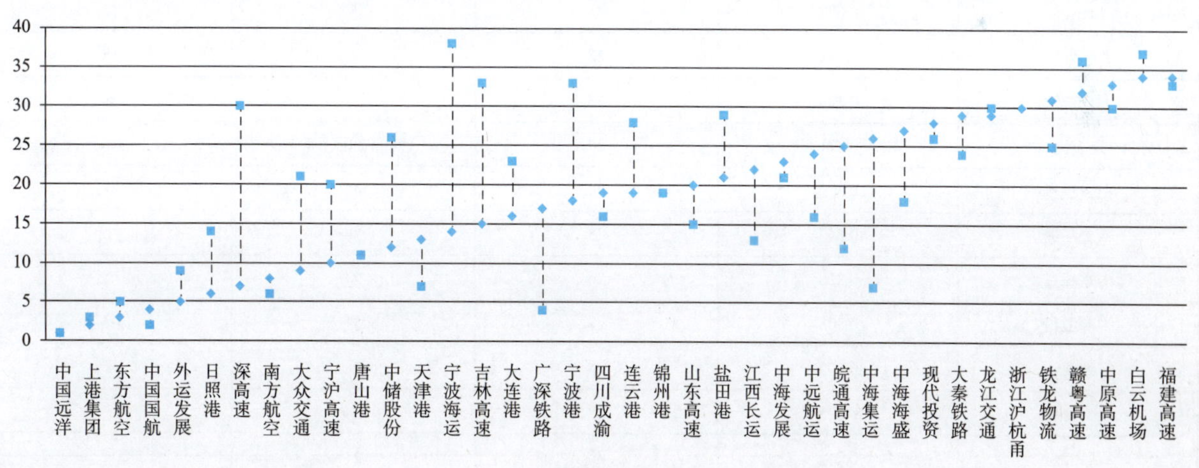

图 3-17　2014 年企业社会责任主题——产品责任与 2013 年排名对比

从表 3-27、图 3-17 可以看出，2014 年产品责任主题名次上升的有 17 家，进步超过 10 名的是大众交通、中储股份、宁波港、吉林高速、深高速和宁波海运分别上升了 12、14、15、18、23、24 名，名次下降的企业有 17 家，下降名次超过 10 名的是中海集运、广深铁路和皖通高速分别下降了 19、13 和 13 名。在产品责任主题下除中国远洋外其他企业得分均在 0.5 以下，占到总企业数的 97.37%，甚至得分在 0.1 以下的占到了 26 家，行业内在产品责任的表现令人堪忧。

2014 年企业社会责任主题——社区参与和发展与 2013 年排名对比 表 3-28

企业名称	得 分	2014 年排名	2013 年排名	排名变化
中国远洋	1.281	1	1	0
上港集团	1.277	2	3	-1
中国国航	0.778	3	12	-9
锦州港	0.733	4	10	-6
中远航运	0.684	5	8	-3
中海发展	0.634	6	28	-22
南方航空	0.626	7	2	5
浙江沪杭甬	0.537	8		
四川成渝	0.531	9	33	-24
东方航空	0.490	10	8	2
深高速	0.460	11	5	6
天津港	0.449	12	7	5
中原高速	0.446	13	19	-6
宁沪高速	0.442	14	19	-5
皖通高速	0.440	15	21	-6
中海集运	0.429	16	11	5
现代投资	0.424	17	13	4
江西长运	0.421	18	14	4
日照港	0.417	19	16	3
龙江交通	0.397	20	32	-12
唐山港	0.393	21	5	16
外运发展	0.381	22	4	18
大众交通	0.379	23	17	6
连云港	0.371	24	30	-6
白云机场	0.371	24	24	0
赣粤高速	0.353	25	36	-11
山东高速	0.326	26	24	2
中储股份	0.308	27	31	-4
宁波海运	0.296	28	28	0
宁波港	0.295	29	24	5
盐田港	0.247	30	21	9
大秦铁路	0.226	31	34	-3
广深铁路	0.201	32	17	15
中海海盛	0.191	33	34	-1
吉林高速	0.175	34	37	-3
大连港	0.160	35	23	12
福建高速	0.134	36	27	9
铁龙物流	0.031	37	15	22

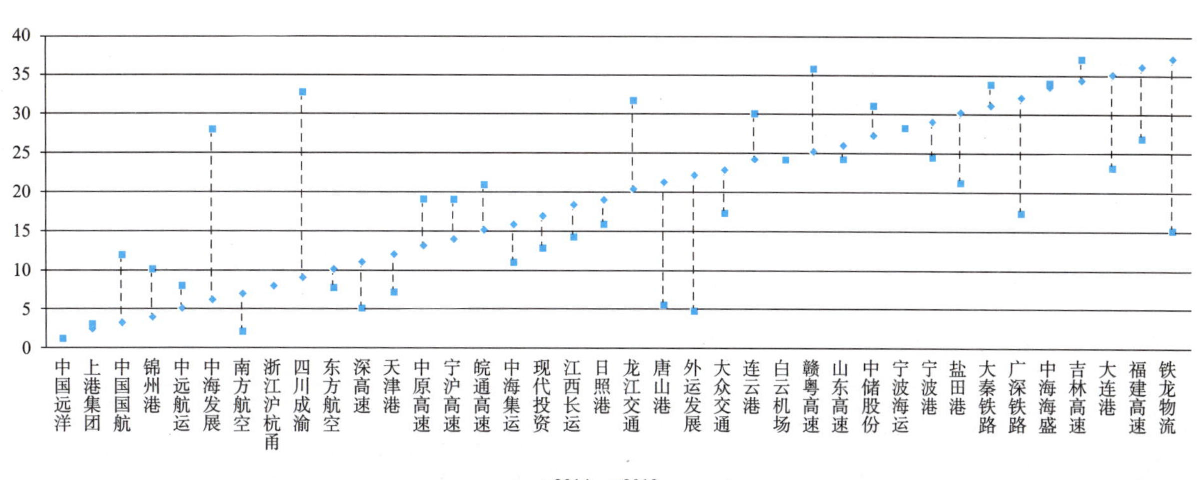

图 3-18 2014 年企业社会责任主题——社区参与和发展与 2013 年排名对比

在表 3-28、图 3-18 中，2014 年社区发展主题，名次上升的 16 家，上升名次超过 10 名的是赣粤高速、龙江交通、中海发展和四川成渝分别上升了 11、12、22 和 24 名。名次下降的有 18 家，下降名次超过 10 名的有铁龙物流、外运发展、唐山港、广深铁路和大连港分别下降了 22、18、16、15 和 12 名。可以清楚地看到中国远洋和上港集团分别位于行业的第一和第二名，并且得分远高于排名第三的中国国航，堪称行业的楷模，此外，表现较差的铁龙物流得分仅为 0.031，远低于处于倒数第二名的福建高速，企业需要加强的该方面责任的履行。

2014 年企业社会责任主题——责任治理与 2013 年排名对比 表 3-29

企业名称	得　分	2014 年排名	2013 年排名	排名变化
中国远洋	1.2082	1	1	0
上港集团	1.1671	2	2	0
东方航空	1.0219	3	4	-1
唐山港	0.7015	4	8	-4
中海集运	0.5205	5	15	-10
外运发展	0.5014	6	6	0
中国国航	0.4630	7	3	4
天津港	0.4302	8	5	3
广深铁路	0.4219	9	11	-2
中海发展	0.4218	10	20	-10
南方航空	0.4027	11	7	4
锦州港	0.3370	12	17	-5
中储股份	0.3123	13	14	-1
龙江交通	0.2932	14	9	5
中远航运	0.2630	15	18	-3
吉林高速	0.2219	16	13	3
现代投资	0.2192	17	26	-9
皖通高速	0.2000	18	21	-3
大众交通	0.1945	19	12	7
山东高速	0.1725	20	10	10

续上表

企业名称	得分	2014年排名	2013年排名	排名变化
日照港	0.1643	21	25	-4
宁波海运	0.1562	22	25	-3
宁波港	0.1315	23	22	1
福建高速	0.1315	23	26	-3
宁沪高速	0.1315	23	16	7
中海海盛	0.1288	24	27	-3
连云港	0.1205	25	19	6
大秦铁路	0.1095	26	16	10
江西长运	0.1095	26	23	3
大连港	0.1095	26	25	1
深高速	0.1095	26	26	0
四川成渝	0.1041	27	26	1
赣粤高速	0.1041	27	25	2
中原高速	0.0958	28	27	1
铁龙物流	0.0822	29	20	9
白云机场	0.0685	30	27	3
盐田港	0.0274	31	27	4
浙江沪杭甬	0.0685	30		
营口港			24	

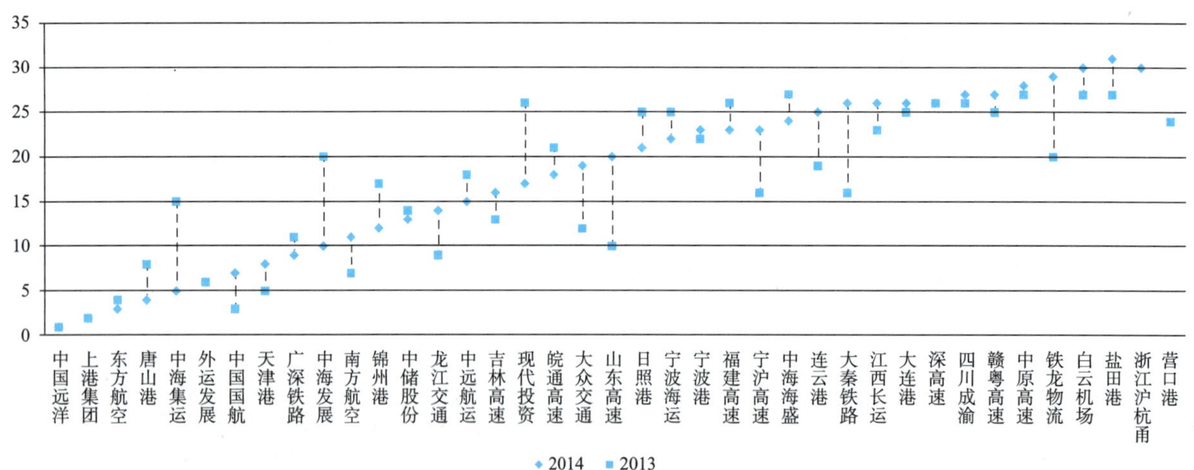

图 3-19 2014 年企业社会责任主题——责任治理与 2013 年排名对比

从表 3-29、图 3-19 可知，在责任治理主题上进步的企业有 19 家，中海集运、中海发展、锦州港和现代投资的名次进步超过了 5 名，分别为 10、10、5 和 9 个次位。下降的企业有 19 家，龙江交通、大众交通、山东高速、宁沪高速、连云港、大秦铁路和铁龙物流的名次下降均超过了 5 名，分别为 5、7、10、7、6、10 和 9 个次位。名次并未发生变化的企业有 4 家，分别为中国远洋、上港集团、外运发展和深高速。

2014 年企业社会责任主题——经济绩效与 2013 年排名对比 表 3-30

企业名称	得分	2014 年排名	2013 年排名	排名变化
中国远洋	1.404	1	26	-25
上港集团	1.158	2	8	-6
东方航空	0.959	3	30	-27
天津港	0.488	4	5	-1
中国国航	0.386	5	24	-19
南方航空	0.366	6	32	-26
外运发展	0.346	7	10	-3
中海发展	0.331	8	27	-19
广深铁路	0.249	9	23	-14
深高速	0.246	10	17	-7
大连港	0.218	11	29	-18
龙江交通	0.209	12	15	-3
连云港	0.209	12	38	-26
吉林高速	0.209	12	9	3
中储股份	0.207	13	22	-9
皖通高速	0.191	14	14	0
四川成渝	0.191	14	7	7
大秦铁路	0.148	15	11	4
中远航运	0.139	16	32	-16
日照港	0.139	16	21	-5
中海海盛	0.122	17	37	-20
中原高速	0.104	18	36	-18
大众交通	0.104	18	35	-17
浙江沪杭甬	0.087	19		
山东高速	0.086	20	20	0
中海集运	0.079	21	18	3
唐山港	0.078	22	1	21
现代投资	0.070	23	28	-5
宁沪高速	0.070	23	4	19
铁龙物流	0.069	24	12	12
江西长运	0.069	24	18	6
宁波海运	0.069	24	25	-1
赣粤高速	0.061	25	31	-6
白云机场	0.061	25	3	22
锦州港	0.052	26	34	-8
福建高速	0.052	26	13	13
宁波港	0.035	27	6	21
盐田港	0.017	28	16	12

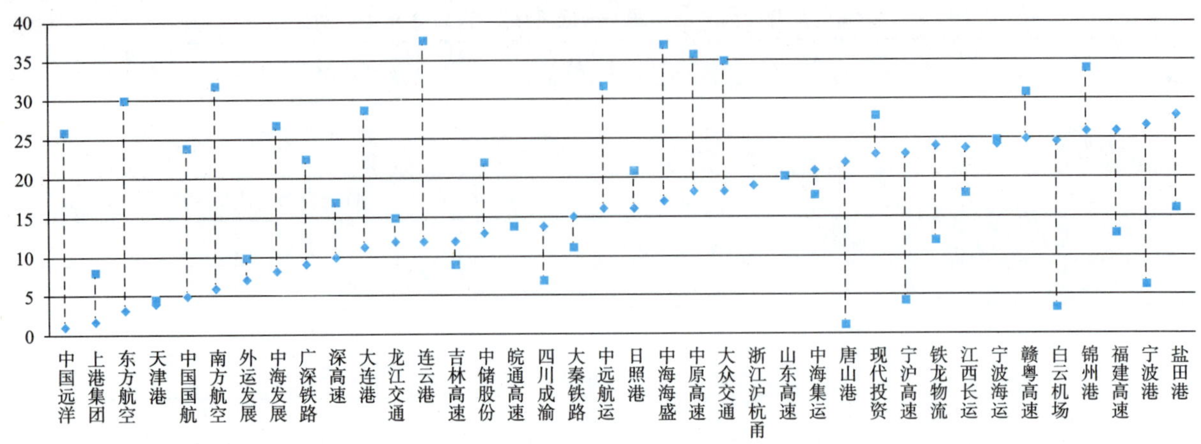

图 3-20　2014 年企业社会责任主题——经济绩效与 2013 年排名对比

从表 3-30、图 3-20 可知，在经济绩效主题上今年与 2013 年的变化极大，原因在于今年的经济指标与 2013 年发生了颠覆性的改变，2013 年的指标主要考量的是公司的财务价值，而今年采用的经济指标也主要是测量企业的社会价值指标，所以今年不再对排名进行分析，从表中可以看出中国远洋、上港集团和东方航空分别位于行业的 1、2 和 3 名，且远高于后边企业的得分。排名较低的是盐田港也远低于处于倒数第二名的宁波港，并且排名倒数前五的有三家均属于港口企业。

3.3　上升、下降幅度较大的企业

2014 年度企业社会责任总体绩效得分变化较大企业的名单及相应情况如表 3-31 所示。

2014 年与 2013 年对比总体变化较大的企业　　表 3-31

类　别	企业名称	得　分	2014 年排名	2013 年排名	排名变化
下降较大的企业	江西长运	14.9394	24	11	13
	龙江交通	12.6095	32	19	13
	铁龙物流	7.8477	38	25	13
	山东高速	13.75284	26	17	9
	宁沪高速	16.3386	21	13	8
	盐田港	9.3266	37	30	7
	唐山港	20.9568	11	5	6
	大连港	13.1905	28	22	6
上升较大的企业	中远航运	22.1400	9	15	-6
	吉林高速	16.0416	22	28	-6
	中储股份	17.5166	17	26	-9
	中海集运	21.5761	10	20	-10
	四川成渝	17.8522	16	27	-11
	中原高速	15.4956	23	37	-14
	现代投资	16.5947	19	34	-15
	中海发展	25.9250	5	24	-19

如表 3-31 所示，2014 年的企业排名出现了较大的变化，同 2013 年相比，共有 16 家企业出现了跨度大于 6 的排名变化；但我们不能将这种大幅度的变动仅归因于评价指标体系的变化，而应该从变动中发现问题，对于进步幅度较大的企业我们挖掘其企业社会责任实践过程中的优点，并号召行业内的其他企业学习，对于下降幅度较大的企业，我们发现问题，并希望在未来的发展中能够有所改进。从表 3-31 看，我们欣喜地发现，部分在 2013 年排名较为靠后的企业开始改善企业内社会责任的实践，由排名倒数几位逐步跨入到了前 20 位的行列；但同时我们极不情愿地看到还有部分企业出现了较大程度的下滑，其中中海发展的下滑程度最大，由第 5 位下降到了第 24 位，小范围的名次变化可解释为其他企业的进步，而出现大幅度的下滑我们则应该深入分析其原因。

为了能够更加详细地了解企业在各主题上有哪些可圈可点之处，还有哪些做的有缺陷的地方，在本报告里，将各主题中企业的变化较大的情况列出来，供读者参考，详情见表 3-32 所示。

2014 年与 2013 年对比主题变化较大的企业　　表 3-32

主　题	类　别	企业名称	得　分	2014 年排名	2013 年排名	排名变化
环境主题	上升较大的企业	中海集运	0.869	6	27	-21
		广深铁路	0.690	11	30	-19
		中储股份	0.623	14	35	-21
		大秦铁路	0.579	17	33	-16
		四川成渝	0.561	19	31	-12
	下降较大的企业	大连港	0.534	21	8	13
		锦州港	0.518	23	3	20
		唐山港	0.444	27	6	21
		江西长运	0.411	28	13	15
		大众交通	0.307	31	18	13
		盐田港	0.294	32	15	17
		中海海盛	0.263	35	22	13
劳动实践	上升较大的企业	中海发展	0.675	7	24	-17
		宁沪高速	0.510	14	34	-20
		中海集运	0.452	20	30	-10
		福建高速	0.446	21	32	-11
		中原高速	0.440	23	36	-13
		吉林高速	0.402	27	37	-10
		白云机场	0.400	28	38	-10
	下降较大的企业	赣粤高速	0.404	26	12	14
		大连港	0.402	27	11	16
		锦州港	0.392	30	18	12
		大众交通	0.362	32	16	16
人权主题	上升较大的企业	大众交通	0.419	9	35	-26
		现代投资	0.320	13	26	-13
		中海集运	0.316	14	34	-20
		皖通高速	0.294	15	30	-15
		白云机场	0.294	15	26	-11
		福建高速	0.272	17	31	-14

续上表

主　题	类　别	企业名称	得　分	2014年排名	2013年排名	排名变化
人权主题	上升较大的企业	大秦铁路	0.264	18	36	-18
		宁波港	0.264	18	31	-13
		赣粤高速	0.242	20	37	-17
		天津港	0.220	23	33	-10
		山东高速	0.198	24	38	-14
	下降较大的企业	宁波海运	0.176	36	19	17
		外运发展	0.220	31	13	18
		铁龙物流	0.221	30	10	20
		龙江交通	0.150	38	18	20
		锦州港	0.177	35	4	31
公平运营	上升较大的企业	吉林高速	0.605	3	37	-34
		四川成渝	0.498	4	28	-24
		深高速	0.340	8	25	-17
		中国国航	0.331	9	19	-10
		中海海盛	0.297	10	28	-18
		中储股份	0.190	16	26	-10
		现代投资	0.181	17	32	-15
		中海集运	0.172	19	30	-11
		福建高速	0.159	21	34	-13
		赣粤高速	0.159	21	34	-13
		铁龙物流	0.148	25	36	-11
		白云机场	0.146	26	37	-11
	下降较大的企业	宁波海运	0.179	18	6	12
		锦州港	0.146	26	7	19
		唐山港	0.146	26	11	15
产品责任	上升较大的企业	深高速	0.142	7	30	-23
		大众交通	0.114	9	21	-12
		宁沪高速	0.109	10	20	-10
		中储股份	0.103	12	26	-14
		宁波海运	0.091	14	38	-24
		吉林高速	0.090	15	33	-18
		宁波港	0.084	18	33	-15
	下降较大的企业	广深铁路	0.086	17	4	13
		皖通高速	0.046	25	12	13
		中海集运	0.044	26	7	19
社区发展	上升较大的企业	中海发展	0.634	6	28	-22
		四川成渝	0.531	9	33	-24
		龙江交通	0.397	20	32	-12
		赣粤高速	0.353	25	36	-11

续上表

主　题	类　别	企业名称	得　分	2014 年排名	2013 年排名	排名变化
社区发展	下降较大的企业	唐山港	0.393	21	5	16
		外运发展	0.381	22	4	18
		广深铁路	0.201	32	17	15
		大连港	0.160	35	23	12
		铁龙物流	0.031	37	15	22
责任治理	上升较大的企业	中海集运	0.5205	5	15	−10
		中海发展	0.4218	10	20	−10
	下降较大的企业	大秦铁路	0.1095	28	16	12
		山东高速	0.1725	20	10	10
经济绩效	上升较大的企业	中国远洋	1.404	1	26	−25
		东方航空	0.959	3	30	−27
		中国国航	0.386	5	24	−19
		南方航空	0.366	6	32	−26
		中海发展	0.331	8	27	−19
		广深铁路	0.249	9	23	−14
		大连港	0.218	11	29	−18
		连云港	0.209	12	38	−26
		中远航运	0.139	16	32	−16
		中海海盛	0.122	17	37	−20
		中原高速	0.104	18	36	−18
		大众交通	0.104	18	35	−17
	下降较大的企业	唐山港	0.078	22	1	21
		宁沪高速	0.070	23	4	19
		铁龙物流	0.069	24	12	12
		白云机场	0.061	25	3	22
		福建高速	0.052	26	13	13
		宁波港	0.035	27	6	21
		盐田港	0.017	28	16	12

①在环境方面。值得一提的是，2014 年度该主题在八个主体中的得分均值最高，为 0.6 分，虽然说在该主题下出现大幅度变动的企业不是特别多，但是变动幅度却非常大，主要表现为两个特点：首先排名靠后的企业进步较大，有四家原先排名在 30 名以外的企业在 2014 年均排名在前 20 位；其次部分排名靠前的企业退步较大，如大连港、锦州港、唐山港均由前十强落在了 20 名开外，其中大连港几乎是一夜回到新中国成立前，将在 2013 年取得的进步又原原本本地还了回来。

②在劳动实践方面。同 2013 年相比，该主题在 2014 年的得分明显提高，说明各企业在该主题上都有了更加深刻的认识，将劳动实践很好地融合在了企业的生产运营过程中。在整体行业有了明显进步的大背景下，多数原先排名倒数的企业加快了自己进步的步伐，在行业排名中有了明显的变化，虽然多数企业仍徘徊在 20 名开外，但是我们很欣慰看到了企业的进步。另外四家企业明显没有跟上行业进步的快节奏，得分上没有明显降低，但是在排名上出现了较大变化，当中的大众交通没有维持在人

权方面强劲的进步势头，在劳动实践方面的排名下降了16位。

③在人权方面。随着社会对人权问题的重视度越来越高，多数企业在人权问题上也开始给予足够的重视，在排名上也有了较大幅度的变化，从表3-22中可以看出，有11家企业在该主题下有了明显的进步，尤其是大众交通取得了榜样式的成功，从第35位一路高歌，取得了排名第9的好成绩，另外在2013年退步较大的天津港在今年也有了一定程度的改善，前进了10名；但同时我们十分心痛的发现，2013年天津港的重创并没有警醒行业内所有企业，今年锦州港重蹈覆辙，由第4位跌至第35位，另外还有四家企业也发生了较大幅度的下滑。

④在公平运营方面。在该主题中，有四家企业在2014年度后发制人，进入了前10，分别是吉林高速、四川成渝、深高速以及中国国航，分别位至第3、第4、第8、第9。同时我们很欣喜地看到，在该主题下取得较大幅度进步的企业由12家，而出现下滑现象的企业仅3家，在这3家企业中就包括在2013年刚挤入前10的锦州港，诸如此类现象的出现也给行业内其他企业一个警示，不能贪图一时的进步，或者说对企业社会责任的实践不能三分钟热度，而应该脚踏实地的将企业社会责任纳入到企业战略中，逐步融入到企业的运营当中去。

⑤在产品责任方面。总体来说，在绩效评价的八个主题中，产品责任的平均得分是最低的，仅为0.125，在38家企业中，仅12家企得分超过0.1分。在这一片低迷中，也不乏有不断进步的企业出现，其中深高速、大众交通在2014年成功进军前10位，分别排名在第7、第9，另外值得一提的是，在2013年垫底的宁波海运在今年也取得了很大的进步，跃居第14位；有企业进军前10位，就有企业跌出前10位，如广深铁路和中海集运就有第4和第7位倒退至第17和第26位。

⑥在社区发展方面。该主题下发生大幅度变化的企业数量不多，但是变化幅度较大，其中中海发展、四川成渝两家企业进步惊人，分别从排名倒数后10位上升到第6和第9，说明两家企业在企业发展进步的同时，能够将社区的利益考虑在内，利用企业资源为社区提供福利。但部分下游企业在同行业都积极进步的时候，并没有采取有效措施来完善社区方面的建设，如大连港由第23位降至第35位；同时也存在个别优秀的企业辉煌不再，如唐山港和外运发展分别跌至21位和22位。

⑦在责任治理方面。从上表中可以看出，在该主题中企业排名同2013年相比变化幅度较小，发生较大变化的仅四家企业。其中水路运输业在该主题中有了强劲表现，中海集运和中海发展在排名中分别上升了10名，且竞争势头十足，在2014的排名中均跻身前十位，而大秦铁路和山东高速则出现了较大幅度的下滑，分别下降了12名、10名，优势不再，希望进步的企业保持前进势头，而下降的企业能够及时发现自身问题，稳重求进。

⑧在经济发展方面。同2013年的评价指标体系相比，在2014年新的评价指标中，在经济指标方面我们不再仅仅关注企业所创造的经济效益，而是放眼全社会，评估企业在运营过程中对社会创造的价值。在新的指标体系下，共有19家企业在该指标的排名中发生了天翻地覆的变化。我们十分欣慰地发现有12家企业在该指标下有了巨大的进步，多数原来的垫底排名上升到了前几名的位置，如中国远洋、东方航空、中国国航由原来的26、30、24上升到了第1、第3、第5位，说明这部分企业虽然在企业获利上力不从心，但是在企业经营活动中对社会发展产生了十分积极的影响，推动了社会的进步。在看到喜人进步的同时，我们也注意到了有7家企业在该指标中有了很大幅度的下滑，尤其是唐山港、白云机场以及宁沪高速三家企业风光不再，分别由第1、第3、第4下滑到22、25、23位，在一定程度上反应出了企业在经济发展过程中对社会的关注度不多，没能很好将推动社会经济发展的责任融入到企业发展的战略中。

第四章

交通运输行业上市公司企业社会责任演进阶段分级评价

1 企业社会责任演进阶段分级评价体系

1.1 评价标准

（1）演进阶段分级评价模型

本报告在企业社会责任绩效评价研究的基础上，采纳了 Clarkson MB.E（1995）RDAP 的分级评价思想，借鉴了 John Kohis（1989）提出的社会责任管理过程要素、Kunal Basu & Guido Palazzo（2008）提出了的基于意义建构的过程模型、Philip Mirvis& Bradley K. Googins（2006）总结的企业公民发展阶段模型等研究结论，在 Wood（1991）企业社会责任绩效模型的“原则 - 过程 - 结果”的绩效结构思想基础上，构建了如表 4-1 所示的企业社会责任演进阶段分级评价模型。

企业社会责任演进阶段分级评价模型 表 4-1

评价维度		企业社会责任整体表现			
原则	战略意图	合法经营	应对内外部环境	道德认同和社会价值主张	企业可持续发展
	企业社会责任承诺目标	空谈，脱节	行业基本目标	相对独立的职能目标体系	与经济目标结合的目标体系
过程	责任主题确认	不明确	简单：上市公司指引等	积极：国家电网公司标准	公认：可持续发展、ISO 26000
	利益相关者参与	法律关系、不沟通	利益关系、单方沟通	信誉关系、局部互动	合作关系、双向沟通
	管理措施	兼职和法律风险监督	专职和社会风险监督	职能管理和责任制度	责任治理和责任管理体系
结果	透明度	财务报告附注补充说明	基本报告形式，简要陈述	社会责任报告或可持续发展报告	通过第三方实质性认证的报告
	绩效评价	≤ $A\%$	＞ $A\%$～$B\%$	＞ $B\%$～$C\%$	＞ $C\%$
评价分级		起步阶段 I 级	参与阶段 II 级	整合阶段 III 级	战略阶段 IV 级

模型提出了从战略意图、承诺目标、责任主题确认、利益相关者关系（识别和沟通）、管理措施、透明度和绩效评价 7 个维度以及起步阶段、参与阶段、整合阶段和战略阶段 4 个阶段（或等级）的分级评价设计思想。其中：

①战略意图。战略意图是要回答企业回应企业社会责任的目的是什么？企业试图通过企业社会责任回应实现什么？ Michael Porter（2008）认为企业很少（也不应该）不考虑经营业务的需要而接受系统的企业社会责任响应，企业接受企业社会责任的响应程度往往取决于希望达成怎样的经营目的。因而，从企业社会责任回应的演进阶段可将企业战略意图区分为：合法经营、应对内外部环境变化、道德认同和社会价值主张、企业可持续发展四个经营目的的需要。

②承诺目标。承诺目标是要回答企业（领导层）在多大程度上做出了履行企业社会责任的决心？他们打算带领全体员工做出什么样的努力？由于在上述研究中高层领导的作用出现在多个研究的首要企业社会责任驱动因素，可见，企业的领导层对企业社会责任的认知和做出的承诺以及“言行一致”对企业社会责任的表现起到至关重要的影响。因而，从企业社会责任回应的演进阶段可将企业的承诺目标区分为：与经营脱节空谈、达到行业基准目标、建立相对独立的企业社会责任职能目标体系、与经营目标整合的目标体系四个明确的承诺程度和决心。

③责任主题确认。责任主题确认是要回答对与企业经营活动相关的社会问题是哪些？企业打算如何回应这些社会问题？企业任何的战略思考和承诺是要和社会的期望相一致才能达成良好的表现，由此可知，企业在明确战略目的和做出承诺的同时，必须准确识别和确认社会期望的主题的相关问题，以避免低社会绩效的企业社会责任行动。因而，从企业社会责任回应的演进阶段可将企业的责任主题确认区分为：不明确、简单的（如上市公司指引等）、积极的（如国家电网公司标准）、公认的（如可持续发展、ISO 26000《社会责任指南》）四种识别和一致性程度。

④利益相关者参与（识别和沟通）。利益相关者参与即企业如何识别和管理利益相关者关系，研究表明企业的经营活动离不开利益相关者的支持，一个广泛的趋势就是识别、沟通和管理这种关系，以获取持续的利益相关者资源。与责任主体确认一样，企业需要在明确社会期望主题的同时，明确与这些主题相关的利益相关者关系。因而，从企业社会责任回应的演进阶段可将企业的利益相关者参与区分为：基本不沟通的法律关系、单方面沟通的利益关系、局部重要沟通的市场信誉关系、全面双向沟通的合作关系四种。

⑤管理措施。管理措施是要回答企业运用了哪些人力资源（包括能力）对企业社会责任实践活动进行了执行和控制？采取了哪些重要措施对履行企业社会责任的实践进行了管理？任何一项管理活动都离不开管理资源和流程措施两个基本要素，管理资源和流程往往又具有相互影响的特征，即管理资源决定了流程的效果，流程又影响着管理资源的效率。实施企业社会责任的管理也是如此。因而，从企业社会责任回应的演进阶段可将企业的企业社会责任管理措施区分为：兼职和专注法律风险监督、专职和专注社会风险监督、职能管理和建立责任管理制度、责任治理和建立全面责任管理体系。

⑥透明度。透明度是要回答企业如何“开放”一个关于财务、社会和环境表现的景象？以及多大程度上“开放”了表现的内容？企业的企业社会责任绩效表现不是来自于企业内部和部分特殊群体的评价，而是来自于广大社会公众和利益相关者的认可，而信息以及绩效表现的透明度是获得认可的前提条件，因此，透明度可以间接表征企业与社会的互动性。因而，从企业社会责任回应的演进阶段可将企业企业社会责任表现的头透明度区分为：财务报告附注补充说明、简要陈述的企业社会责任报告、社会责任全面报告或可持续发展报告、通过第三方完整性和实质性认证的报告。

⑦实践绩效评价。实践绩效评价是要回答企业履行企业社会责任的绩效表现如何？企业社会责任实践绩效评价的结果表征了企业社会责任活动被公众和利益相关者认可的程度，它只代表了努力的结果，并不能反映努力的程度，因为不是所有的努力都能获得预期的结果。就像企业社会责任的评价结果并不能完全代表企业社会责任战略的目的、承诺的目标和管理的过程一样。因而，从企业社会责任回应的演进阶段可将企业企业社会责任绩效评价的结果区分为：≤ *A*%、> *A*%~*B*%、> *B*%~*C*%、> *C*%共 4 个区间值。区间值的确定方法为：

a. 将其他六个维度的绩效评价值用模糊综合法求出最大隶属度和所在等级；

b. 将等级隶属度与样本绩效评价得分率进行线性回归拟合，取得拟合的线性回归方程 $Y=a+bX$；

c. 用线性回归方程求出的 4 个等级对应的绩效评价得分率范围；

d. 专家评议后确定等级划分的区间值。

（如本报告实证研究部分划分的≤ 30%，> 30%~50%，> 50%~70%，> 70%）。

表 1-10 所示的模型用“战略意图和承诺目标”的“原则”可以更好地评估企业承担社会责任的动机或基本价值观；用“责任主题确认、利益相关者关系、管理措施和透明度”的“社会回应过程”可以动态的评估企业解决社会问题的过程能力；用“绩效评价”的“行为结果”能够评估企业社会绩效管理的结果表现。模型不仅完善了 Wood（1991）提出对企业社会绩效管理评估的概念，而且进一步明确了如何评估的方法或工具，更具实用的管理意义。

（2）分级评价指标体系

本报告基于表 4-1 所示的企业社会责任演进阶段分级评价模型构建了分级评价的指标体系结构，如图 4-1 所示。

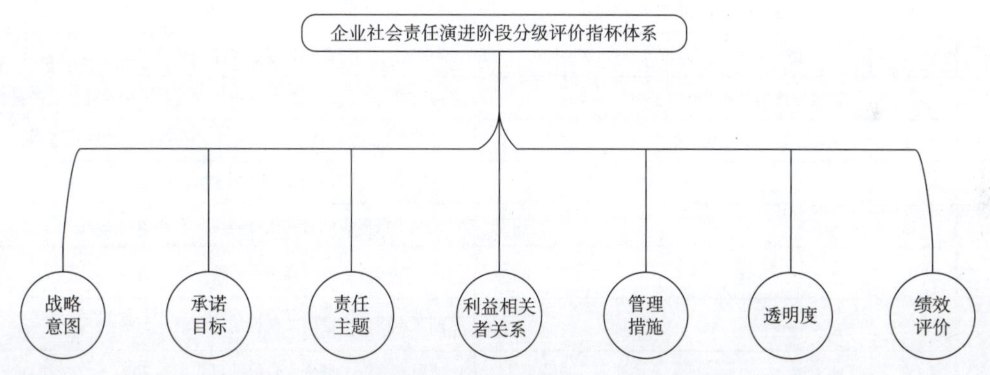

图 4-1 企业社会责任演进阶段分级评价指标体系结构

本报告构建的企业社会责任演进阶段分级评价指标体系采用德尔菲分析法，提出了所要预测的 7 个维度 28 个评价指标（每个维度 4 项），向“大连海事大学企业社会责任与可持续发展研究所”的研究人员（6 人）和《交通运输行业 CSR 发展报告》项目组外聘研究人员（3 人）分别征求意见，并就有分歧的和建议修改的指标进行了甄别，最终构造出 7 个维度 28 个分级评价指标的分级指标体系，如表 4-2 所示。

（3）指标评价标准

定性类指标按照（0，1）方式给分，并且每个维度单选。评价信息从企业社会责任报告中披露的信息和企业网站信息中能够说明满足该项指标的就给分；绩效指标也按照（0，1）方式给分，绩效评价结果符合得分率指标范畴的则给出相应的分值。

企业社会责任演进阶段分级评价指标标准 表 4-2

维 度	等级	分 级 标 准	指 标 描 述
战略意图	I	合法经营	合法：取得经营许可
	II	应对内外部环境变化	应对：应对利益相关者和社会压力
	III	道德认同和社会价值主张	道德：主张道德行为和创造社会价值
	IV	企业可持续发展	可持续：为企业和社会可持续发展做贡献
承诺目标	I	与经营活动脱节	空谈的：承诺目标与主要经营活动没有相关性
	II	达到行业基准目标	基本的：承诺目标是为满足行业倡导和规制的需要
	III	建立 CSR 职能目标体系	规范的：建立了规范的 CSR 的职能目标体系
	IV	与经营目标整合的目标体系	战略的：建立 CSR 与经营战略融合的目标体系
责任主题	I	不明确	没有明确依据了何种 CSR 标准或社会期望主题
	II	简单的（如上市公司指引等）	主要依据最初、单一的标准或指引，如 ISO 9001 等
	III	积极的（如 100 强 CSR 指数）	依据比较系统的 CSR 标准，如 100 强 CSR 指数
	IV	公认的（如 ISO 26000《社会责任指南》）	依据了国内或国际公认的 CSR 标准，如 ISO 26000
利益相关者关系	I	基本不沟通的法律关系	除与利益相关者的法律责任关系外，基本不沟通
	II	单方面沟通的利益关系	针对主要的利益相关者的经济利益进行单向的沟通
	III	局部双向沟通的市场信誉关系	与主要的利益相关者单向沟通和市场信誉相关关系
	IV	全面双向沟通的合作关系	与全部利益相关者双向沟通全部的责任和合作关系
管理措施	I	兼职和专注法律风险监督	兼职监督：设置兼职人员针对法律风险进行监督
	II	专职和专注社会风险监督	专职推进：设置专职人员对社会压力进行回应
	III	职能管理和建立 CSR 管理制度	职能管理：设立职能组织实施 CSR 的管理制度
	IV	责任治理和建立 CSR 管理体系	责任治理：从治理结构上规划 CSR 管理和管理体系
透明度	I	财务报告附注补充说明	财务附注：只在财务报表附注和补充说明 CSR 信息
	II	简要陈述的企业社会责任报告	简要报告：用非规范和简单方式发布了企业社会责任报告
	III	全面企业社会责任报告	规范报告：用指南标准或规范的企业社会责任报告形式
	IV	第三方完整性和实质性认证	认证报告：报告的完整性和实质性经外部认证合格
绩效评价	I	≤ *A*%	按照本报告实证研究获得的得分率≤ 30%
	II	＞ *A*%~*B*%	按照本报告实证研究获得的得分率＞ 30%~50%
	III	＞ *B*%~*C*%	按照本报告实证研究获得的得分率＞ 50%~70%
	IV	＞ *C*%	按照本报告实证研究获得的得分率＞ 70%

事实上，企业的社会责任表现并不会像上述模型的 7 个维度评价准则一样整齐，实际情况往往会出现不规则的分布，因此，对于企业社会责任演进阶段的分级评价还需要综合在各个维度上的表现，进行综合评级。

1.2 评价方法

（1）指标权重的确定方法——层次分析法

层次分析法（Analytic Hierarchy Process，AHP）是一种定性与定量分析相结合的多准则决策方法，针对一个复杂的多准则决策问题，将问题分解为一些组成因素，按照因素之间的隶属关系形成一个反应因素之间联系的递阶层次结构，把决策问题转化为最底层相对于最高层的相对重要性权重的确定，然后通过综合判断以决定诸因素相对重要性的顺序。层次分析法确定权重的步骤如下。

①构造判断矩阵。在确定指标之间层次结构后，从最上层开始，从上往下依次以上一层元素为依据，对下一层中与之相关的元素进行两两比较，判断其优先程度，构造判断矩阵。按 1~9 标度法进行相对重要程度赋值，建立两两比较判断矩阵。判断矩阵中赋值的依据或来源可以由决策者直接给出，或由决策者同分析者对话给出，或是专家调查法给定。本报告选择专家调查法进行权重确定。相对重要性比例标度如表 4-3 所示。

相对重要性比例标度　　表 4-3

$b_{L_{ij}}$ 赋 值	含　义	$b_{L_{ij}}$ 赋 值	含　义
1	i 与 j 同等重要	—	—
3	i 比 j 稍微重要	1/3	i 比 j 稍微不重要
5	i 比 j 明显重要	1/5	i 比 j 明显不重要
7	i 比 j 强烈重要	1/7	i 比 j 强烈不重要
9	i 比 j 极端重要	1/9	i 比 j 极端不重要
2、4、6、8	介于 1、3、5、7、9 之间	1/2、1/4、1/6、1/8	介于 1/3、1/5、1/7、1/9 之间

根据本报告分级评价研究的特点，选择层次分析法为指标权重的确定方法。依据 9 级标度将其中的各项指标进行两两比较以判断其重要性。将第 s 位专家关于指标 L_i 相对于 L_j 的重要程度的判断结果记为 $b_{L_{ij}}^s(i,j-1,2,\cdots,7;s=1,2,\cdots,N)$，则得到专家 s 的判断矩阵为：

$$B_L^s=\begin{bmatrix}1 & b_{L_{12}}^s & b_{L_{13}}^s & \cdots & b_{L_{17}}^s\\ b_{L_{21}}^s & 1 & b_{L_{23}}^s & \cdots & b_{L_{27}}^s\\ b_{L_{31}}^s & b_{L_{32}}^s & 1 & \cdots & b_{L_{37}}^s\\ \vdots & \vdots & \vdots & & \vdots\\ b_{L_{71}}^s & b_{L_{72}}^s & b_{L_{73}}^s & \cdots & 1\end{bmatrix}$$

假设专家组每位专家判断结果的重要程度相同，则综合所有专家的判断矩阵可以得到因素 L 的判断矩阵为：

$$\overline{B}_L^s=\begin{bmatrix}1 & \overline{b}_{L_{12}}^s & \overline{b}_{L_{13}}^s & \cdots & \overline{b}_{L_{17}}^s\\ \overline{b}_{L_{21}}^s & 1 & \overline{b}_{L_{23}}^s & \cdots & \overline{b}_{L_{27}}^s\\ \overline{b}_{L_{31}}^s & \overline{b}_{L_{32}}^s & 1 & \cdots & \overline{b}_{L_{37}}^s\\ \vdots & \vdots & \vdots & & \vdots\\ \overline{b}_{L_{71}}^s & \overline{b}_{L_{72}}^s & \overline{b}_{L_{73}}^s & \cdots & 1\end{bmatrix}$$

式中：

$$\overline{b}_{L_{ij}}=\left(\prod_{s=1}^{N}b_{L_{ij}}^s\right)^{\frac{1}{N}},i,j=1,2,\cdots,7$$

②计算权重。计算相对权重有和积法、方根法、最小二乘法等计算方法，本报告采用和积法进行求解，

具体步骤如下：

a. 将判断矩阵每一列归一化

$$\overline{b}_{L_{ij}} = \frac{b_{L_{ij}}}{\sum_{i=1}^{7} b_{L_{ij}}}$$

b. 计算判断矩阵每一行元素的和

$$\overline{w}_{L_i} = \sum_{j=1}^{7} \overline{b}_{L_{ij}}$$

c. 将 $\overline{w}_{L_i}$进行归一化

$$w_{L_i} = \frac{\overline{w}_{L_i}}{\sum_{i=1}^{7} \overline{w}_{L_i}}$$

故权重向量可以记为：

$$W_L = (w_{L_1} \quad w_{L_2} \quad w_{L_3} \quad w_{L_4} \quad w_{L_5} \quad w_{L_6} \quad w_{L_7})^T$$

③计算最大特征根。通过 $B_L W_L = \lambda_{\max} W_L$，即可求得判断矩阵 B_L 最大特征根。

$$\lambda_{\max} = \frac{1}{n} \sum_{i=1}^{7} \frac{(B_L W_L)_i}{w_i}$$

式中：

$$(B_L W_L)_i = b_{L_{i1}} w_{L_1} + b_{L_{i2}} w_{L_2} + \cdots + b_{L_{i7}} w_{L_7}$$

④一致性检验。使用相对一致性指标 CR 进行一致性检验：

$$CR = \frac{CI}{RI}, \quad CI = \frac{\lambda_{\max} - n}{n - 1}$$

式中：n——系统 L 的指标个数，本报告为 7。

RI——指标个数为 7 时的平均随机一致性指标。1~10 阶判断矩阵的 RI 值如表 4-4 所示。

1~10 阶判断矩阵的 *RI* 值 表 4-4

阶数	1	2	3	4	5	6	7	8	9	10
RI	0	0	0.58	0.9	1.12	1.24	1.32	1.41	1.45	1.49

当 $CR < 0.1$ 时，认为判断矩阵具有满意的一致性；如果 $CR > 0.1$ 时，需要调整判断矩阵，使之具有满意的一致性。

（2）模糊综合评价方法

模糊综合评价法是以模糊数学为基础，应用模糊关系合成原理，将一些边界不清、不易定量的因素定量化，从多个因素对被评价事物隶属等级状况进行综合性评价的一种方法。其基本原理是："首先确定被评价对象的因素集和评价集；再分别确定各个因素的权重及它们的隶属度向量，获得模糊评价矩阵；最后把模糊评价矩阵与因素的权向量进行模糊运算并进行归一化，得到模糊评价综合结果。”

①模糊划分。企业社会责任回应是受多维度要素影响的综合表现，其分级标准的类属具有不确定性。企业社会责任表现从一种等级（阶段）演变到另一种等级（阶段）必然是在各个维度和一定尺度的表现综合之后的结果，其间的转换具有过渡性特征，即等级划分的模糊性特征。这种模糊性反映在确定企业社会责任表现的维度和划分等级的判据上。虽然是四个等级划分，但每个维度所处的值不能统一，这必然导致了等级归属上的模糊性，如表 4-5 所示。

企业社会责任演进阶段等级模糊划分标准　表 4-5

指标维度	Ⅰ级	Ⅱ级	Ⅲ级	Ⅳ级
战略意图	合法	应对	道德	可持续
承诺目标	空谈的	基本的	规范的	战略的
责任主题	不明确	简单的	积极的	公认的
相关者关系	法律关系	利益关系	信誉关系	合作关系
管理措施	兼职监督	专职推进	职能管理	责任治理
透明度	财务附注	简要报告	规范报告	认证报告
绩效评价	$\leqslant A\%$	$> A\%\sim B\%$	$> B\%\sim C\%$	$> C\%$

既然等级划分是个模糊性概念，它对应的必然是一个模糊集合，因此只要从程度上描述等级的归属，即多大程度上的是或不是，对渐变中的企业社会责任表现等级进行模糊处理，就能客观地确认更符合实际的等级归属。

本报告采用四级评语，分别由“Ⅰ级”至“Ⅳ级”依次排序，专家打分时只需对该项指标所属级别做出判断。

②评价因素集的建立。根据表 1-11 给出的指标体系，可以建立如下的评价因素集：

$$L=\{L_1,L_2,L_3,L_4,L_5,L_6,L_7\}$$

其中 $L_i \cap L_j=\varnothing$（$i,j=1,2\cdots 7$, 且 $i\neq j$）

③确定评价评语集。各指标的评语集，如表 4-6 所示。

企业社会责任演进阶段等级评价评语集　表 4-6

指	标	评语集	备注
L_1	= 战略意图	V_{L1}=｛合法，应对，道德，可持续｝	在判断矩阵中，被选中的项，标记为“1”，其他未选的项标记为“0”。
L_2	= 承诺目标	V_{L2}=｛空谈的，基本的，规范的，战略的｝	
L_3	= 责任主题	V_{L3}=｛不明确，简单的，积极的，公认的｝	
L_4	= 利益相关者关系	V_{L4}=｛法律关系，利益关系，信誉关系，合作关系｝	
L_5	= 管理措施	V_{L5}=｛兼职监督，专职推进，职能管理，责任治理｝	
L_6	= 透明度	V_{L6}=｛财务附注，简要报告，规范报告，认证报告｝	
L_7	= 绩效评价	V_{L7}=｛$<30\%, >30\%\sim50\%, >50\%\sim70\%, >70\%$｝	

④隶属度矩阵的确立。假设专家组由 M 位专家组成，第 k 位专家对 L 中各项指标的评价结果为：

$$C_L^k=\begin{bmatrix} c_{L_1 1}^k & c_{L_1 2}^k & c_{L_1 3}^k & c_{L_1 4}^k \\ c_{L_2 1}^k & c_{L_2 2}^k & c_{L_2 3}^k & c_{L_2 4}^k \\ \vdots & \vdots & \vdots & \vdots \\ c_{L_7 1}^k & c_{L_7 2}^k & c_{L_7 3}^k & c_{L_7 4}^k \end{bmatrix},\quad k=1,2,\cdots,M$$

在 C_L^k 的各行中，均只有一个元素为 1，其余元素为 0。

$$a_{L_i r}=\sum_{k=1}^{M}c_{L_i r}^k\ ,i=1,2,\cdots,7;r=1,2,3,4$$

则系统中各指标所得到的评价结果为：

$$A_L=\begin{bmatrix} a_{L_1 1} & a_{L_1 2} & a_{L_1 3} & a_{L_1 4} \\ a_{L_2 1} & a_{L_2 2} & a_{L_2 3} & a_{L_2 4} \\ \vdots & \vdots & \vdots & \vdots \\ a_{L_7 1} & a_{L_7 2} & a_{L_7 3} & a_{L_7 4} \end{bmatrix}$$

将 A_L 进行归一化处理，即可得到系统 L 对应的隶属度矩阵：

$$\overline{A}_L=\begin{bmatrix} \overline{a}_{L_1 1} & \overline{a}_{L_1 2} & \overline{a}_{L_1 3} & \overline{a}_{L_1 4} \\ \overline{a}_{L_2 1} & \overline{a}_{L_2 2} & \overline{a}_{L_2 3} & \overline{a}_{L_2 4} \\ \vdots & \vdots & \vdots & \vdots \\ \overline{a}_{L_7 1} & \overline{a}_{L_7 2} & \overline{a}_{L_7 3} & \overline{a}_{L_7 4} \end{bmatrix}$$

式中：

$$\overline{a}_{L_i r}=\frac{a_{L_i r}}{\sum_{r=1}^{4}a_{L_i r}},i=1,2,\cdots,7;r=1,2,3,4$$

⑤确定权向量。本报告采用层次分析法得到权向量

$$W_L=(w_{L_1}\quad w_{L_2}\quad w_{L_3}\quad w_{L_4}\quad w_{L_5}\quad w_{L_6}\quad w_{L_7})^T$$

⑥综合隶属度的计算

$$U_L=W_L\overline{A}_L=(u_{L_1}\quad u_{L_2}\quad u_{L_3}\quad u_{L_4})$$

（3）层次分析法确定的分级评价指标权重

本报告根据上述确定分级评价指标权重的层次分析法得出企业社会责任演进阶段分析评价指标体系的指标的权重，如表 1-18 所示。

①建立判断矩阵。本报告应用上述层次分析法对演进阶段分级评价指标体系的权重进行了确定。向评价专家发放了 AHP 评价调查表，收集专家评价结果，进行一致性检验并做调整，将通过一致性检验的评价矩阵进行求和平均集结，得到准则层的 7 个准则相对于目标层的判断矩阵 A 为：

$$A=\begin{bmatrix} 1 & 2.1 & 3.5 & 3.2 & 3.9 & 5.2 & 1.6 \\ 1/2.1 & 1 & 2.2 & 1.5 & 2.7 & 3.1 & 1/2.5 \\ 1/3.5 & 1/2.2 & 1 & 1/1.3 & 1.5 & 3.2 & 1/3 \\ 1/3.2 & 1/1.5 & 1.3 & 1 & 2.3 & 3.1 & 1/2.8 \\ 1/3.9 & 1/2.7 & 1/1.5 & 1/2.3 & 1 & 1.6 & 1/4.2 \\ 1/5.2 & 1/3.1 & 1/3.2 & 1/3.1 & 1/1.6 & 1 & 1/5.3 \\ 1/1.6 & 2.5 & 3 & 2.8 & 4.2 & 5.3 & 1 \end{bmatrix}$$

②判断矩阵的一致性检验。运用 MATLAB 输入上述矩阵检验判断矩阵的一致性，得到结果：

判断矩阵 A 的最大特征值 =7.1231，代入公式

$$CI=\frac{\lambda_{max}-n}{n-1}=\frac{7.1231-7}{7-1}=0.02052$$

查表 1-15，根据判断矩阵 A 的阶数为 7，查得相应的 RI=1.32，代入公式

$$CR=\frac{CI}{RI}=\frac{0.02052}{1.32}=0.01554$$

$CR<0.1$，说明判断矩阵 A 具有满意的一致性。

③权重计算。将判断矩阵 A 输入 MATLAB，计算相应的最大特征根的特征向量，并作归一化处理，得到指标权重集，如表 4-7 所示的结果。

企业社会责任演进阶段分级评价指标权重集　　表 4-7

评价指标	权　重	评价指标	权　重
战略意图	0.3328	管理措施	0.0489
承诺目标	0.2473	透明度	0.0732
责任主题	0.1077	绩效评价	0.0258
相关者关系	0.1643		

（4）模糊综合法确定的演进阶段分级等级区间

本报告提取了 2009 ~ 2013 年三年的演进阶段评价要素中除“绩效评价”外其他六个维度的评价值，用模糊综合法求出最大隶属度和所在等级；将等级隶属度与样本“绩效评价”得分率进行线性回归拟合，得到回归方程 Y=0.133+0.196X，然后求得 I 级、II 级、III 级、IV 级对应的得分率分别为 32.9%、52.5%、72.1% 和 91.7%。

鉴于隶属度拟合结果的误差要求不高，所以取整后确定绩效评价得分率等级区间为：小于 30%、30% ~ 50%、50% ~ 70%、大于 70%。

2 交通运输行业企业社会责任演进阶段分级评价总体情况

2.1　演进阶段分级评价情况

（1）演进阶段分级评价结果

①评价结果。本报告按照表 4-5 企业社会责任演进阶段分级模糊评价标准以及本章 1.2 的演进阶段

分级评价方法，对交通运输行业上市公司 2014 年发布的 38 家企业社会责任报告以及检索到的相关信息进行了评价，并且提取了第三章表 3-11 所示的 2014 年交通运输行业企业社会责任绩效得分，整合后得到 2014 年度的企业社会责任演进阶段 7 个维度下的分级评价结果，如表 4-8 所示。

2014 年度交通运输行业企业社会责任演进阶段分维度评价测度值 表 4-8

企业名称	战略意图	承诺目标	责任主题	相关者关系	管理措施	透明度	绩效评价
中国远洋	IV	IV	IV	IV	IV	IV	III
上港集团	IV	III	IV	IV	III	IV	II
东方航空	IV	III	IV	III	III	III	II
中国国航	III	III	IV	III	III	IV	I
中海发展	IV	III	IV	IV	I	III	III
南方航空	III	II	IV	III	III	IV	I
外运发展	III	II	IV	III	II	III	I
天津港	III	III	II	II	II	III	I
中远航运	IV	III	II	III	III	III	I
中海集运	III	II	III	III	III	II	II
唐山港	III	II	II	II	II	II	I
广深铁路	IV	I	II	II	I	II	I
日照港	II	I	II	II	I	II	I
深高速	III	II	II	III	I	III	I
锦州港	III	I	I	I	I	II	I
四川成渝	II	II	I	III	I	II	I
中储股份	III	I	II	II	I	II	I
浙江沪杭甬	II	II	I	II	I	II	I
现代投资	II	I	I	II	I	II	I
皖通高速	II	I	I	III	I	II	I
宁沪高速	II	II	II	III	I	II	I
吉林高速	II	I	II	III	I	II	I
中原高速	II	I	I	II	I	II	I
江西长运	III	I	II	II	I	II	I
宁波港	II	I	I	II	I	II	I
山东高速	II	II	II	II	I	II	I
大秦铁路	III	I	I	II	I	II	I
大连港	II	I	II	I	I	II	I
大众交通	III	I	II	I	I	II	I
白云机场	II	II	I	II	I	II	I
赣粤高速	II	I	II	III	I	II	I
龙江交通	III	I	II	II	I	II	I
连云港	II	I	I	II	I	II	I
宁波海运	II	I	II	II	I	II	I
福建高速	III	I	I	III	I	II	I
中海海盛	II	I	II	II	I	II	I
盐田港	II	I	II	II	I	II	I
铁龙物流	II	I	I	II	I	II	I

②演进阶段分级评价结果。本报告将表 4-8 所示的 2014 年的演进阶段分级评价测度值，进一步按照本章 1.2 评价方法中的模糊综合评价法，根据最大隶属原则确定交通运输行业上市公司企业社会责

任演进阶段分级评价结果，得到 2014 年度的企业社会责任模糊综合评价结果向量，如表 4-9 所示。

2014 年度交通运输行业企业社会责任模糊综合评价结果向量 表 4-9

企业	隶属度				企业	隶属度			
	I	II	III	IV		I	II	III	IV
铁龙物流	0.5925	0.4075	0	0	大连港	0.5229	0.4771	0	0
大秦铁路	0.5925	0.0747	0.3328	0	盐田港	0.4282	0.5718	0	0
广深铁路	0.4282	0.2390	0.3328	0	南方航空	0.2473	0.1077	0.4549	0.1901
江西长运	0.4282	0.2390	0.3328	0	东方航空	0	0.2473	0.2556	0.4971
大众交通	0.4771	0.1901	0.3328	0	外运发展	0.2473	0.1809	0.4075	0.1643
龙江交通	0.4282	0.2390	0.3328	0	中国国航	0.2473	0	0.5626	0.1901
中海发展	0.0732	0	0.3808	0.5460	皖通高速	0.5925	0.3586	0.0489	0
中远航运	0.2473	0.1643	0.2556	0.3328	中原高速	0.4297	0.5703	0	0
宁波海运	0.4282	0.5718	0	0	福建高速	0.4297	0.0732	0.4971	0
中海海盛	0.4282	0.5718	0	0	赣粤高速	0.3220	0.5137	0.1643	0
中海集运	0.0258	0.3550	0.6192	0	山东高速	0.0747	0.9253	0	0
中国远洋	0	0	0.2473	0.7527	宁沪高速	0.0747	0.7610	0.1643	0
日照港	0.4282	0.5718	0	0	深高速	0.0747	0.3550	0.5703	0
上港集团	0	0.2473	0.1809	0.5718	四川成渝	0.1824	0.6533	0.1643	0
锦州港	0.6414	0.0258	0.3328	0	吉林高速	0.3220	0.5137	0.1643	0
天津港	0.2473	0.2864	0.4663	0	现代投资	0.4297	0.5703	0	0
唐山港	0.2473	0.4199	0.3328	0	浙江沪杭甬	0.1824	0.8176	0	0
连云港	0.5925	0.4075	0	0	中储股份	0.3220	0.6780	0	0
宁波港	0.5925	0.4075	0	0	白云机场	0.1824	0.8176	0	0

（2）总体演进阶段分级评价分析

将上述 2013 年交通运输行业企业社会责任模糊综合评价结果向量归一化处理后，得到的交通运输行业企业社会责任演进阶段分级分布结果如表 4-10 和图 4-2 所示。

2014 年度交通运输行业企业社会责任绩效等级分布 表 4-10

企业名称	演进阶段分级	企业名称	演进阶段分级
中国远洋	IV	锦州港	I
上港集团	IV	四川成渝	II
东方航空	IV	中储股份	II
中国国航	III	浙江沪杭甬	II
中海发展	IV	现代投资	II
南方航空	III	皖通高速	I
外运发展	III	宁沪高速	II
天津港	III	吉林高速	II
中远航运	IV	中原高速	II
中海集运	III	江西长运	I
唐山港	II	宁波港	I
广深铁路	I	山东高速	II
日照港	II	大秦铁路	I
深高速	III	大连港	I

续上表

企业名称	演进阶段分级	企业名称	演进阶段分级
大众交通	I	宁波海运	II
白云机场	II	福建高速	I
赣粤高速	II	中海海盛	II
龙江交通	I	盐田港	II
连云港	I	铁龙物流	I

从表4-10、图4-2所示的结果可知，2014年交通运输行业发布企业社会责任报告的38家上市公司中，31.58%（12家）处于企业社会责任演进阶段的起步阶段，即I级水平；39.47%（15家）处于企业社会责任演进阶段的参与阶段，即II级水平；15.79%（6家）处于企业社会责任演进阶段的整合阶段，即III级水平；13.16%（5家）处于企业社会责任演进阶段的战略阶段，即IV水平。中国远洋、上港集团、东方航空、中海发展和中远航运五家企业处于战略阶段，中国远洋、上中海发展和中远航运三家企业均属于水路运输行业，在8八个行业中处于领先行业，今年水路运输行业代替航空运输业成为领先行业，主要得益于中海发展和中远航运两家企业的进步。今年处于II阶段的代替处于处于I级阶段成为四个阶段中占比最大的，说明整体来看企业的绩效等级是上升的，但处于一级阶段的企业仍然占到了31.58%，占比接近1/3，说明行业内还是有很多企业社会责任的绩效等级处于较低水平，纵观他们的七个主题普遍处在I级的是承诺目标、管理措施和绩效评价，说明目前企业将企业社会责任与企业的日常经营相融合，并且对于企业的企业社会责任缺乏具体的管理机制。得分相对较高的是战略意图、相关者关系和透明度三个主题，这三个主题主要反映的是企业对待社会责任的态度、他们如何处理与企业的利益相关者的关系以及企业报告的编写是否依据专业的编写指南，这些主题得分较高说明企业目前已开始意识到企业社会责任的重要性，并且开始处理与主要利益相关者的社会责任，并且开始依据专业的指南进行编写企业的社会责任报告，这些都充分说明企业社会责任已经引起了企业的足够重视，相信在不久的将来企业社会责任将会变得越来越重要。

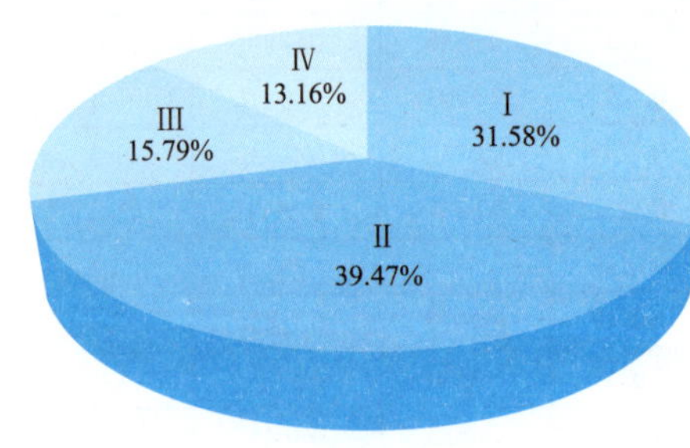

图4-2　2014年度交通运输行业企业社会责任绩效等级分布

2.2　分维度演进阶段分级评价分析

将表4-8所示的2014年度交通运输行业企业社会责任演进阶段分级评价结果进行分主题统计，得到2014年各维度演进阶段分布，如表4-11和图4-3～图4-9所示。

2013年不同维度演进阶段分布情况　　表4-11

维　度	战略意图	承诺目标	责任主题	利益相关者	管理措施	透明度	绩效评价
I	0.00%	55.26%	31.58%	7.89%	73.68%	0.00%	86.84%
II	47.37%	26.32%	47.37%	50.00%	7.89%	73.68%	7.89%
III	36.84%	15.79%	2.63%	34.21%	15.79%	15.79%	5.26%
IV	15.79%	2.63%	18.42%	7.89%	2.63%	10.53%	0.00%

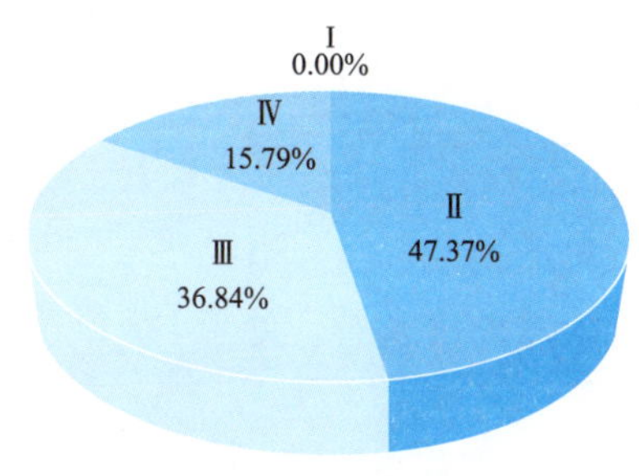

图 4-3 "战略意图"维度评价等级分布情况

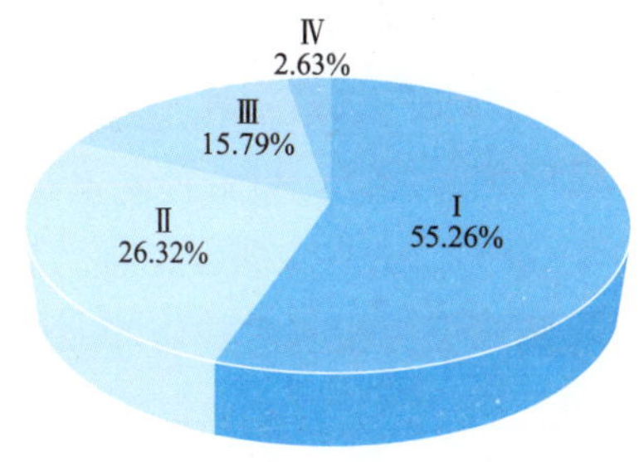

图 4-4 "承诺目标"维度评价等级分布情况

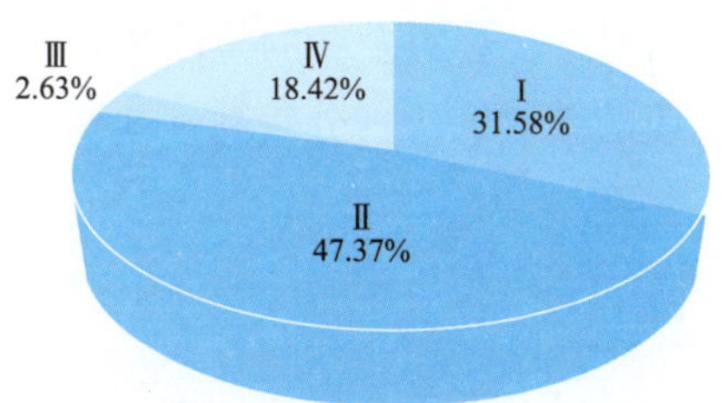

图 4-5 "责任主题"维度评价等级分布情况

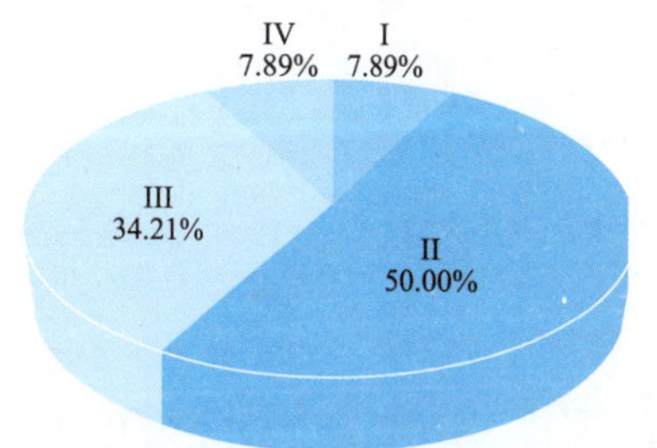

图 4-6 "利益相关者参与"维度评价等级分布情况

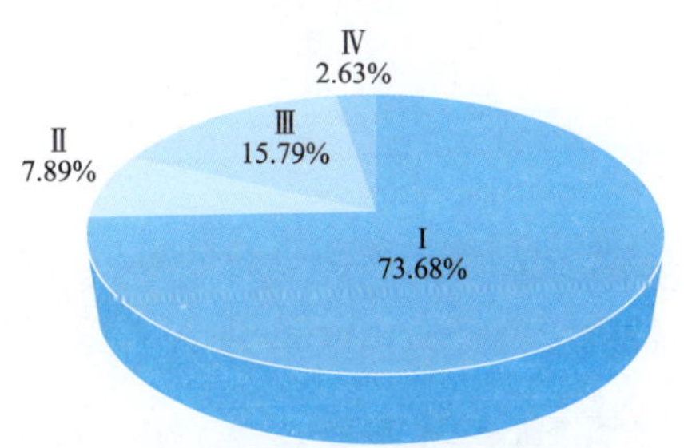

图 4-7 "管理措施"维度评价等级分布情况

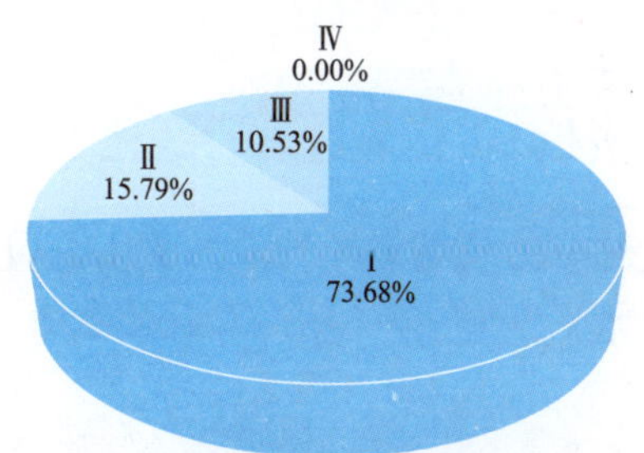

图 4-8 "透明度"维度评价等级分布情况

表 4-11 和图 4-3 ~ 图 4-9 汇总了 2014 年度交通运输行业 38 家上市公司企业社会责任的分级评价测量值的结果分布。由表 4-11 可知，战略意图、责任主题、利益相关者、透明度是在 II 级所占比例高于其他级别，而承诺目标、管理措施、绩效评价是在 I 级所占比例高于其他级别。从战略意图维度来看，处于 II 级的占 43.3%，多数企业承担企业社会责任的目的是为了应对利益相关者和社会压力，是对社会内外部压力及利益相关者的一种回应；处于 III 级、IV 级的企业占比达到了 52.63%，也就是说，超过一半的企业是从道德认可和可持续发展的角度来承担社会责任的。从承诺目标 I 级维度占 55.26%，II 级维度占 26.32%，两者之和超过了总数的 80%，大部分企业对于自己的承诺的企业社会责任目标没有达到或者基本达到。企业承诺作为企业行动的开始，是驱动企业社会责任的重要机制，因此，构建企业社会责任的承诺对于企业践行社会责任有着重要的影响，承诺的构建对于影响企业的责任认知有着深远的影响。从责任主题维度来看 I 级维度占比 31.58%，II 级维度 47.37%，占比之和接近总数的 80%，说明大部分企业没有依据何种企业社会责任标准或者只是依据了最初、单一的标准，各上市公司的企业社会责任报告披露的随意性较强，这也从侧面督促监管机构建立分行业的指标体系和指南。从利益相关者来看，处于 II 级维度的企业占 50%，III 级占 34.21%，企业比较关注与利益相关者的沟通，但为形成全面、双向的合作关系。从管理措施来看，处于 I 级维度的企业占 73.68%，说明大部分企业只是设置了兼职人员对企业社会责任实践

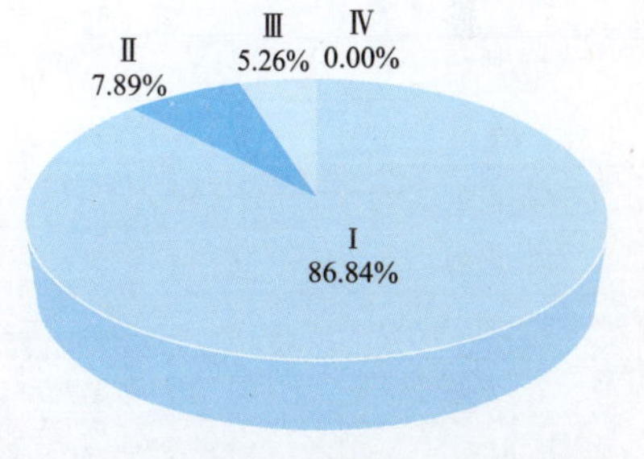

图 4-9 "绩效评价"维度评价等级分布情况

活动进行了执行和控制，缺乏从企业制度和体制上的管理。战略性企业社会责任要求企业能够把企业社会责任融入到企业的战略管理当中，成为企业的一项日常经营管理活动，企业亟待一套完整的管理措施来保障其实施，因此，行业需要推出企业社会责任管理体制新模式。从透明度来看，处于II级维度的企业占73.68%，说明大部分企业只是简单发布了企业社会责任报告，但其报告并未依照指南标进行编写，未得到第三方机构对报告的完整性和实质性认证。从绩效评价来看，处于I级维度的企业占86.84%，说明大部分企业的社会责任的绩效表现不是很好。

分析还发现，对责任目标的承诺与总体绩效表现以及分级评价的结果显著相关，因为在评价中，参评人员反映，具有良好的责任目标承诺的企业，其绩效评价得分较高，且其演进阶段分级的结果也呈现此种趋势。企业高层管理人员在企业社会责任部门的任职情况，也会对企业的整体绩效产生一定的影响，当高层管理者在企业社会责任管理部门任职时，该企业的绩效评价得分较高，这说明，企业高管高度影响企业的社会责任实践情况。

3 与上年度评价结果的对比分析

3.1 企业社会责任演进阶段变化趋势

对比表4-10交通运输行业的上市公司在2014年度交通运输行业的演进阶段分级分布与2013年的演进阶段等级分布，得到2014—2013年度交通运输行业演进阶段等级趋势变化情况，即表4-12。

2014—2013年度交通运输行业企业社会责任演进阶段变化趋势 表4-12

企业名称	2014年演进阶段等级	2013年演进阶段等级	企业名称	2014年演进阶段等级	2013年演进阶段等级
中国远洋	IV	IV	中原高速	II	I
上港集团	IV	III	山东高速	II	I
东方航空	IV	IV	白云机场	II	II
中海发展	IV	I	赣粤高速	II	II
中远航运	IV	II	宁波海运	II	I
中国国航	III	III	中海海盛	II	I
南方航空	III	IV	盐田港	II	I
外运发展	III	III	广深铁路	I	II
天津港	III	III	锦州港	I	I
中海集运	III	II	皖通高速	I	I
深高速	III	II	江西长运	I	I
唐山港	II	II	宁波港	I	II
日照港	II	I	大秦铁路	I	I
四川成渝	II	II	大连港	I	I
中储股份	II	I	大众交通	I	I
浙江沪杭甬	II	—	龙江交通	I	I
现代投资	II	I	连云港	I	I
宁沪高速	II	I	福建高速	I	I
吉林高速	II	I	铁龙物流	I	I

由表 4-12 可知，2013—2014 年 38 家上市公司中有 19 企业社会责任演进阶段均维持在相同的等级。作为交通运输行业领头羊的中国远洋依然处于战略阶段，但是上港集团、中海发展和中远航运均跻身战略阶段，今年整体来说表现较好的是水路运输行业，三家企业处于战略阶段，成为八个行业的领头羊，水路运输业表现最为突出的是中海发展，他今年从 I 级直接晋升到 IV 级，企业的 2014 年的报告与 2013 年发生了质的飞跃。此外值得一提的是今年有 10 家企业从 I 级进步到 II 级阶段，即企业从起步阶段进步到参与阶段，说明企业开始越来越重视企业社会责任。

3.2　企业社会责任演进阶段分维度变化趋势

对比表 4-8 交通运输行业的上市公司在 2014 年度交通运输行业的企业社会责任演进阶段分维度评价测量值与 2013 年的结果，得到 2014—2013 年度交通运输行业企业社会责任维度等级变化趋势，如表 4-13 所示。

2014—2013 年度交通运输行业企业社会责任维度等级变化趋势　　表 4-13

企业名称	年份	战略意图	承诺目标	责任主题	相关者关系	管理措施	透明度	绩效评价
中国远洋	2014	IV	IV	IV	IV	IV	IV	III
	2013	IV	III	IV	III	IV	IV	III
上港集团	2014	IV	III	IV	IV	III	IV	II
	2013	III	III	IV	III	III	IV	II
东方航空	2014	IV	III	IV	III	III	III	II
	2013	IV	III	IV	III	III	III	II
中海发展	2014	IV	III	IV	IV	I	III	III
	2013	I	I	I	I	I	II	I
中远航运	2014	IV	III	II	III	III	III	I
	2013	II	II	II	I	I	II	I
中国国航	2014	III	III	IV	III	III	IV	I
	2013	III	II	III	III	II	IV	I
南方航空	2014	III	II	IV	III	III	IV	I
	2013	IV	IV	IV	III	III	IV	I
外运发展	2014	III	II	IV	III	II	III	I
	2013	III	III	III	III	II	III	I
天津港	2014	III	III	II	II	II	III	I
	2013	III	II	II	III	II	III	I
中海集运	2014	III	II	III	III	III	II	II
	2013	II	II	I	II	II	II	I
深高速	2014	III	II	II	III	I	III	I
	2013	II	II	II	III	II	II	I
唐山港	2014	III	II	II	II	II	II	I
	2013	II	III	II	III	II	II	I
日照港	2014	II	I	II	II	I	II	I
	2013	II	I	I	II	I	II	I
四川成渝	2014	II	II	I	III	I	II	I
	2013	II	II	II	II	I	II	I
中储股份	2014	III	I	II	II	I	II	I
	2013	I	II	I	I	I	II	I

续上表

企业名称	年份	战略意图	承诺目标	责任主题	相关者关系	管理措施	透明度	绩效评价
浙江沪杭甬	2014	Ⅱ	Ⅱ	Ⅰ	Ⅱ	Ⅰ	Ⅱ	Ⅰ
	2013	—	—	—	—	—	—	—
现代投资	2014	Ⅱ	Ⅰ	Ⅰ	Ⅱ	Ⅰ	Ⅱ	Ⅰ
	2013	Ⅱ	Ⅰ	Ⅰ	Ⅰ	Ⅰ	Ⅱ	Ⅰ
宁沪高速	2014	Ⅱ	Ⅱ	Ⅱ	Ⅲ	Ⅰ	Ⅱ	Ⅰ
	2013	Ⅰ	Ⅰ	Ⅱ	Ⅱ	Ⅰ	Ⅱ	Ⅰ
吉林高速	2014	Ⅱ	Ⅰ	Ⅱ	Ⅲ	Ⅰ	Ⅱ	Ⅰ
	2013	Ⅱ	Ⅰ	Ⅱ	Ⅰ	Ⅰ	Ⅱ	Ⅰ
中原高速	2014	Ⅱ	Ⅰ	Ⅰ	Ⅱ	Ⅰ	Ⅱ	Ⅰ
	2013	Ⅱ	Ⅰ	Ⅰ	Ⅰ	Ⅰ	Ⅱ	Ⅰ
山东高速	2014	Ⅱ	Ⅱ	Ⅱ	Ⅱ	Ⅰ	Ⅱ	Ⅰ
	2013	Ⅱ	Ⅰ	Ⅲ	Ⅱ	Ⅰ	Ⅱ	Ⅰ
白云机场	2014	Ⅱ	Ⅱ	Ⅰ	Ⅱ	Ⅰ	Ⅱ	Ⅰ
	2013	Ⅱ	Ⅱ	Ⅰ	Ⅰ	Ⅰ	Ⅱ	Ⅰ
赣粤高速	2014	Ⅱ	Ⅰ	Ⅱ	Ⅲ	Ⅰ	Ⅱ	Ⅰ
	2013	Ⅱ	Ⅰ	Ⅱ	Ⅱ	Ⅰ	Ⅱ	Ⅰ
宁波海运	2014	Ⅱ	Ⅰ	Ⅱ	Ⅱ	Ⅰ	Ⅱ	Ⅰ
	2013	Ⅰ	Ⅰ	Ⅰ	Ⅰ	Ⅰ	Ⅱ	Ⅰ
中海海盛	2014	Ⅱ	Ⅰ	Ⅱ	Ⅱ	Ⅰ	Ⅱ	Ⅰ
	2013	Ⅰ	Ⅰ	Ⅰ	Ⅰ	Ⅰ	Ⅱ	Ⅰ
盐田港	2014	Ⅱ	Ⅰ	Ⅱ	Ⅱ	Ⅰ	Ⅱ	Ⅰ
	2013	Ⅱ	Ⅰ	Ⅱ	Ⅰ	Ⅰ	Ⅱ	Ⅰ
广深铁路	2014	Ⅳ	Ⅰ	Ⅱ	Ⅱ	Ⅰ	Ⅱ	Ⅰ
	2013	Ⅱ	Ⅱ	Ⅱ	Ⅰ	Ⅰ	Ⅱ	Ⅰ
锦州港	2014	Ⅲ	Ⅰ	Ⅰ	Ⅰ	Ⅰ	Ⅱ	Ⅰ
	2013	Ⅰ	Ⅰ	Ⅰ	Ⅱ	Ⅰ	Ⅱ	Ⅰ
皖通高速	2014	Ⅱ	Ⅰ	Ⅰ	Ⅲ	Ⅰ	Ⅱ	Ⅰ
	2013	Ⅱ	Ⅰ	Ⅰ	Ⅰ	Ⅰ	Ⅱ	Ⅰ
江西长运	2014	Ⅲ	Ⅰ	Ⅱ	Ⅱ	Ⅰ	Ⅱ	Ⅰ
	2013	Ⅰ	Ⅰ	Ⅰ	Ⅰ	Ⅰ	Ⅱ	Ⅰ
宁波港	2014	Ⅱ	Ⅰ	Ⅰ	Ⅱ	Ⅰ	Ⅱ	Ⅰ
	2013	Ⅱ	Ⅰ	Ⅱ	Ⅱ	Ⅰ	Ⅱ	Ⅰ
大秦铁路	2014	Ⅲ	Ⅰ	Ⅰ	Ⅱ	Ⅰ	Ⅱ	Ⅰ
	2013	Ⅱ	Ⅰ	Ⅰ	Ⅱ	Ⅰ	Ⅱ	Ⅰ
大连港	2014	Ⅱ	Ⅰ	Ⅱ	Ⅰ	Ⅰ	Ⅱ	Ⅰ
	2013	Ⅱ	Ⅰ	Ⅱ	Ⅰ	Ⅰ	Ⅱ	Ⅰ
大众交通	2014	Ⅲ	Ⅰ	Ⅱ	Ⅰ	Ⅰ	Ⅱ	Ⅰ
	2013	Ⅰ	Ⅰ	Ⅱ	Ⅰ	Ⅰ	Ⅱ	Ⅰ
龙江交通	2014	Ⅲ	Ⅰ	Ⅱ	Ⅱ	Ⅰ	Ⅱ	Ⅰ
	2013	Ⅰ	Ⅰ	Ⅰ	Ⅱ	Ⅰ	Ⅱ	Ⅰ
连云港	2014	Ⅱ	Ⅰ	Ⅰ	Ⅱ	Ⅰ	Ⅱ	Ⅰ
	2013	Ⅱ	Ⅰ	Ⅰ	Ⅱ	Ⅰ	Ⅱ	Ⅰ
福建高速	2014	Ⅲ	Ⅰ	Ⅰ	Ⅲ	Ⅰ	Ⅱ	Ⅰ
	2013	Ⅱ	Ⅰ	Ⅱ	Ⅰ	Ⅰ	Ⅱ	Ⅰ
铁龙物流	2014	Ⅱ	Ⅰ	Ⅰ	Ⅱ	Ⅰ	Ⅱ	Ⅰ
	2013	Ⅰ	Ⅰ	Ⅰ	Ⅱ	Ⅰ	Ⅱ	Ⅰ

由表 4-13 可知，2013-2014 年度整体交通运输行业企业社会责任演进阶段维度等级变化趋势不大，上升变化较大的企业是中海发展，该企业七个主题上均有上升，并且战略意图、承诺目标、责任主题和相关者关系均从 I 级上升到 IV 级，此外中远航运的进步也较大，企业的战略意图今年由 II 级晋升到 IV 级，在承诺目标、利益相关者、管理措施和透明度方面均达到了 III 级。在主题上今年变化较大的是战略意图主题和利益相关者关系，战略意图即企业存在的价值和企业对自己的定位。由于在报告中企业均列出了企业的使命，在企业使命中企业均表达了企业的存在价值和伟大愿景，所以对于这个主题今年将企业的得分统一调高了，针对利益相关者主题，中国远洋、上港集团和中海发展均晋升为 IV 级，中远航运、中海集运、四川成渝、宁沪高速、吉林高速、赣粤高速、皖通高速和福建高速均晋升为 III 级，中储股份、现代投资、中原高速、白云机场、宁波海运、中海海盛、盐田港、广深铁路和江西长运由 I 级晋升为 II 级，天津港和唐山港由 III 级退为 II 级，除此之外只是个别企业在某主题上稍有变化，变化幅度较小。

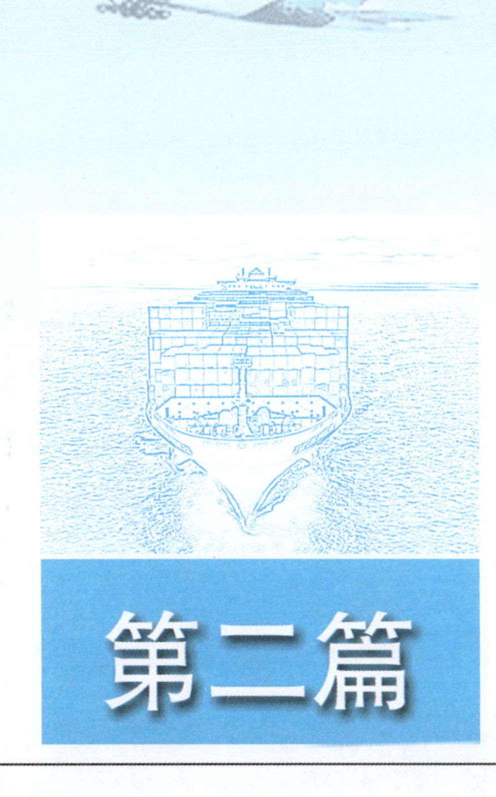

第二篇

交通运输行业上市公司企业社会责任行业发展报告

第五章

铁路运输业企业社会责任发展报告

1 铁路运输业企业社会责任报告质量评价

铁路运输在近年来取得了很大的进步，高速铁路的修建和通车，动车组的大范围运行，让人们体验到了铁路的魅力，越来越多的人选择铁路出行。铁路运输的安全性赢得了人们的信赖，既然扮演的角色越来越重要，企业就应该积极地承担起更多的责任。

1.1 报告质量评价

2014 年铁路运输业 3 上市公司中全都发布了企业社会责任报告，铁路运输业企业社会责任报告质量评价得分及排名如表 5-1 所示。

铁路运输业企业社会责任报告质量评分及排名　　表 5-1

企业名称	2014 年度			2013 年度		
	总　分	行业排名	总体排名	总　分	行业排名	总体排名
广深铁路	46.05	1	8	44.49	1	9
大秦铁路	27.18	2	17	27.42	2	19
铁龙物流	22.68	3	26	23.06	3	28
均值	31.97			31.66		

注：得分已经转化为“百分制”。

由表 5-1 所示的结果可知，2014 年铁路运输业企业社会责任报告质量评分与 2013 年相差不大，基本持平，每家公司的行业内排名并未变动。

2013—2014 年三家企业的企业社会责任报告质量评价排名对比如图 5-1 所示。

从图 5-1 所示的结果可以看出，三家企业在交通运输行业中的总体排名基本不变，相比于 2013 年的总体排名仅仅上下浮动一两名。报告总体质量与 2013 年相比没有太大改善，在可比性、可信性得分仍然偏低，忽略了报告的横向纵向对比以及报告的信息准确性的保障。大秦铁路在整个交通运输行业的排名上升两名，由 2013 年的 19 名上升到今年的 17 名，得分略有降低，而报告的结构以及内容相对于2013年不存在较大的变化。专家在对企业社会责任报告评分时，有不同意见，权重有相应变化，导致与2013年分数有少量差别，但总分及排名与2013年相差不大。

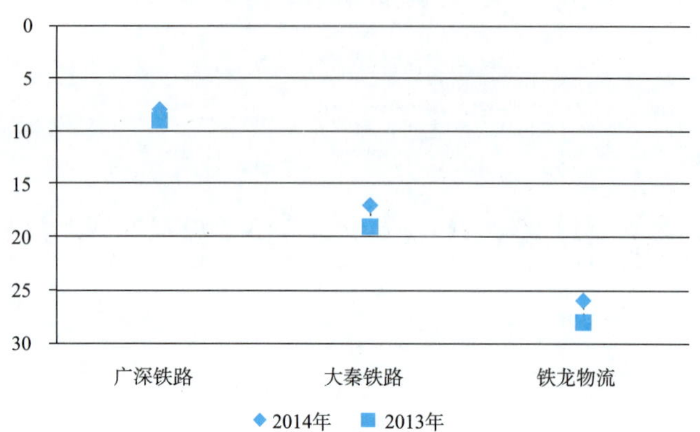

图5-1 2013—2014年铁路运输业企业社会责任报告质量总排名变化趋势

总体而言，铁路运输业三家企业的企业社会责任报告的质量没有明显的变化，仍然处于交通运输行业的中下水平，整体的质量水平有待提高。

1.2 报告质量维度评价

2014年度铁路运输业企业社会责任报告质量八个一级指标的得分均值如表5-2所示。其中，每一个一级指标的最高得分为2分，最低得分为0分。

铁路运输业企业社会责任报告质量八大指标得分及均值 表5-2

企业名称	完整性	包容性	实质性	回应性	可比性	可信性	创新性	可获取性
铁龙物流	0.36	0.33	0.83	0.33	0.00	0.00	0.17	0.67
大秦铁路	0.50	0.33	0.83	0.50	0.33	0.00	0.17	0.67
广深铁路	1.14	0.33	1.17	0.67	0.67	0.50	0.83	1.17
均值	0.67	0.33	0.94	0.50	0.33	0.17	0.39	0.83

八个一级指标得分的比较如图5-2～图5-10所示。

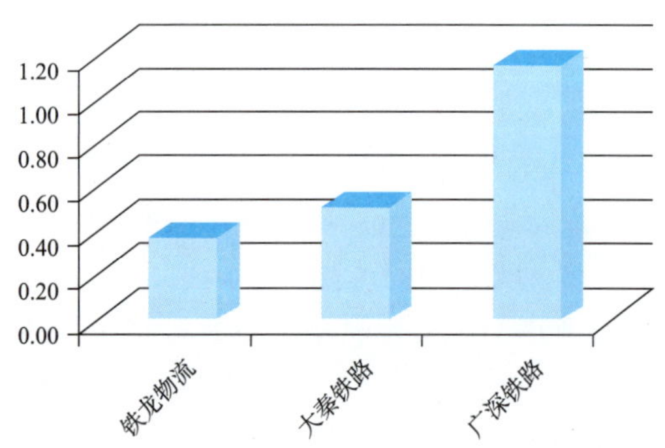

图5-2 铁路运输业企业社会责任报告质量指标—完整性得分

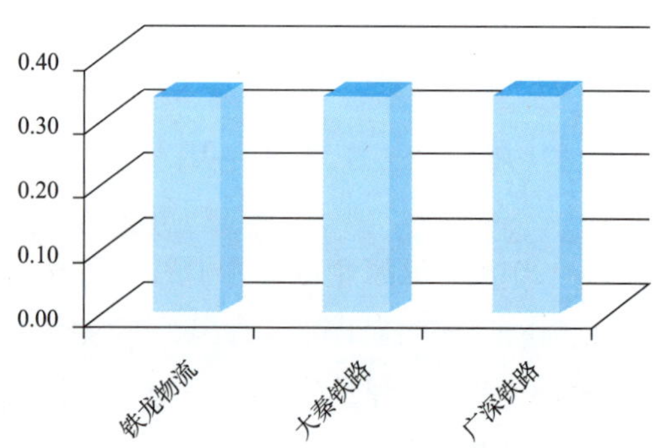

图5-3 铁路运输业企业社会责任报告质量指标—包容性得分

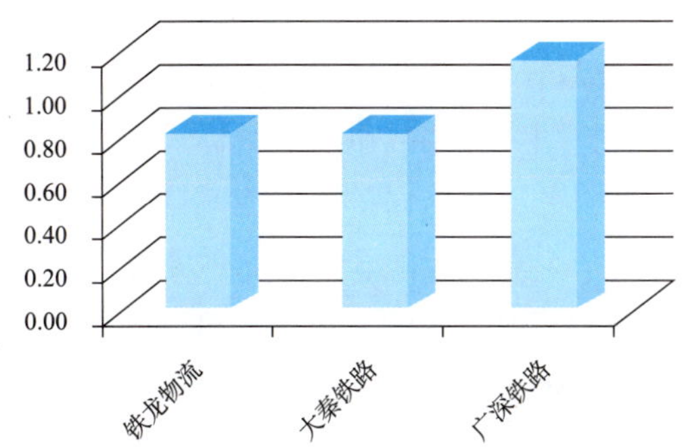

图 5-4　铁路运输业企业社会责任报告质量指标—实质性得分

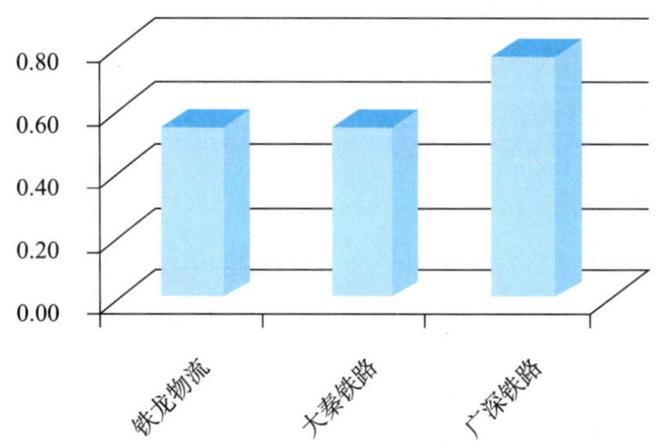

图 5-5　铁路运输业企业社会责任报告质量指标—回应性得分

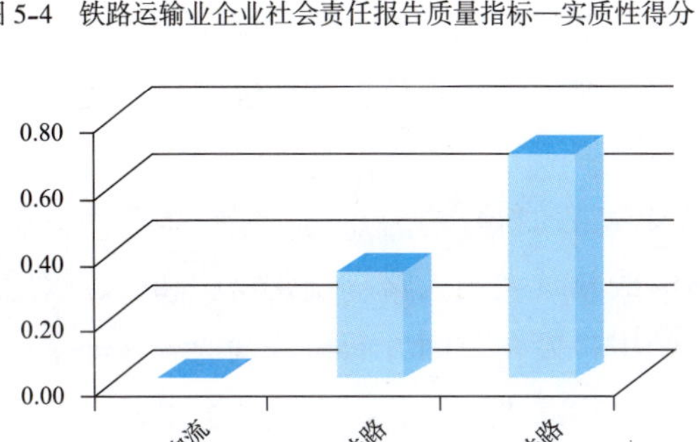

图 5-6　铁路运输业企业社会责任报告质量指标—可比性得分

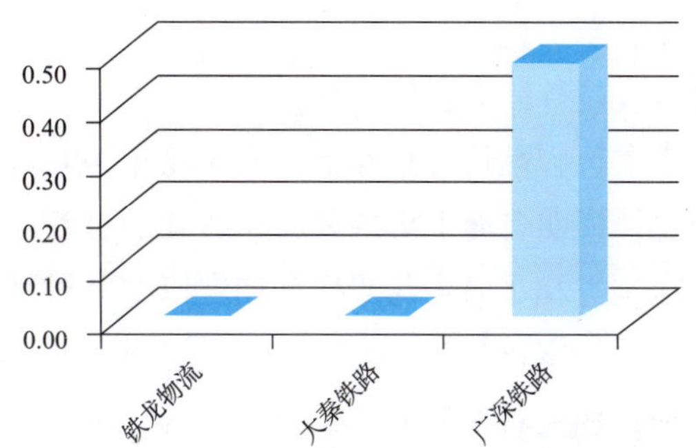

图 5-7　铁路运输业企业社会责任报告质量指标—可信性得分

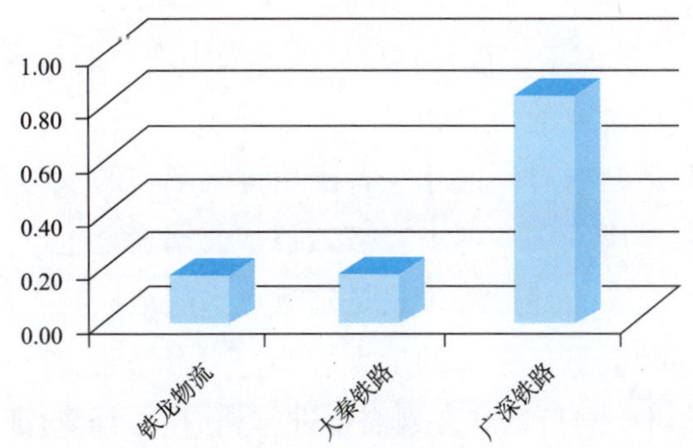

图 5-8　铁路运输业企业社会责任报告质量指标—创新性得分

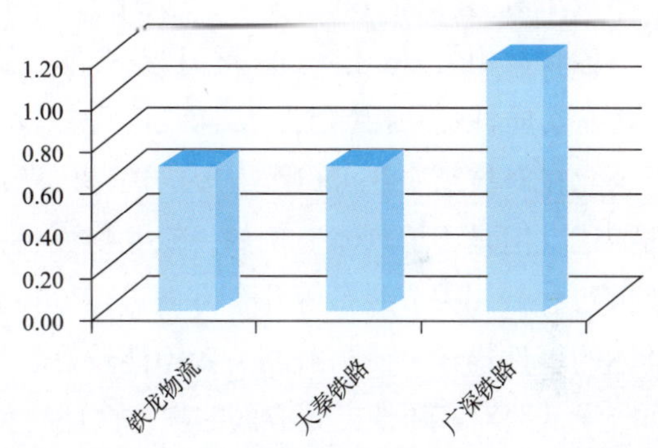

图 5-9　铁路运输业企业社会责任报告质量指标—可获取性得分

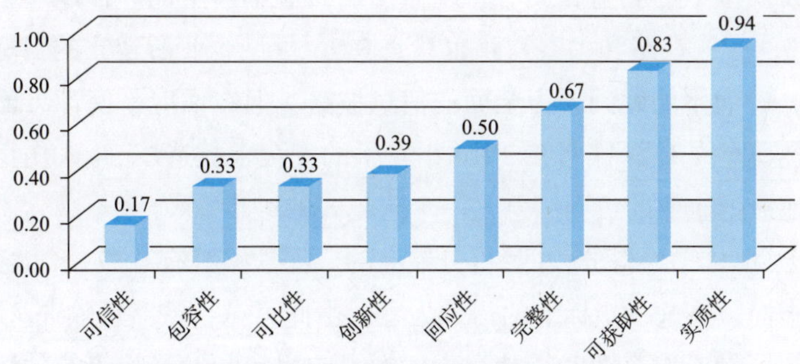

图 5-10　铁路运输业企业社会责任报告质量八大指标得分均值比较

针对企业社会责任报告质量评价的八大指标的评价结果，汇总表 5-2、图 5-2 ~ 图 5-10 的信息，可以看出：

①在完整性这一指标上，广深铁路的得分为 1.14，远高于大秦铁路和铁龙物流，是整个铁路运输

业的标杆。广深铁路在完整性指标的得分，包含了所有的7个二级指标。在这7个指标中得分最高的是“决策者声明”这一指标，在广深铁路的报告中，企业从经济、社会、环境三方面能够详细说明对社会责任的认识、在社会责任方面的承诺、企业可持续发展长期、短期战略以及目标。在责任主题管理方面，报告能够从规范运作与诚信经营、运输安全与客货服务、环境保护与节能减排、社会公益与职工权益4个方面对各责任主题进行识别和管理，是其他两个企业所无法企及的。铁龙物流在完整性指标上得分最低，仅为0.36分，其报告只有6页，内容只覆盖了主要影响、风险、机遇的描述、责任主题管理和绩效指标两项内容，其余4项指标的得分均为0。从这6页的报告中可以看出，铁龙物流的企业社会责任报告的内容、架构和体系都不完整，有得分的指标如责任主题管理和绩效指标最高也仅有1分，对利益相关者类别的识别和管理还不够全面，可见，铁龙物流在完整性这一指标上还需加大投入，至少应该扩大报告的篇幅，尽量披露更多的信息内容，使利益相关者能够更加清楚、直观地了解企业履行社会责任的情况。

②在包容性这一指标上，铁龙物流、大秦铁路和广深铁路的得分均为0.33，三家企业的整体表现不理想，说明各企业对待利益相关者的态度和行为还不够成熟。大秦铁路、铁龙物流和广深铁路三家企业在利益相关者参与流程和制度以及针对利益相关者的报告发布范围方面得分均为零，即企业并没有清楚地界定谁是其利益相关者，更谈不上与利益相关者的沟通机制问题，企业社会责任本身就是企业与利益相关者共同的意义建构过程，缺少了利益相关者参与的企业社会责任就失去了其真正的价值和意义。对于利益利益相关者参与程度，广深铁路、大秦铁路、铁龙物流得分均为1分，只在报告中部分体现了利益相关者对企业社会责任的参与，如与监管机构、股东、债权人和供应商之间的合作，能够与各利益相关方合作沟通进行利益共享，用公司发展的成果回报各利益相关方来实现和谐共赢。

③在实质性这一指标上，广深铁路得分较高，但三家企业的得分相差不大，都在1分左右，说明三家企业在对披露企业可持续发展的关键议题以及企业运营中对利益相关者产生重大影响的事件有一定的描述，但是不够具体。例如，铁龙物流在报告中对健康发展、追求经济效益、公司安全生产、经营成果与利益相关方共享等几个方面进行分析叙述，但是在叙述过程中只是蜻蜓点水般地提及，缺乏对具体的事件描述，使利益相关者不能较好识别企业在社会责任方面的重大影响。大秦铁路、铁龙物流和广深铁路对实质性主题方面的规范性还有待加强，对应的目标和表现需要进行相应的测量验证。

④在回应性这一指标上，广深铁路相对于大秦铁路和铁龙物流较好，但得分仍然较低，总体来说，企业对影响其可持续发展绩效的利益相关者主题做出的回应不够全面。在建立主题与对应的目标体系中，铁龙物流得分为0，广深铁路和大秦铁路也只是0.5，可见企业所建立的目标体系不能准确回应利益相关者关注的议题，进而不能做到较为全面的信息披露。但在回应平衡性方面，广深铁路对企业的负面信息有一定的披露，例如广深铁路在2014年发生的安全事故造成24人伤亡，也在报告中进行了披露，在报告中积极地披露企业的负面信息是一个跨越式的进步。

⑤在可比性指标上，整体平均得分较低，得分最高的广深铁路只有0.37分，大秦铁路得分仅0.33分，铁龙物流没有披露该指标，在这一指标上的得分为零。由此可见，铁路运输业上市公司在发布报告时，更多的关注当年的情况，缺乏对企业践行社会责任的纵向比较和发展趋势的关注。在跨行业可比这一指标中，铁路运输业的企业全部没有得分，在编制企业社会责任时并未参照一定标准进行编写，无法进行跨行业对比。

⑥在可信性指标上，铁路运输业在该指标上的得分较其他七个指标而言，总得分最低，仅为0.17分，分数相比2013年有所下降。第三方审验是企业社会责任报告可信性的一个重要指标，整个铁路运

输业没有一家企业进行外部审验，很多企业并未认识到第三方审验的重要性，缺乏第三方审验也是中国企业社会责任发展的一个障碍。而第三方审验是确保企业社会责任报告可信性和可靠性的重要依据，因此从整个交通运输行业而言，都是未来应该重点部署的工作之一。对于利益相关方的评论三家企业也并未涉及。得分最高为广深铁路仅为 0.5 分，该得分仅来源于广深铁路对数据来源说明的得分，铁龙物流以及大秦铁路并未披露该指标，在该项得分为零。对数据来源说明可以加强企业报告的公信度，使报告具有更强的可信性。同样，三家企业利益相关方评论得分均为零分，并未关注利益相关方对于企业的评论，缺乏第二方视角下对企业履行社会责任的看法。

⑦在创新性指标上，得分最高为广深铁路 0.83 分，铁龙物流与大秦铁路得分均为 0.17 分，分数与 2013 年相比变化不大。广深铁路在编写报告时，加入公司企业社会责任的理念，通过数据、图表增强报告的可读性，结构上，报告的章节分类较为明确，如广深铁路以表格的形式对比统计 2013 年和 2014 年能耗指标和排放物，将职工队伍按年龄、性别、工种等性质制成表格进行分类说明。而铁龙物流和大秦铁路的企业社会责任报告内容较少，结构简单，内容表现形式较为单一，没有对社会实行责任进行详细的说明，没有任何创新性，降低了报告的可读性。

⑧在可获取性指标上，广深铁路得分为 1.17 分，铁龙物流以及大秦铁路得分均为 0.67，整体均值为 0.83，水平较高。其中广深铁路提供了中英文两种语言版本的企业社会责任报告，铁龙物流以及大秦铁路只提供了中文的报告。大秦铁路报告可以在巨潮资讯网、东方财富网进行下载，铁龙物流相比大秦铁路增加了关键定量指标数据库的获取方式，广深铁路报告不仅可以在关键定量指标数据库、巨潮资讯网、东方财富网下载，也可以在企业官网中获取，相比其他两家发布渠道更为广泛。

总而言之，广深铁路在八个一级指标上的得分均高于大秦铁路和铁龙物流，整体报告质量也高于其余两家企业，铁龙物流得分在铁路运输业最低，整体报告质量偏低，在完整性、可信性、回应性等方面得分较低，有很大提升空间。

2 铁路运输业企业社会责任报告应用等级评价

铁路运输业三家企业在 2013—2014 年间企业社会责任报告应用等级的综合评价如表 5-3 所示。

铁路运输业企业社会责任报告应用等级分维度评价分布　　表 5-3

企业名称	年　度	战略与概况	管理方法披露	绩效指标	综合评价
铁龙物流	2014	D	C	D	D
	2013	D	C	D	D
大秦铁路	2014	D	B	D	D
	2013	D	B	C	D
广深铁路	2014	B	B	C	C
	2013	C	B	B	C

分析表 5-3、图 5-11 ~ 图 5-14 可知，与 2013 年相比，2014 年铁路运输企业的企业社会责任报告综合评价应用等级整体没有变化，广深铁路综合评价没有变化，仍为 C 级，其他全部为 D 级。

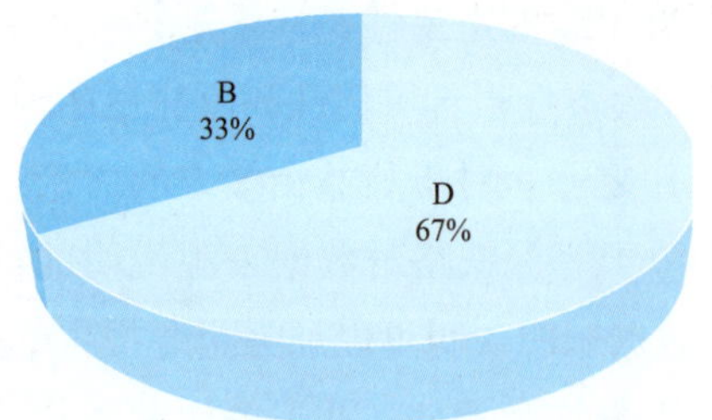

图 5-11 2014 年战略与概况应用等级分布

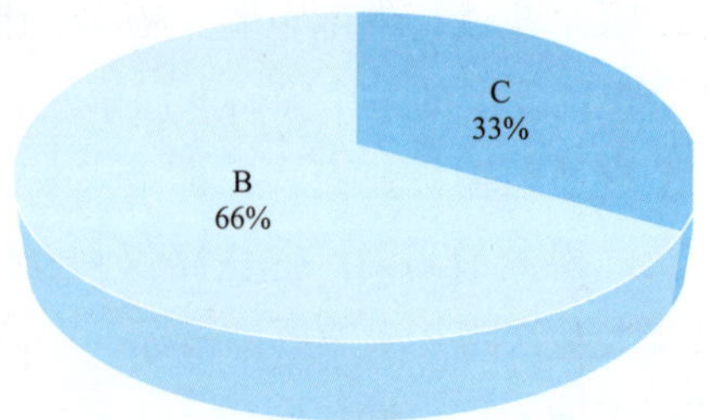

图 5-12 2014 年管理方法披露应用等级分布

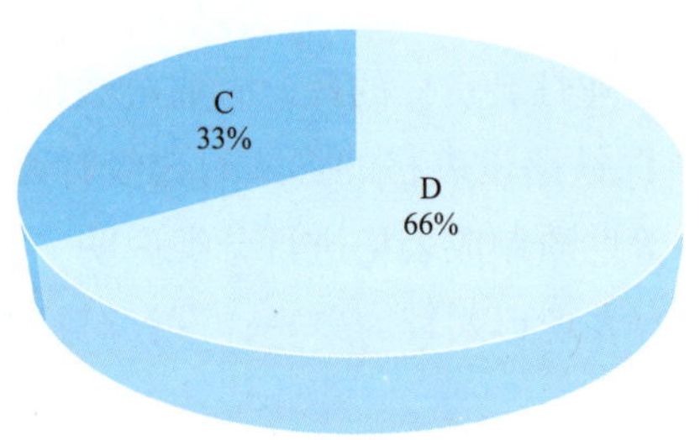

图 5-13 2014 年绩效指标应用等级分布

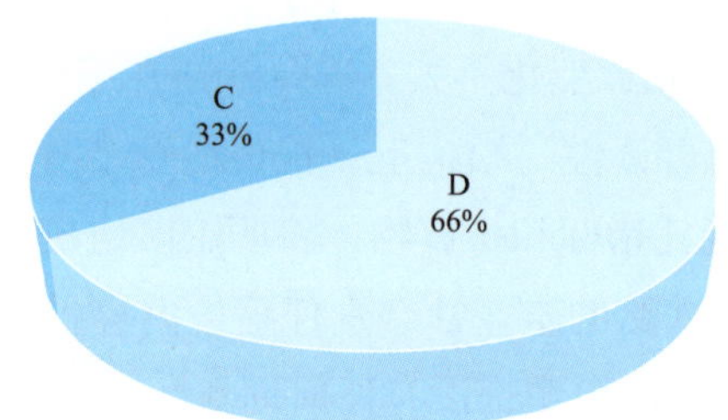

图 5-14 2014 年综合评价应用等级分布

2014 年各维度的表现如下：

战略与概况这一维度上，只有广深铁路一家的报告应用等级为 B，其余两家企业均为 D，广深铁路整体较其他两家企业表现较好，广深铁路不仅披露核心指标还增加了其他相关指标的信息，在“机构概况”方面，广深铁路除没有披露“所有权性质及法律形式”外其他信息均有提及，信息覆盖较全面，其余两家只提及一项指标，无法保证利益相关者能够很好地了解企业的基本状况。

管理方法披露方面，三家公司的应用等级未发生变化，其中大秦铁路和广深铁路为 B，铁龙物流为 C，B 级占比 66.7%，C 级占比为 33.3%。整体看来，管理方法披露主要涉及经济发展、环境、劳动实践、人权、社区、公平运营以及消费者问题七个部分，三家企业基本有所提及，但仍有企业表现不理想，如铁龙物流在环境主题的管理办法方面一片空白，并未说明企业如何进行环境责任的管理，这从一定程度上表明企业在履行社会责任的过程中缺少一定规范过程，具有一定程度的盲目性。

在绩效指标这一维度上，只有广深铁路被评为 C，其他两家均为 D。在此维度上只有广深铁路表现相对较好，报告一共覆盖 71 个指标，信息披露较为全面。铁龙物流一共披露 39 个指标，在人权、公平运营、责任治理、经济绩效指标中涉及的内容很少。从八个责任分主题绩效指标的披露来看，“社区参与发展”的绩效披露信息较少，随着今年指标的细化，暴露出企业在“社区参与发展”方面信息披露的不足。但三家企业对于劳动实践披露内容较多，表现了企业对于员工的关注程度较高，值得肯定。

整体看来，铁路运输业企业社会责任报告应用等级为 D，与公路运输业的报告应用等级一样，都需要提升报告的规范性以及完整性，逐渐向企业社会责任信息披露的国际标准靠近。

3 铁路运输业企业社会责任绩效评价

3.1 总体绩效情况

2014 年度铁路运输业 3 家上市公司企业社会责任绩效评价结果及排名如表 5-4、图 5-15 所示。

铁路运输业企业社会责任绩效得分及排序

表 5-4

企业名称	总　分	2014 年度		总　分	2013 年度	
		行业排名	总体排名		行业排名	总体排名
广深铁路	20.5652	1	12	15.1104	1	9
大秦铁路	13.3481	2	27	7.4944	2	23
铁龙物流	7.8477	3	38	7.3343	3	25
均值	13.9203			9.98		

注：得分已经转化为“百分制”。

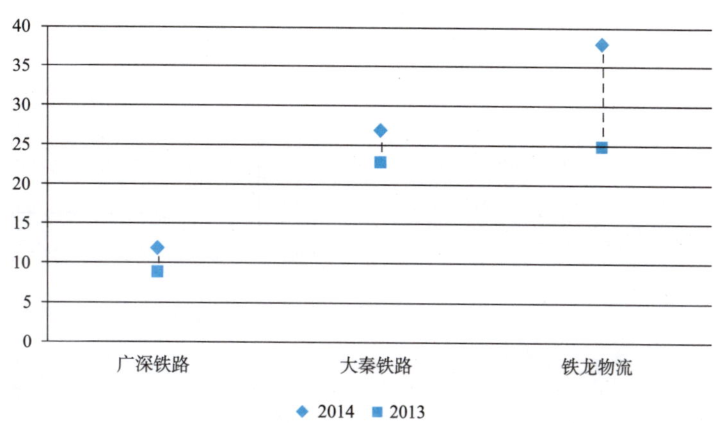

图 5-15 铁路运输业企业社会责任行业排名变化趋势

由表 5-15 所示的结果可知，2014 年铁路运输业企业的企业社会责任绩效总得分的均值由 2013 年的 9.98 分提升到了 13.9203 分。从总体的排名情况来看，铁路运输业企业的相对绩效表现要低于 2013 年的水平。其中，广深铁路和大秦铁路的总体排名的下滑较小，分别由第 9 和第 23 的位置下降到了第 12 和第 27。而铁龙物流的下滑明显，由 2013 年度的第 25 位下降到了 2014 年的第 38 位。图 1-15 直观地反映了 2014 年度和 2013 年度，铁路运输业企业在交通运输行业中绩效得分排名的变化情况。行业内的排名顺序没有发生变化，广深铁路以 20.5652 的得分表现依旧处于第一的位置。从得分情况来看，三家企业的表现均有不同幅度的改善。其中，大秦铁路的进步速度最快，得分变化率达到了 78.11%，广深铁路和铁龙物流的得分变化率分别为 36.10% 和 7.00%。

3.2 社会期望主题情况

根据铁路运输业企业社会责任八大主题的得分情况，计算出 2014 年度该行业在八个主题上的得分均值，如表 5-5、图 5-16~ 图 5-24 所示。

铁路运输业企业社会责任八大主题得分及均值

表 5-5

企业名称	环　境	劳动实践	人　权	公平运营	产品责任	社区发展	责任治理	经济发展
大秦铁路	0.579	0.362	0.264	0.158	0.036	0.226	0.110	0.148
广深铁路	0.690	0.522	0.451	0.401	0.086	0.201	0.422	0.249
铁龙物流	0.203	0.444	0.221	0.148	0.034	0.031	0.082	0.069
均值	0.491	0.442	0.312	0.236	0.052	0.153	0.205	0.155

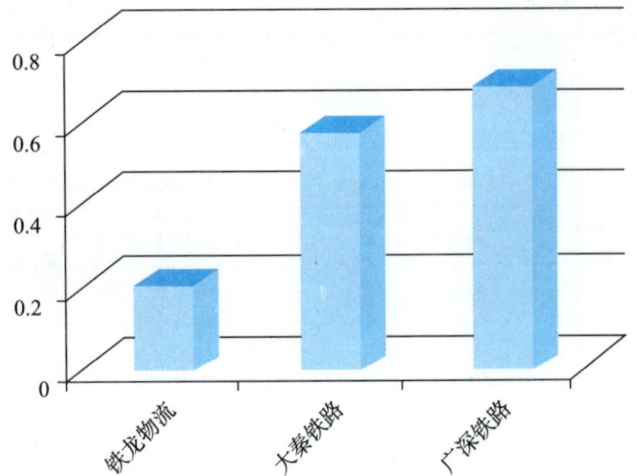

图 5-16 铁路运输业企业社会责任主题——环境得分

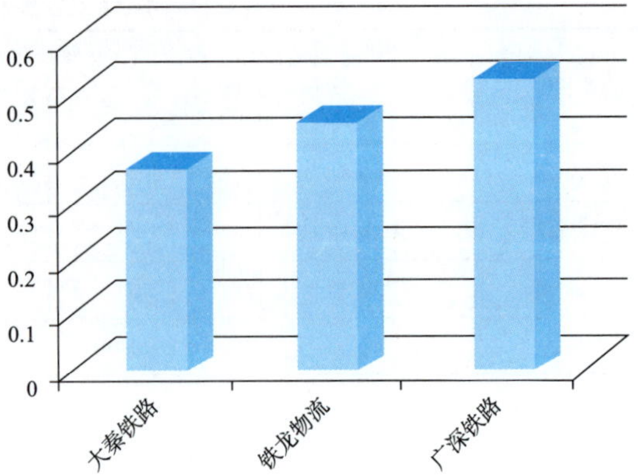

图 5-17 铁路运输业企业社会责任主题——劳动实践得分

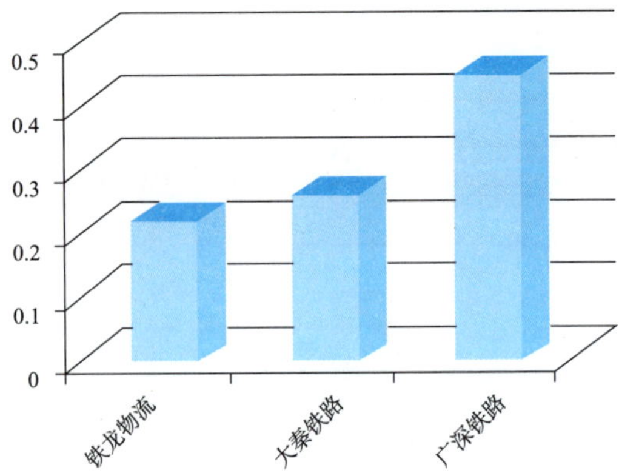

图 5-18 铁路运输业企业社会责任主题——人权得分

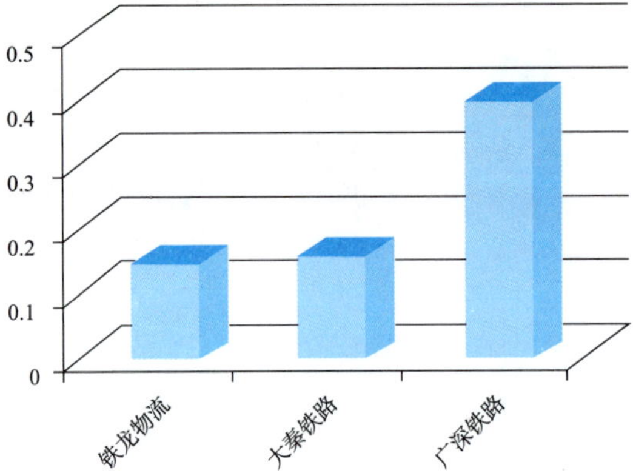

图 5-19 铁路运输业企业社会责任主题——公平运营得分

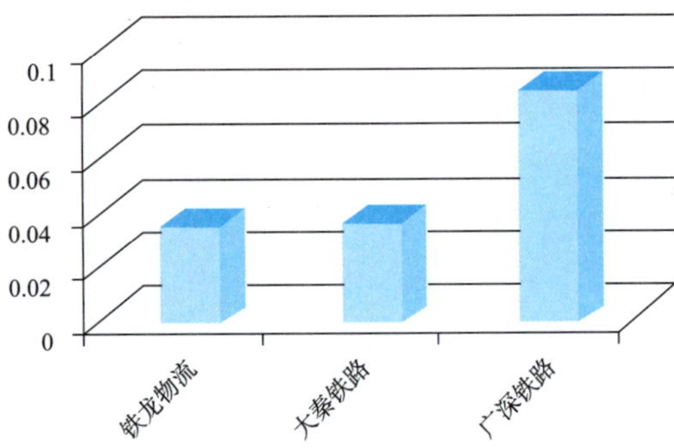

图 5-20 铁路运输业企业社会责任主题——产品责任得分

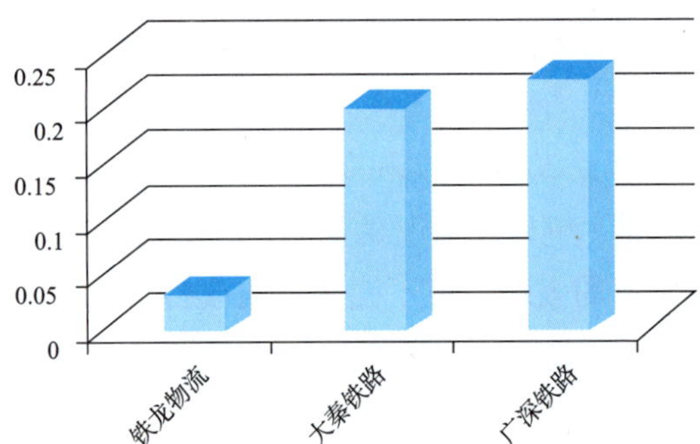

图 5-21 铁路运输业企业社会责任主题——社区发展得分

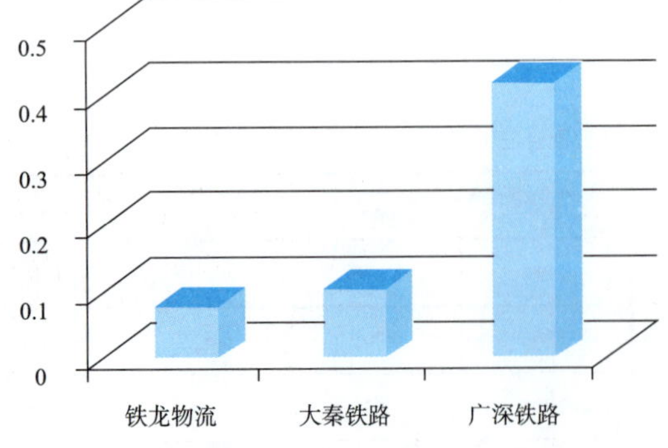

图 5-22 铁路运输业企业社会责任主题——责任治理得分

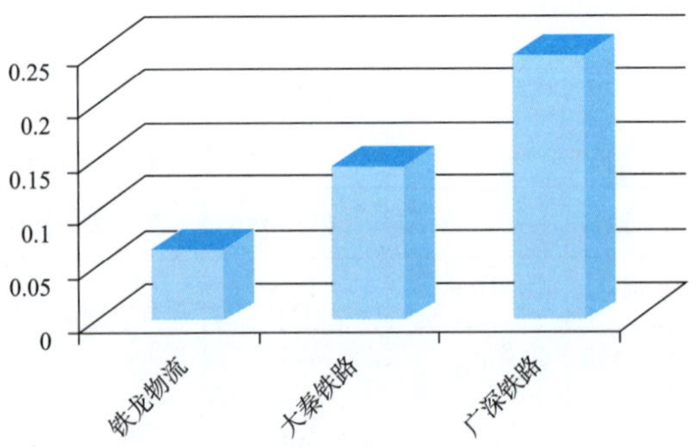

图 5-23 铁路运输业企业社会责任主题——经济发展得分

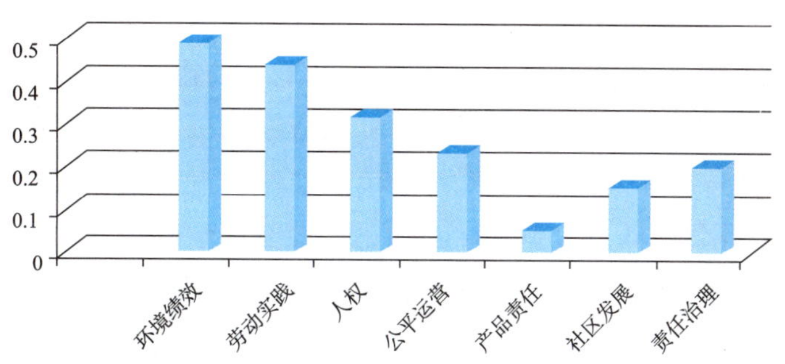

图 5-24 铁路运输业企业社会责任八大主题得分均值比较

针对铁路运输业 3 家上市公司在企业社会责任绩效八个主题中的评价结果，汇总表 5-5、图 5-16~图 5-24，可以看出：

①在环境保护方面。铁路运输业企业在环境方面的整体绩效表现要好于其他七个维度，这与 2013 年度企业在环境维度的得分均值最低对比鲜明，这直接反映出了企业对环境问题的越来越重视，也间接地透露出当下的环境问题的严重性以及问题关注的普遍性。在本报告新调整的评价体系中，环境主题下共有 9 个三级指标和 18 个四级指标。广深铁路、大秦铁路和铁龙物流涉及的指标数量分别为 13 项、10 项和 5 项，相应的得分比例分别为 72.22%、55.56% 和 27.78%。从具体的指标来看，企业在涉及生物多样性与自然栖息地恢复、供应商环境评估以及环境问题申诉机制的建立方面得分表现普遍较差，多没有采取相关责任行为。

②在劳动实践主题方面，铁路运输企业的整体得分均值为 0.442 分，在交通运输行业的八个分行业中处在中间偏后的水平，位列第六，这表明铁路运输企业在劳动实践主题的实践方面低于交通运输行业的平均水平。广深铁路、大秦铁路和铁龙物流涉及的得分题项所占比分别为 69.57%、52.17%、52.17%。从具体内容看，广深铁路通过签订劳务合同等手段，保障员工合法权益，定期举办如心理讲座的主题活动，满足员工的心理需求。大秦铁路对于员工职业防护的情况涉及较少，没有相应的制度对员工面临这些，大秦铁路在今后的实践活动中应加大对企业员工职业健康与安全的投入力度。

③在人权主题方面，铁路运输企业的整体得分均值为 0.312 分，在交通运输行业的八个分行业中处在中间位置，排名第四，这说明铁路运输行业在人权主题的实践方面处在交通运输行业的平均水平。广深铁路、大秦铁路和铁龙物流涉及的得分题项所占比分别为 50%、25%、25%。从内容上来看，广深铁路在避免歧视弱势群体、减少就业及职业歧视的表现较好，在对供应商的管理当中将人权标准纳入其中，用实际行动践行企业的人权责任。在对员工的结社自由权及使用童工方面，大秦铁路的表现较好。铁龙物流虽然在践行有关人权主题的内容与大秦铁路相仿，但在内容涉及的深度上有所不足，建议铁龙物流加强对人权主题方面的实践。

④在公平运营方面。铁路运输业企业在公平运营维度的得分均值是 0.236 分，广深铁路、大秦铁路和铁龙物流涉及的指标数量分别为 11 项、6 项和 5 项，得分比例分别为 84.62%、46.15% 和 38.46%。在具体题项上的得分表现，三家企业都没有很“满意”的表现，得分值多集中在 1 分及以下，在建立确保举报人员及后续行动相关的人员免遭报复的保障机制、负责任的政治参与、供应商公平运营评估以及公平运营问题申诉机制的建立四个题项中的得分全部为 0。三家企业都没有在 2014 年度的经营过程中进行任何的政治性捐赠，也没有发生涉及反竞争的行为，没有受到关于价格垄断、违规投标以及掠夺性定价的法律诉讼，没有发生因为在公平运营方面违反法律法规而被处重大罚款以及所受非经济

处罚事件。

⑤在产品责任方面。铁路运输业2014年度在这一主题的得分均值为0.052，在交通运输行业包含的八个分行业中排名第七，其中，广深铁路、大秦铁路以及铁龙物流得分题项占产品责任主题的16个总题项的比率分别是：62.5%、37.5%和31.25%；从铁路运输业的企业社会责任得分均值比较来看，产品责任得分最低，应引起注意的是，在交通运输行业内的八个分行业中，产品责任在八个主体下的得分排名均处在垫底的位置，而恰恰产品责任在各行业中都是消费者最为关注的问题，企业不应该放松对这方面的警惕心，时刻关注在运营过程中可能出现的关于产品责任方面的任何问题。

三家上市公司中，广深铁路在企业社会责任的履行过程中涉及到方面较多，尤其对供应商评估以及产品责任问题申诉机制两方面较为重视，企业内建立了相应的管理办法来规范供应商的聘用和检察供应商的行为，并对供应商的产品进行评估；广深铁路十分重视运输安全，将运输安全作为企业肩负的最大社会责任，运营中积极完善企业安全风险管理机制，确保了线路安全、人身安全，并制定了管理规定来保证消费者信息安全，值得其他两家企业学习。但是在市场推广、教育和意识两个方面三个企业都鲜有提及，对应及时向消费者提供相关信息以及强调不销售有争议的产品的责任认知度不够。

⑥在社区参与和发展方面，铁路运输业2014年的得分均值为0.153，在交通运输行业包含的八个分行业中排名最末位。其中大秦铁路、广深铁路和铁龙物流的得分题项所占比例分别为12.50%、25.00%和43.75%，得分比例普遍较低。具体来说，广深铁路和大秦铁路积极推动社会公益工作，例如广深铁路积极开展铁路安全、疫情防控、环保节能等公益宣传，在重点客运站组织志愿者活动，为旅客提供服务帮助；大秦铁路充分利用车站广播、宣传栏、电子显示屏和列车播音等站车宣传媒体，开展卫生、健康、环保、安全等方面的公益宣传。铁龙物流在运营过程中只关注了健康方面的问题，且并没有做出具体的行动。然而三家企业没有将社区参与标准纳入到企业的供应商筛选、合作管理体系中，也未能识别和评估供应链中的重大实际和潜在的社区参与相关的负面影响，没有建立社区参与管理相关的规章制度或规则条例以及风险保障机制，因此在这三方面有待进一步的行动。综合来看铁路运输业三家企业在社区参与方面表现并不好，说明他们对社区参与和发展的责任的理解和认识不够。但公司发展和社区发展是互相促进，相辅相成的，只有双方面共同发展，共同富裕，才能实现企业的可持续发展，希望三家企业重视履行社区参与和发展这方面的责任。

⑦在责任治理方面。铁路运输业的行业均值为0.205分，得分中等，在八大行业中排名第五，铁龙物流、大秦铁路和广深铁路的得分项所占总题项比例分别为9.09%、9.09%和45.45%，三家企业中广深铁路得分0.422远高于第二名大秦铁路的0.110分，排名第三的铁龙物流得分0.082与大秦铁路相差不大。从具体指标来看大秦铁路和铁龙物流仅在报告中披露了企业使命或价值观，在其他指标上均没有披露，虽然三家企业中广深铁路得分最高，但也仅在报告中用语言描述了企业的管理架构。整体来说铁路运输业在该主题上得分较低，铁路是国民经济发展、国家经济生活正常运行的“大动脉”，铁路在运输行业中的垄断地位在相当长的时期是不可代替的，并且铁路运输业的服务具有广泛性，行业的企业社会责任的影响也具有广泛性和深远性的特点，希望行业可以加快将企业社会责任融入企业治理结构中的步伐，为企业更好地承担企业社会责任提供制度支持。

⑧在经济发展方面。铁路运输业的行业均值为0.155分，在八大行业中排名第五，铁龙物流、大秦铁路和广深铁路的得分项所占总题项比例分别为11.11%、22.22%和44.44%，在该主题上得分最高

的广深铁路为 0.249 分，排名第二、第三的是大秦铁路和铁龙物流得分分别为 0.148 和 0.069，行业整体在主题上得分较低，对于得分最低的铁龙物流仅在报告中披露了企业分配的直接经济效益，在其他项上均未披露。即公司对于经济责任只公布了企业对股东的价值，从宏观层面看铁路运输行业的企业属于国有企业，是特殊的组织形式，在经济主体上既要体现国有企业本身的经济价值更要体现国有企业的社会目标。

综合来看，铁路运输业企业在企业社会责任八个维度的绩效表现都处于较低的水平，有很大的改善的空间。尤其是在产品责任维度，铁路运输业企业的得分均值仅为 0.052 分，这说明提升铁路运输的行业竞争力既迫在眉睫，也具有很大的战略战术上的活动空间。

4 铁路运输业企业社会责任演进阶段评价

4.1 总体演进阶段及变化趋势

铁路运输业 2014 年度企业社会责任演进阶段情况如表 5-6、图 5-25 所示。

铁路运输业企业社会责任演进阶段　　表 5-6

企业名称	2014 年度企业分级	2013 年度企业分级
广深铁路	I	II
大秦铁路	I	I
铁龙物流	I	I
行业演进阶段	I	I

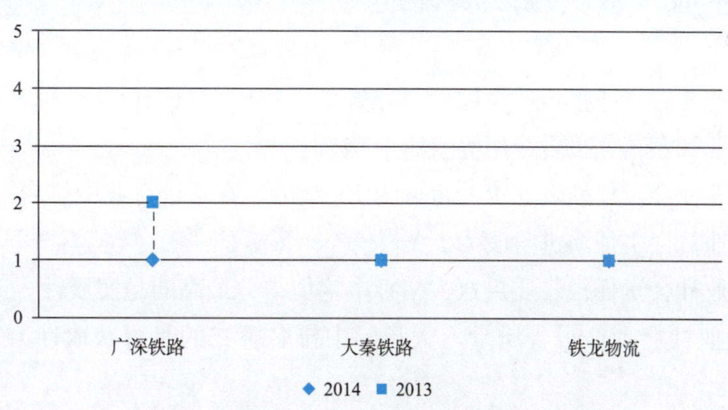

图 5-25　铁路运输业企业社会责任演进阶段等级分布对比

从表 5-6 中可以看出，除广深铁路的企业演进阶段等级下降之外，其他两家企业与 2013 年相同，2014 年度，铁路运输业的演进阶段等级与 2013 年持平，仍处于 I 级起步阶段，行业内对企业社会责任融入度不高，有待提升。

4.2 不同维度演进阶段及变化趋势

通过对企业社会责任绩效的七个维度进行分级评价，得到铁路运输业企业社会责任演进阶段评价的七个维度演进阶段，如表 5-7 所示。

铁路运输业企业社会责任演进阶段分维度评价 表 5-7

企业名称	年　度	战略意图	承诺目标	责任主题	相关者关系	管理措施	透明度	绩效评价
铁龙物流	2014	II	I	I	II	I	II	I
	2013	I	I	I	II	I	II	I
大秦铁路	2014	III	I	I	II	I	II	I
	2013	II	I	I	II	I	II	I
广深铁路	2014	IV	I	II	II	I	II	I
	2013	II	II	II	I	I	II	I

2014 年度，铁路运输业在战略意图、相关者关系以及透明度中有相对较好的表现，以 II 级为主，尤其在战略意图方面，与 2013 年的情况对比来看有了较明显的提升，铁龙物流、大秦铁路、广深铁路分别上升到了 II、III、IV 级，说明铁路运输业的战略意图不再仅仅满足于取得经营的许可，其中铁龙物流在战略意图上提升到了主要目标为应对内外部环境变化；大秦铁路更注重道德认同和社会价值主张；广深铁路则将企业战略意图上升到了企业可持续发展的层面上。其他维度则表现平平且无大变化，仅广深铁路在承诺目标和相关者关系两个维度有所变化，其承诺目标由 II 级变为了 I 级，相关者关系维度升到了 II 级，企业能够做到与部分利益相关者进行单向的沟通，但其总的绩效等级则由 2013 年的 II 级降低为了 I 级。同前几年一样，绩效评价维度仍是各维度中的薄弱环节，应引起足够的重视。

另外值得反思的是，铁路运输业的绩效评价在整个交通运输行业中都处于最低水平，行业演进阶段仍处于 I 级阶段，希望能够引起各铁路运输业内企业的足够重视，并期待在未来能够有所提升。

5 铁路运输业企业社会责任发展评述

①铁路运输业企业社会责任报告质量评价得分为 27.66 分，在八个行业中排名第六。整体表现较差。

②铁路运输业企业社会责任报告应用等级为 D 级。

③铁路运输业企业社会责任绩效评价的得分为 13.92 分，在八个行业中排名第六。

④铁路运输业企业社会责任演进阶段为 I 级。

⑤铁路运输业企业社会责任报告质量八大指标中均值得分最高的是实质性。

⑥铁路运输业企业社会责任报告质量八大指标中排名第二的是可获取性，排名倒数第一的是可信性。

⑦铁路运输业企业社会责任报告应用等级表现最好的是管理方法披露维度。

⑧铁路运输业企业社会责任绩效评价八大主题得分最高的是环境，环境主题在八大行业中排名第六，得分最低的是产品责任主题。

第六章

公路运输业企业社会责任发展报告

1 公路运输业企业社会责任报告质量评价

公路运输链接千家万户，是与人们联系最为密切的运输方式，也是最早的运输方式。它联系着最广大的人群、影响着人们最日常的生活方式。如此密切的联系决定了其永远不能轻视或者忽略自己该做的以及要做好的。

1.1 报告质量评价

2014 年公路运输业 15 家上市公司中有 3 家企业发布了企业社会责任报告，公路运输业企业社会责任报告质量评价得分及排名如表 6-1 所示。

公路运输业企业社会责任报告质量评分及排名　　表 6-1

企业名称	2014 年度			2013 年度		
	总　分	行业排名	总体排名	总　分	行业排名	总体排名
龙江交通	32.14	1	16	36.32	1	13
江西长运	27.25	2	20	32.00	2	14
大众交通	23.58	3	26	25.20	3	25
均值	27.66			31.17		

注：得分已经转化为“百分制”。

由表 6-1 所示的结果可知，2014 年铁路运输业企业社会责任报告质量评分与 2013 年相差不大，基本持平，每家公司的行业内排名并未变动。

其中 2013—2014 年三家企业的企业社会责任报告质量评价排名对比如图 6-1 所示。

从图 6-1 所示的结果可以看出，在整个交通运输行业排名中三家企业排名均有小幅降低，龙江交通下降三名，江西长运下降六名，大众交通下降一名。龙江交通得分高的原因主要是其报告的完整性、实质性等指标表现较好。综合来看，三家企业在八个指标的得分不高，仍有提升空间。

总体而言，公路运输业的三家企业中，龙江交通排名较好，而实际上三家企业的报告质量得分都有所下降，应为自身履行社会责任的现状进行深思与反省。

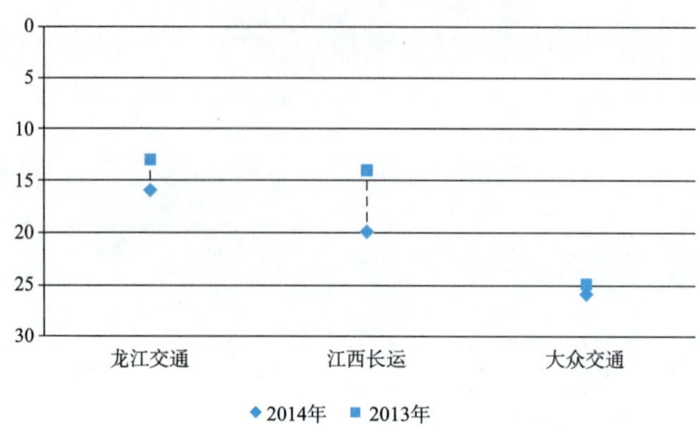

图 6-1 公路运输业企业社会责任报告质量总排名变化趋势

1.2 报告质量维度评价

2014 年度公路运输业企业社会责任报告质量八个一级指标的得分均值如表 6-2 所示。其中，每一个一级指标的最高得分为 2 分，最低得分为 0 分。

2014 年公路运输业企业社会责任报告质量八大指标得分及均值 表 6-2

企业名称	完整性	包容性	实质性	回应性	可比性	可信性	创新性	可获取性
龙江交通	0.79	0.33	0.83	0.33	0.50	0.33	0.67	0.67
江西长运	0.57	0.33	0.67	0.67	0.33	0.17	0.50	0.67
大众交通	0.43	0.33	0.67	0.50	0.33	0.00	0.17	0.67
均值	0.60	0.33	0.72	0.50	0.39	0.17	0.44	0.67

八个一级指标得分的比较如图 6-2 ~图 6-10 所示。

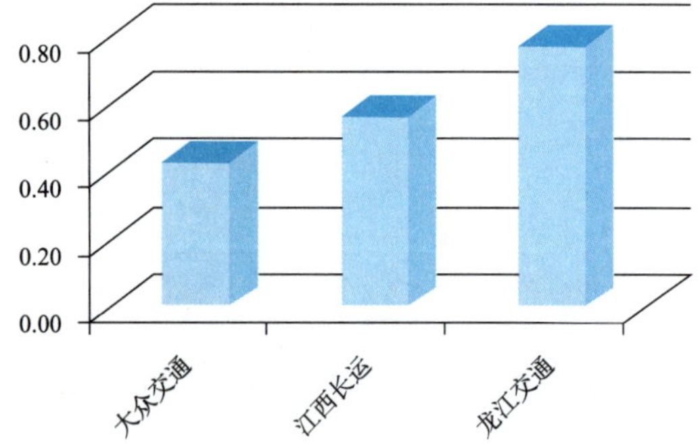

图 6-2 公路运输业企业社会责任报告质量指标—完整性得分

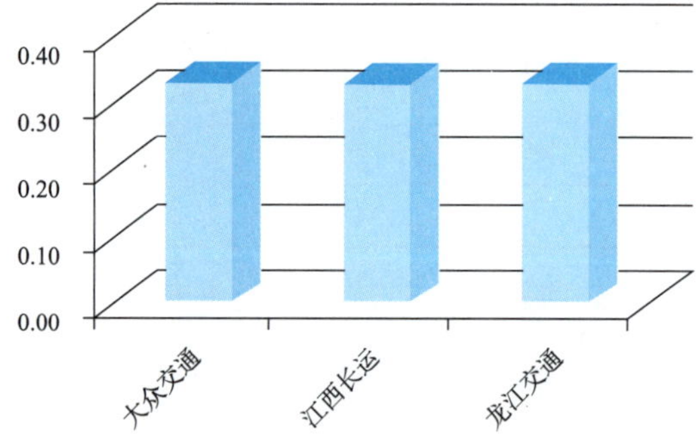

图 6-3 公路运输业企业社会责任报告质量指标—包容性得分

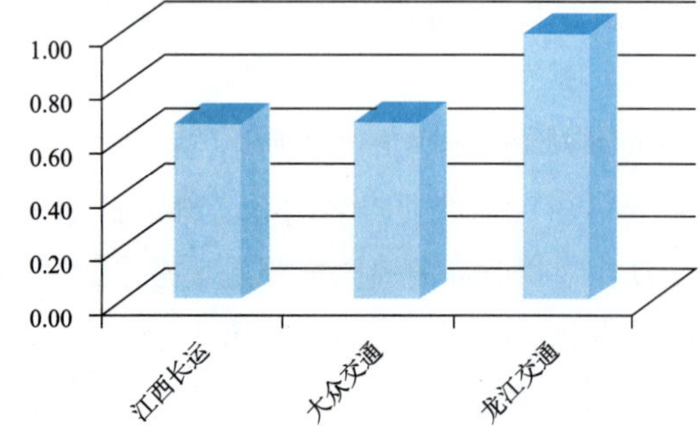

图 6-4 公路运输业企业社会责任报告质量指标—实质性得分

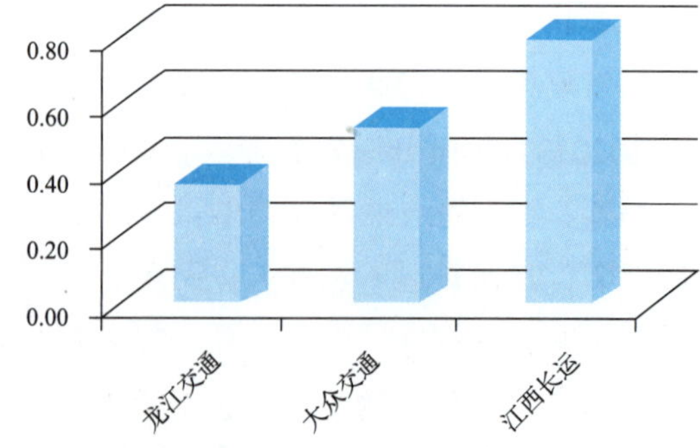

图 6-5 公路运输业企业社会责任报告质量指标—回应性得分

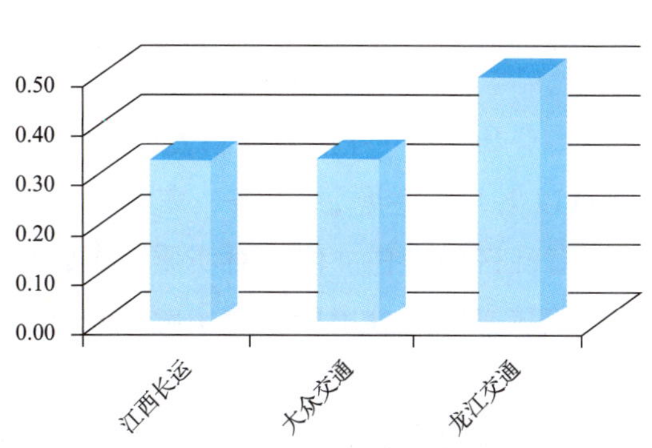

图 6-6 公路运输业企业社会责任报告质量指标—可比性得分

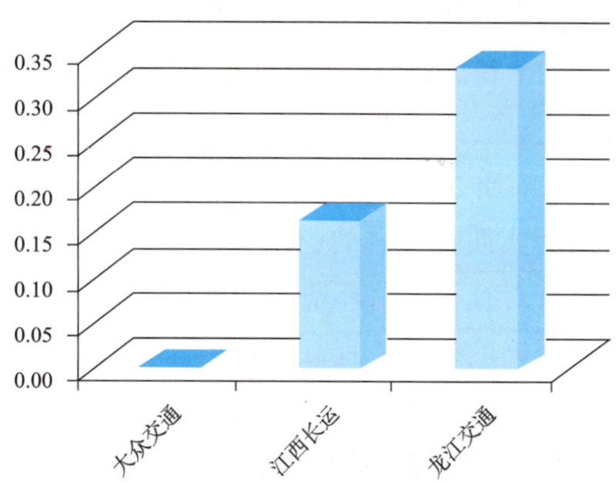

图 6-7 公路运输业企业社会责任报告质量指标—可信性得分

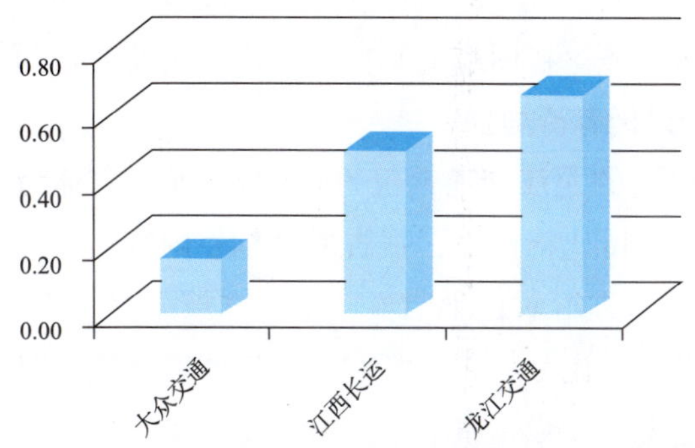

图 6-8 公路运输业企业社会责任报告质量指标—创新性得分

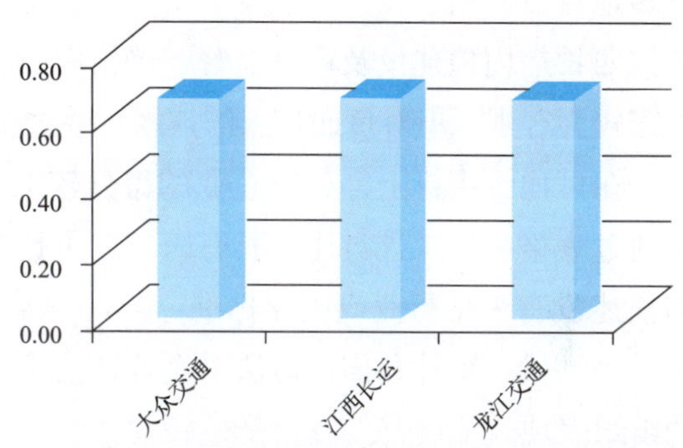

图 6-9 公路运输业企业社会责任报告质量指标—可获取性得分

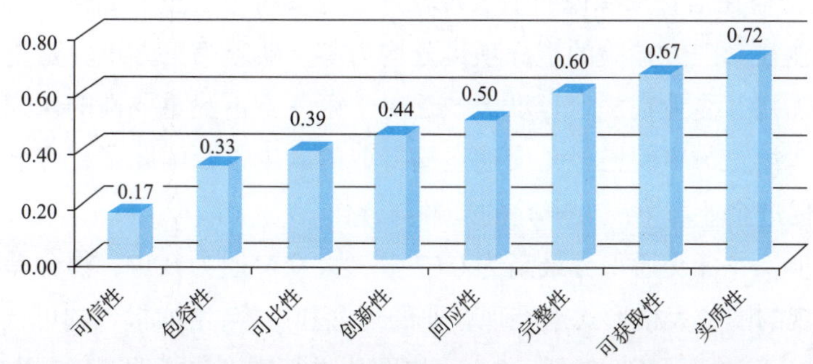

图 6-10 公路运输业企业社会责任报告质量八大指标得分均值比较

针对企业社会责任报告质量评价的八大指标的评价结果，汇总表 6-2、图 6-2 ~ 图 6-10 的信息，可以看出：

①在完整性这一指标上，最高分为龙江交通 0.79 分，其次是江西长运 0.57 分，最后是大众交通 0.43，三家公司分数相差不大。分数最低的大众交通仅对机构概况、报告结构、责任主题以及绩效指标进行简单说明，其他方面并未提及。江西交通同样缺少一定完整度，缺少决策者声明、对主要影响、风险、机遇的描述以及治理、承诺及利益相关方参与的说明。龙江交通完整性较好，但在主要影响、风险、机遇的描述方面仍然欠缺。

②在包容性这一指标上，三家公司得分相同，均为 0.33 分，三家企业得分项均表现在利益相关者参与程度。三家企业在包容性的三个指标的得分均不高，除了在股东、员工、生态环境方面进行说明外，仅简略的描述为要满足利益相关者的合法权益，可见，企业在利益相关者的识别与理解方面存在不足，

因而也阻碍了利益相关者的积极参与。龙江交通、江西长运和大众交通在针对利益相关者的报告发布范围指标上得分都为0，没有在详尽识别利益相关者的基础上考察其期望与需求，从而制定相适应的策略。

③在实质性这一指标上，三家得分差距不大，龙江交通得分为0.83，江西长运和大众交通为0.67。均做到了实质性主题的识别，如：江西长运在发展中注意以下几个主题："服务、安全、权益等"，认真履行对社会、对环境、对股东、对供应商、对员工、对社区的责任。但在对实质性主题识别方面没有明确的规范流程，仍存在分析不够充分的问题，比较浅显的划分出相关的主题，缺乏一定的科学性。

④在回应性这一指标上，龙江交通得分为0.33分，江西长运得分为0.67分，大众交通得分为0.5分。龙江交通、江西长运和大众交通的报告中未找到企业社会责任目标体系，缺少目标的行为不乏带有更多地盲目习惯，在一定程度上阻碍了企业的可持续发展步伐。绩效衡量、监测或审验方面得分较高的江西长运内控建设及审计监督、严格履行信息披露义务。在回应的平衡性方面，企业对正面信息的披露较为客观，但对负面信息的披露不够详细和充分，仍有待加强。

⑤在可比性指标上，三家企业的得分较低，得分最高的龙江交通，仅为0.5分。龙江交通将年度数据通过表格的形式进对比，具有跨年度可比性，在行业可比指标上，报告的结构、内容、指标等信息的描述没有采用行业或国家标准，与行业基准（标准）进行对比不明显。企业在披露报告信息时，应该采用计量、统计和描述方法对企业社会责任主题进行对比分析，使利益相关者能够分析随时间变化的组织表现。

⑥在可信性指标上，整体得分最低，大众交通得分为0分，江西长运得分仅为0.17分，龙江交通得分为0.33分。龙江交通在信息来源说明上表现较好，能够将报告里的数据来源在报告提示一部分提前进行说明。三家企业在第三方检验的指标项得分均为零。缺乏第三方审验是整个交通运输行业企业社会责任信息披露的诟病。企业在一定程度上缺乏对于第三方审验重要性的认知，当然甚至有的企业对审验机构也不了解。第三方审验已经是交通运输行业的老生常谈问题了，应该督促相关的监管部门或者社会组织积极地促进企业与第三方审验的接触与合作。

⑦在创新性指标上，龙江交通得分最高为0.67分，大众交通为0.17，得分差距较大。龙江交通和江西长运能够运用直观的图或表格形式来展现企业的理念和内容，增加报告的可读性。大众交通的报告，内容较为单一，结构较为简单，创新性较低，缺少表格图片进行进一步说明，使得报告的可读性大打折扣。江西长运在结构创新上面还有待提高，可以适当添加一些展示理念、社会责任表现和体现行业特色的内容。

⑧在可获取性指标上，江西长运、龙江交通和大众交通得分均为0.67分。三家企业均只在巨潮资讯网和东方财富网发布企业社会责任报告，相比2013年江西长运的报告发布渠道取消了官网发布以及关键定量指标数据库这两个渠道，三家企业都没有在公司网站上发布，缺少在官网的发布进一步说明了履行社会责任对于企业而言更多地来自于外部的压力，缺少自身主动去积极制定企业社会责任的动力。同时，三家企业的语言版本均比较单一，只有中文版本，不能满足所有利益相关者的阅读需求。

总而言之，三家企业得分相同，总体报告水平相当。整个行业与铁路运输业得分相差不大，在完整性、回应性、可获取性、实质性得分较高，可信性、可比性、包容性较低。可见，公路运输企业应当对报告中数据及信息的客观性、真实性严格把关。

2 公路运输业企业社会责任报告应用等级评价

2013—2014 年间公路运输业企业社会责任报告应用等级评价结果如表 6-3 所示。

公路运输业企业社会责任报告应用等级分布 表 6-3

企业名称	年 度	战略与概况	管理方法披露	绩效指标	综合评价
龙江交通	2014	C	C	D	D
	2013	C	B	C	C
江西长运	2014	D	C	C	D
	2013	D	C	B	D
大众交通	2014	D	B	D	D
	2013	D	B	B	D

从表 6-3、图 6-11~ 图 6-14 可知，2014 年度公路运输业企业社会责任报告综合应用等级均为 D。表明整个公路运输业在责任信息的披露方面对随意性较大，报告的规范性存在明显不足。具体分析如下：

战略与概况这一维度上，整个公路运输业整体报告应用等级集中于 C 和 D 等级。江西长运和大众交通在第一部分的"战略与分析"中没有提到相关信息，"机构概况"得分也较低，其中"报告参数设置"只提到"所提供信息的报告期"与"界定报告内容、编制方法或过程"而关于"测量方法"、"重要差异"等方面并未提及，企业在信息披露方面仍需加强。

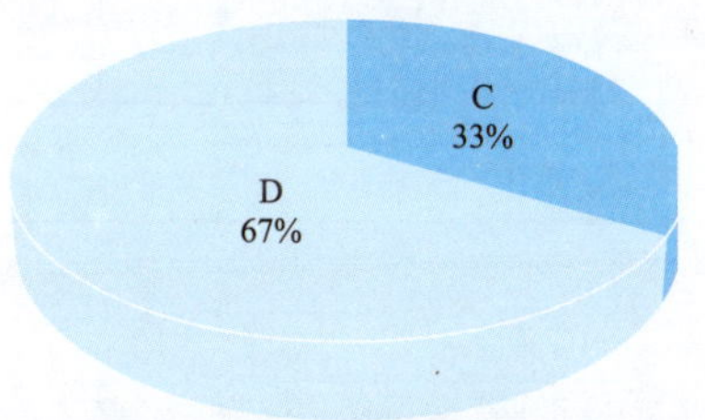

图 6-11 2014 年战略与概况应用等级分布

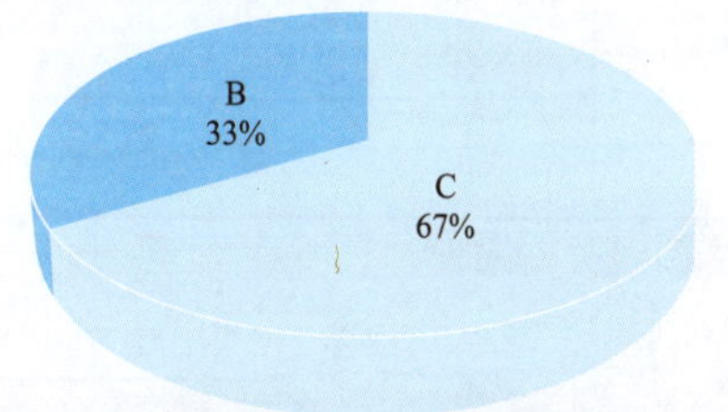

图 6-12 2014 年管理方法披露应用等级分布

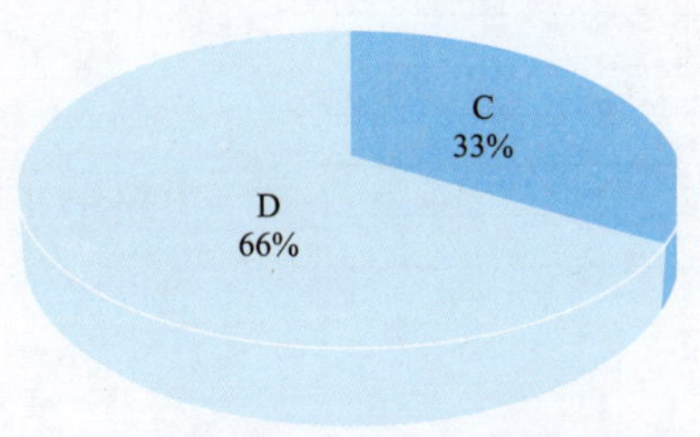

图 6-13 2014 年绩效指标应用等级分布

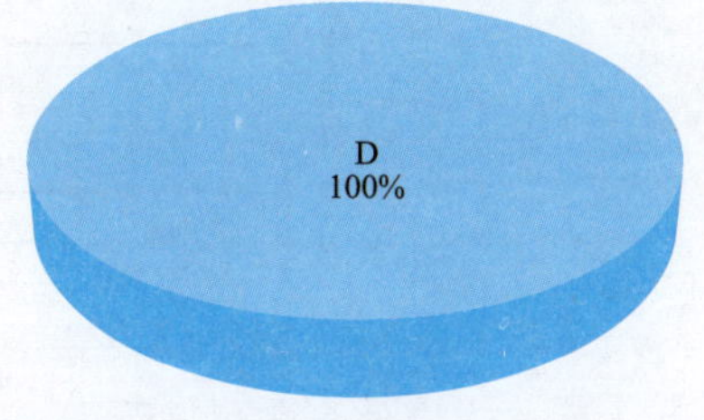

图 6-14 2014 年综合评价应用等级分布

在管理方法披露这一维度上，公路运输业的两家企业被评为 C 级，一家企业被评为 B，评价结果表明只有大众交通一家企业披露了包括经济、劳动实践、消费者和环境主题方面的管理办法，龙江交通没有提及"环境保护管理"、"污染防治"、"可持续资源利用"等管理方法的信息。

在绩效指标这一维度上，整个公路运输业的报告应用等级为D。与2013年相比改变较大，整体绩效指标的信息披露比2013年有所减少。2014年大众交通一共披露47个指标，对于“人权”管理方法的信息公开较少，信息覆盖不全面。尽管这与2014年绩效指标的细化和改变有关，但是也从一定程度上表明整个公路运输业在绩效指标的披露方面存在明显的差距，希望公路运输业能够根据G4标准披露企业在社会责任各主题方面的绩效，让更多的利益相关者了解企业社会责任方面的进步和发展。

整体看来，公路运输业企业社会责任报告的应用等级仍为D，对社会责任报告重视程度不够，信息披露不完善，进步空间巨大。

3 公路运输业企业社会责任绩效评价

3.1 总体绩效情况

2014年度公路运输业3家上市公司企业社会责任绩效评价结果及排名如表6-4和图6-15所示。

公路运输业企业社会责任绩效得分及排序 表6-4

企业名称	2014年度			2013年度		
	总　分	行业排名	总体排名	总　分	行业排名	总体排名
江西长运	14.2048	1	24	11.58	1	11
大众交通	13.1514	2	29	6.14	3	31
龙江交通	12.6095	3	32	8.63	2	19
得分均值	13.5668			8.78		

注：得分已经转化为“百分制”。

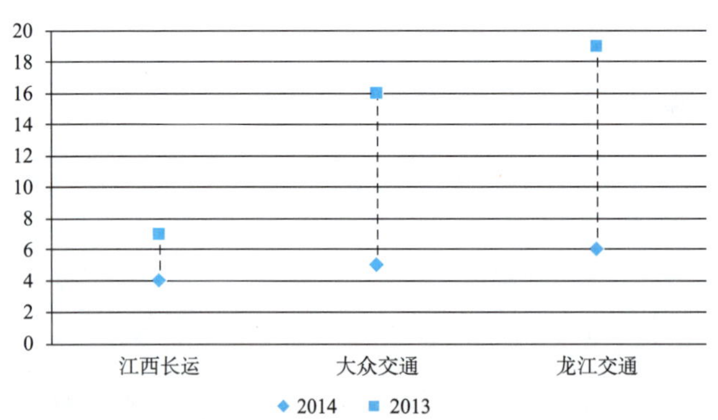

图6-15 公路运输业企业社会责任总排名变化趋势

从表6-4可知，2014年度，公路运输业企业的企业社会责任绩效得分均值由2013年的8.78分提升到13.5668分，上升了64.72%。从交通运输行业的总体排名来看，公路运输业企业存在着整体的下滑，三家企业均跌出了前20名。江西长运和龙江交通分别由2013年的第11位和第19位下滑到了2014年的第24位和第32位，大众交通又小幅度提升，由第31位上升到了第29位。图2-15直观地描述了三家公路运输业企业在总体排名上的变化情况。具体来说，三家企业的绩效总分较 2013 年有不同幅度地提升，其中大众交通的进步最为明显，绩效总分提升了 114.2%，达到了 13.1514 分，江西长运和龙江交通的总分分别提升了 22.7% 和 46.1%。在公路运输业排名中，江西长运仍然位居第一位，大众交通凭借其较大幅度的进步一跃超越龙江交通位列第二，三家企业在总得分上较为靠近，差距不大。

3.2 社会期望主题情况

根据公路运输业企业社会责任各个主题的得分情况，计算出 2014 年度该行业在八个主题上的平均得分，如表 6-5、图 6-16~ 图 6-24 所示。

公路运输行业企业社会责任八大主题得分及均值 表 6-5

企业名称	环 境	劳动实践	人 权	公平运营	产品责任	社区发展	责任治理	经济发展
龙江交通	0.324	0.227	0.150	0.144	0.036	0.397	0.293	0.209
江西长运	0.411	0.526	0.394	0.255	0.067	0.421	0.110	0.069
大众交通	0.307	0.362	0.419	0.146	0.114	0.379	0.194	0.104
均值	0.347	0.372	0.321	0.182	0.072	0.399	0.199	0.127

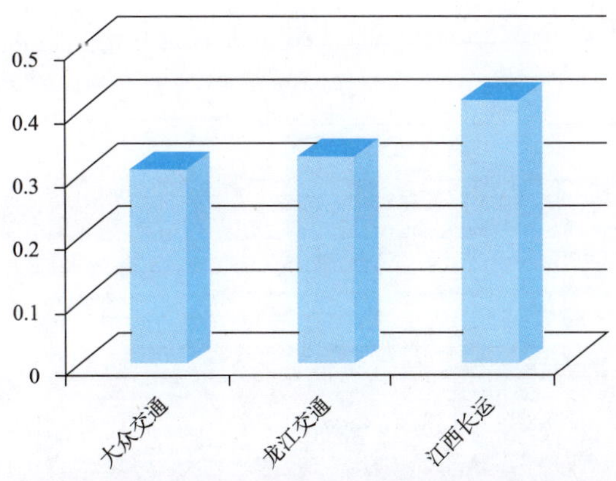

图 6-16 公路运输业企业社会责任主题—环境得分

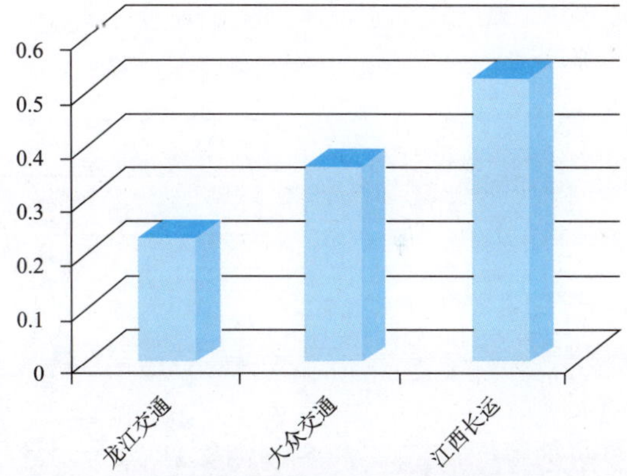

图 6-17 公路运输业企业社会责任主题—劳动实践得分

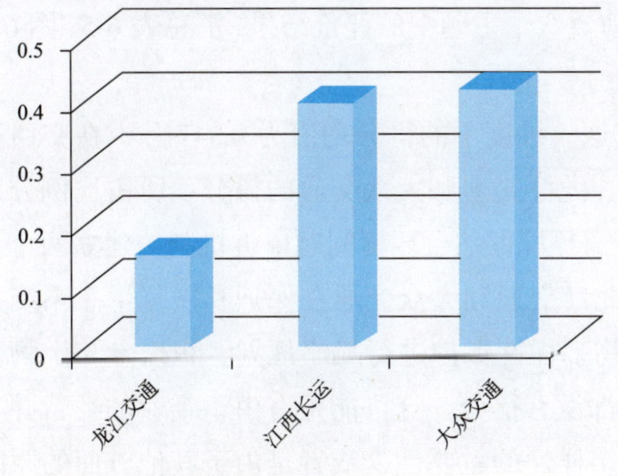

图 6-18 公路运输业企业社会责任主题—人权得分

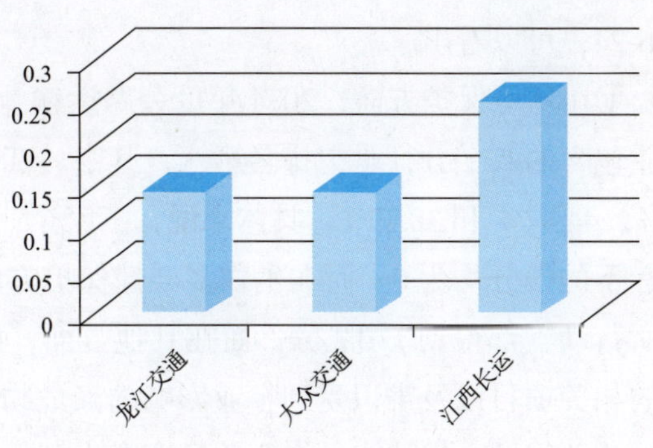

图 6-19 公路运输业企业社会责任主题—公平运营得分

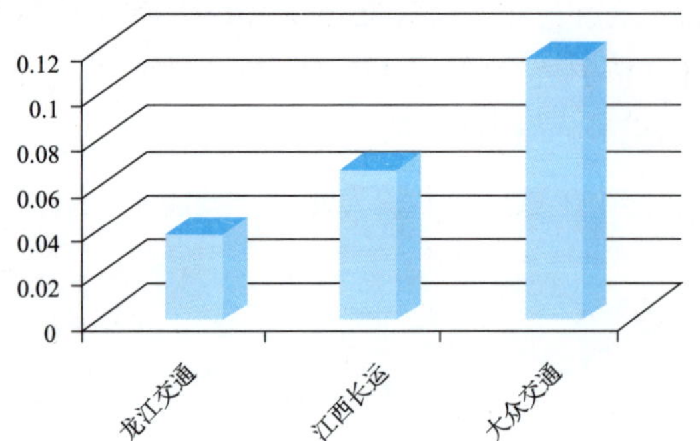

图 6-20 公路运输业企业社会责任主题—产品责任得分

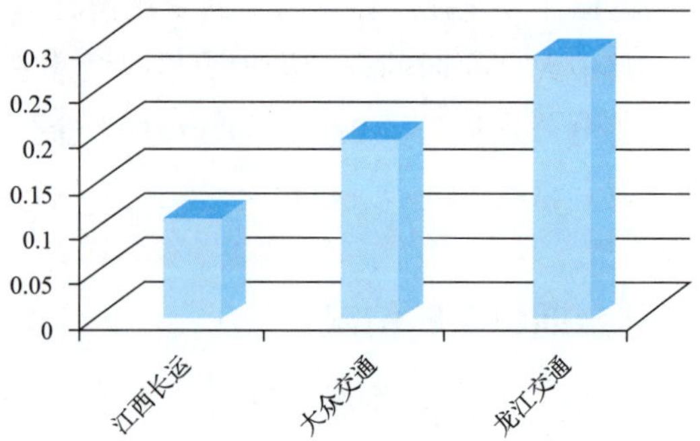

图 6-21 公路运输业企业社会责任主题—社区发展得分

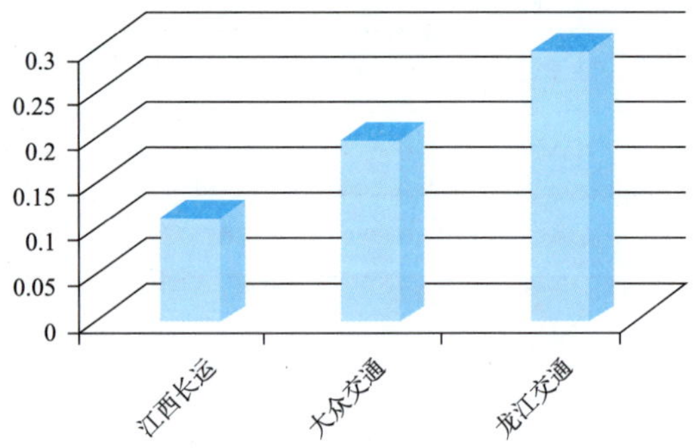

图 6-22 公路运输业企业社会责任主题—责任治理得分

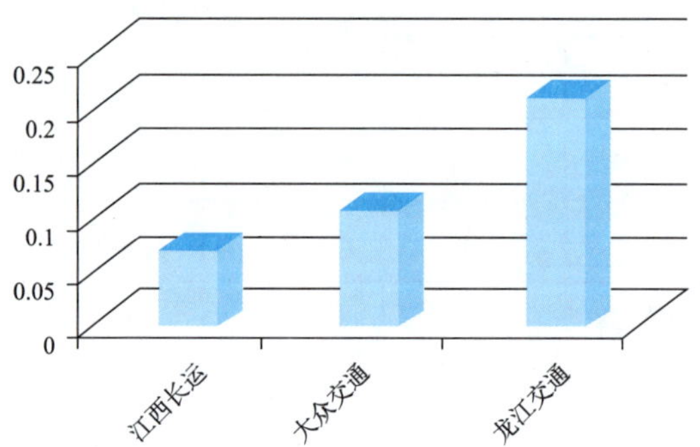

图 6-23 公路运输业企业社会责任主题—经济发展得分

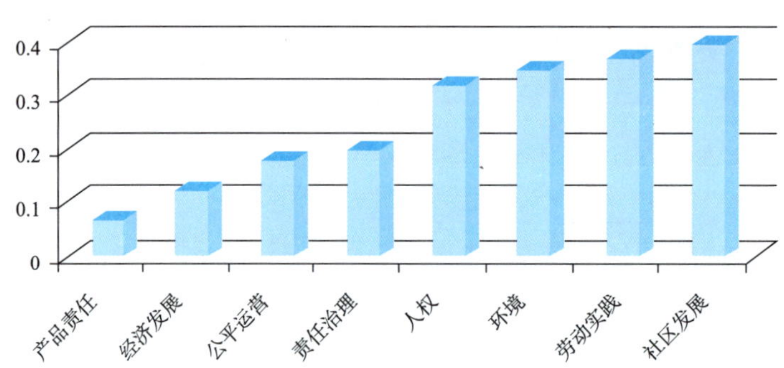

图 6-24 公路运输业企业社会责任八大主题得分均值比较

针对公路运输行业 3 家上市公司在企业社会责任绩效八个主题中的评价结果，汇总表 6-5、图 6-16~图 6-24，可以看出：

①在环境保护方面，2014 年度公路运输业企业在这一维度下的得分均值为 0.347 分，在交通运输行业包含的八个分行业中排名第八，其中，江西长运、龙江交通和大众交通的得分项所占比例分别为 50%、44.44% 和 38.89%。具体来说，三家企业在供应商环境评估、环境问题申诉机制的建立两个三级指标下的得分均为 0。而在生物多样性保护方面，仅龙江交通和大众交通在保护和恢复生态系统方面有所行动，都得到了 0.2 分。而在其他方面，如对生物多样性保护进行战略规划、积极参与生物多样性的相关项目以及辨识受到企业影响的濒危物种方面都没有得分。这可能是有由于企业的经营并不涉及到相关问题，也可能是企业并没有意识到保护生物多样性的重要性，或者是由于其他方面的原因造成的“实际未行动”。龙江交通和大众交通对在运营过程中涉及的物料的可再生性以及循环利用关注

较少，应该有所改善。江西长运虽有表现，但得分仅为 0.4 分，也存在较大的改进空间。三家企业在 2014 年度均没有出现重大的污染事件。江西长运是公路运输业在环境这一维度下表现最好的企业但从得分情况来看，表现并不全面，这也在一定程度上说明了整个公路运输业在这一主题下的实际表现情况，需要引起更多重视。

②在劳动实践方面，三家企业在这一主题的得分均值为 0.372 分，江西长运，大众交通，龙江交通三家企业涉及的指标得分题项占比分别为 60.87%、52.17%、43.79%。江西长运在保障正式员工福利、关爱员工心理健康方面的表现突出，公司每年组织对质量、职业健康安全管理体系建立后的具体情况进行评审；公司的职业健康安全管理体系通过了中国船级社质量认证公司的认证和年度外部审核。大众交通则重点关注危险设备、工序、操作对员工职业健康与安全的危害，公司将安全管理责任、目标和任务逐步分解，层层落实；报告期内，公司组织了高温季节车辆防火扑救的应急预案演练、高层大楼火灾应急处置和人员逃生演练。

③在人权方面，三家企业在这一主题的得分均值为 0.321 分，在交通运输行业的八类行业中，公路运输业排名第三，仅次于航空运输业和水路运输业，说明公路运输业在人权主题上的实践情况较为理想。大众交通，江西长运，龙江交通涉及的得分题项所占比分别为 41.6%、41.67%、33.33%。从具体情况来看，大众交通通过建立用工管理办法，规范劳动用工，杜绝使用童工的现象；江西长运则重点突出其对企业员工人权的尊重，通过建立相关制度保障员工的人身自由；龙江交通涉及的指标虽然没有很大差距，但在报告中披露的程度不深，没有对各指标涉及的问题进行深入的解读，因此得分较低。

④在公平运营方面，江西长运、大众交通和龙江交通在公平运营维度下的得分分别为 0.255、0.146 和 0.144，得分项所占比例分别为 53.85%、38.46% 和 38.46%，均值为 0.182 分。三家企业在识别腐败风险，抵制腐败与勒索，承诺落实反腐败政策并进行鼓励和监督；对员工和代表进行反腐败政策和程序的培训和信息传达以及有关保护举报人员免遭报复的机制建立方面没有采取相关行动。但都能够保证对确认的腐败事件采取必要的行动和补救措施，并且确保雇员和代表仅从合法的服务中获得恰当的报酬。在负责任的政治参与以及尊重产权方面，三家企业也没有采取相关的实际行动。在供应商公平运营评估以及公平运营问题申诉机制的建立方面，公路运输业企业的表现也较为普通，仅江西长运在企业的供应商筛选、合作管理过程中考虑了供应商的公平运营状况，并建立了有关公平运营问题申诉的渠道，但在程度上还有待加深。而龙江交通和大众交通则没有在这两方面采取相关措施。

⑤在产品责任方面，公路运输业 2014 年度在这一主题的得分均值为 0.072，在交通运输行业包含的八个分行业中排名第五，其中大众交通、江西长运及龙江交通在产品责任这一主题中的得分题项分别占该主题总题项的 62.5%、56.25% 和 37.5%。具体来说，广深铁路在运营过程中涉及到的方面比较多，但是每一项都仍然有较大的提升空间，例如企业能够灵活运用数字化时代的特点，加强了自媒体的建设，并创办的微信订阅号，加强与客户的有效沟通，尽力了解了客户的需求，但是向消费者提供企业内产品和服务信息涉及的不多，没有最大程度的帮助消费者自己行使的权利。在供应商评估方面，三家企业都没有针对供应商筛选以及后期管理监察工作的规定或管理方法，未来也没有相应的规划措施；另外企业没有建立起关于客户信息安全的保障机制，虽然目前出现负面事件，但应防患于未然，在源头上避免客户隐私泄露等问题的发生。

⑥在社区参与和发展方面，公路运输业 2014 年的得分均值为 0.399，在交通运输行业包含的八个分行业中排名第四位，属中等水平。江西长运、龙江交通和大众交通的得分题项所占比例分别为

31.25%、43.75% 和 50.00%。具体来说，三家企业在履行社区参与和发展方面的责任时都会注重扶贫助学以及健康问题，例如江西长运积极参加“南昌慈善日”、“慈善一日捐”、救灾及助贫、助孤、助学、助残、助老、助医等慈善献爱心活动；大众交通通过在 8000 辆大众出租车后视镜绑蓝丝带的举动，以唤起社会各界对于这一弱势群体的关注。俗话说授人以鱼不如授人以渔，三家企业虽在扶贫助学，改善社区居民健康问题方面做了积极的行动，却没能通过技术培训或者整合就业这些渠道来帮助社区居民获得更有保障的工作，从根本上改善居民的贫困问题。需注意的是三家企业没有将社区参与标准纳入到企业的供应商筛选、合作管理体系中，也未能识别和评估供应链中的重大实际和潜在的社区参与相关的负面影响，没有建立社区参与管理相关的规章制度或规则条例以及风险保障机制，因此在这三方面有待进一步的行动。

⑦在责任治理方面，公路运输业的行业均值为 0.199 分，在八大行业中排名第六，江西长运、大众交通、龙江交通得分项所占总题项比例分别为 9.09%、36.36% 和 27.27% 行业整体得分较低，行业内得分最高的仍然是龙江交通，得分 0.293，得分最低的江西长运为 0.110 分，报告在责任治理主题下仅披露了企业使命的相关内容。公路运输在我国的运输业中有着极为重要的作用，是各种运输方式中机动性最强、覆盖面最广的运输方式，承担着“门到门”的服务，在我国的运输业中承担着极其重要的角色，行业内得企业应加快将企业社会责任融入到企业治理结构中来促进行业整体企业社会责任发展。

⑧在经济发展方面，公路运输业企业在经济发展主题中的得分为 0.127，行业整体得分较低，在八大行业中排名第六，江西长运、大众交通和龙江交通得分项所占总题项比例分别为 11.11%、22.22% 和 33.33%，在该主题下得分最高的龙江交通为 0.209 分，得分最低的江西长运为 0.069 分，报告仅披露了机构产生和分配的直接经济价值指标上有得分，其他指标均未得分。希望龙江交通可以做好行业的带头作用，加快公路运输行业在该方面信息的披露。

综合来看，公路运输业企业的整个企业社会责任表现在交通运输行业相较于其他七个分行业处于较为落后的位置。仅在人权、社区参与和发展两个维度的相对表现排名较高，分列第三位和第四位。尤其应当引起注意的是产品责任维度的低绩效表现，这对于提升公路运输业的行业竞争力至关重要。

4 公路运输业企业社会责任演进阶段评价

4.1 总体演进阶段及变化趋势

公路运输业 3 家企业在 2014 年度企业社会责任演进阶段及行业总体演进阶段如表 6-6 所示。

公路运输业企业社会责任演进阶段　　表 6-6

企业名称	2014 年度企业分级	2013 年度企业分级
江西长运	I	I
大众交通	I	I
龙江交通	I	I
行业演进阶段	I	I

由表 6-6 所示的结果可知，2014 年度公路运输业的行业演进阶段较 2013 年没有变化，仍处于起步阶段，即 I 级。从发布报告的情况来说有了一定程度的进步，但相比于交通运输行业的其他企业来说进步幅度较小，所以整体看来公路运输企业同铁路运输业皆处于整个交通运输行业的企业社会责任演进阶段的 I 级起步阶段，没能将企业社会责任与企业的经营活动结合起来，认识不够深刻，可以向交通运输行业内其他优秀企业学习。

4.2　不同维度演进阶段及变化趋势

通过对企业社会责任绩效的七个维度进行分级评价，得到公路运输业企业社会责任演进阶段评价的七个维度演进阶段的变化情况，如表 6-7 所示。

公路运输业企业社会责任演进阶段分维度评价　　表 6-7

企业名称	年　度	战略意图	承诺目标	责任主题	相关者关系	管理措施	透明度	绩效评价
江西长运	2014	III	I	II	II	I	II	I
	2013	I	I	I	I	I	II	I
大众交通	2014	III	I	II	I	I	II	I
	2013	I	I	II	I	I	II	I
龙江交通	2014	III	I	II	II	I	II	I
	2013	I	I	I	II	I	II	I

由表 6-7 可知，相比于 2013 年度，3 家公路运输企业在战略意图这一维度上有了很大的提升，由 I 级皆上升为 III 级，在战略上以主张道德行为和创造社会价值为目标，说明企业在对企业社会责任的认知上有了一定程度的提升；但是在承诺目标、管理措施以及绩效评价这三个维度中，公路运输企业仍然处于初级，企业没能将企业社会责任与主要经营活动进行结合，对于法律风险也仅限于设置兼职人员进行监督管理；在透明度的维度当中仅是维持了 2013 年的标准，没有明显进步；另外在责任主题以及相关者关系两个维度中各企业也有了一定的提升。

在责任主题的维度下，江西长运以及龙江交通都由 2013 年的 I 级上升为 II 级，大众交通两年来也都为 II 级，表明公路运输企业在履行企业社会责任基本能依据简单的标准或指引来进行；在相关者关系维度方面，大众交通仍然维持在 I 级，江西长运及龙江交通也仅处于 II 级水平上，从一定意义上表明企业与利益相关者之间都没能做到进行良好的沟通。从表中还可以看出，整个公路运输业的企业社会责任绩效水平还处在初级阶段，提升企业社会责任绩效平水应该是公路运输业的当务之急。

5 公路运输业企业社会责任发展评述

①公路运输业企业社会责任报告质量评价得分为 31.97 分，在八个行业中排名第五。

②公路运输业企业社会责任报告应用等级为 D 级。

③公路运输业企业社会责任绩效评价的得分为 13.57 分，在八个行业中排名第七。

④公路运输业企业社会责任演进阶段为Ⅰ级。

⑤公路运输业企业社会责任报告质量八大指标中均值得分最高的是实质性。

⑥公路运输业企业社会责任报告八大指标中排名第二的是可获取性，排名倒数第一的是可信性。

⑦公路运输业企业社会责任报告应用等级表现最好的是管理方法披露维度。

⑧公路运输业企业社会责任绩效评价八大主题得分最高的是社区发展，在八大行业中排名第四，得分最低的是产品责任。

第七章

水路运输业企业社会责任发展报告

1 水路运输业企业社会责任报告质量评价

水路运输有着悠久的历史，是目前各主要运输方式中兴起最早、历史最长的运输方式，中国水路运输发展很快，特别是近30多年来，水路客、货运量均增加16倍以上，目前中国的商船已航行于世界100多个国家和地区的400多个港口。中国当前已基本形成一个具有相当规模的水运体系。并且在世界范围内，水路运输对经济、文化发展和对外贸易交流起着十分重要的作用。近些年来，受金融危机的影响，水陆运输业始终处于低谷之中，但没有任何一个国家停止它的水上运输活动，足见它作为维系世界各地交流的纽带的重要作用以及重要的战略地位。

1.1 报告质量评价

2014年水路运输业21家上市公司中只有6家企业发布了企业社会责任报告，与2013年相比没有变化，水路运输业企业社会责任报告质量评价得分及排名如表7-1所示。

水路运输业企业社会责任报告质量评分及排名 表7-1

企业名称	2014年度			2013年度		
	总　分	行业排名	总体排名	总　分	行业排名	总体排名
中国远洋	90.56	1	1	88.08	1	1
中海发展	81.09	2	4	26.08	4	20
中远航运	63.88	3	8	37.33	2	12
中海集运	45.07	4	11	31.81	3	15
宁波海运	26.39	5	23	25.75	5	22
中海海盛	15.08	6	38	13.3	6	36
均值	53.68			37.06		

注：得分已经转化为"百分制"。

由表7-1所示的结果可知，在2014年的报告质量评价得分中，水路运输业全部六家企业皆表现不俗，分数较2013年有所提升，均值由2013年的37.06跃升到53.68分，进步幅度居八大行业之首。其中中国远洋仍稳居行业及总体的首位，中海发展、中远集运突飞猛进，分别由2013年的20位和12位跻身交通运输行业前十名，分列第 4 位和第 8 位。排名靠后的宁波海运和中海海盛分数提升但排名有小幅滑落，可见交通运输行业整体在企业社会责任方面的进步。行业企业社会责任的发展需要领头羊，但是更需要“大家”的共同努力。如何能够将先进的经验融入到企业的实践，为企业所用，取长补短是企业间协同发展的关键。水路运输业凭借 2014 年的优秀表现打了漂亮的翻身仗，同时也应当将进步经验与交通运输行业企业共享，以带动共同发展。

其中 2013—2014 年，具有可比性的共有六家企业，其企业社会责任报告质量评价排名对比如图 7-1 所示。

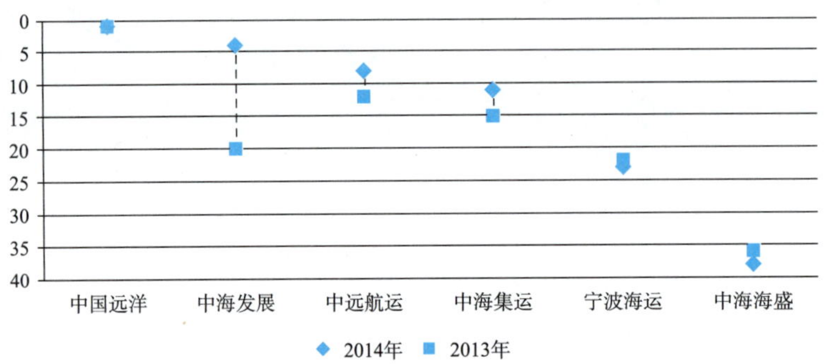

图 7-1　水路运输业报告质量排名变化趋势

从图 7-1 所示的结果可以看出，除了中国远洋连续 6 年（四版报告持续评价 6 年，即 2009—2014 年）始终保持第一名的地位以外，中海发展、中远航运、中海集运也均有不同幅度的进步，宁波海运和中海海盛有小幅度的下跌。进步企业中以中海发展为例，2014 年企业社会责任报告共 29 页，并且所有的一级指标评分都不小于 1.5 分，在创新性和可获取性两项上拿到了满分，充分展现了企业在 2014 年的诚意与进步，报告也更具权威性和可信性。中海海盛社会责任报告则仅有 4 页，在可比性、可信性、创新性的三个一级指标中一分未得，但其将重点放在实质性、可获取性和完整性，使得虽然排名有所下降，但所获分数却比 2013 年高。

总体而言，水路运输业的六家企业中，与 2013 年报告质量相比水平均有所提升，部分企业表现出色，整个行业的报告质量水平较高。

1.2　报告质量维度评价

2014 年度水路运输业企业社会责任报告质量八个一级指标的得分均值如表 7-2 所示。其中，每一个一级指标的最高得分为 2 分，最低得分为 0 分。

水路运输业企业社会责任报告质量八大指标得分及均值　　表 7-2

企业名称	完整性	包容性	实质性	回应性	可比性	可信性	创新性	可获取性
中海发展	1.71	1.33	1.67	1.50	1.83	0.83	2.00	2.00
中远航运	1.43	0.83	1.50	1.50	1.00	0.50	1.00	0.67
宁波海运	0.57	0.17	0.83	0.67	0.00	0.00	0.17	0.67
中海海盛	0.36	0.17	0.50	0.17	0.00	0.00	0.00	0.67
中海集运	0.79	0.50	1.17	0.67	1.00	0.17	1.67	1.17
中国远洋	2.00	1.17	1.83	1.83	2.00	1.67	2.00	1.33
均值	1.14	0.69	1.25	1.06	0.97	0.53	1.14	1.08

八个一级指标得分的比较如图 7-2 ～图 7-10 所示。

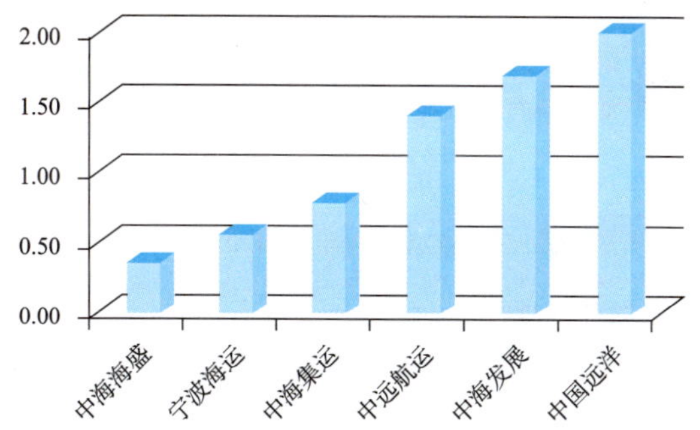

图 7-2 水路运输业企业社会责任报告质量指标—完整性得分

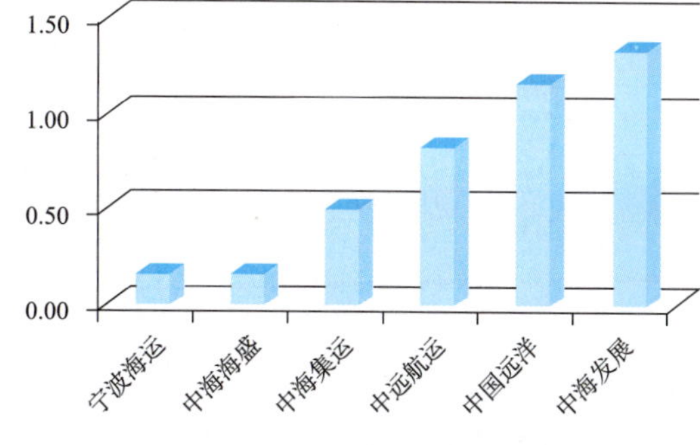

图 7-3 水路运输业企业社会责任报告质量指标—包容性得分

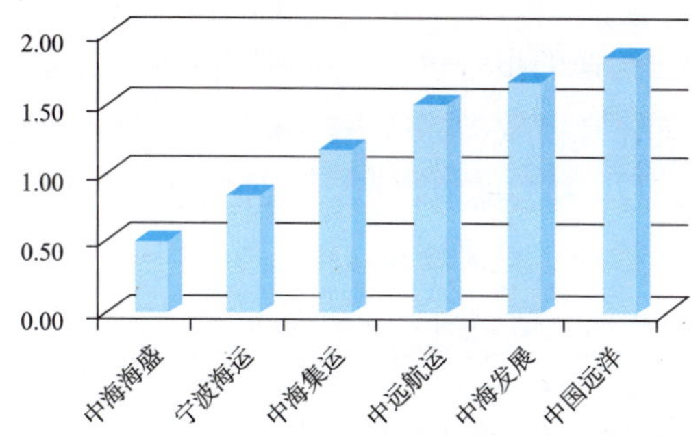

图 7-4 水路运输业企业社会责任报告质量指标—实质性得分

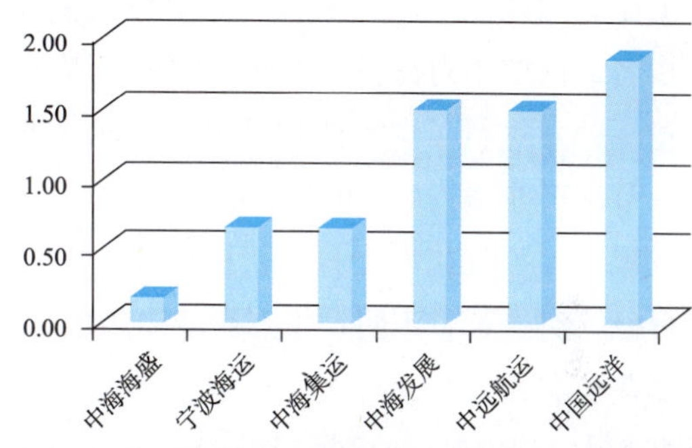

图 7-5 水路运输业企业社会责任报告质量指标—回应性得分

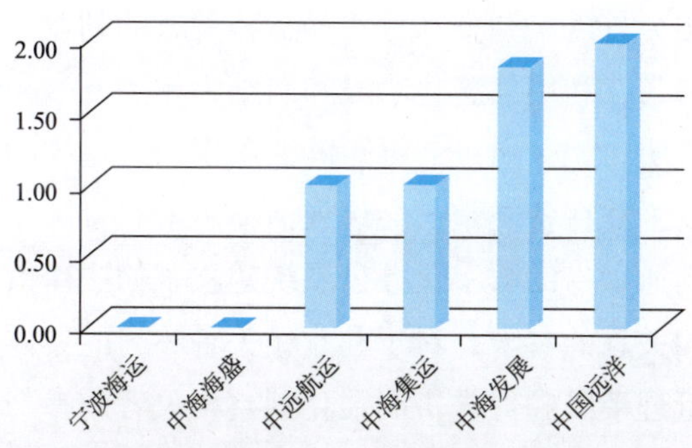

图 7-6 水路运输业企业社会责任报告质量指标—可比性得分

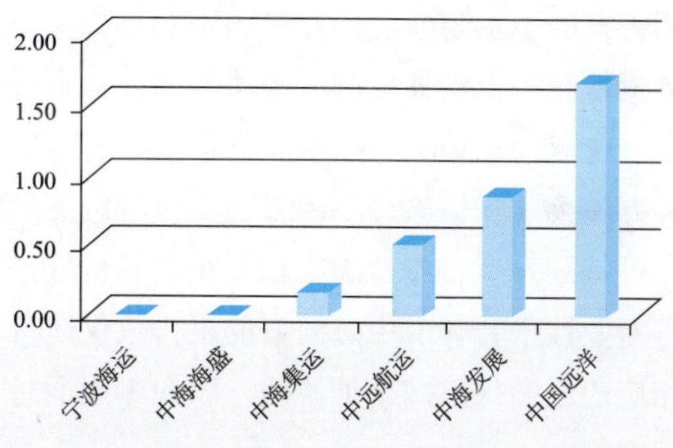

图 7-7 水路运输业企业社会责任报告质量指标—可信性得分

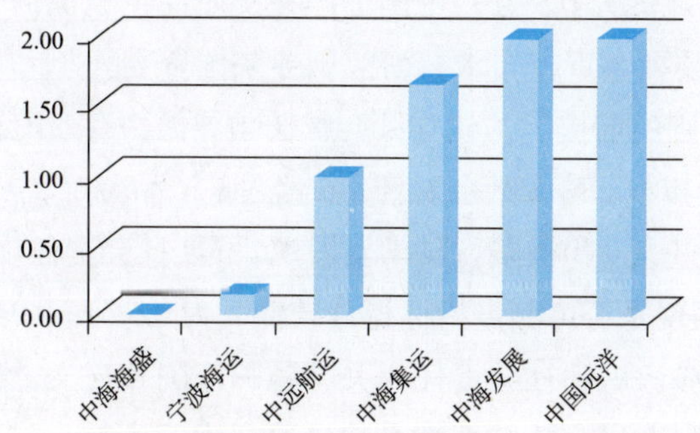

图 7-8 水路运输业企业社会责任报告质量指标—创新性得分

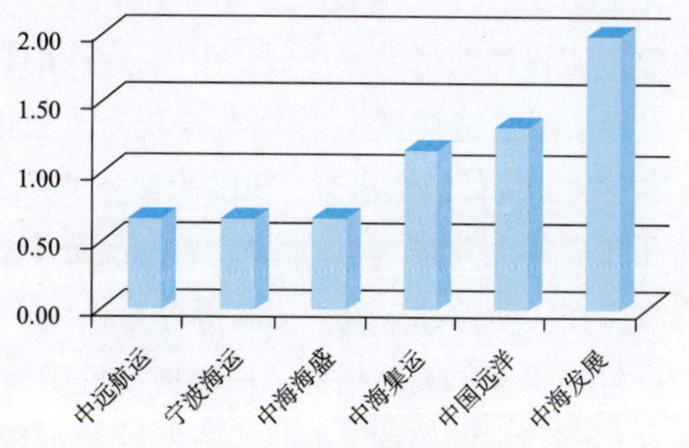

图 7-9 水路运输业企业社会责任报告质量指标—可获取性得分

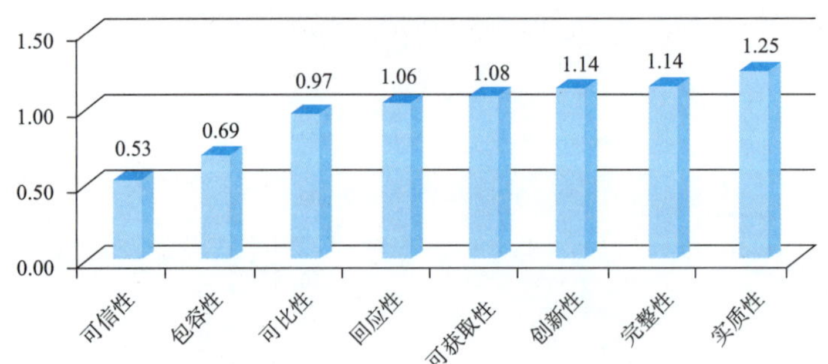

图 7-10 水路运输业企业社会责任报告质量八大指标得分均值比较

针对企业社会责任报告质量评价的八大指标的评价结果，汇总表 7-2、图 7-2 ~ 图 7-10 的信息，可以看出：

①在完整性这一指标上，行业整体完整性均值为 1.14，居八大行业前列，中国远洋得到了满分 2 分，排名最低的中海海盛为 0.36，两者相差 1.64 分。中国远洋的报告包含了完整性指标下的所有 7 个二级指标并且进行了详细的信息披露，均获得满分。例如，在绩效指标这一指标中，中国远洋专门抽出了一节来对业绩指标，包括经济、环境、产品、劳工、人权、社会的绩效指标分别进行了详细的说明。中海发展在完整性指标上只有机构概况、责任主题管理和治理、承诺及利益相关方参与这三个二级指标有得分，对决策者声明、主要影响、风险、机遇的描述和绩效指标则只字未提。

②在包容性这一指标上，行业整体包容性均值为 0.69，在八个一级指标中排名靠后，中海发展得分最高，为 1.33 分，排名第二的中国远洋为 1.17 分，而得分最低的中海海盛和宁波海运均为 0.17 分，与首位相差 1.16 分,行业内部差距较大。中国远洋的企业社会责任报告的编制框架参照了 G4 国际标准，在实施方面参照了 ISO 26000 国际准则。在中国远洋企业社会责任报告中专门用一章来说明企业的利益相关方的识别与参与，并对识别利益相关方，利益相关方需求调查和尊重利益相关方的利益、企业社会责任相关方沟通机制、公司外部社会责任相关方参与、利用信息化手段和网站为相关方参与提供平台、合规信息披露与投资者保护一一进行了详尽的说明。如，通过二维矩阵法确定中国远洋的利益相关方序列；积极参加国内外各类可持续发展相关活动，并在各类重大会议或活动中就联合国全球契约和可持续发展实施情况与相关企业和机构进行充分沟通；借助数字化办公系统建立了如法律信息系统等专业性平台等。中海海盛的报告仅仅体现了利益相关者的参与，对于利益相关者参与的具体流程和相应的制度保障却未加说明，因此不能通过有效的管理手段和促进机制强化利益相关者的参与范围和程度。

③在实质性这一指标上，行业整体实质性均值为 1.25，排在八个一级指标之首。中国远洋得分最高，为 1.83 分，中海发展次之，为 1.67 分，中海海盛最低为 0.5 分。中国远洋在实质性主题识别和实质性确定流程均获得满分 2 分。中国远洋在贯彻国资委社会责任要求，研究国务院国资委《“十二五”和谐发展战略实施纲要》、全面实施联合国全球契约原则的前提下，建立社会责任领导力，有效配置资源，建立社会责任组织机制，明确职责分工并进行风险授权，落实社会责任，在经济、产品劳工、人权、环境和社会各个方面，在日常经营管理决策中履行社会责任，积极践行科学发展观，开展社会责任项目。中海海盛在实质性确定流程方面得分为 0，在目标和表现是否可测量指标得分较低，为 0.5 分。中海海盛的报告中提及了某些指标，所以应该说中海海盛能够认识到社会责任相关主题的范围和含义，但是仍然存在着一定的偏差，并且没有很好地进行规范和制度化，认知惰性必然导致行为的不足，阻碍了中海海盛践行企业社会责任的步伐。

④在回应性这一指标上，除中海海盛仅得到 0.17 分，其他 5 家企业得分均在 0.5 分以上，中国远洋、中海发展、中远航运更是均不小于 1.5 分。中国远洋的得分为 1.83 分，在管理方法和绩效指标中对经济绩效、环境绩效、产品责任绩效、劳工实践绩效、人权绩效和社会绩效的六个方面主题进行分章描述，每个主题均包含管理方法和表现指标，并且将包含企业负面信息的 2014 年客户服务质量满意度指数表公之于众，说明企业能够全面、客观的对影响其可持续发展绩效的利益相关者主题做出积极的回应，并建立与主题对应的目标体系，还能够对绩效进行衡量、检测或审验。中海海盛在绩效衡量、检测或审验和建立与主题相对应目标体系指标中的得分为 0，说明该企业尚未建立起一个完善科学的企业社会责任管理体系，导致报告的全面性和可信度均有不足。

⑤在可比性指标上，行业内部两极分化严重，宁波海运和中海海盛两家企业在该项指标上得分为零，而得分的四家企业均不小于 1 分，其中中国远洋为满分 2 分。中国远洋建立了可持续发展指标体系和可持续发展信息管理平台，保证历年报告指标和信息具有可比性，并运用六西格玛管理方法进行了分析比较，保证报告前后一致。同时报告提供 3 年的连续数据，以供利益相关者纵向对比分析中国远洋的经营业绩。而宁波海运和中海海盛不仅没有按照跨行业规范撰写报告，而且跨年度的企业绩效对比也未曾提及，在同行业内也不存在可比性。

⑥在可信性指标上，整个水路运输业表现不佳，均值为 0.53 分，不高于 0.5 分的企业有四家。中国远洋得分最高，以 1.67 分领跑行业。在这 6 家企业中，只有中国远洋通过了第三方审验，中国远洋按照 AA1000 和 DNV 审核规范进行审核，大大提升了报告的权威性与可信度。此外中国远洋善于听取外界意见及建议，可通过中远可持续发展信息管理平台相关责任沟通绿色渠道邀请利益相关方和媒体提出意见，以鞭策中国远洋对报告持续进行改进。宁波海运和中海海盛均得分为零，既未说明信息数据来源出处，也未提及利益相关方评论，使得报告的真实性存疑。

⑦在创新性指标上，中国远洋的得分最高，为 2 分，同获 2 分的还有后起之秀中海集运，中海海盛在创新性上获 0 分。中国远洋的报告，不仅内容丰富，数据详实，且采用大量的图和表来说明问题，增强了报告的可读性，也在一定程度上有助于利益相关者更好地了解企业的社会责任实践。中海集运在报告中突出了企业特色，并且在报告本身设计上独具一格，不仅格式上充满美感，在结构上也突破了死板的传统报告形式。中海海盛报告总共 4 页，通篇没有任何图或表，结构不够清晰，缺乏可读性。

⑧在可获取性指标上，得分最高的是中海集运，既具备充分的可读性，也发布了中英双语的报告，发布渠道涵盖了评价体系中的全部渠道，得 2 分。在语言版本的多样性方面，除中海集运外，均未发布多语言版本报告，考虑到水路运输业特殊性，发布英文版的社会责任报告，响应国际社会的号召，与国际接轨扩大机遇是企业的上佳之选。

总而言之，水路运输业 2014 年行业整体表现出色，多家企业有明显进步，有三家企业跻身交通运输行业前三甲。整个行业在八大指标上的完整性、回应性、实质性、可获取性得分较高，可比性、可信性得分较低，今后企业应重视企业的公众形象及信任度，同时摆正位置，作为交通运输行业的一员在横向对比中取长补短，共同进步。

2 水路运输业企业社会责任报告应用等级评价

2013—2014 年度，水路运输业企业社会责任报告应用等级评价结果如表 7-3、图 7-11~ 图 7-14 所示。

水路运输业企业社会责任报告应用等级分布 表 7-3

企业名称	年　度	战略与概况	管理方法披露	绩效指标	综合评价
中国远洋	2014	A+	A+	A+	A+
	2013	A+	A+	A+	A+
中远航运	2014	A	B	C	C
	2013	C	B	C	C
中海集运	2014	B	B	C	C
	2013	D	C	D	D
中海发展	2014	A	B	B	B
	2013	D	B	C	D
宁波海运	2014	D	C	C	D
	2013	C	C	C	C
中海海盛	2014	D	B	C	D
	2013	D	B	D	D

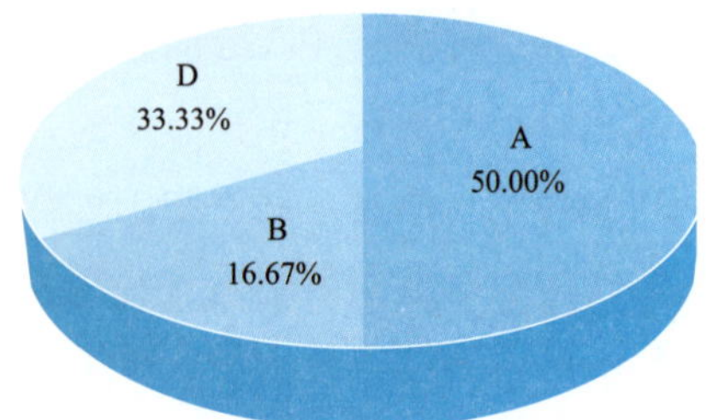

图 7-11　2014 年战略与概况应用等级分布

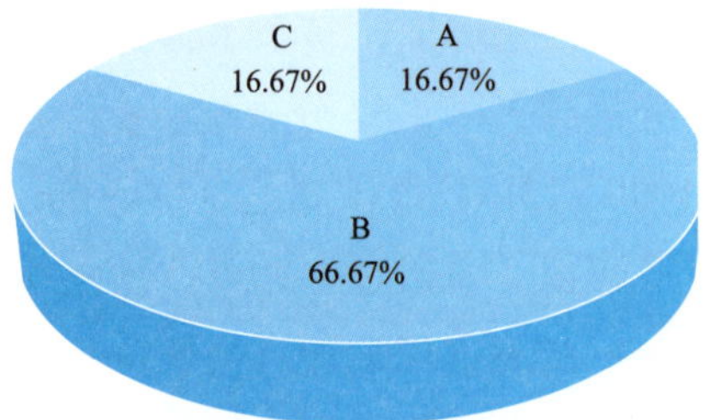

图 7-12　2014 年管理方法披露应用等级分布

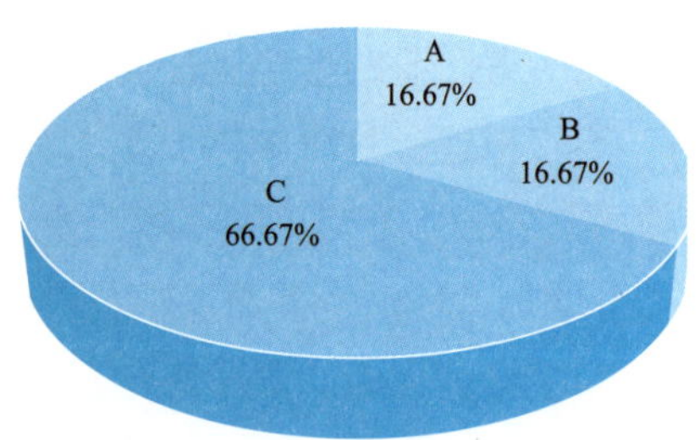

图 7-13　2014 年绩效指标应用等级分布

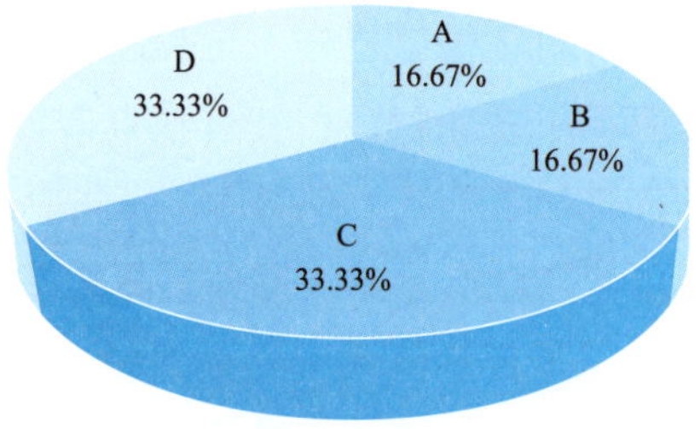

图 7-14　2014 年综合评价应用等级分布

从表 7-3、图 7-11 ~ 图 7-14 可知，相比 2013 年，水路运输业企业社会责任报告等级变化较大，其中中海集运、中海发展综合评价应用等级分别由 D 变为 C、D 变为 B，宁波海运披露信息量减少，仅覆盖核心指标，综合等级由 C 变为 D 级。

2014 年各维度的表现如下：

①在战略与概况这一维度上，相比 2013 年发生较大变化，多家企业披露信息更为详细，3 家为 A，占比为 50%，1 家为 B，占比 16.67%，两家为 D，占比 33.3%。这一评价结果表明水路运输业在企业的基本信息方面披露较为详细，指标覆盖率较高，以中国远洋为例，该企业在报告中全面介绍了相关信息，如董事长致辞和战略、中国远洋概况、各公司基本情况、获奖情况、报告情况等几个方面，而中海海盛则缺乏对报告的整体和长远规划，相关信息涵盖较少，一共 8 个指标，中海海盛只披露了四

个指标。

②管理方法披露维度下，1 家 A，占 16.7%，4 家 B，占 66.7%，1 家 C，占 16.7%。由此看来，企业主要分布在 B 级，表明路运输业在报告中至少披露了劳动实践等几个责任主题的管理办法，例如中海集运由 C 级变为 B 级，在劳动实践以及社区指标覆盖较多，信息披露更为全面。

③在绩效指标这一维度上，2014 年一共 117 个指标，比 2013 年增加 41 个，水路运输业的绩效指标维度等级也发生较多变化，其中 1 家 A，占 16.7%，1 家 B，占比 16.7%，2 家 C，占 33.3%，2 家 D，占比 33.3%。企业社会责任绩效涵盖八个主题，中国远洋是唯一一家达到 A 级的企业，中国远洋信息披露程度较高，达到 93%，指标的覆盖率较高，基本上按照 G4 的标准进行信息披露，这样完整的全面的信息披露能够确保各利益相关者更好地了解企业各方面的责任表现。

总之，2014 年，水路运输业在报告披露的方式上有所变化，披露企业的信息以及责任绩效指标更加全面，有助于利益相关者更好地参与水路运输业的发展。

3 水路运输业企业社会责任绩效评价

3.1 总体绩效情况

2014 年度水路运输业 6 家上市公司企业社会责任实践绩效评价得分及排名如表 7-4、图 7-15 所示。

水路运输业企业社会责任绩效得分及排序　　表 7-4

企业名称	2014 年度			2013 年度		
	总　分	行业排名	总体排名	总　分	行业排名	总体排名
中国远洋	62.2048	1	1	63.21	1	1
中海发展	25.9250	2	5	7.49	4	24
中远航运	22.1400	3	9	10.01	2	15
中海集运	21.5761	4	10	8.45	3	20
宁波海运	11.1362	5	34	4.9	5	32
中海海盛	10.6770	6	36	1.63	6	38
得分均值	25.61			15.95		

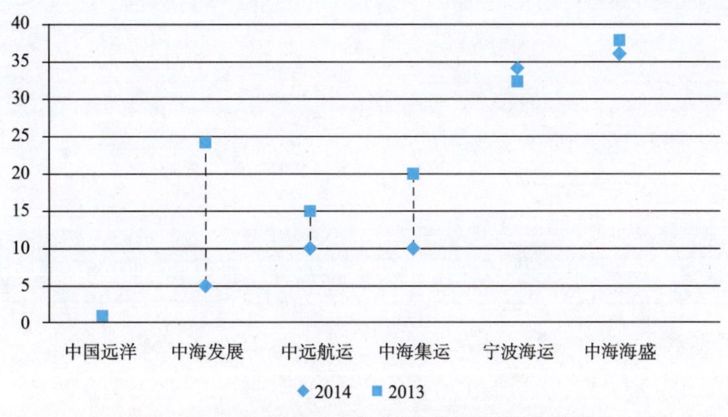

图 7-15 水路运输业企业社会责任行业排名变化趋势

从表7-4可知，水路运输业发布2014年度企业社会责任报告的企业共六家，中国远洋第一，中海海盛第六。其中，中国远洋连续六年保持了其在总体排名中的第一的位置，2014整个行业的整体水平相对于2013年名次有所提升，六家企业中仅宁波海运下降了两名。名次上升较大的依次是中海发展、中海集运、中远航运，分别前进了19、10和6名，在得分方面，2014年度的均值为25.61分，2013年得分为15.95分。具体到每个企业，除中国远洋分数略微下降之外其他企业的得分均比2013年有所提高。

3.2 社会期望主题情况

根据水路运输业企业社会责任各个主题的得分情况，计算出2014年度该行业在八个主题上的平均得分，如表7-5、图7-16～图7-24所示。

水路运输业企业社会责任八大主题得分及均值　　表7-5

企业名称	环境绩效	劳动实践	人　权	公平运营	产品责任	社区参与和发展	责任治理	经济绩效
中海发展	0.822	0.675	0.485	0.275	0.061	0.634	0.422	0.331
中远航运	0.569	0.528	0.287	0.736	0.052	0.684	0.263	0.139
宁波海运	0.288	0.392	0.176	0.179	0.091	0.296	0.156	0.069
中海海盛	0.263	0.349	0.262	0.297	0.041	0.191	0.129	0.122
中海集运	0.869	0.452	0.316	0.172	0.044	0.429	0.521	0.079
中国远洋	1.257	1.213	1.606	0.965	1.016	1.281	1.208	1.404
均值	0.678	0.601	0.522	0.437	0.218	0.586	0.450	0.357

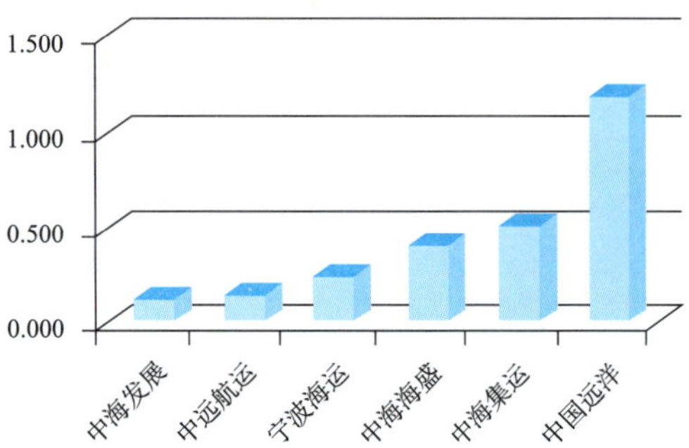

图7-16　水路运输业企业社会责任主题—责任治理得分

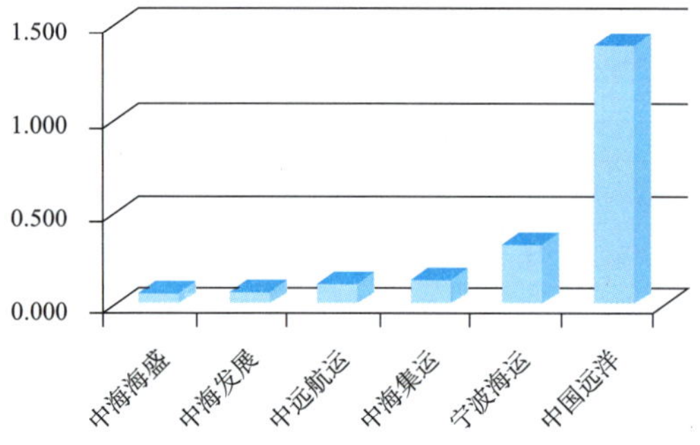

图7-17　水路运输业企业社会责任主题—经济发展得分

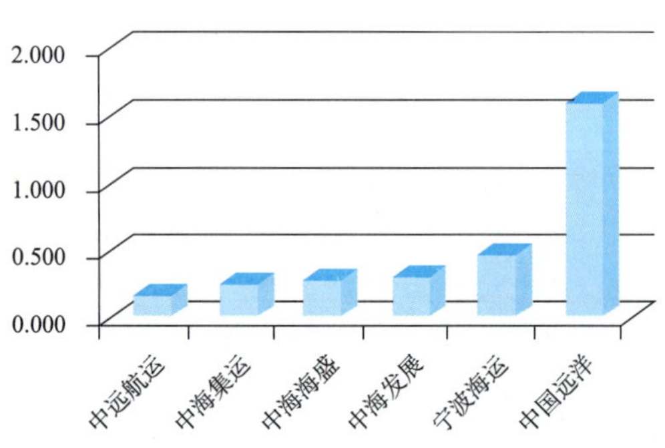

图7-18　水路运输业企业社会责任主题—人权得分

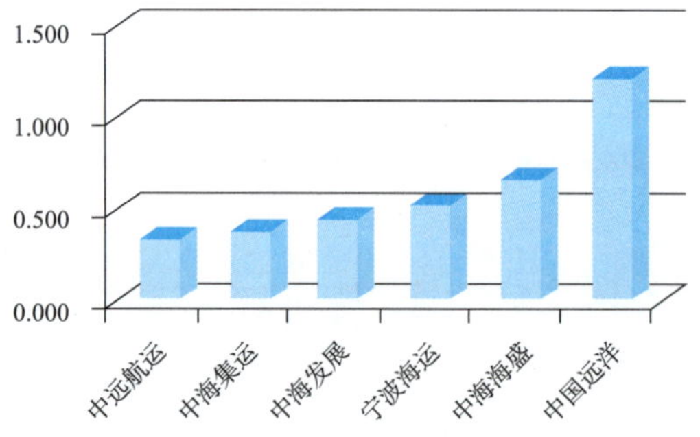

图7-19　水路运输业企业社会责任主题—劳动实践得分

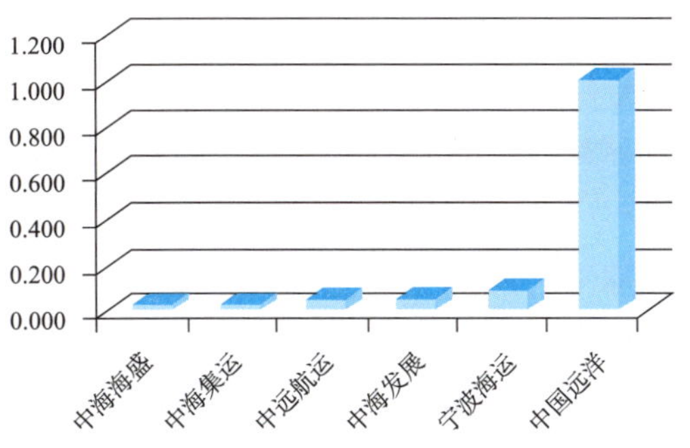

图 7-20 水路运输业企业社会责任主题—环境得分

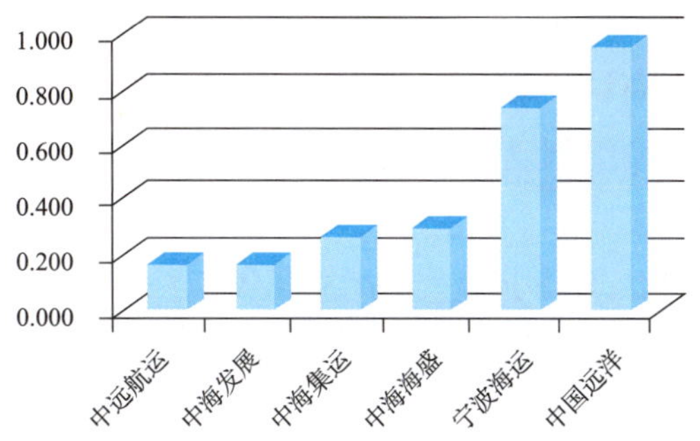

图 7-21 水路运输业企业社会责任主题—公平运营得分

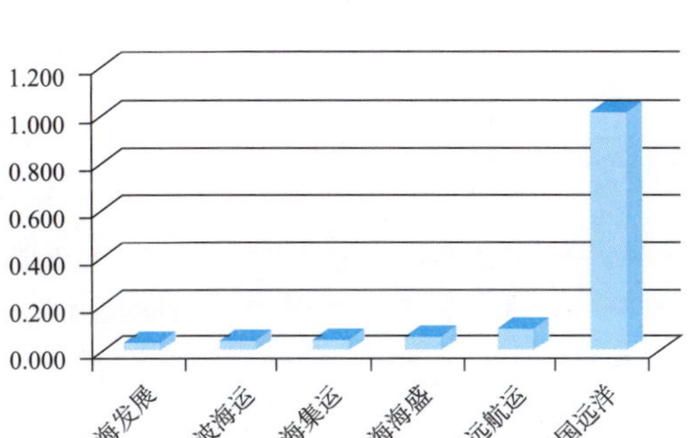

图 7-22 水路运输业企业社会责任主题—产品责任得分

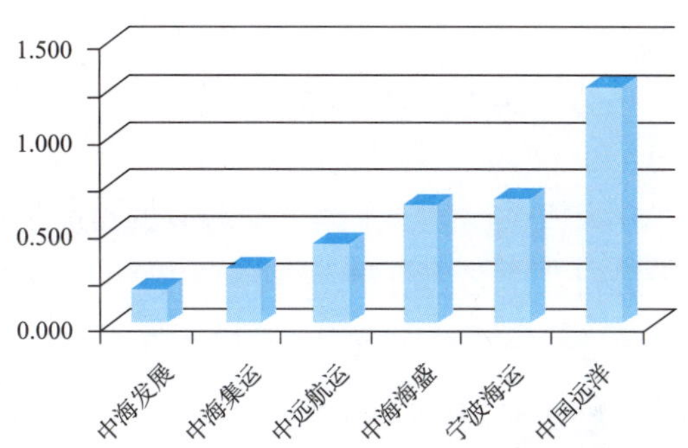

图 7-23 水路运输业企业社会责任主题—社区发展得分

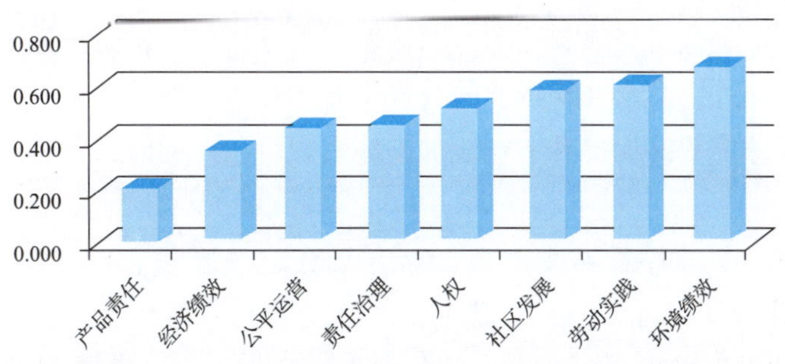

图 7-24 水路运输业企业社会责任八大主题得分均值比较

针对水路运输业企业社会责任的八大主题的评价结果，汇总表 7-5、图 7-16 ~ 图 7-24 的信息，可以看出：

①在环境保护主题上，。水路运输业企业 2014 年度在这一主题的得分均值为 0.678 分，在交通运输行业包含的八个分行业中排名第二，其中，中海发展、中远航运、宁波海运、中海海盛、中海集运和中国远洋的得分题项所占比例分别为 66.67%、66.67%、27.78%、38.89%、55.56% 和 83.33%。具体来说，中国远洋和中远航运在运营过程中较为重视所涉及的物料的环保性和可再生性，而其他四家企业则没有关于这方面的描述，这可能是因为企业技术上的原因，亦或是意识上的原因，但无论如何这是需要给予更多的关注的方面。在生物多样性保护与自然栖息地恢复方面，中远航运、宁波海运和中海海盛没有相关的实际行动，目前也没有关于未来一定时期的相应规划。而中海发展、中海集运和中国远洋都为保护和回复生态系统采取了有关措施。中海发展和中国远洋均对未来的生物多样性行动制定了规划并给予了战略上的重视。不仅如此，中国远洋还积极地参与了有关生物多样性保护的项目活动。在供应商环境评估方面，中海发展、中远航运和中国远洋都有所行动，积极地将有关企业在环境方面

的表现作为筛选供应商的标准之一。然而在识别和评估供应链中的重大实际和潜在的环境相关的负面影响方面，六家企业都没有采取行动。中海发展、中远航运和中国远洋都就环境问题建立了相关的规章制度或规则条例以及风险保障机制，而宁波海运、中海海盛以及中海集运还有待进一步的行动。

②在劳动实践主题上，水路运输行业的得分均值为0.601分，相较于其他七个分行业，排名第二，优势明显；在本行业内八个主题排名中，同样名列前茅，位居第二；与2013年的劳动实践得分均值0.32相比有了显著的提升，各企业之间中海海盛和中远航运的排名有所下降。中国远洋、中海发展、中远航运、中海集运、宁波海运、中海海盛涉及的指标得分题项占比分别为91.30%、82.61%、73.91%、65.22%、56.52%、56.52%。中国远洋作为水路运输企业的标杆企业，再次以1.213分的得分位居榜首，与第二名中海发展0.675分相比，差距显著。从整体上看，整个水路运输行业的均有较高的得分比例，但除中国远洋和中海发展在各管理部门确保平等雇佣的表现上特色十足，其余企业均未有突出表现，行业在劳动实践主题呈现关注点广泛但关注深度不足的现状，企业未来应在劳动实践的深度上投入更多资源。

③在人权主题上，水路运输行业的得分均值为0.522分，整体来看，水路运输行业在交通运输行业八个分行业中名列前茅，排名第二。中国远洋、中海发展、中海海盛、中海集运、中远航运、宁波海运涉及的指标得分题项占比分别为83.33%、50%、41.6%、33.33%、25%、25%。六家企业中，得分表现最好的企业为中国远洋，得分为1.606分，覆盖了人权主题下的所有指标，其中人权投资、原住民权利、接受国家人权审查与评估以及将人权纳入到供应商筛选管理体系这些方面进行了详实的介绍。得分最低的宁波海运为0.176分，在消除歧视、人权问题申诉机制上未作出披露，且在结社自由及集体议价权、拒绝使用童工、强迫与强制劳动方面的表现得分较低，从而拉低了宁波海运在人权主题上的总体得分。除中国远洋外，其余五家企业的人权得分均在行业均值之下，说明需要企业在今后的工作中需要更多的工作，才能更好地提升本行业的整体表现，与此同时，各企业在人权问题上的积极行为也是值得肯定的。

④在公平运营主题上，水路运输业企业2014年度在这一主题下的得分均值为0.437分，在交通运输行业包含的八个分行业中排名第一。其中，中海发展、中远航运、宁波海运、中海海盛、中海集运和中国远洋在这一维度的得分项所占比例分别为84.62%、76.92%、46.15%、53.85%、53.85%和100%。具体来说，六家企业都在反腐败的工作中有所表现，然而在行动的力度上存在差异。基本上，六家企业都能够承诺对确认的腐败事件采取必要的行动和补救措施，确保雇员和代表仅从合法服务中获得恰当的报酬。而在确保举报人员免遭报复的保障机制的建立和完善方面，六家企业都还有很大的进步空间。普遍来看，在负责任的政治参与及识别和评估供应链的重大实际和潜在的公平运营相关的负面影响方面，水路运输业整体表现不佳，仅中国远洋一家企业在这两方面有中规中矩的表现。而在政治性捐赠、反竞争、合规以及将公平运营问题纳入到供应商筛选、合作管理体系方面，水路运输业整体有值得肯定的表现。当然，所有的企业都可以在这些方面取得更好的成绩。

⑤在产品责任方面。水路运输业2014年度在这一主题的得分均值为0.218，在交通运输行业包含的八个分行业中排名第2位，说明相比于其他企业，水路运输业包括的六家企业在产品责任主题方面做得较好，其中中国远洋、中远航运、宁波海运、中海发展、中海海盛及中海集运的得分项分别占产品责任主题总题项的100%、68.75%、50%、50%、37.5%和31.25%。六家企业中要重点说明的是中国远洋，38家企业中，中国远洋在产品责任这一主题中的得分最高，得到了1.016，是唯一一家得分超过1分的企业。具体来说，在教育和意识这一题项中，只有中国远洋在运营过程中对客户和业务知识

宣传教育给予了足够的重视度，而其他公司在这一方面则没有明确的实际行动；中国远洋和中海集运较为关注客户对产品及服务的满意度，专门聘请第三方机构依据国家标准对客户进行了满意度指数的调查。中海发展、中远航运以及中国远洋对客户健康与安全十分重视，保证了产品安全处于受控的状态，而其他三家企业对这一方面的意识不强，没有采取相应的企业行动来及时评估产品的安全。得分最低的是中海集运，但是企业非常重视客户服务，多方位地为消费者提供便利，满足消费者需求，努力实现与消费者的共赢，但我们希望中海集运能够通过努力在其他方面有所作为。

⑥在社区参与和发展方面，水路运输业 2014 年的得分均值为 0.586，在交通运输行业包含的八个分行业中排名第一位，是本年度报告中企业社会责任做得最好的行业。水路运输行业六家企业得分题项所占比例分别为：中海发展 68.75%；中远航运 68.75%；宁波海运 50.00%；中海海盛 31.25%；中海集运 56.25%；中国远洋 87.50%，除中海海盛外，其余五家企业在社区参与和发展维度上得分项占总题项的比率均在 50% 以上，中国远洋的比率更是达到了将近 90%，说明水路运输业整体对社区参与和发展方面的责任履行的比较全面。具体来说，中国远洋除在识别和评估供应链中的重大实际和潜在的社区参与相关的负面影响和建立社区参与和发展问题申诉机制这两方面欠缺行动外，积极践行其他方面的责任，例如扶贫帮困、关注教育和文化发展，提高居民健康水平，减少疾病危害，积极支持社会投资发展等。中海发展、中远航运、中海集运和宁波海运主要通过扶贫帮困，提高社区健康水平，积极培养航运人才，积极参与海上救援来履行社区参与和发展方面的责任。中海海盛在回应社区参与和发展方面的责任时，并没有采取具体的行动，希望今后能有更加积极的行动。六家企业对其参与的当地社区参与、影响评估、发展计划的情况都有较明确的说明。中海发展、中远航运和中国远洋将社区参与标准纳入到企业的供应商筛选、合作管理体系中。在识别和评估供应链中的重大实际和潜在的环境相关的负面影响方面，六家企业都没有采取行动，也未就社区参与管理的相关问题建立申诉机制，希望在今后能就这些方面采取行动。

⑦在责任治理方面。水路运输业 2014 年度责任治理主题的得分均值为 0.450 分，在八个行业中排名第二，中海发展、中远航运、宁波海运、中海海盛、中海集运和中国远洋的得分项所占比例分别为 63.64%、36.36%、54.55%、45.45%、72.73% 和 90.91%，中国远洋仍然保持行业第一得分为 1.208 分，得分最低的仍是中海海盛为 0.129 分，中国远洋除在社会责任最高治理机构主席兼任行政职位没有得分外在其他指标上均有得分且分值较高，除中国远洋外的其他企业在治理机构确定和监督社会责任的报告和管理以及遵守国际公认的标准的程序和说明治理机构成员、高管人员的报酬与公司绩效间的关系指标上均未得分，希望可以引起企业的重视，在企业治理结构中包含负责社会责任事务的相关部门或组织和企业使命陈述或价值观、行为守则中是否体现了社会责任的原则、目标指标上是六家企业都得分的项。

⑧在经济发展方面。水路运输行业的得分均值为 0.357 分，在八个行业中排名第三，中海发展、中远航运、宁波海运、中海海盛、中海集运和中国远洋的得分项所占比例分别为 44.44%、22.22%、22.22%、22.22%、22.22% 和 100% 其中得分最高的中国远洋为 1.404 分，得分覆盖了经济发展维度下的所有题项，得分最低的宁波海运为 0.069 分，报告中仅披露了公司直接分配的经济效益。除中国远洋外其他五家企业在机构固定收益型养老金所需资金的覆盖程度、政府给予的财务补贴、不同性别的工资水平与机构重要运营地点当地的最低工资水平、机构在重要运营地点聘用的当地高层管理人员四个指标上均没有得分，这四个指标均反映了企业的社会经济价值，从 2011 年开始，全球人均 GDP 已经过了一万美元。中国人均 GDP 也过了 6800 美元。人类社会正处在一个新的经济发展阶段，企业在

实现经济效益的同时也使企业的经济更加具有社会效益。

综合来看，在交通运输行业内，水路运输业企业的企业社会责任表现抢眼，在环境、公平运营、社区参与和发展三个维度位列第一，在劳动实践、人权、产品责任、责任治理和经济发展五个维度均高居第二位。然而，从得分情况来看，仅在劳动实践、人权和公平运营三个维度的得分达到了 0.5 分的水平，还有很大的进步空间。

4 水路运输业企业社会责任演进阶段评价

4.1 总体演进阶段及变化趋势

水路运输业6家企业在2014年度企业社会责任演进阶段及行业总体演进阶段如表7-6、图7-25所示。

水路运输业企业社会责任演进阶段 表 7-6

企业名称	2014 年度企业分级	2013 年度企业分级	企业名称	2014 年度企业分级	2013 年度企业分级
中国远洋	IV	IV	宁波海运	II	I
中海发展	IV	I	中海海盛	II	I
中远航运	IV	II	行业演进阶段	IV	I
中海集运	II	II			

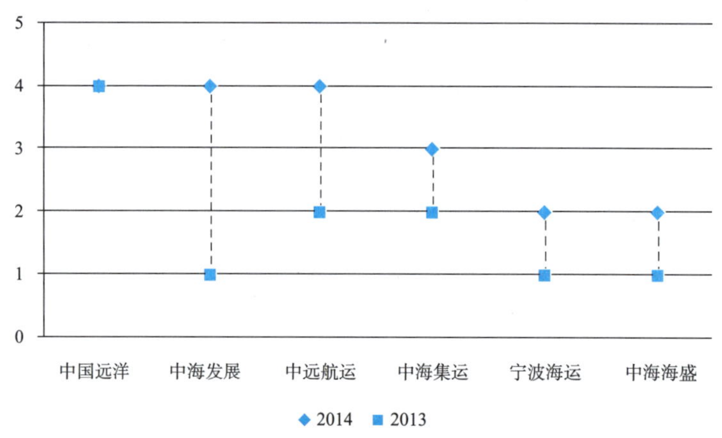

图 7-25 水上运输业企业社会责任演进阶段等级分布对比

由表 7-6 以及图中可知，整个水路运输业的演进阶段较 2013 年变化了很多，由 2013 年的 I 级上升为今年的 IV 级，由起步阶段正式步入了战略阶段，多数企业开始将企业社会责任与企业的战略相结合，有了突飞猛进的进步。从行业内的 6 家上市公司的企业演进阶段来看相比于 2013 年也发生了很大的变化，各企业社会责任演进阶段有了不同程度的进步，尤其中海发展的提升幅度尤其突出，由 2013 年的 I 级上升到 III 级，中海集运及中远航运也有了较大程度的提升，分别从 II 级上升到了今年的 III 级和 IV 级；例如中海发展，在七个维度上都有了不同程度上的进步，如在战略意图方面，中海发展以坚定不移地走可持续发展之路为目标，致力于为社会提供安全可靠的能源资源，积极的回应了企业履行企业社会责任的目的和意义，使其战略意图上升到了 IV 级；2013 年仅处于 I 级的宁波海运和中海海盛也都在 2014 年中提升到了 II 级，中国远洋仍然保持着 2013 年的高标准，维持在 IV 级的高标准上。同整合交通运输行业内的各行业演进阶段情况比较来看，在 2014 年，水路运输行业占据了头筹，6 家上市公司的企业分级在 38 家公司中也是佼佼者，值得交通运输行业内的公司学习。

4.2 不同维度演进阶段及变化趋势

通过对水路运输企业社会责任演进阶段的分维度评价，得到了该企业在七个维度上所处的演进阶段，如表 7-7 所示。

水路运输业企业社会责任演进阶段分维度评价 表 7-7

企业名称	年 度	战略意图	承诺目标	责任主题	相关者关系	管理措施	透明度	绩效评价
中国远洋	2014	IV	IV	IV	IV	IV	IV	III
	2013	IV	III	IV	III	IV	IV	III
中海发展	2014	IV	III	IV	IV	I	III	III
	2013	I	I	I	I	I	II	I
中远航运	2014	IV	III	II	III	III	III	I
	2013	II	II	II	I	I	II	I
中海集运	2014	III	II	III	III	III	II	II
	2013	II	II	I	II	II	II	I
宁波海运	2014	II	I	II	II	I	II	I
	2013	I	I	I	I	I	II	I
中海海盛	2014	II	I	II	II	I	II	I
	2013	I	I	I	I	I	II	I

由表 7-7 可知，2014 年各企业的企业演进阶段有了很大程度的变化，各企业在各维度下的等级也发生了较大的变化。

中国远洋虽然保持了其 IV 级的水平不变，但是其内部维度却有了更进一步的表现，与 2013 年相比，中国远洋在承诺目标以及相关者关系管理上都由原来的 III 级上升到了 IV 级，建立起了企业社会责任与经营战略相融合的目标体系，并且做到了与全部利益相关者进行双向有效的沟通，值得一提的是，除绩效评价仍处于 III 级水平外，中国远洋在其他维度都达到了 IV 级最高标准。

今年进步幅度较大的中海发展及中远航运在各维度都有了较明显的提升，两家企业在战略意图方面都能做到关注企业的可持续发展，在承诺目标方面企业建立了规范的企业社会责任的职能目标体系；在责任主题及利益相关者关系上中海发展要优于中远航运，中海发展在这两个维度上都达到了 IV 级；在管理措施上，中海发展仍然停留在 I 级，而中远航运已做到 III 级水平；在绩效评价维度上，两家企业都处于 I 级水平，应引起重视。

中海集运、宁波海运以及中海海盛 3 家企业在 2014 年企业演进阶段中分别上升了一个阶段，从其各维度等级来看，同 2013 年相比，大部分也都有了一个等级的上升。但其中宁波海运和中海海盛两家企业在承诺目标、管理措施以及绩效评价这三个维度中近三年都处于初级阶段水平，没有明显的改善，应向同行业的其他企业学习，力争进步。

从总体演进阶段来看，6家企业都有了不同程度的提升，多数企业在各维度中也有了进步，呈现上升趋势，希望各企业再接再厉，做交通运输行业内的领军企业。

5 水路运输业企业社会责任发展评述

①水路运输业企业社会责任报告质量评价得分为53.68分，在八个行业中排名第二。整体表现较好。

②水路运输业企业社会责任报告应用等级为C级。

③水路运输业企业社会责任绩效评价的得分为20.61分，在八个行业中排名第二。

④水路运输业企业社会责任演进阶段为IV级。

⑤水路运输业企业社会责任报告质量八大指标中均值中排名第一的是实质性。

⑥水路运输业企业社会责任报告八大指标中排名第二的是创新性和完整性，排名倒数第一的是可信性。

⑦水路运输业企业社会责任报告应用等级表现最好的是战略与概况维度。

⑧水路运输业企业社会责任绩效评价八大主题得分最高的是环境，得分最低的是产品责任。

⑨水路运输业企业社会责任绩效八大主题中公平运营和社区参与在八大行业中排名第一。

第八章

航空运输业企业社会责任发展报告

1 航空运输业企业社会责任报告质量评价

航空运输是现代科技的产物，是交通运输现代化的重要标志之一。航空运输以其特有的快捷性和舒适性为人们的交通带来了极大的便利，速度是它的主要优势，也是主要竞争力和风险所在。近阶段，数起飞机坠毁事件的发生将航空安全问题变成了一个引起无数担忧的安全问题。诚然，这样的少数事件无法左右航空业的发展大势，但该行业的企业应重视企业社会责任，减少不必要的损失和负面影响，使得航空运输业健康、稳定的发展。

1.1 报告质量评价

2014 年度，航空运输业 12 上市公司中有 4 家企业发布了企业社会责任报告，与 2013 年相同，航空运输业企业社会责任报告质量评价得分及排名如表 8-1、图 8-1 所示。

航空运输业企业社会责任报告质量评分及排名 表 8-1

企业名称	2014 年度			2013 年度		
	总　分	行业排名	总体排名	总　分	行业排名	总体排名
东方航空	83.24	1	2	67.11	2	5
中国国航	82.56	2	3	76.01	1	3
南方航空	76.65	3	6	66.47	3	6
外运发展	71.03	4	7	55.98	4	7
均值	78.37			66.39		

注：得分已经转化为“百分制”。

由表 8-1 和图 8-1 所示的结果可知，航空运输业各企业的报告质量处于整个交通运输行业的前十名之列。航空运输业各个企业的报告质量得分均呈现出不同程度的提高，显示出该行业企业社会责任报告质量的良好发展趋势。航空运输业的报告质量得分均值达到及格水平，为 78.37 分，较 2013 年 66.39 分提高了近 12 分，提高幅度较大，标志着该行业报告质量的较大突破。从整个交通运输行业总体排名变动情况来看，只有东方航空的总体排名变化较大，总体排名由第五名上升至第二名，仅次于中国远洋。其他三个企业的总体排名均与2013年持平。从航空运输业内的四家企业的排名来看，东方航空公司报告质量最高，并且与2013年相比报告质量提升较大，行业排名由第二名上升到第一名，且得分增加了16.13分，成为航空运输业的佼佼者。

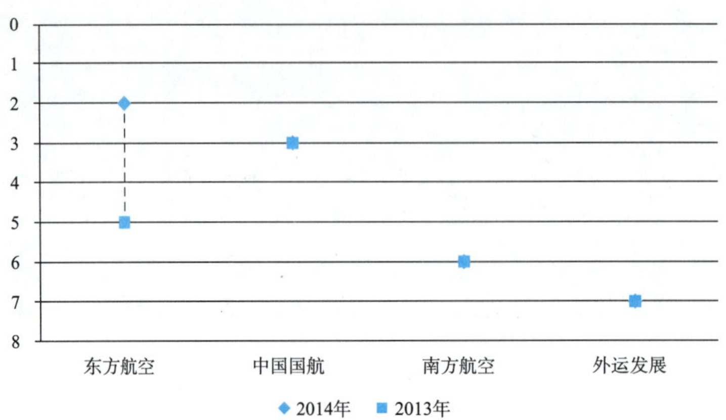

图8-1 航空运输业企业社会责任报告质量总排名变化趋势

总体而言，航空运输业的四家企业较2013年报告质量水平均有所提高，航空运输业的整体水平仍在交通运输行业中排在前列。

1.2 报告质量维度评价

2014年度航空运输业企业社会责任报告质量八个一级指标的得分均值如表8-2所示。其中，每一个一级指标的最高得分为2分，最低得分为0分。

航空运输业企业社会责任报告质量八大指标得分及均值 表8-2

企业名称	完整性	包容性	实质性	回应性	可比性	可信性	创新性	可获取性
南方航空	1.86	1.17	1.17	1.50	2.00	1.67	2.00	2.00
东方航空	1.79	1.17	1.83	1.33	1.83	1.33	1.50	2.00
外运发展	1.71	1.33	1.33	1.17	1.67	0.67	1.50	1.67
中国国航	1.64	1.33	1.83	1.33	1.67	1.67	1.67	2.00
均值	1.75	1.25	1.54	1.33	1.79	1.33	1.67	1.92

八个一级指标得分的比较如图8-2～图8-10所示。

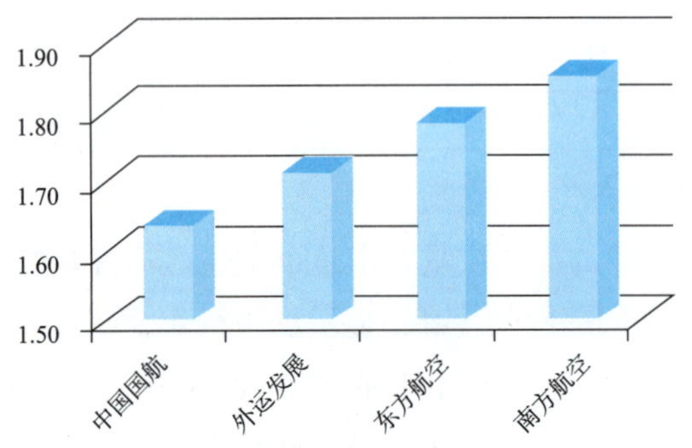

图8-2 航空运输业企业社会责任报告质量指标—完整性得分

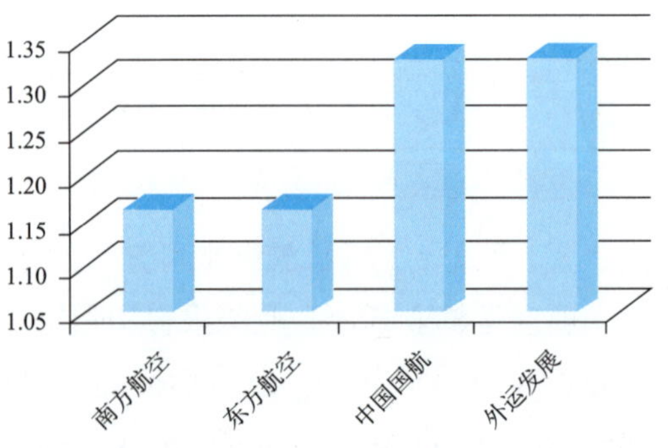

图8-3 航空运输业企业社会责任报告质量指标—包容性得分

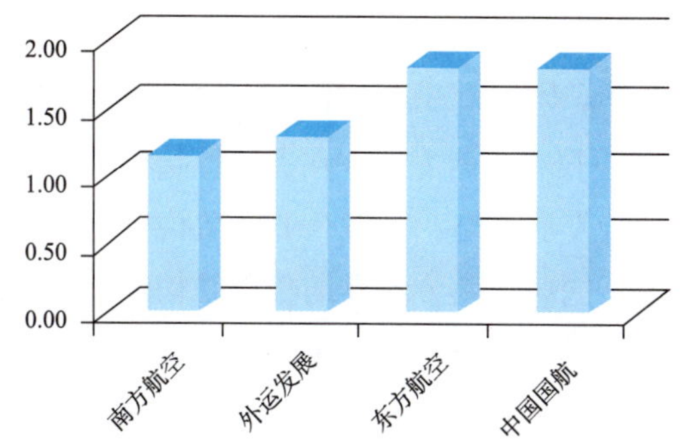

图 8-4 航空运输业企业社会责任报告质量指标—实质性得分

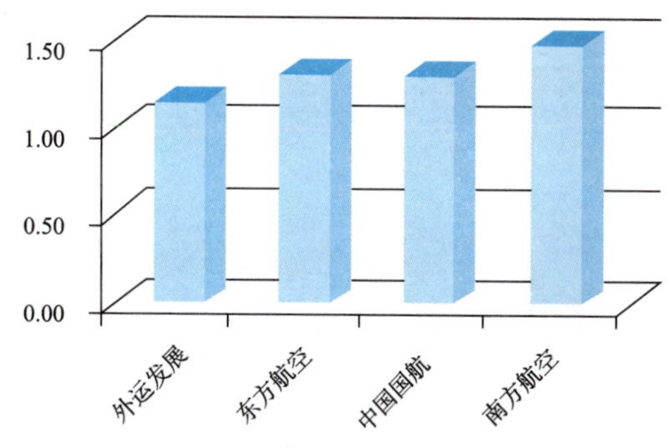

图 8-5 航空运输业企业社会责任报告质量指标—回应性得分

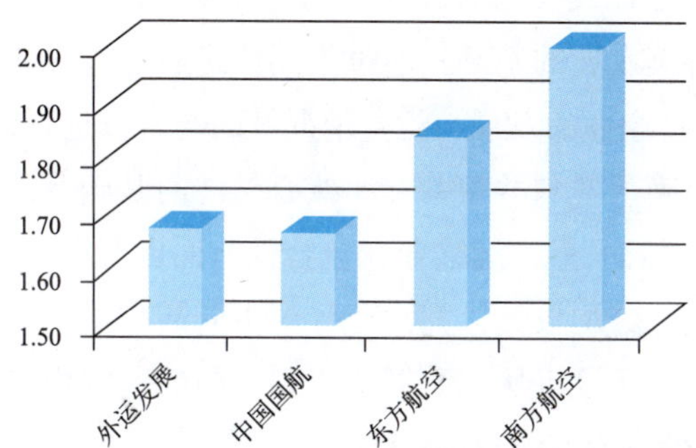

图 8-6 航空运输业企业社会责任报告质量指标—可比性得分

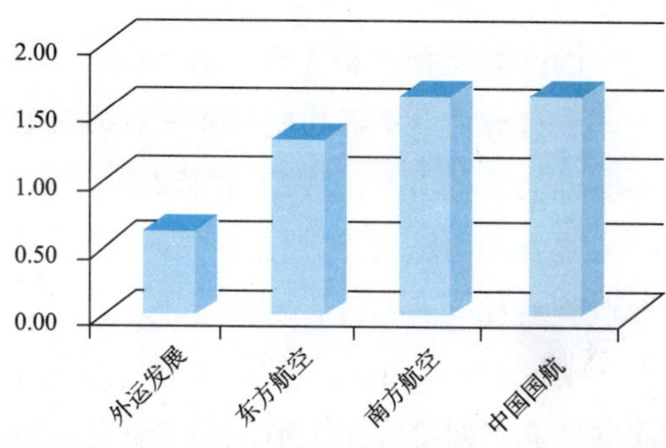

图 8-7 航空运输业企业社会责任报告质量指标—可信性得分

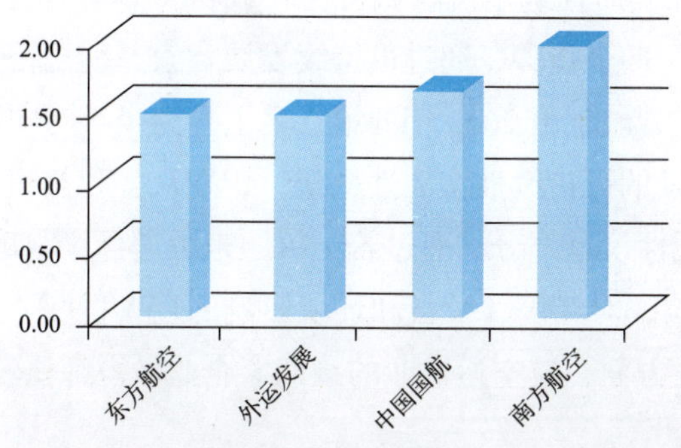

图 8-8 航空运输业企业社会责任报告质量指标—创新性得分

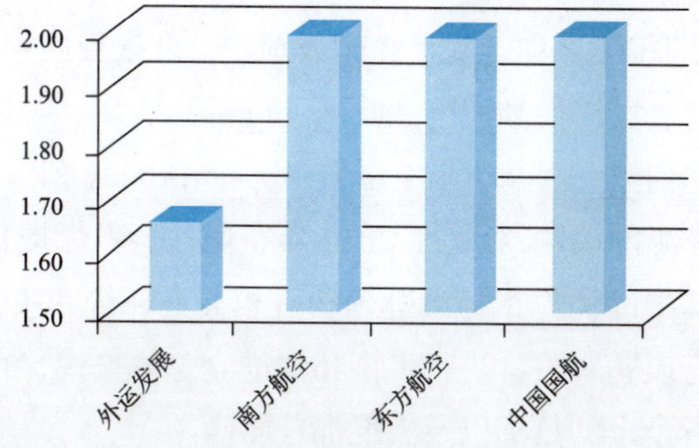

图 8-9 航空运输业企业社会责任报告质量指标—可获取性得分

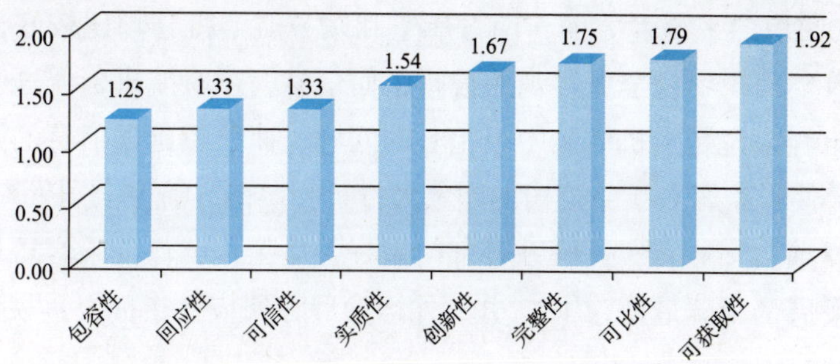

图 8-10 航空运输业企业社会责任报告质量八大指标得分均值比较

针对企业社会责任报告质量评价的八大指标的评价结果，汇总表8-2、图8-2～图8-10的信息，可以看出：

①在完整性这一指标上，航空运输业在整个交通运输行业中排名第一，其中南方航空的得分最高，为1.86分，得分最低的外运发展为1.64分，行业内得分差距较小。南方航空在完整性指标的各二级指标中均表现良好，报告中详细说明了企业的责任观和可持续发展战略，并对企业的机构概况、企业治理架构以及利益相关方的参与回应策略进行了全面的描述。同时，南方航空的报告结构设计完整，对报告期、报告范围编制标准等均有详细的说明。值得一提的是，南方航空在主要影响、风险、机遇的描述这一指标中表现尤为突出，企业建立了全面风险管理工作机制，对企业有效驾驭风险、促进可持续发展具有重要的推动作用。

②在包容性这一指标上，航空运输业同样表现为行业最佳，其中中国国航和外运发展的得分最高，均为1.33分，中国国航和外运发展在利益相关者参与程度以及参与的流程和制度方面得分较好，主要原因是中国国航将利益相关方的参与沟通当作企业可持续发展的基础，通过不同渠道有针对性的与利益相关方进行对话，了解利益相关者对国航的期望，并将企业的发展与运营情况及时与各方进行沟通，推动国航社会责任管理工作的持续改进。外运发展在明确了各利益相关方的核心关注的基础上，建立相应的沟通与互动机制，对利益相关方进行了责任回应。然而，航空运输业在包容性方面也有不足之处，即在针对利益相关者的报告发布范围指标上，四家企业得分均较低，都没有针对不同的利益相关者发布报告，不同的利益相关者的关注和诉求是不同的，企业还没有从实质上认识到不同的利益相关者对于企业发展的不同价值和作用，希望航空运输业在包容性方面有所提高。

③在实质性指标上，航空运输业在整个交通运输行业中得分最高。中国国航和东方航空得分相同均为最高，为1.83分，南方航空得分最低，为1.17分。外运发展进步明显，由2013年的0.89提高到今年的1.33。中国国航和东方航空在实质性主题识别和实质性确定流程做得比较成功。中国国航通过“识别相关事项、确定优先级别、批准报告内容和回顾”四个步骤，通过可持续发展背景、利益相关方参与、实质性和完整性原则，进行实质性议题识别。东方航空由2013年的第二名上升为今年与中国国航并列第一。东方航空借鉴AccountAbility研究机构开发的可持续性实质性框架，识别众多利益相关方和来源的议题，撰写了2014年企业社会责任报告的实质性议题部分。通过若干议题来源进行议题选择，对其中的优先指标中进行利益相关方评价和决策的影响，对经济、社会和环境影响的重大程度。最后进行议题审核，进行审核和改进。总体来说，在实质性方面，航空运输业的该四家企业做得都比较好，其所设定的目标以及表现都较明确。

④在回应性指标上，航空运输业在整个交通运输行业中仍然得分最高。其中南方航空的得分最高，为1.50分，南方航空取得高分的原因主要在于建立与主题相对应目标体系和回应的平衡性指标表现良好，均为1.5分。在回应的平衡性方面，南方航空和东方航空得分均比较好，以南方航空的回应的平衡性为例，南方航空公司不仅全面客观的披露正面信息，还对航班延误这种负面信息进行客观披露。航班延误对于旅客来说是乘机体验中最担心的问题，而航班延误信息的及时性和航班延误的服务如果做得不好，会使得旅客对航空公司的印象大打折扣。南方航空公司针对航班延误这一问题，通过短信通知的方式提前告知旅客，并联系各部门做好善后工作，保证乘客可以尽早做好航班延误或取消的准备。外运发展的得分最低为1.17分，外运发展在回应性指标上重视度不够，希望其给予一定的重视。

⑤在可比性指标上，航空运输业做得都非常好。南方航空做得最好，为2分，外运发展和中国国

航为 1.67 分。南方航空在跨年度纵向可比和行业内可比以及跨行业可比指标都有涉及并都做得非常全面。较之 2013 年有很大突破。跨行业可比的部分虽然是比较困难的，但是航空运输业的四家企业今年做得都相当理想。

⑥在可信性指标上，航空运输业在整个交通运输行业中做得比较好。中国国航和南方航空做得都比较好，得分均为 1.67，在报告的第三方审验方面，中国国航和南方航空均获得了必维国际检验集团的认证。而外运发展为 0.67，不足中国国航得分的 50%，外运发展并没有外部审验。此外，在利益相关者评论方面，四家公司虽然在利益相关者评论方面均有涉及，但是并没有详述，还需要进一步的改进和完善。

⑦在创新性指标上，航空运输业在整个交通运输行业中仍位居榜首。南方航空公司得分最高，为 2 分，南方航空同时做到了理念创新、形式创新、结构创新三个部分，并且做得都非常出色。在进行主题的阐述时，配有相应的图片、表格、案例，使得整个报告美观又易读。

⑧在可获取性指标上，航空运输业在整个交通运输行业中得分最高。航空东方航空、南方航空、中国国航今年均为 2 分，外运发展为 1.67 分。总体得分率很高。东方航空、南方航空、中国国航都有中、英文两个版本的报告发布，说明这三家企业正在逐步与国际接轨来提高践行企业社会责任的水平。航空运输业的四家企业在企业官网、巨潮资讯，以及东方财富网上都可以获取，较之 2013 年有很大改进，表明四家企业均已尽可能充分利用网络资源来促进与其利益相关者之间的沟通。

综上所述，从企业社会责任报告质量评价的结果来看，航空运输业在整个交通运输行业中处于领先地位。2014 年的报告质量与 2013 年相比，有较大进步。在报告的完整性、可比性和可获取性等方面做得很好，值得已经发布报告但是报告质量不足或者是还未发布报告的企业学习借鉴，从而更好地与利益相关者进行有效的沟通。

2 航空运输业企业社会责任报告应用等级评价

2013—2014 年间航空运输业企业社会责任报告应用等级评级结果如表 8-3 所示。

航空运输业企业社会责任报告应用等级分布 表 8-3

企业名称	年　度	战略与概况	管理方法披露	绩效指标	综合评价
中国国航	2014	A+	B+	B+	B+
	2013	A+	B+	A+	B+
东方航空	2014	A	A	A	A
	2013	A	B	A	B
南方航空	2014	A+	B+	B+	B+
	2013	B+	B+	B+	B+
外运发展	2014	A	B	B	B
	2013	B	B	B	B

从表 8-3、图 8-11 ~ 图 8-14 可知，相比 2013 年，2014 年航空运输业企业社会责任报告应用综合评价等级略微发生变化，东方航空由 B 变为 A，其余企业社会责任报告综合等级仍为 B，有两家企业的报告通过第三方审验，表明整个航空运输业在报告应用等级上比较接近国际标准。

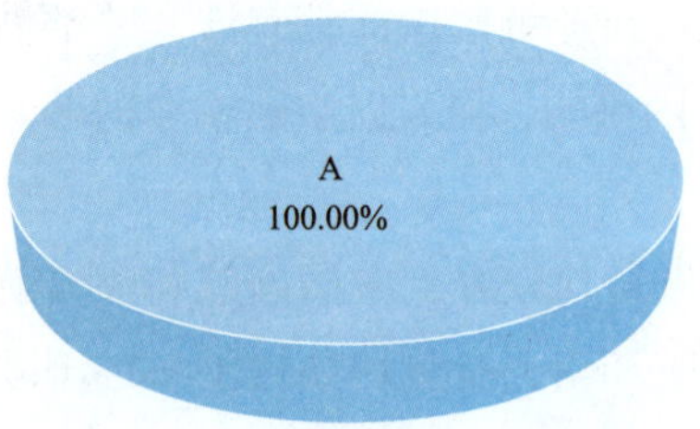

图 8-11　2014 年战略与概况应用等级分布

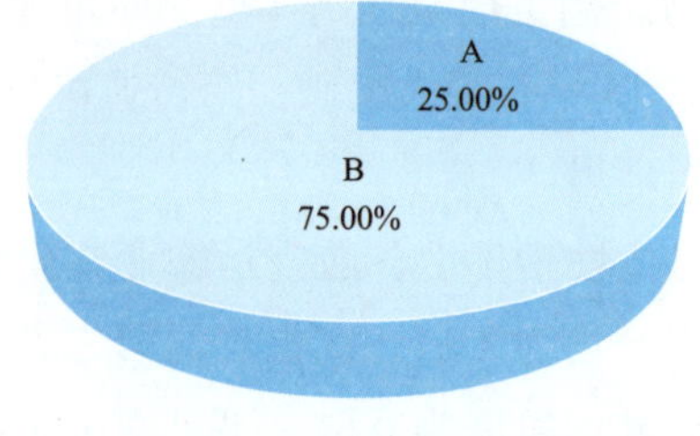

图 8-12　2014 年管理方法披露应用等级分布

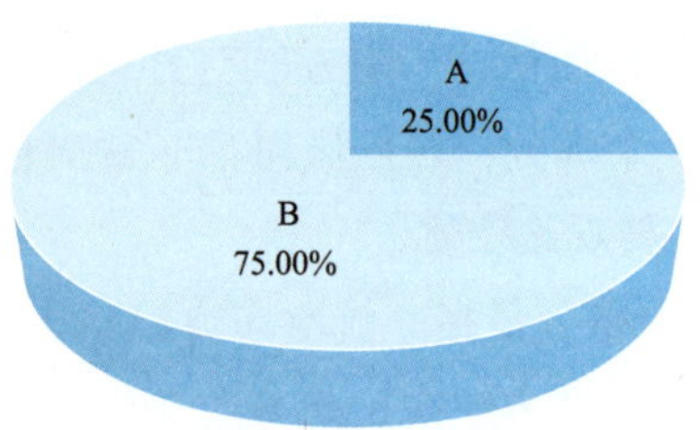

图 8-13　2014 年绩效指标应用等级分布

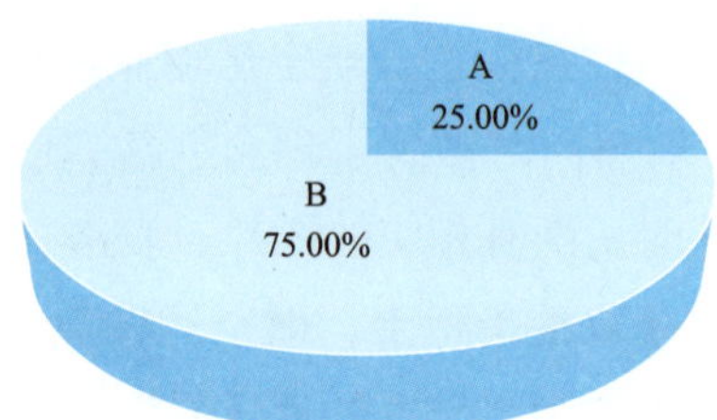

图 8-14　2014 年综合评价应用等级分布

2014 年各维度的表现如下：

在战略与概况这一维度上，4 家企业均为 A。指标的覆盖率较高，基本上是按照 G4 的标准进行信息披露。可见，航空运输业企业这一维度等级能够满足评价的要求，在整个交通运输行业表现最好。指标覆盖率高达 83%。与 2013 年相比，南方航空、外运发展两家公司在战略与概况的披露方面的应用等级由 B 变为 A，其中，南方航空、外运发展在决策者对公司可持续发展战略的相关说明、机构概况、报告参数设置等信息详细，不仅覆盖关键信息点，同时也对相关信息进行说明。

在管理方法披露这一维度上，航空运输业的报告应用等级被评为 A 级占比 25%，其余企业全部为 B 级，B 级占比 75%。整体表现较好。相比 2013 年，今年东方航空由 B 变为 A，相比 2013 年，东方航空披露了更多人权的信息，确保东航在所能影响的范围内支持、尊重人权。

在绩效指标这一维度上，航空运输业的四家企业大部分处于 B 级，2014 年相比 2013 年中国国航由 A 级变为 B，这是由于报告中信息指标由 2013 年的 57 个变为今年的 117 个，中国国航覆盖 81 个指标，指标覆盖率有所减少。尤其在人权方面，中国国航缺少关于供应商评估、人权问题申诉机制等方面信息的披露。

总之，从整体上来看，航空运输业的企业社会责任报告应用等级评价普遍处于 B 级，如果说中国远洋是交通运输行业企业社会责任报告应用等级的标杆企业，那么航空运输就是交通运输领域的标杆行业，整个行业选择了较为全面的信息披露方式，确保信息的完整性，基本达到国际标准。

3 航空运输业企业社会责任绩效评价

3.1 总体绩效情况

航空运输业在 2014 年度共有 4 家上市公司发布了企业社会责任报告，其社会责任绩效评价及排名如表 8-4、图 8-15 所示。

航空运输业企业社会责任绩效得分及排序 表 8-4

企业名称	2014 年度			2013 年度		
	总 分	行业排名	总体排名	总 分	行业排名	总体排名
东方航空	41.2745	1	3	30.31	1	3
中国国航	29.7614	2	4	24.15	3	7
南方航空	25.6703	3	6	19.57	4	8
外运发展	24.8725	4	7	28.31	2	4
得分均值	30.39			25.58		

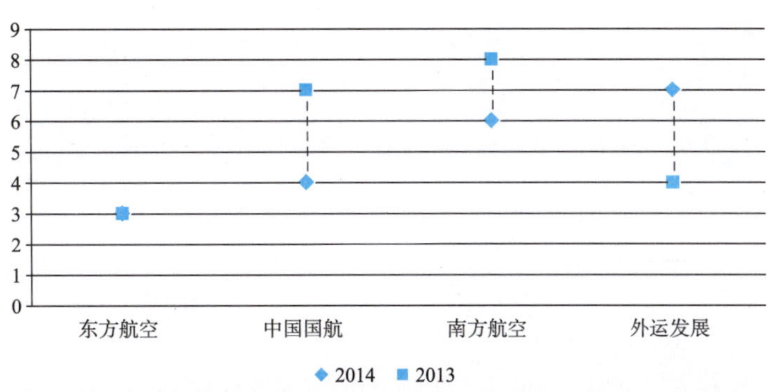

图 8-15 航空运输业企业社会责任行业排名变化趋势

由表 4-4 可知，在整个交通运输行业，航空运输业的社会责任绩效水平是比较高的，4 家上市公司的总绩效得分排名均在前七名。具体来看，除外运发展得分有所下降外，另外三家企业得分均有所上升，整个行业整体表现比 2013 年好。东方航空保持了行业领先地位，在整个交通运输行业排名第三，中国国航和南方航空名次较 2013 年分别上升了 3 名和 2 名，外运发展的名次较 2013 年下降三名，处在航空运输行业的末位。

3.2 社会期望主题情况

根据航空运输业企业社会责任各个主题的得分情况，计算出 2014 年度该行业在八个主题上的平均得分，如表 8-5、图 8-16~ 图 8-24 所示。

航空运输行业企业社会责任八大主题得分及均值 表 8-5

企业名称	环境绩效	劳动实践	人权	公平运营	产品责任	社区参与和发展	责任治理	经济绩效
南方航空	0.749	0.803	0.452	0.202	0.115	0.626	0.403	0.366
东方航空	1.136	0.857	1.192	0.271	0.364	0.49	1.022	0.959
外运发展	0.745	0.734	0.22	0.468	0.23	0.381	0.501	0.346
中国国航	0.914	0.66	0.551	0.331	0.276	0.778	0.463	0.386
均值	0.886	0.763	0.604	0.318	0.246	0.569	0.597	0.514

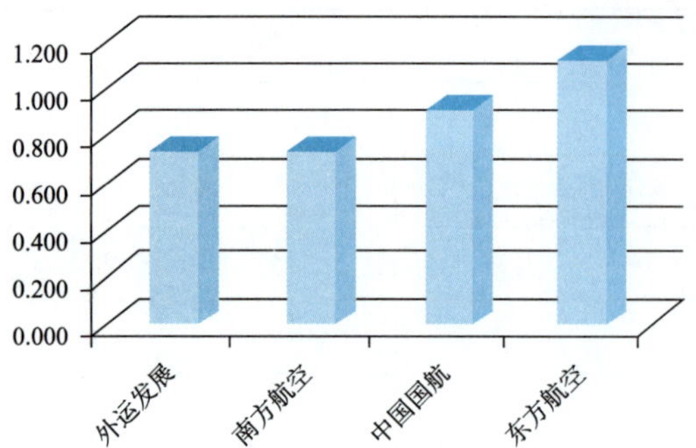

图 8-16 航空运输业企业社会责任主题—环境绩效得分

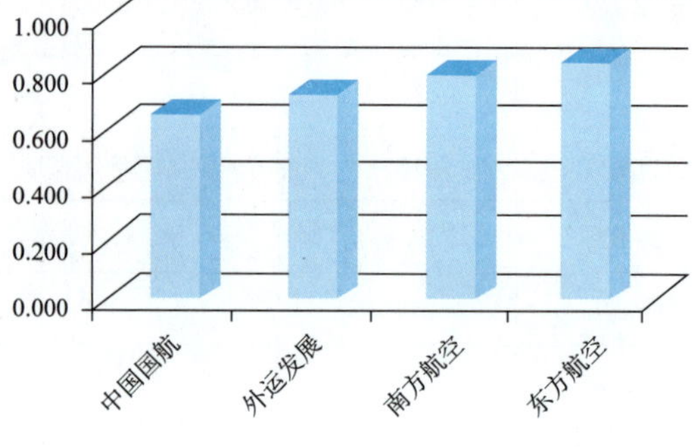

图 8-17 航空运输业企业社会责任主题—劳动实践得分

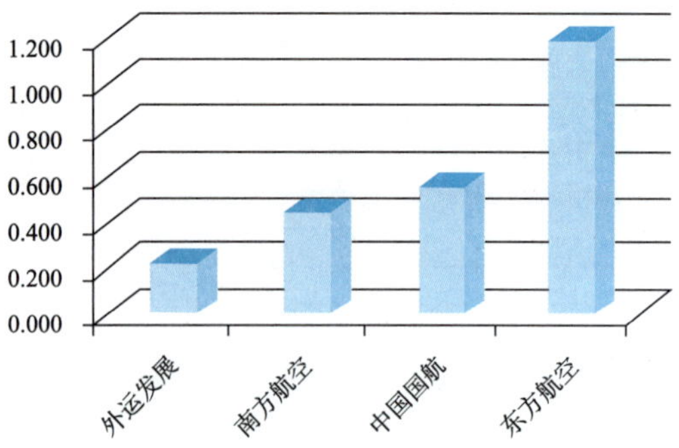

图 8-18 航空运输业企业社会责任主题—人权得分

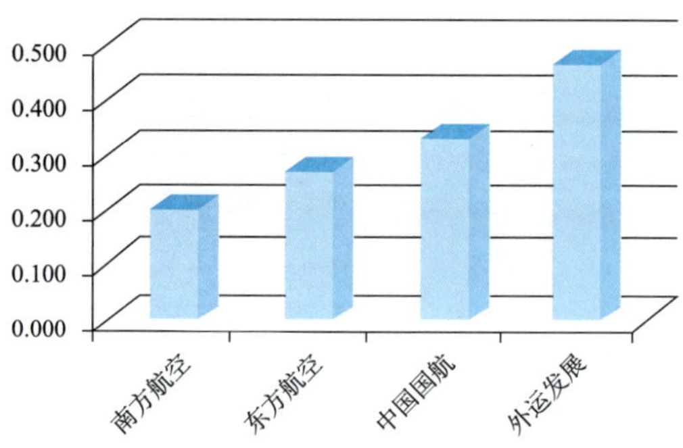

图 8-19 航空运输业企业社会责任主题—公平运营得分

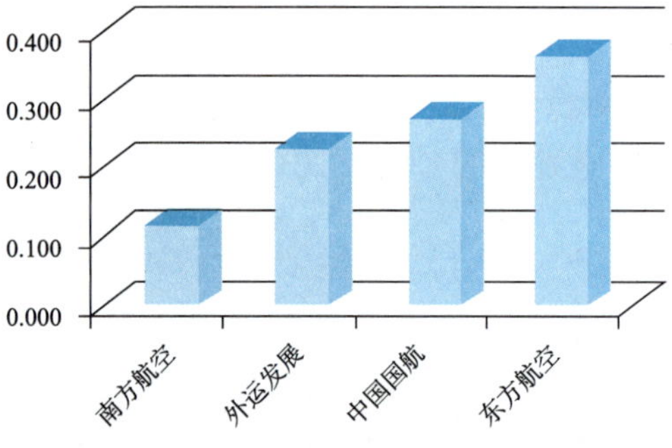

图 8-20 航空运输业企业社会责任主题—产品责任得分

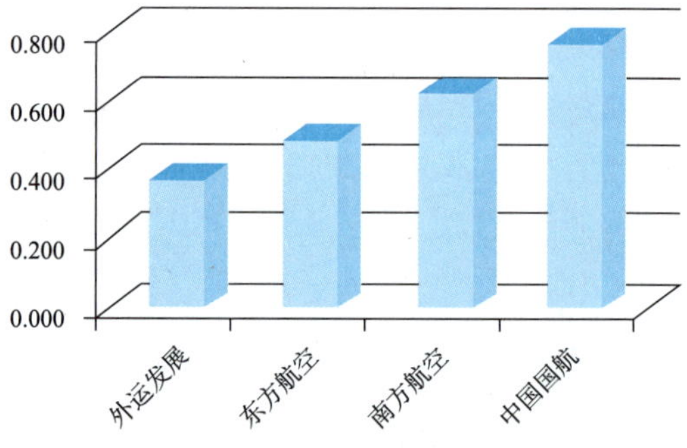

图 8-21 航空运输业企业社会责任主题—社区参与得分

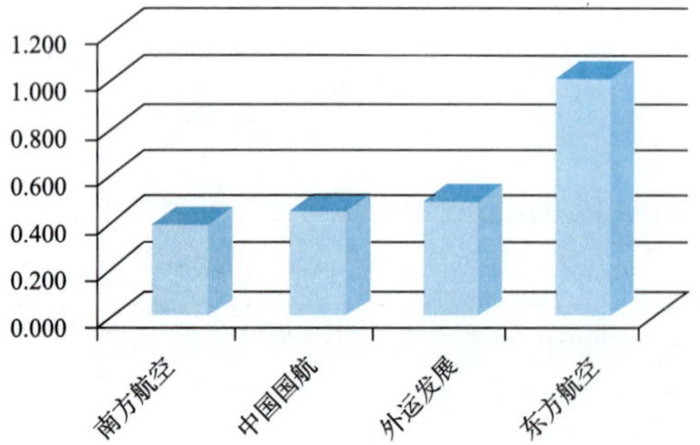

图 8-22 航空运输业企业社会责任主题—产品责任治理得分

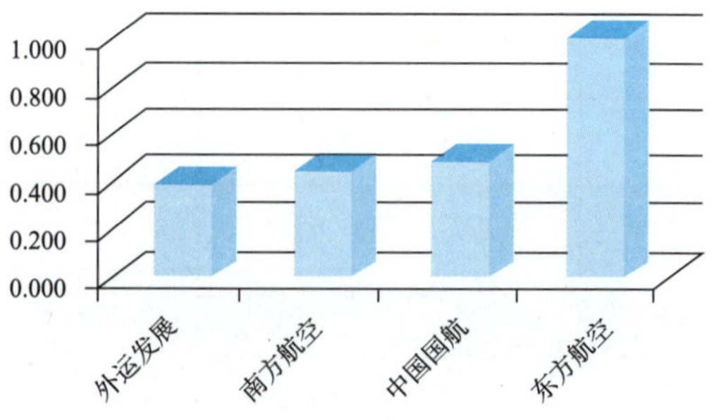

图 8-23 航空运输业企业社会责任主题—经济绩效得分

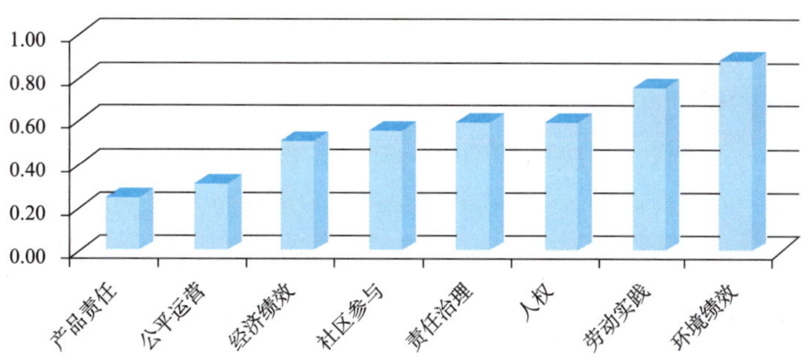

图 8-24 航空运输业企业社会责任八大主题得分均值比较

针对企业社会责任的八大主题的评价结果，汇总表 8-5、图 8-16 ~ 图 8-24 的信息，可以看出：

①在环境保护主题方面。航空运输业 2014 年度在这一主题下的得分均值为 0.886 分，在交通运输行业包含的八个分行业中排在第一。其中，南方航空、东方航空、外运发展和中国国航的得分题项所占比例分别为 66.67%、72.22%、61.11% 和 77.78%。具体来说，在企业运营过程中涉及的物料的可再生性和环保性方面，东方航空和中国国航都在实际行动中进行了有益的尝试，东方航空在这一方面的得分最高。四家企业都在提高可持续资源及二次能源的利用程度和通过提高技术水平减少对资源需求的程度方面做了极大努力并取得了一定的成果。在生物多样性与自然栖息地恢复方面，整个航空运输业的行动多局限于保护和恢复生态系统措施的制定，而在有关战略规划的制定、有关项目的发起或参与以及对濒危物种的影响的评估方面尚且缺少有力度的行动。另一个明显的不足是四家企业中仅中国国航在供应商环境评估的两个题项方面有所表现，而其他三家企业的得分均为 0，有关企业还要加以重视。

②在劳动实践方面。2014 年度，四家企业在这一主题上的均值为 0.763，与其他七个分行业相比，排名第一。南方航空、东方航空、外运发展、中国国航涉及的指标得分题项占比分别为 100%、95.65%、82.61%、82.61%。南方航空、东方航空、外运发展、中国国航四家企业在劳动实践主题的得分分别为 0.803、0.857、0.734、0.66。南方航空的表现相较于 2013 年有了显著的提升，由 2013 年的第四跃升为 2014 年度的第一，其主要成绩表现为为正式员工提供福利，不从合作伙伴、供应商或分包商的不良劳动实践中获益，劳资关系融洽，关注员工心理健康、改变职业环境以满足员工的生理和心理需要，建立相关制度确保员工不受职业危害的伤害，工作场所中人的发展与培训。中国国航的表现稍微滞后些，其在员工休产假 / 陪产假时为其保留工作、确保企业内部员工同工同酬、对内部弱势群体提供帮助这三个方面的表现上有所不足。

③在人权主题方面，航空运输业的均值为 0.604 分，在交通运输行业八个分行业的人权主题比较中，航空运输业排名第一。而在本行业的八大主题中排名第三，得分较为理想，但与 2013 年相比，得分明显下降。东方航空、南方航空、外运发展、中国国航涉及的指标得分题项占比分别为 100%、41.67%、41.67%、41.67%。四家企业中除东方航空的得分超过 1 分，达到了 1.192 分外，中国国航、南方航空、外运发展的得分依次为 0.551、0.452、0.22。东方航空遥遥领先与其他三家企业，这主要是因为东方航空在供应商的人权评估及人权问题申诉机制上的表现优于其他公司。而外运发展因其在避免某些规定、标准或做法直接或间接歧视弱势群体、消除就业歧视、采取纠正行动，尊重人格、健康、相当水准生活、公民人身自由、安全、人道及尊重、有助于有效杜绝童工的措施以及自由平等就业、基本生活薪酬福利、公正良好工作的三项措施的表现次于其他三家公司。

④在公平运营主题方面。航空运输业2014年度在这一主题下的得分均值为0.318分，在交通运输行业包含的八个分行业中排第二。其中，南方航空、东方航空、外运发展和中国国航的得分题项所占比例分别为53.85%、69.23%、69.23%和69.23%。具体来说，航空运输业企业均能在反腐败问题上采取积极而有效地预防及应对措施，坚决抵制腐败与勒索，制定、监督反腐败政策的全面落实，鼓励员工和代表积极参与到反腐败的行动中来，为确保举报人员及后续行动相关人员免遭报复建立有效的保障机制。也普遍地能够做到在政治性捐赠、反竞争和合规经营方面符合公平运营的原则要求。然而在负责任的政治参与、尊重知识产权、供应商公平运营评估以及公平运营问题申诉机制的建立方面还需要有更多的关注和行动。

⑤在产品责任方面。航空运输业2014年度在该主题的得分均值为0.246，在交通运输行业包含的八个分行业中的排名是第一名，其中南方航空、东方航空、外运发展、中国国航的得分题项占比例分别为75%、93.75%、81.25%%和75%，题项得分覆盖率非常的高，说明航空运输业在产品责任主题的履行过程中基本上做到了面面俱到，如东方航空仅在产品标签方面没有详细的说明。在产品责任主题的企业得分排名中，四家企业均名列前茅，其中东方航空的排名最高，位列38家企业的第三名。从企业的管理及运营我们可以发现，东方航空较为关注客户满意度以及客户隐私方面的建设，在内部管理上通过建立相应的管理办法以及签署承诺书等方式确保客户资料安全。同时南方航空以及东方航空在运营中比较强调公平营销，让消费者在知情的条件下进行决策，且在谈判过程中也能够注意同时保护供应商的相关者的权益。在产品标签方面，仅外运发展涉及到按照相关法律的规定对产品及服务的信息，也许是企业的主营业务有差别的关系，其他三家企业均没有这方面的实际行动。

⑥在社区参与和发展方面，航空运输业2014年的得分均值为0.569，在交通运输行业包含的八个分行业中排名第二位，仅略低于水路运输业，整体看来航空运输业企业社会责任履行情况值得肯定。航空运输行业六家企业得分题项所占比例分别为：南方航空62.50%；东方航空81.25%；外运发展68.75%；中国国航56.25%。具体来说，四家企业在履行社区参与和发展的责任时都比较注重在扶贫帮困，助学和人文关怀上下功夫，例如南方航空一路绿灯千里送“心”，“十分”关爱、助学兴教，赞助文化节等；东方航空走进福利院、敬老院，资助希望小学等公益活动。南方航空和外运发展也通过自身活动或价值链活动整合社区居民、团体和组织，帮助社区居民创造就业。四家企业在通过技术培训帮助社区居民获得更有保障的就业，从而改善贫困方面并不积极，授人以鱼不如授人以渔，多授渔才能从根本上提高社会的整体发展水平，希望今后能在技术传播方面有更加积极的行动。四家企业都没有明确将社区参与标准纳入到企业的供应商筛选、合作管理体系中，没有识别和评估供应链中的重大实际和潜在的社区参与和发展相关的负面影响，也未就社区参与管理相关的问题建立申诉机制，因此在这三方面还有待进一步的提高。

⑦在责任治理方面。航空运输业的得分为0.597，得分低于2013年的均值0.919分，在八大行业中排名第一，南方航空、东方航空、外运发展和中国国航的得分项所占总题项的百分比分别为81.82%、100%、63.64%和63.64%，航空运输业的四家企业中得分最高的是东方航空，得分为1.022分，紧随其后的是外运发展、中国国航和南方航空，得分分别为0.501、0.463、和0.403，今年进步较大的是东方航空公司，公司的得分项覆盖了责任治理维度下的所有指标，公司今年较2013年在公司治理机构中的企业社会责任机制、公司参加的外部发起的公约和行业协会表现较好，并且东航成立社会责任工作委员会，由总经理担任主任，领导班子成员担任副主任，各单位主要负责人担任委员，负责领导、推进社会责任工作。整体来说今年航空运输业得分比2013表现要差，除东方航空外其他企业得分均有所

下降，希望行业可以关注公司在责任治理方面的问题，加快建设企业社会责任的相关机制。

⑧在经济发展方面。航空运输行业的得分均值为0.514分，在八大行业中排名第一，南方航空、东方航空、外运发展和中国国航的得分项所占总题项的百分比分别为55.56%、100%、55.55%和44.44%。四家企业中排名第一的东方航空得分0.959，公司失分项主要是采购行为，排在东方航空之后的依次为中国国航、南方航空和外运发展得分分别为0.386、0.366和0.346，三家企业在经营过程中没有考虑不同性别的工资水平与机构重要运营地点当地的最低工资水平同时也未考虑对于雇佣当地人员作为公司的高层管理人员，整体来说四家企业在采购行为方面得分也较低，即企业在采购的时没有考虑向当地供应商进行采购，GRI组织在2013年5月发布的最新G4报告中明确指标企业在承担企业社会责任时要考虑企业的供应链企业社会责任，希望在该方面可以引起企业的重视。

综合来看，航空运输业企业的社会责任发展水平一直处于交通运输行业的领先地位。所有的四家企业都在环境、劳动实践、人权、社区参与和发展、责任治理方面有上佳表现。然而，在产品责任维度，航空运输业虽在交通运输行业位列第一，但绩效得分仅为0.246分，远不能被称为是“责任”企业，还需要有更多的重视和提升，且继续发挥“领头羊”的表率作用，将整个交通运输行业在产品责任维度的表现引往更高的层次。

4 航空运输业企业社会责任演进阶段评价

4.1 总体演进阶段及变化趋势

航空运输业4家企业在2014年度企业社会责任演进阶段及行业总体演进阶段如表8-6、图8-25所示。

航空运输业企业社会责任演进阶段　　表8-6

企业名称	2014年度企业分级	2013年度企业分级
东方航空	IV	IV
南方航空	III	IV
外运发展	III	III
中国国航	III	III
行业演进阶段	III	III

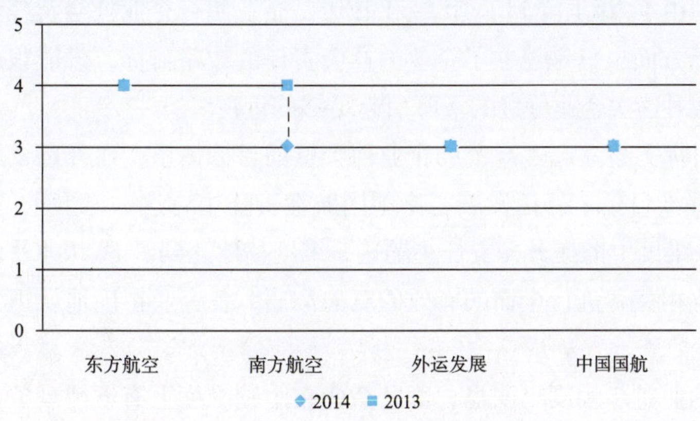

图8-25　航空运输业企业社会责任演进阶段等级分布

由表 8-6 可知，2014 年航空运输业的行业发展等级近三年来都没有变化，一直处于 III 级整合阶段，4 家企业中东方航空等级依然是最高的，为 IV 级，其余三家企业都在 III 级，该行业内的企业社会责任发展情况较好，但是南方航空由 2013 年的 IV 级下降到了 III 级，说明行业发展等级虽然没有变化，但是行业内的企业呈现出了下滑的现象，应该引起各企业的注意，在维持原有的优秀的基础上，尽量寻求进步的空间，避免下滑现象的发生。

4.2 不同维度演进阶段及变化趋势

通过对企业社会责任演进阶段的分维度评价，得到了航空运输业在七个维度上所处的演进阶段，如表 8-7 所示。

航空运输业企业社会责任演进阶段分维度评价　　表 8-7

企业名称	年度	战略意图	承诺目标	责任主题	相关者关系	管理措施	透明度	绩效评价
东方航空	2014	IV	III	IV	III	III	III	II
	2013	IV	III	IV	III	III	III	II
南方航空	2014	III	II	IV	III	III	IV	I
	2013	IV	IV	IV	III	III	IV	I
外运发展	2014	III	II	IV	III	II	III	I
	2013	III	III	III	III	II	III	I
中国国航	2014	III	III	IV	III	III	IV	I
	2013	III	II	III	III	II	IV	I

从表 8-7 可以看出，2014 年与 2013 年比较来看，相关者关系、管理措施、透明度以及绩效评价四个维度的得分情况与 2013 年完全相同，变化较多的是承诺目标以及责任主题两个维度；另外值得注意的是，相比于其他维度，绩效评价的等分普遍偏低，除东方航空达到了 II 级外，其他企业仍然停留在 I 级的初级水平上。从企业的角度来说，东方航空的得分与 2013 年相同，保持了很高的标准，但是进步程度不明显。外运发展与中国国航虽然企业分级与 2013 年相同,但是部分维度有了一定程度的变化。

从分维度等级评价的情况来看，南方航空企业等级下降的主要原因是战略意图和承诺目标两个维度上得分的下降，分别由 IV 级下降到了 III 级和 II 级，企业履行企业社会责任的主要目的是获得社会的认同；关于承诺目标方面也只是建立了企业的社会责任的战略目标，没能很好地与企业的经营活动相结合，南方航空应该对这次企业分级的下降引起足够的重视。

中国国航在承诺目标上建立起了规范的企业社会责任目标体系，而外运发展在战略目标上有所下降，仅达到了行业的基准目标；外运发展与中国国航在责任主题这一维度上都由 III 级上升到 IV 级，随着这两家企业在这一维度上的提升，责任主题这一维度整体达到了 IV 级水平，说明在航空运输业的行业内能够做到与利益相关者进行全面的有效的双向沟通，各企业正确地认识到了在企业的运营过程中利益相关者的重要性。

整体来看航空运输业进步幅度不明显，部分企业在个别维度上有下滑现象出现，各企业皆应时刻保持紧张状态，维持行业优秀这一高姿态，去追求更大的进步。

5 航空运输业企业社会责任发展评述

①航空运输业企业社会责任报告质量评价得分为78.37分,在八个行业中排名第一。整体表现较好。

②航空运输业企业社会责任报告应用等级为B级。

③航空运输业企业社会责任绩效评价的得分为30.39分，在八个行业中排名第一。

④航空运输业企业社会责任演进阶段为III级。

⑤航空运输业企业社会责任报告质量八大指标中均值得分最高的是可获取性。

⑥航空运输业企业社会责任报告质量八大指标中排名第二的是可获取性，排名倒数第一的是包容性。

⑦航空运输业企业社会责任报告应用等级表现最好的是战略与概况维度。

⑧航空运输业企业社会责任绩效评价八大主题中得分最高的是环境，得分最低的产品责任。

⑨航空运输业企业社会责任八大主题中有六大主题在八大行业中排名第一，分别是环境主题、劳动实践主题、人权主题、产品责任主题，责任治理以及经济绩效主题。

第九章

港口运输业企业社会责任发展报告

1 港口运输业企业社会责任报告质量评价

港口业是对经济波动较为敏感的行业，主营业务量的大幅减少是目前我国港口企业面临的重大难关，如何有质量、有速度地实现突破困扰着所有的利益相关者。近年来，越来越多的港口企业加入了打造绿色港口的行列当中，希望从创建符合时代潮流的低碳、循环、节能、环保型港口的道路中找到出路。既如此，企业社会责任便是其一定要认真对待的方面。

1.1 报告质量评价

港口运输业上市的 20 家公司中 2014 年有 9 家企业发布了企业社会责任报告，与 2013 年相比减少了一家营口港，港口运输业企业社会责任报告质量评价得分及排名如表 9-1 所示。

港口业企业社会责任报告质量评分及排名 表 9-1

企业名称	2014 年度			2013 年度		
	总　分	行业排名	总体排名	总　分	行业排名	总体排名
上港集团	78.21	1	5	79.48	1	2
天津港	46.25	2	9	69.47	2	4
唐山港	44.85	3	12	49.22	3	8
宁波港	27.74	4	18	25.8	7	21
连云港	27.52	5	19	30.83	4	16
日照港	26.48	6	22	29.01	5	17
大连港	24.89	7	25	20.74	9	30
锦州港	21.88	8	28	28.35	6	18
盐田港	15.47	9	37	19.38	10	33
营口港				25.63	8	23
均值	34.81			37.79		

由表 9-1 所示可知，港口运输业的报告质量得分均值较低，为 34.81 分，较 2013 年的 37.79 分有所下降。港口运输业整体分数较 2013 年起伏不大，进步最大的大连港仅提高了 3.68 分，而九家企业里下降最明显的唐山港下降了 4.37 分。九家企业里较 2013 年退步的企业有 5 家,包括首位的上港集团。可以看出，整个港口运输业 2014 年在企业社会责任方面表现不佳，部分企业出现了下滑的征兆，值得我们关注。

其中 2013—2014 年，具有可比性的共有九家企业，九家企业的企业社会责任报告质量评价排名对比如图 9-1 所示。

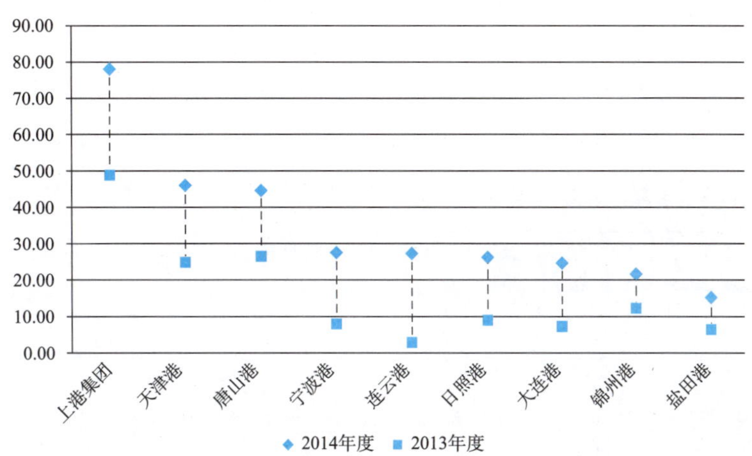

图 9-1 港口业企业社会责任报告质量总排名变化趋势

总体而言，港口运输业的报告质量较上一年有所降低，前三甲的上港集团、天津港和唐山港有两家相比 2013 年报告质量下滑，需引起关注和警惕，不可固步自封，而其他港口企业急需提高对社会责任的正确认知，并主动地承担起相应的社会责任。

1.2 报告质量维度评价

2014 年度港口运输业企业社会责任报告质量八个一级指标的得分均值如表 9-2 所示。其中，每一个一级指标的最高得分为 2 分，最低得分为 0 分。

港口业企业社会责任报告质量八大指标得分及均值 表 9-2

企业名称	完整性	包容性	实质性	回应性	可比性	可信性	创新性	可获取性
盐田港	0.14	0.00	0.67	0.33	0.00	0.00	0.00	0.67
日照港	0.57	0.00	0.83	0.50	0.33	0.00	0.33	0.50
锦州港	0.50	0.00	0.67	0.50	0.17	0.00	0.17	0.67
天津港	1.50	0.83	1.00	0.50	0.33	0.17	1.00	0.83
唐山港	1.29	0.33	1.00	0.83	0.50	0.33	1.17	0.83
连云港	0.50	0.50	0.67	0.83	0.33	0.00	0.33	0.67
宁波港	0.57	0.33	0.67	0.83	0.33	0.00	0.33	0.83
大连港	0.50	0.17	0.67	0.67	0.33	0.00	0.33	0.67
上港集团	1.79	1.33	1.33	1.50	2.00	1.67	2.00	1.00
均值	0.82	0.39	0.83	0.72	0.48	0.24	0.63	0.74

八个一级指标得分的比较如图 9-2 ～图 9-10 所示。

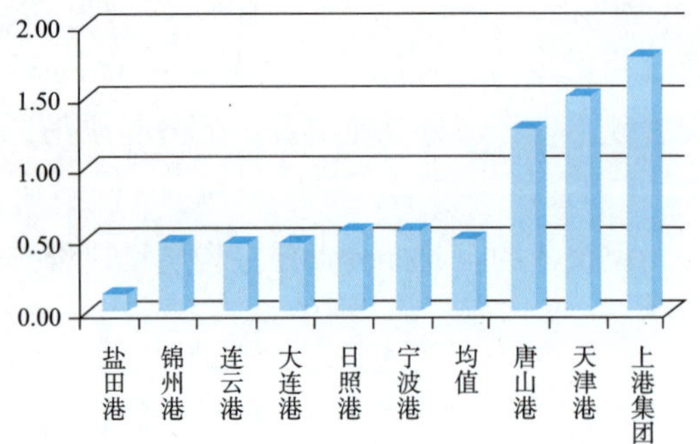

图 9-2 港口业企业社会责任报告质量指标—完整性得分

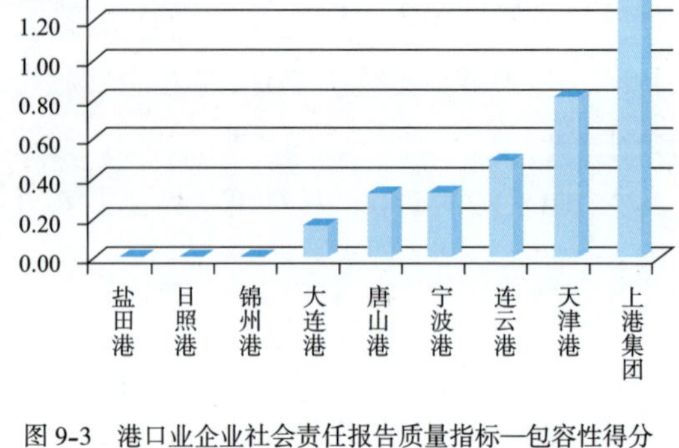

图 9-3 港口业企业社会责任报告质量指标—包容性得分

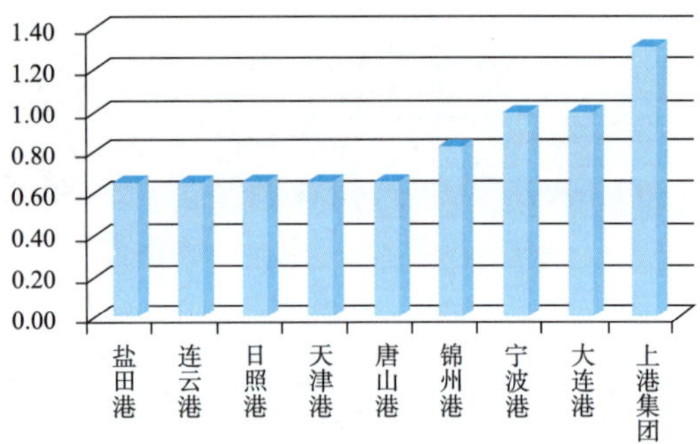

图 9-4 港口业企业社会责任报告质量指标—实质性得分

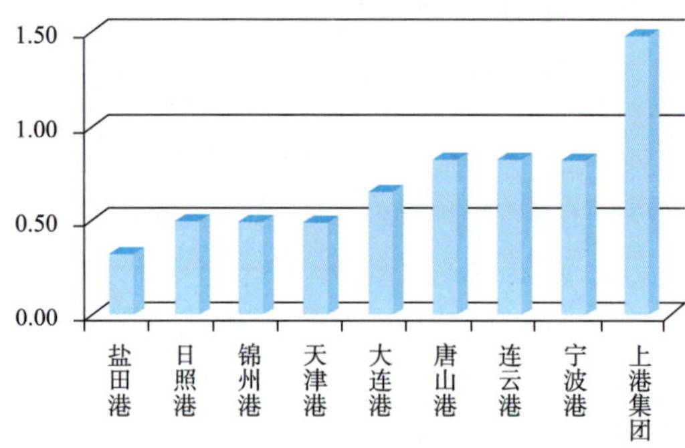

图 9-5 港口业企业社会责任报告质量指标—回应性得分

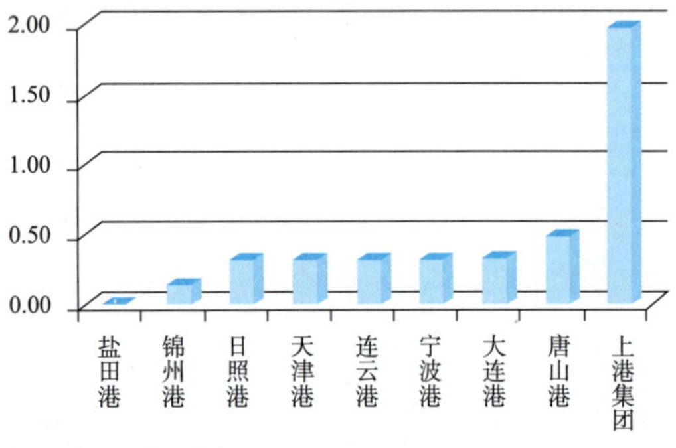

图 9-6 港口业企业社会责任报告质量指标—可比性得分

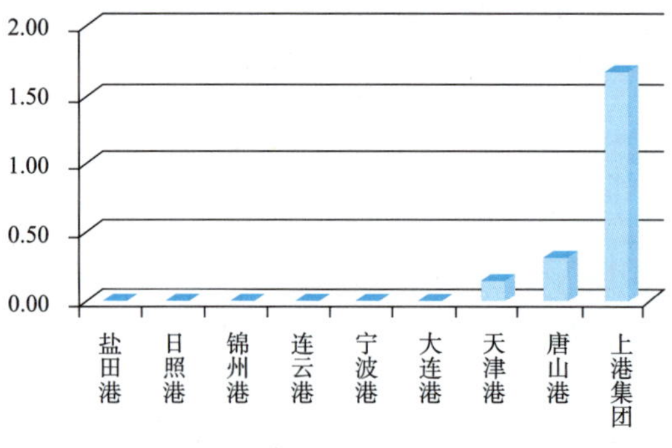

图 9-7 港口业企业社会责任报告质量指标—可信性得分

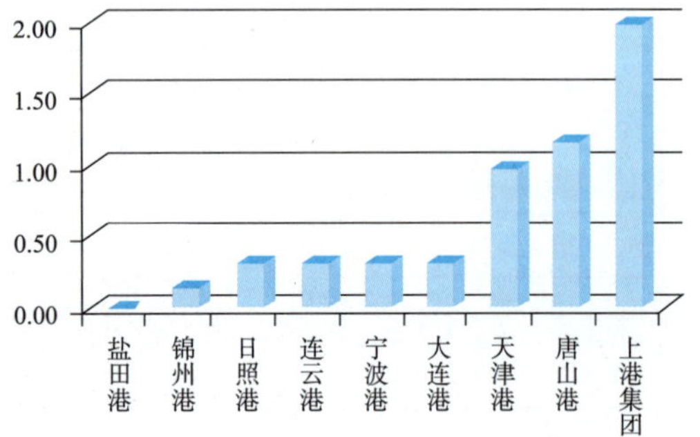

图 9-8 港口业企业社会责任报告质量指标—创新性得分

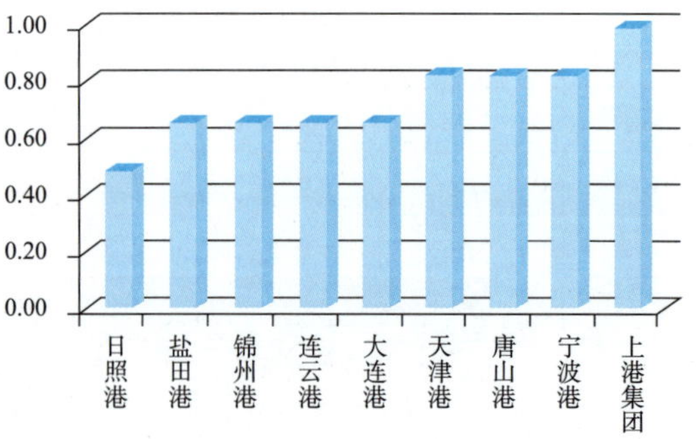

图 9-9 港口业企业社会责任报告质量指标—可获取性得分

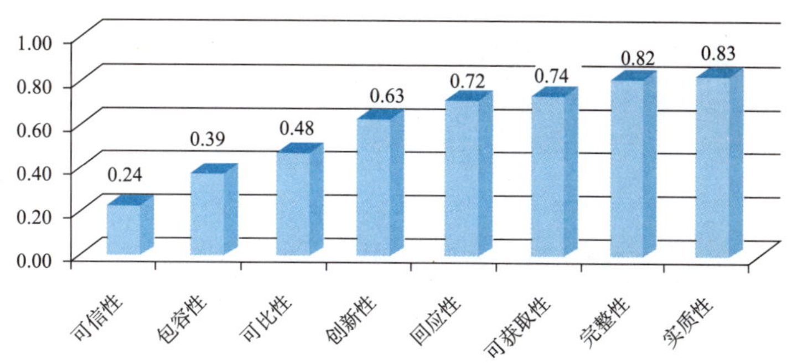

图 9-10　港口业企业社会责任报告质量八大指标得分均值比较

针对企业社会责任报告质量评价的八大指标的评价结果，汇总表 9-2、图 9-2 ~ 图 9-10 的信息，可以看出：

①在完整性这一指标上，上港集团的得分最高，为 1.79 分，其次是天津港为 1.5 分，两者存在一定差距。最后一名是盐田港，仅得到了 0.14 分，是第一名上港集团得分的 7.8%。在决策者声明这一指标上，上港集团和唐山港得分为 2 分。以上港集团为例，通过说明对可持续发展管理、市场、安全、员工、环境、社会等六方面履行社会责任的情况，进而提出 2015 年履行社会责任的目标和方向。在主要影响、风险、机遇的描述这一指标中，仅有上港集团得 1.5 分，唐山港得 0.5 分，其余 7 家企业这一指标上得分均为 0。整个行业在这一指标上失分较多，需要指出的是，在企业践行社会责任的道路上应该花更多的心思对可持续发展及利益相关者的主要影响以及可持续发展趋势为企业带来的风险和机遇问题进行思考。

②在包容性这一指标上，整体得分均值较低，上港集团得分最高，为 1.33 分，盐田港，日照港，锦州港得分均为 0，行业内部差距明显，各企业对待相关利益者的态度和行为具有较大差异。上港集团根据企业实际较全面的概括了利益相关者，包括政府、国家领导人、股东、投资人、员工、社区、供应商、下属公司以及对公司感兴趣的个人、团体和媒体。同时，采取文件下发、定期报告、业务拜访、会晤、日常沟通、工作会议、职工监事、新闻报道和宣传、函电来往等丰富多样的方式提高利益相关者的参与程度，利益相关者的参与是促进企业社会责任的关键。天津港获 0.83 分排名第二，也是分章节对不同利益相关者的需求、参与和制度流程进行披露，因此该指标得分较高。盐田港，日照港，锦州港在利益相关者参与流程和制度以及针对利益相关者的报告发布范围方面得分均为零，企业还没有明确到底谁是自己的核心利益相关者，更是缺乏相应的沟通机制，与利益相关者的沟通可以了解不同的利益相关者的关注点、优先性和期望，因此严重制约了企业履行社会责任意识与行动。

③在实质性这一指标上，上港集团的得分最高，为 1.33 分，天津港、唐山港紧随其后，均为 1 分，而剩余六个港口除日照港 0.83 分以外，均为 0.67 分并列末尾，行业内部差距较大。上港集团通过设计管理体系、风险评估及策略、信息指标收集 / 更新、完善组织、高层决策、现状调查和评估、报告披露、内外评审、编写报告、监控执行情况、监控执行、实施风险管理方案这一系列可持续发展管理体系建设步骤对实质性重要主题进行识别，并对于主题的回应具有较强的可测量性和可验证性。如在经济主题方面，列举了营业收入、净利润近三年的变动情况以及引发纳税额和分红情况，在职工主题方面，披露了公司员工培训总人次，投入，课时，类别等和在近三年来员工评定指标情况，建立职业发展平台等信息。这给其他企业树立了好的榜样。

④在回应性这一指标上，上港集团得分最高为 1.5 分，盐田港的得分最低为 0.33 分。上港集团在

回应的平衡性、绩效衡量、监测或审验和目标体系的建立上，得分较好，各为2分、1分、1.5分。上港集团在安全生产方面，设立了“提升现场安全网格化管理水平、确保各级各岗位安全责任落实到位、提高安全监督人员队伍素质和能力”三项目标，全面推行、建立和实施安全监督体制和机制。在回应的平衡性方面，上港集团得分为2分，上港集团敢于正视自己的不足，能够通过图表形式详细罗列企业的负面信息，如：客户投诉统计和安全生产责任事故统计表等。与之相反的是大部分港口对于负面新闻及数据讳莫如深，既无数据资料，也无相关说明，表现不佳。

⑤在可比性指标上，得分最高的上港集团得到了满分2分，但其他企业表现不佳，分数全体在0.5之下，分数最低的盐田港甚至得到了0分，行业内整体表现极差，不同企业间差距较大。大部分企业在行业内可比上有得分，但是得分不高，主要集中在0.5分左右。盐田港在全部指标上得分均为0，企业更多关注的是当年的情况，既缺乏对企业践行社会责任的纵向比较和发展趋势的关注，也没有同行业或跨行业比较学习，吸收经验的意识。不过对于跨行业对比意识的缺失普遍存在于各行业中，而并非港口运输业所独有。

⑥在可信性指标上，仅有3家企业得分。上港集团得分最高，为1.67分，天津港和唐山港得分不高，分别为0.17分和0.33分，其余6家企业得分为0。可见大部分企业迄今为止还没有真正重视报告的可信性，也忽视第三方和利益相关方在企业社会责任报告中的重要性。在这九家企业中，利益相关方评论只有上港集团一家具备，同时也只有上港集团一家经过上海劳氏质量认证，其余均没有进行第三方审验，第三方审验已经是交通运输行业的老生常谈问题了，应该督促相关的监管部门或者社会组织积极地促进企业与第三方审验的接触与合作。这也是本报告第一部分的2.1总结了目前比较权威的第三方审验机构。在今后的系列报告中我们也将会陆续关注第三方审验问题，也将会从社会组织的角度积极地促进企业与第三方审验机构的合作。

⑦在创新性指标上，上港集团得分为2分，其次为唐山港1.17，盐田港得分为0。上港集团在理念创新上独得2分，将企业自身的特色融入到企业的理念中。上港集团创新性的提出了包含企业品牌，企业精神，核心价值观的企业使命，追求“服务创新，专业保证”。上港集团的报告末尾附有GRI索引，这突出了在报告形式与结构上的创新，也使阅读者更加方便、快捷获得企业的信息。

⑧在可获取性指标上，行业内得分较为集中，最高分为上港集团的1分，最低分为日照港的0.67分。在发布渠道的广泛性方面，宁波港未在企业官网上发布，天津港和上港集团没有在MQI关键定量指标数据库进行发布，其余的6家企业除大连港外均未在公司网站上进行发布。说明大多数企业还不能做到自愿的披露信息，仅仅是在规定的网站上发布信息应付过关。在语言版本的多样性方面，港口运输业的9家企业都只有发布中文版报告，很多港口都涉及国际业务，同时在港交所上市，因此缺少英文版报告的发布在一定程度上不能够满足不同利益相关者的诉求和关注。

总而言之，上港集团在八个一级指标上的得分均高于其他八家企业，大连港、锦州港和盐田港在多数指标上的得分较低。整个行业在八大指标上的回应性、实质性、完整性得分较高，在可信性、包容性、创新性得分较低，且指标间的差距较大。

2 港口运输业企业社会责任报告应用等级评价

2013—2014年间港口运输业企业社会责任报告应用等级评价结果如表9-3、图9-11~图9-14所示。

港口运输业企业社会责任报告应用等级分布 表 9-3

企业名称	年 份	战略与概况	管理方法披露	绩效指标	综合评价
盐田港	2014	D	B	D	D
	2013	D	B	D	B
日照港	2014	D	B	C	D
	2013	C	B	B	C
锦州港	2014	C	B	C	C
	2013	C	B	B	C
天津港	2014	B	A	C	C
	2013	C	B	A	C
唐山港	2014	C	B	C	C
	2013	C	B	B	C
连云港	2014	D	C	C	D
	2013	D	B	C	D
宁波港	2014	D	C	C	D
	2013	C	B	C	C
大连港	2014	D	C	C	D
	2013	D	B	C	D
上港集团	2014	A+	A+	A+	A+
	2013	A+	A+	A+	A+

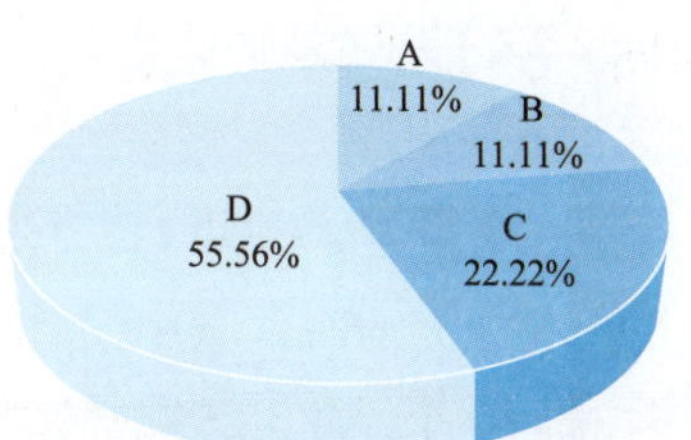

图 9-11 2014 年战略与概况应用等级分布

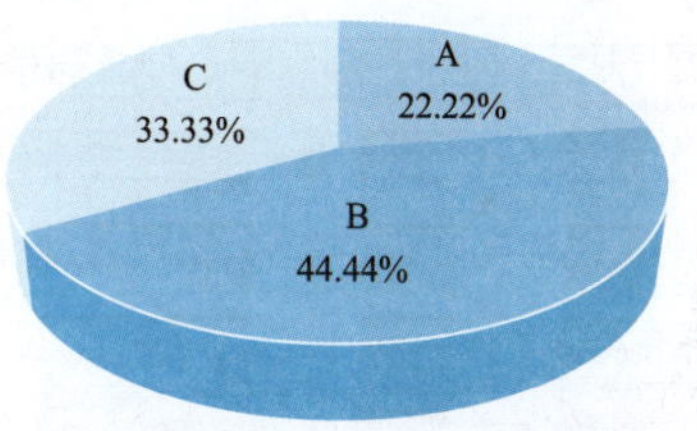

图 9-12 2014 年管理方法披露应用等级分布

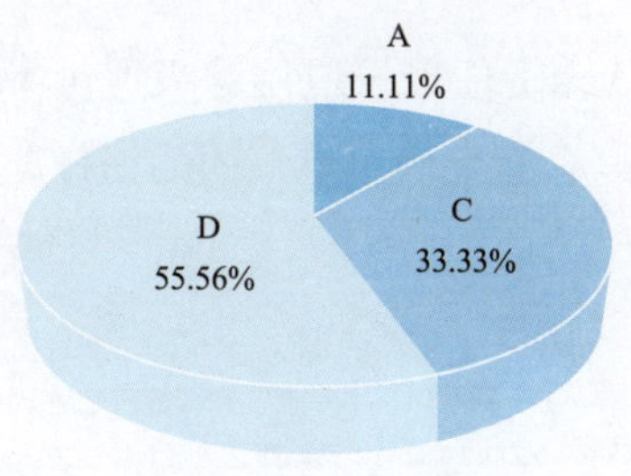

图 9-13 2014 年绩效指标应用等级分布

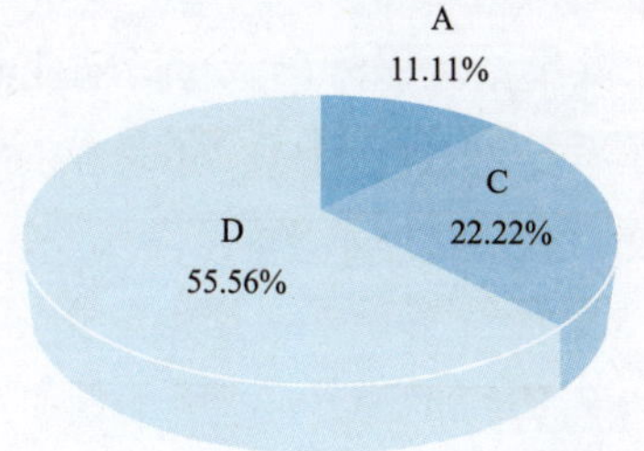

图 9-14 2014 年综合评价应用等级分布

从表 9-3、图 9-11 ~ 图 9-14 可知，与 2013 年相比，今年港口运输业企业社会责任报告综合评价应用等级整体表现不佳，盐田港由 B 变为 D，日照港、宁波港均由 C 变为 D，没有企业升级，呈下滑趋势。但同时，上港集团继续保持在较高的 A 级水平。在战略与概况维度方面，天津港有所进步，其等级由C变为B，相较2013年揭示的14个指标，2014年的报告披露了16个指标。日照港和宁波港均由C变为D，仅各披露了6个和4个指标。在“机构概况”和“报告参数设置”方面比2013年失分严重。管理方法披露方面，有4家公司发生变化，天津港由B变为A，大连港、宁波港、连云港均由B降为C。从行业整体角度，有2家企业为A，4家企业为B，3家企业为C，值得一提的是2013年无企业评级为C。相比2013年，绩效指标维度也有所变化，有4家企业降为C，分别是日照港，锦州港，天津港，唐山港，其中天津港由A降为C，117个指标中仅披露了69个。

在战略与概况这一维度上，共有24个指标。A级占总体的11.11%，B级占总体的11.11%，C级占总体的22.22%，D级占总体的55.56%。整体分析，较2013年相比A级企业增加了天津港这一家企业，C级企业数量减少，部分升级为B级，部分降级为D级且相比之下降为D级的企业较多，可见整个港口运输业这一部分信息披露程度不高。其中在“机构概况”中，只有上港集团为满分，其余港口均有不同程度失分，而这些部分涉及的是企 业的基本信息，说明企业对企业社会责任报告在规划时没有从整体入手以致有基础信息上的缺失，同时也显露出对报告缺乏足够的重视。另外，在“报告参数设置”方面失分也较为严重，有5家港口在10个指标中得分不足5分，其中在“数据测量方法及计算基准，包括用以编制指标及其他信息的各种估测所依据的假设及方法”指标港口运输业无一得分，显示出企业在数据处理方面的不足。

管理方法披露这一维度，主要是企业对于各企业社会责任主题时采用了什么样的方式和方法，是企业社会责任报告信息披露可信度和可靠性的保障。这一维度共有30个指标，整体水平处于中游，其中A级占22.22%，B级占44.44%，C级占33.34%。相较2013年A级企业数量上升，但C级企业有明显增加。不足之处相当明显，例如“消费者问题”一共4个指标，连云港和宁波港得0分，

盐田港、日照港、锦州港和唐山港只揭露1个指标，行业整体对消费者问题重视程度不足。又如在经济发展方面，有两家企业，大连港、连云港未披露相应指标。经济发展是企业要务，在这一部分未加披露说明企业对企业社会责任结构与体系了解不足。

绩效指标这一维度是企业践行企业社会责任绩效的体现，涵盖八个主题，一共117个指标。其中，A级占总体的11.11%，无B级企业，C级占总体的33.33%，D级占总体的55.56%。其中仅上港集团为A，其余港口非C即D。除上港集团外，其余企业117个指标中最多披露69个，占58.5%，最少披露41个，仅有34.7%。其中在公平运营指标和责任治理两大指标表现尤为不佳，有3家企业在责任治理下的11个指标处得分不超过5分。由此可见，在2014年细化了对绩效的评价体系后，许多企业报告中的漏洞也随之暴露出来，查漏补缺是港口运输业企业应做的工作。

总之，除上港集团外，港口运输业其他8家企业的企业社会责任报告应用等级评价不高，还未形成完整的体系，对G4和ISO 26000指标的认识不高，其余8家企业应以上港集团为榜样，严格按照国际化的标准，提高整体水平。

3 港口运输业企业社会责任绩效评价

3.1 总体绩效情况

港口运输企业社会责任绩效评价结果及排名变化对比表如表9-4、图9-15所示。

港口运输业企业社会责任绩效得分及排序对比　　表 9-4

企业名称	2014 年度			2013 年度		
	总　分	行业排名	总体排名	总　分	行业排名	总体排名
上港集团	50.66	1	1	49.02	1	2
天津港	23.12	2	8	25.07	3	6
唐山港	20.96	3	11	26.72	2	5
日照港	19.43	4	13	9.22	6	16
锦州港	17.87	5	15	12.51	4	10
宁波港	14.75	6	25	8.24	7	21
大连港	13.19	7	28	7.52	8	22
连云港	12.30	8	33	3.16	10	36
盐田港	9.33	9	37	6.72	9	30
营口港	—	—	—	11.50	5	12
均值	20.18			15.97		

注：得分已经转化为“百分制”。

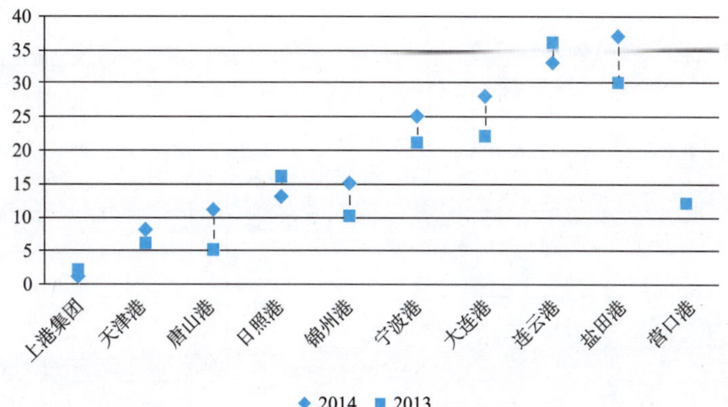

图 9-15　港口企业社会责任行业排名变化趋势

由表 9-4 可知，2014 年港口运输业 9 家企业的企业社会责任绩效得分均值为 20.18，相较于 2013 年 15.97 的均值有所提升。从图 9-15 来看，除日照港、连云港外，其他企业的整体排名都有所上升或保持不变。此外 2014 年位于港口运输行业第一名的上港集团得分为 50.66，高于 2013 年的 49.06，同时也远远高于第二名的天津港得分 23.12，绩效保持了港口运输行业。港口运输行业在整个交通运输行业的排名跨度较大，其中位于前十名的有上港集团、天津港 2 家企业，低于 2013 年的 4 家，同时也有两家位于后十名，其他居中，行业内部差距较大。主要是由于受到地区、消费市场以及资源等多方面因素的综合作用，需要结合企业自身的发展有针对性的寻找问题的根源所在。

3.2　社会期望主题情况

根据港口运输业企业社会责任各个主题的得分情况，计算出 2014 年度该行业在八个主题上的平均得分，如表 9-5、图 9-16 ~ 图 9-24 所示。

港口运输业企业社会责任各主题得分 表 9-5

企业名称	环境绩效	劳动实践	人 权	公平运营	产品责任	社区参与和发展	责任治理	经济绩效
日照港	0.880	0.463	0.338	0.152	0.150	0.417	0.164	0.139
上港集团	1.303	1.071	0.462	0.401	0.498	1.277	1.167	1.158
锦州港	0.518	0.392	0.177	0.146	0.081	0.733	0.337	0.052
天津港	0.835	0.465	0.220	0.243	0.094	0.449	0.430	0.488
唐山港	0.444	0.750	0.405	0.146	0.106	0.393	0.701	0.078
连云港	0.265	0.409	0.272	0.157	0.081	0.371	0.121	0.209
宁波港	0.638	0.464	0.264	0.146	0.084	0.295	0.131	0.035
大连港	0.534	0.402	0.264	0.152	0.086	0.160	0.110	0.218
盐田港	0.294	0.398	0.153	0.172	0.070	0.247	0.027	0.017
均值	0.635	0.535	0.284	0.191	0.139	0.483	0.354	0.266

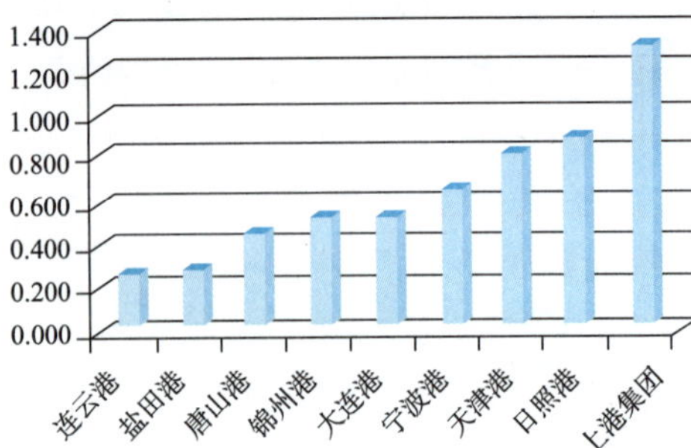

图 9-16 港口运输业企业社会责任主题—环境绩效得分

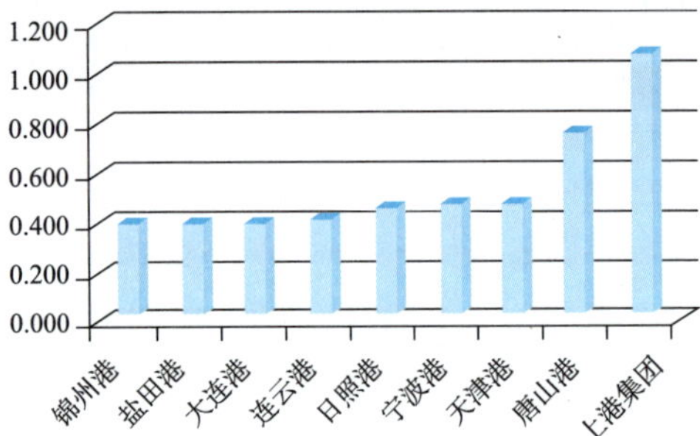

图 9-17 港口运输业企业社会责任主题—劳动实践得分

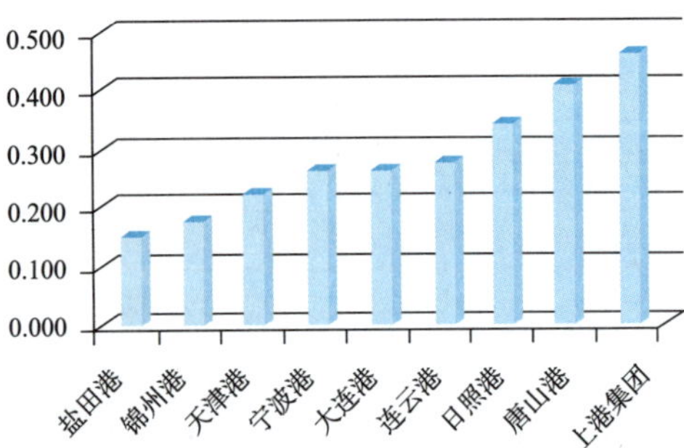

图 9-18 港口运输业企业社会责任主题—人权得分

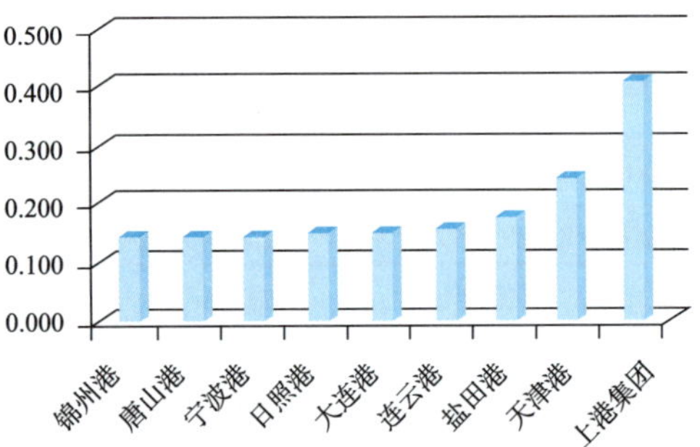

图 9-19 港口运输业企业社会责任主题—公平运营得分

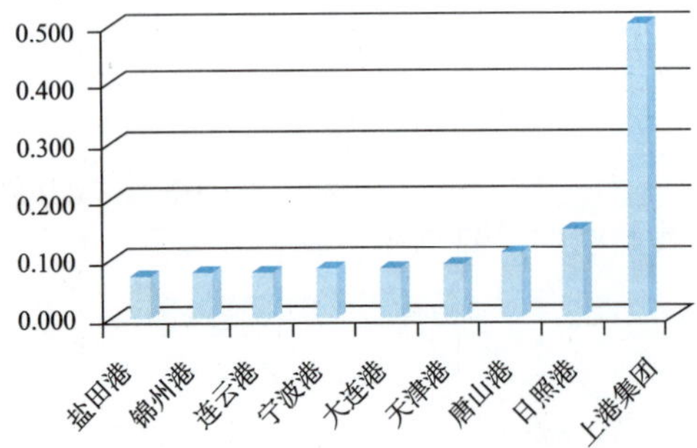

图 9-20 港口运输业企业社会责任主题—产品责任得分

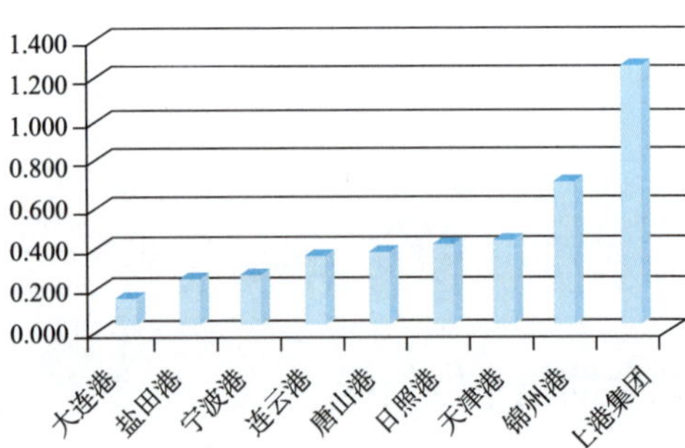

图 9-21 港口运输业企业社会责任主题—社区参与得分

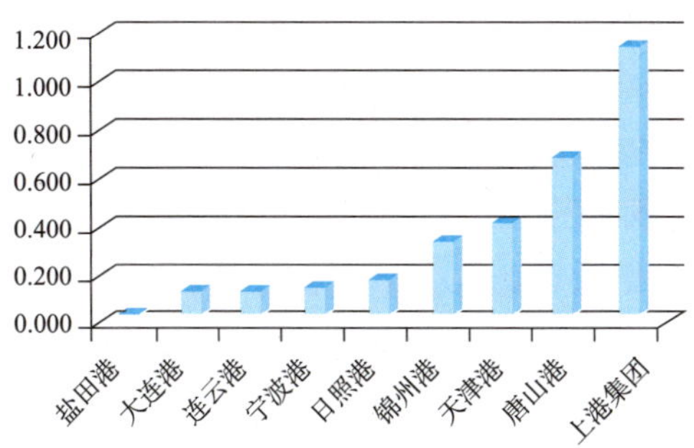

图 9-22 港口运输业企业社会责任主题—责任治理得分

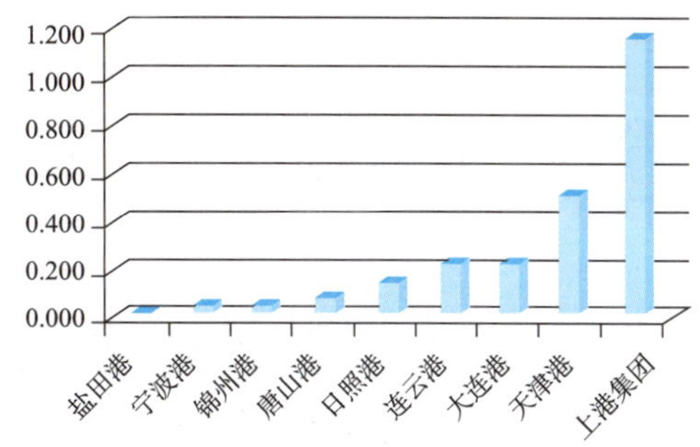

图 9-23 港口运输业企业社会责任主题—经济绩效得分

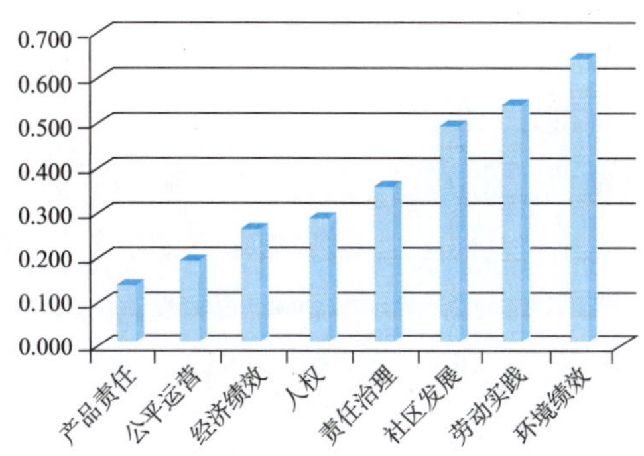

图 9-24 港口运输业企业社会责任八大主题得分均值比较

针对企业社会责任的八大主题的评价结果，汇总表 9-5、图 9-16 ~ 图 9-24 的信息，可以看出：

①在环境保护方面。港口运输业企业 2014 年度在这一维度的得分均值为 0.635 分。其中，日照港、上港集团、锦州港、天津港、唐山港、连云港、宁波港、大连港和盐田港的得分项所占比例分别为 55.56%、83.33%、55.56%、66.67%、38.89%、50%、72.22%、61.11% 和 33.33%。具体来说，港口运输业企业中除了上港集团以外的企业在运营过程中应用可再生和环保物料的程度均处于“0”的水平，应该要尽快地从“头”做起。所有的九家企业都有较高程度的可持续资源及二次能源利用，且都能够通过技术的提升来减少对传统的不可再生资源的需求程度。除此之外，在减少水污染、减少“三废”排放、改善产品及服务对环境的负面影响方面，九家企业也或多或少的有较为符合责任要求的措施和实践。然而在生物多样性与自然栖息地的保护方面，多局限于短期的非系统性的保护措施的实施，普遍的缺少对较远期行动的规划，也没有关于企业行为对濒危物种的影响的常态化的识别机制。在供应商环境评估方面，上港集团的表现比较的全面和有效，而其他八家企业还有待进一步地、大空间的改善。此外，在环境问题申诉机制的建立方面，普遍的缺少有成效的表现。

②在劳动实践主题上，港口运输业的均值是 0.535，得分率为 26.75，与其他八个分行业相比，其排名位于第三名，名次靠前。在于本行业企业社会责任八大主题的评价比较中得分较高，排名第二。上港集团、天津港、唐山港、大连港、连云港、宁波港、盐田港、锦州港、日照港涉及的指标得分题项占比分别为 95.65%、78.26%、73.91%、69.56%、60.87%、60.87%、60.87%、56.52%、52.17%。就企业层面，排名前两位的企业是上港集团和唐山港，得分分别为 1.071、0.75。两家企业在员工休产假 / 陪产假时为其保留工作，假后能够回到原有岗位工作，员工共同建立职工安全保障组织，确保员工的相关利益，按员工类别划分，每名员工每年接受培训的平均时数，或职业培训教育投入人均水平的方面得分较高。得分较低的是盐田港和锦州港，得分分别为 0.398、0.392，两家企业几乎没有在报告中披露有关多元化与平等机会、男女同酬等方面的内容，导致了劳动实践主题

得分较低。

③在人权主题上，港口运输业的均值是0.284分，在八个分行业中得分较低，排名倒数第二。且在与本行业企业社会责任八大主题的评价中其得仍然较低。日照港、上港集团、唐山港、连云港、大连港、锦州港、天津港、宁波港、盐田港涉及的指标得分题项占比分别为33.33%、33.33%、33.33%、33.33%、33.33%、25%、25%、25%、16.67%。高于行业水平的企业有上港集团、唐山港和日照港三家企业，从三级指标上看这些企业在每项上都有得分，比较突出的是HR3避免某些规定、标准或做法直接或间接歧视弱势群体，消除就业和职业歧视，采取纠正行动，保障自由平等就业、基本生活薪酬福利、公正良好工作，消除强迫与强制劳动的方面得分较高。得分较低的是盐田港和锦州港，得分分别是0.153和0.177，两家企业几乎没有在报告中披露有关非歧视的方面，在避免某些规定、标准或做法直接或间接歧视弱势群体，消除就业和职业歧视，采取纠正行动，保障公民人身自由、安全、人道及尊重，以及杜绝使用童工的表现得分较低。

④在公平运营方面。港口运输业企业2014年度在这一维度的得分均值为0.191分，在交通运输行业包含的八个分行业中排第五。其中，日照港、上港集团、锦州港、天津港、唐山港、连云港、宁波港、大连港和盐田港的得分题项所占比例分别为46.15%、76.92%、38.46%、53.85%、38.46%、46.15%、38.46%、46.15%和53.85%。具体来说，港口运输业整体较少关注腐败风险的识别，少有对员工和代表进行反腐败政策和程序的培训和信息传达，也没有任何一家企业为保障举报人员及后续行动相关的人员免遭报复而建立相关的保障机制。做的较好的两家企业是上港集团和盐田港，它们不仅仅注意腐败风险的识别，而且开展了相关的培训工作。令人欣慰的是，所有的港口运输业企业都能在政治性捐赠、反竞争以及合规经营方面守住心里的“蓝线”，没有发生任何违反法律法规而被处罚的事件。整体来看，表现不太好的方面包括负责任的政治参与、尊重产权、供应商公平运营影响评估以及公平运营问题申诉机制的建立，还需各家企业根据自身情况给予适当的关注。

⑤在产品责任方面。港口运输业2014年度在这一主题的得分均值为0.139，在交通运输行业包含的八个分行业中的排名为第3位，其中日照港、上港集团、锦州港、天津港、唐山港、连云港、宁波港、大连港以及盐田港在该题项下的得分项分别占总题项的62.5%、81.25%、50%、50%、68.75%、50%、50%、50%和25%。同2013年情况相同，上港集团在港口运输业9家上市公司中仍处于遥遥领先地位，在交通运输行业中的38家上市公司中排名第二位，说明在企业社会责任的产品责任方面上港集团的完成情况较好。具体说，在建立产品责任相关的规章制度方面，仅上港集团及唐山港在运营过程中进行了这方面的建设，其他企业均没有相关的实际措施。另外上港集团以及日照港对建立起客户隐私的保障机制上给予了一定的重视，而其他企业虽尚未有侵犯客户隐私事件发生，但仍应未雨绸缪；连云港对公平交易方面有所建设，秉持着公平、公正、公开的原则保证供应商以及消费者的权益，而日照港和唐山港则更加注重能够以消费者理解的方式为其提供企业的相关性信息。另外港口运输业在服务及产品质量调查上做的较好，仅连云港在这方面没有具体措施，其他8家企业都十分重视对客户满意度的调查。

⑥在社区参与和发展方面，港口运输业2014年的得分均值为0.483，在交通运输行业包含的八个分行业中排名第三位。其中，日照港、上港集团、锦州港、天津港、唐山港、连云港、宁波港、大连港和盐田港的得分题项所占比例分别为：62.50%、81.25%、68.75%、56.25%、50.00%、43.75%、43.75%、18.75%和31.25%。具体来说，上港集团除在识别和评估供应链中的重大实际和潜在的社区参与相关的负面影响，及建立社区参与和发展问题申诉机制这两方面欠缺行动外，其积极履行扶贫帮困、

关注教育和文化发展、提高居民健康水平、减少疾病危害、积极支持社会投资发展等这些方面的责任。九家企业都没有通过培训、建立伙伴关系等方式来扩大社区的技术渠道，但传播技术和扶贫帮困相比是更深层次的履行社会责任方式，居民获得生存本领，生活质量才能得到更长久意义上的改变，进而实现社区、企业、社区居民三方的可持续发展。九家企业都没有明确将社区参与标准纳入到企业的供应商筛选、合作管理体系中，没有识别和评估供应链中的重大实际和潜在的社区参与和发展相关的负面影响。日照港和锦州建立了社区参与管理相关的规章制度或规则条例以及风险保障机制，但完整性和适用性还有待提高。

⑦在责任治理主题上，港口运输业的行业均值为 0.354 分，在八大行业中排名第三，在港口运输行业责任治理主题的得分差距悬殊，日照港、上港集团、锦州港、天津港、唐山港、连云港、宁波港、大连港、和盐田港得分项占总题项的百分比分别为 18.18%、100%、45.45%、54.55%、72.73%、45.45%、18.18%、18.18% 和 9.09%，得分最高的企业仍然是上港集团为 1.167 分，明显高于排名第二的唐山港为 0.701 分，得分最低的是盐田港仅为 0.027 分。2014 年上港集团仍然保持了所有指标均有得分但分值略有下降，主要失分项是社会责任治理机构的组成程序和社会责任最高治理机构主席的行政职位。上港集团在报告中详细公布了企业的治理机构、绩效与薪酬以及企业的内部控制体系。对于得分最低的盐田港在报告中仅仅披露了企业使命，其他指标均为零分，公司仅在报告的综述中提到了将企业社会责任融入到企业使命中，对于在企业治理机构中融入企业社会责任方面的内容没有披露。

⑧在经济发展主题上，港口运输业的行业均值为 0.266 分，在八大行业中排名排名第三，日照港、上港集团、锦州港、天津港、唐山港、连云港、宁波港、大连港、和盐田港得分项占总题项的百分比分别为 33.33%、88.89%、11.11%、66.67%、33.33%、22.22%、22.22%、11.11%，得分最高的上港集团为 1.158 分，公司除在气候变化对机构活动产生的财务影响及其风险、机遇指标上没有得分外在经济维度下的其他指标均有得分，也是港口运输业唯一一家在不同性别的工资水平与机构重要运营地点当地的最低工资水平指标上得分的企业，公司报告中披露企业所有员工的工资高于上海平均水平，排名第二的天津港得分仅为 0.488 分与上港集团的差距很大，其他 7 家企业的得分均在 0.3 以下，港口运输行业在经济主体下上港集团一枝独秀的想象极为明显，9 家企业均有得分的指标仅有机构产生和分配的直接经济价值，希望在市场表现、间接经济影响和采购行为指标上可以引起行业的关注。

综合来看，港口业企业在环境、劳动实践两个维度下的责任表现要明显好于在其他六个维度下的表现。最应引起相关企业注意的是人权和公平运营两个维度，在交通运输行业的八个分行业中排名靠后，且在绩效得分上有较大的落后。而在产品责任、责任治理和经济发展维度的行业排名虽然领先，然而在绝对的得分表现上并不能称之为良好。总之，在企业社会责任之路上，还有很多值得期待的地方。

4 港口运输业企业社会责任演进阶段评价

4.1 总体演进阶段及变化趋势

港口运输业 9 家上市公司 2014 年度企业社会责任演进阶段情况如表 9-6、图 9-25 所示。

港口运输业企业社会责任演进阶段 表 9-6

企业名称	2014 年度企业分级	2013 年度企业分级	企业名称	2014 年度企业分级	2013 年度企业分级
上港集团	IV	III	锦州港	I	I
天津港	III	III	连云港	I	I
日照港	II	I	宁波港	I	II
唐山港	II	II	大连港	I	I
盐田港	II	I	行业演进阶段	I	I

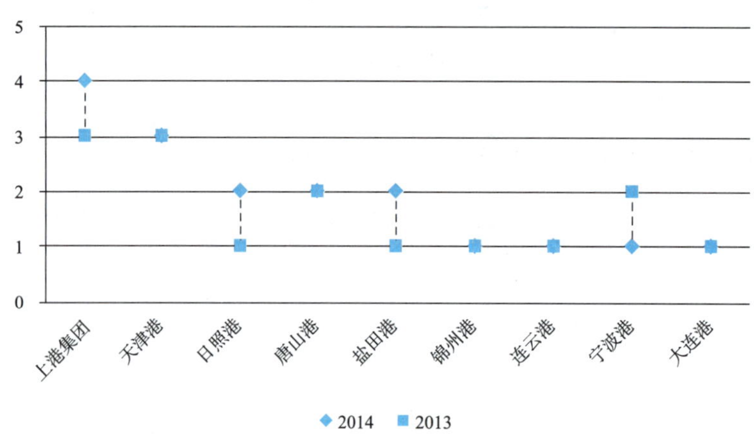

图 9-25 港口运输业企业社会责任演进阶段对比

由表 9-6 以及图 9-25 中所示的结果可知，港口运输业的行业演进阶段与 2013 年的相同，仍处于 I 级，虽然行业内部分企业已经进入了参与阶段，甚至已经达到了战略阶段，但是多数企业对企业社会责任的认知度不高，四家企业仍处于起步阶；从 9 家企业来看也有了一定程度的变动，达到 II 级的企业数量增多，其中日照港、锦州港由 I 级上升到了 II 级，而宁波港则由 II 级降到了 I 级，具体原因将在后面结合各维度进行详细分析，企业应该反思忽视了在那些方面的企业社会责任的建设工作，并努力提升企业社会责任发展水平的等级；锦州港、连云港、大连港仍然处于 I 级水平；天津港和上港集团在港口运输业中也依然处于领先地位，上港集团更是在 2014 年的企业分级中达到了 IV 级，作为一家优秀的企业仍然不断的进步当中，值得同行业其他公司学习。

4.2 不同维度演进阶段及变化趋势

通过对港工运输业企业社会责任演进阶段的分维度评价，得到了该企业在七个维度上所处的演进阶段，如表 9-7 所示。

由表 9-7 可知，虽然同 2013 年相比，港口运输业的行业演进阶段没有变化，从分维度等级评价的情况来看，各企业也只是在少数维度内有一定程度的变化，大部分与 2013 年的变化幅度不大，其中，管理措施、透明度、绩效评价三个维度同 2013 年相同，且在这三个维度的管理措施以及绩效评价中，I 级占大多数，演进阶段处于较低水平，企业应给予足够的关注度，着重提升等级较低的维度。其他四个维度的变化幅度也较小，只有个别企业有微变化，但企业不能忽视任何一个维度的建设，亦不能降低对任何一个小细节的关注度。

港口运输业企业社会责任演进阶段分维度评价 表 9-7

企业名称	年 度	战略意图	承诺目标	责任主题	相关者关系	管理措施	透 明 度	绩效评价
上港集团	2014	IV	III	IV	IV	III	IV	II
	2013	III	III	IV	III	III	IV	II
天津港	2014	III	III	II	II	II	III	I
	2013	III	II	II	III	II	III	I
日照港	2014	II	I	II	II	I	II	I
	2013	II	I	I	II	I	II	I
唐山港	2014	III	II	II	II	II	II	I
	2013	II	III	II	III	II	II	I
盐田港	2014	II	I	II	II	I	II	I
	2013	II	I	II	I	I	II	I
锦州港	2014	III	I	I	I	I	II	I
	2013	I	I	I	II	I	II	I
连云港	2014	II	I	I	II	I	II	I
	2013	II	I	I	II	I	II	I
宁波港	2014	II	I	I	II	I	II	I
	2013	II	I	II	II	I	II	I
大连港	2014	II	I	II	I	I	II	I
	2013	II	I	II	I	I	II	I

上港集团连续三年来在港口运输业中的表现都最为突出，在 2014 年度的分维度等级评价中共有四个维度达到了 IV 级，其中战略意图以及相关者关系是在今年上升了一个等级达到了 IV 级；承诺目标和管理措施这两个维度也处于 III 级阶段，上港集团在 2013 年优秀的基础之上依然不断地在挑战自我，提升自我，将企业的演进阶段提升到了 IV 级。

天津港在 2014 年的企业分级虽然没有变化，但是在维度分级评价中有一些微调整，其中承诺目标由 2013 年的 II 级上升到了 III 级，企业建立了相对独立的企业社会责任职能目标体系，但是在相关者关系维度却由 III 级下降到了 II 级，相比于 2013 年，企业在与利益相关者的沟通中进行得不够彻底，没能够做到双向沟通，企业对于企业社会责任给予了很高的关注度，但是在具体实施上仍不够全面、彻底。

日照港以及盐田港在 2014 年皆由 I 级上升为 II 级，从维度分级评价中看出，两家企业分别在责任主题和相关者关系两个维度上由 I 级上升为 II 级，日照港逐渐开始反思与企业经营活动相关的社会问题有哪些，而盐田港也开始注重与利益相关者的沟通。我们应该鼓励企业在每一年做出的每一次努力，每一次小的进步都是企业的成长。

值得注意的是，宁波港在 2014 年下降了一个等级，降到了 I 级，从各维度的评价情况看，宁波港在责任主题中由 II 级降到了 I 级，没能将企业社会责任很好与企业的主要经营活动结合起来，而在其他方面没有明显的提升，导致企业等级的下降。

大连港、锦州港以及连云港 3 家企业的企业分级并无变化，其中大连港及连云港在各维度的得分都与2013年完全相同。锦州港在战略意图上有了明显的提升，由I级上升到了III级，企业秉承“治理透明、管理规范、科学决策、诚信经营”的工作原则，树立起了“合规创造价值”的理念，但是在与利益相关者的沟通工作上则进行的不够。

综合各维度等级评价情况来看，港口运输业在2014年变化最大的是相关者关系维度，有两家企业在这一维度上有了提升，但同时有三家企业在这一维度上等级有所下降，在2015年的工作中，该行业内应该注重企业与利益相关者的沟通工作，尽力建立起良好的双向沟通体系。

5 港口运输业企业社会责任发展评述

①港口运输业企业社会责任报告质量评价得分为34.81分，在八个行业中排名第四。

②港口运输业企业社会责任报告应用等级为C级。

③港口运输业企业社会责任绩效评价的得分为20.178分，在八个行业中排名第三。

④港口运输业企业社会责任演进阶段I级。

⑤港口运输业企业社会责任报告质量八大指标中均值得分最高的是实质性，得分最低的是可信性。

⑥港口运输业企业社会责任报告质量八大指标中实质性排名第四，回应性排名第三。

⑦港口运输业企业社会责任报告应用等级表现最好的是管理方法披露维度，表现最差的是绩效指标维度。

⑧港口运输业企业社会责任绩效评价八大主题得分最高的为环境绩效，得分为0.886，得分最低的是产品责任，得分为0.246。

⑨港口运输业企业社会责任八大主题中的公平运营主题、社区参与发展主题与水上运输行业并列第一，劳动实践主题、人权主题、产品责任与水上运输行业并列第二，环境绩效主题与水上运输业并列第三，责任治理主题、经济绩效主题位列第三。

第十章

高速公路业企业社会责任发展报告

1 高速公路业企业社会责任报告质量评价

在2014年度的报告中，共提及了11家高速公路业企业，在参与报告评估的交通运输行业企业数量中排名第一。但从总体的社会责任绩效水平来看，处于较低的阶段。高速公路作为一种现代化的公路运输通道在当今社会经济中发挥着重要的作用，作为基础设施积极的推动着沿线的物流、资源开发、招商引资、产业结构的调整、横向经济联合。希望高速公路业企业在企业社会责任实践上取得与其重要地位相匹配的优良表现。

1.1 报告质量评价

高速公路业上市的18家公司中2014年有11家企业发布了企业社会责任报告，行业整体发布社会责任报告比例较高，与2013年相比新增了一家刚刚上市的浙江沪杭甬，高速公路业上市公司报告质量评价得分及排名如表10-1所示。

高速公路业企业社会责任报告质量评分及排名 表10-1

企业名称	2014年度			2013年度		
	总 分	行业排名	总体排名	总 分	行业排名	总体排名
深高速	34.96	1	14	39.53	1	10
山东高速	34.53	2	15	37.66	2	11
宁沪高速	29.43	3	17	25.23	3	24
吉林高速	26.21	4	24	20.18	6	31
福建高速	20.17	5	30	22.34	5	29
现代投资	20.5	6	29	17.25	8	34
四川成渝	19.17	7	32	23.3	4	27
浙江沪杭甬	19.02	8	33			
皖通高速	17.69	9	34	10.46	10	38
中原高速	16.88	10	35	12.55	9	37
赣粤高速	16.83	11	36	19.94	7	32
均值	23.22			22.84		

注：得分已经转化为“百分制”。

由表 10-1 所示的结果可知，2014 年高速公路业的报告质量得分普遍较低，均值仅为 23.22 分，但相对于 2013 年的得分均值 22.84 分有所提高。深高速和山东高速的得分仍旧位于高速公路业的前两名，但其得分较 2013 年降幅不小，深高速下降了 4.57 分，山东高速下降了 3.13 分，且在交通与运输行业中的排名也相应下降，值得这两家企业警觉并加以改进。行业内部有 5 家企业评分下降，5 家企业评分上升，但整体排名下降，可见行业内部虽然竞争激烈，但对企业社会责任的重视程度与规范程度依旧不足。赣粤高速得分继 2013 年之后再度下跌，应该重新审视自己在践行社会责任道路上出现的问题，多学习标杆企业的优点，争取质的进步。

其中 2013—2014 年，这十一家企业的企业社会责任报告质量评价排名对比如图 10-1 所示。

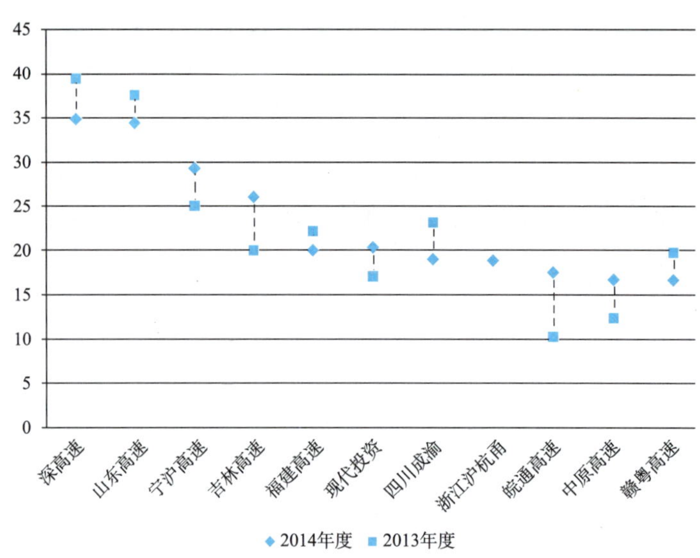

图 10-1 高速公路业企业社会责任报告质量总排名变化趋势

1.2 报告质量维度评价

2014 年度高速公路业企业社会责任报告质量八个一级指标的得分均值如表 10-2 所示。其中，每一个一级指标的最高得分为 2 分，最低得分为 0 分。

高速公路业企业社会责任报告质量分维度评价得分及均值　　表 10-2

企业名称	完整性	包容性	实质性	回应性	可比性	可信性	创新性	可获取性
山东高速	0.86	0.33	0.67	0.83	0.83	0.17	0.50	0.83
皖通高速	0.29	0.00	0.50	0.50	0.33	0.00	0.17	0.83
中原高速	0.29	0.00	0.50	0.50	0.17	0.00	0.33	0.67
赣粤高速	0.43	0.17	0.33	0.50	0.17	0.00	0.33	0.83
宁沪高速	0.86	0.83	0.50	0.67	0.17	0.17	0.50	0.67
四川成渝	0.36	0.17	0.50	0.50	0.00	0.00	1.00	1.00
深高速	1.00	0.50	0.50	0.67	0.83	0.33	0.67	1.67
福建高速	0.57	0.17	0.50	0.50	0.00	0.00	0.33	0.67
吉林高速	0.79	0.33	0.50	0.83	0.00	0.17	0.50	0.67

续上表

企业名称	完整性	包容性	实质性	回应性	可比性	可信性	创新性	可获取性
现代投资	0.43	0.33	0.50	0.50	0.17	0.00	0.50	0.67
浙江沪杭甬	0.36	0.17	0.50	0.50	0.17	0.00	0.50	0.83
均值	0.56	0.27	0.50	0.59	0.26	0.08	0.48	0.85

八个一级指标得分的比较如图 10-2 ~ 图 10-10 所示。

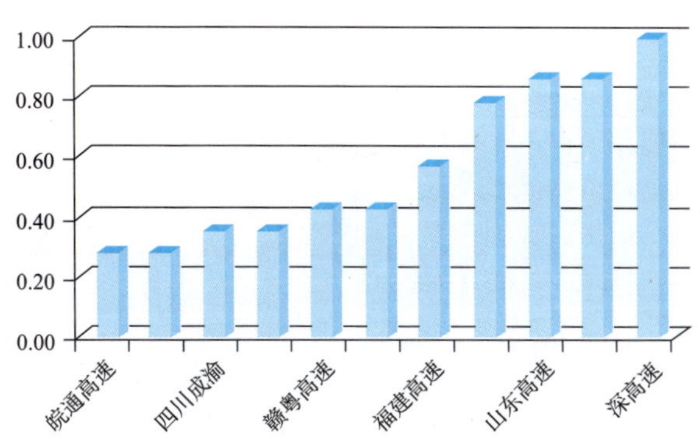

图 10-2　高速公路业企业社会责任报告质量指标—完整性得分

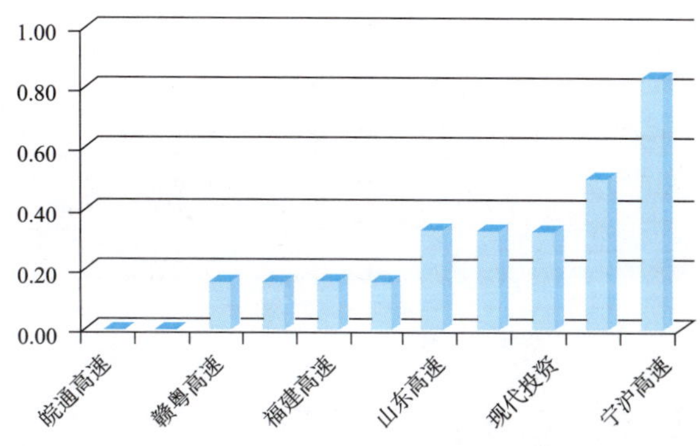

图 10-3　高速公路业企业社会责任报告质量指标—包容性得分

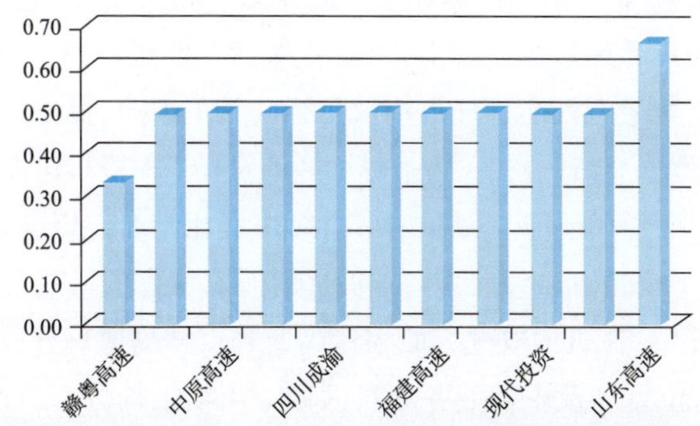

图 10-4　高速公路业企业社会责任报告质量指标—实质性得分

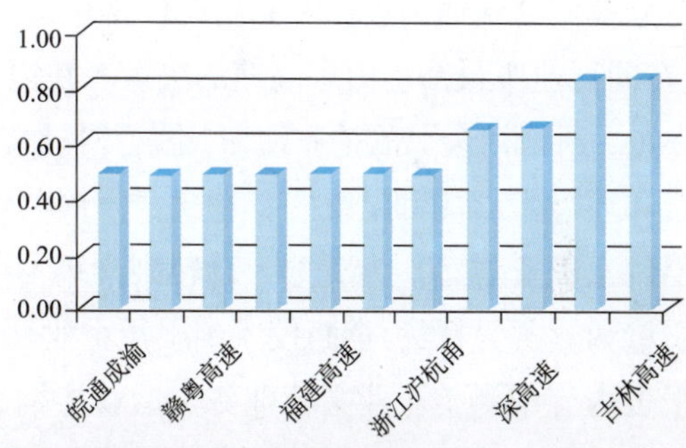

图 10-5　高速公路业企业社会责任报告质量指标—回应性得分

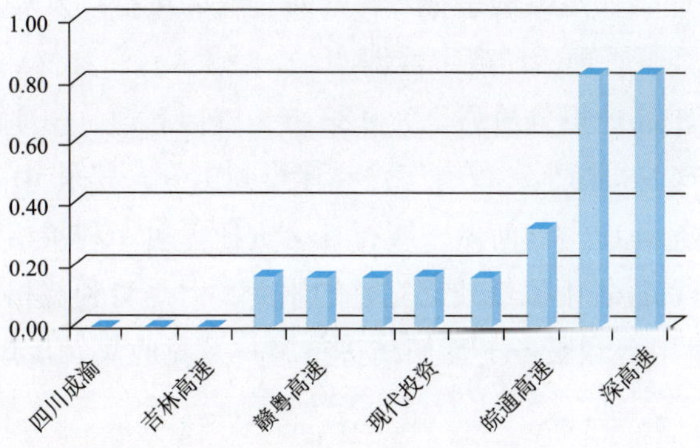

图 10-6　高速公路业企业社会责任报告质量指标—可比性得分

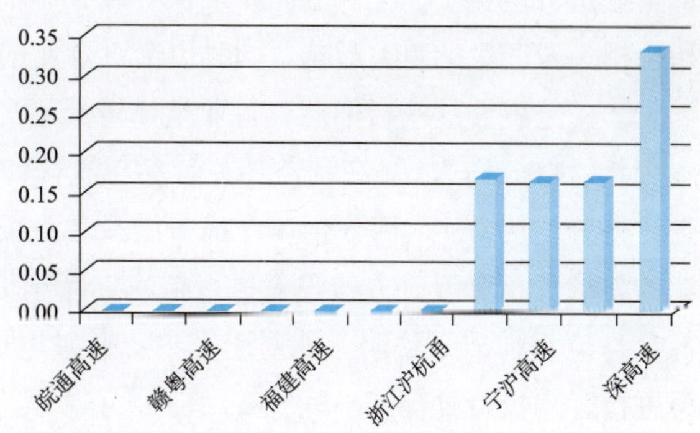

图 10-7　高速公路业企业社会责任报告质量指标—可信性得分

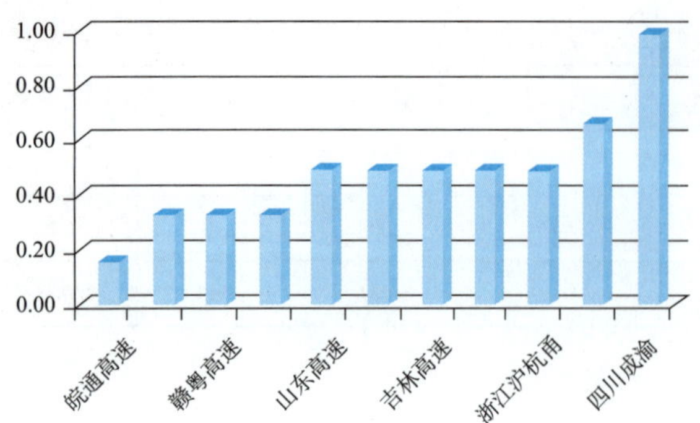

图 10-8 高速公路业企业社会责任报告质量指标—创新性得分

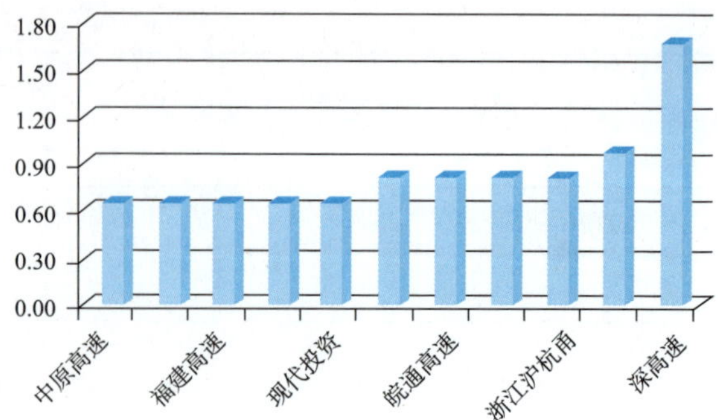

图 10-9 高速公路业企业社会责任报告质量指标—可获取性得分

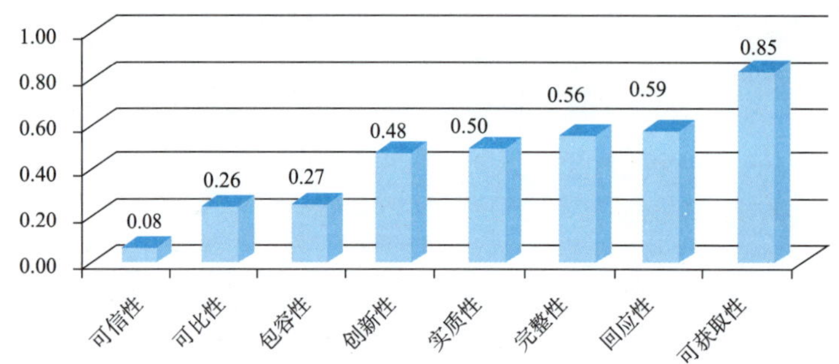

图 10-10 高速公路业企业社会责任报告质量八大指标得分均值比较

针对企业社会责任报告质量评价的八大指标的评价结果，汇总表 11-2、图 10-2 ~ 图 10-10 的信息，可以看出：

①在完整性这一指标上，深高速得分为 1，领跑行业，山东高速和宁沪高速为 0.86 分，紧随在后，但得分最低的皖通高速和中原高速仅得 0.28 分，行业内差距较大。山东高速在决策者声明这一指标得 1.5 分，在同行业中最高。山东高速的决策者在报告中有对企业社会责任战略及目标的相关说明，提出了“富国强企，回报社会”的企业使命，履行对社会、对环境、对利益相关方、对社区的责任，积极推进企业、社会和环境发展的和谐统一，将自身发展与经济、社会和环境全面和谐可持续发展相结合，以新常态为引领，以资本运作为支撑，以转型升级为手段，以改革开放为活力，以效绩挂钩为激励，以提高发展质量和效益为目标，全面投入到履行企业社会责任中。在机构概况方面福建高速和吉林高速得分最高，在报告内容中涵盖企业主营业务、运营架构、总部位置，及主营业务分布区域、市场结构分布、性质和规模，但是在报告期内的重大变化描述不够详细。在“主要影响、风险、机遇的描述”这一二级指标中，整个高速公路业得分不理想，除宁沪高速得到 1.5 分的高分，深高速得分为 0.5 分之外，其余 9 家企业得分均为 0。这一指标如果在实践中不能够引起企业足够的重视，将会对企业的可持续发展及利益相关者产生的重大影响，同时也会对企业的日常经营管理活动产生重创。

②在包容性这一指标上，行业整体得分不高，宁沪高速得分最高，为 0.83 分，皖通高速、中原高速在此处得分均为 0。在利益相关者参与流程和制度这一指标上，仅有宁沪高速得到 1 分，其余 10 家企业得分均为 0，大部分企业在报告中只单方面描述企业应当如何做来履行社会责任，对于利益相关者的需求分析和互动方式没有进行披露。而宁沪高速在报告中虽然缺乏完整的制度，但是对利益相关者参与流程加以了说明。如对于客户，通过电子信息平台和服务电话回访进行客户意见收集及反馈，再进行客户投诉处理。

③在实质性这一指标上，企业间得分趋同，山东高速得分最高，为 0.67 分，赣粤高速得分最低，为 0.33 分，其余 9 家企业均为 0.5 分。山东高速在报告中阐述了包含社会责任发展战略的企业战略，在对责

任主题明确划分的同时还对各主题一一进行了细分并加以阐述，披露了企业在经济发展、劳工与劳动实践、环境保护、社区发展以及产品责任重要的社会责任主题方面的建树，因此得分较高。

④在回应性这一指标上，整体行业差距不大，山东高速和吉林高速获 0.83 分排名第一，而有 7 家企业得 0.5 分。吉林高速在报告中披露的企业社会责任相关数据及案例比较详实，并且制定和完善了相对应的规章制度。大部分高速企业没有建立与主题相对应的目标体系，而且信息披露的详细程度有所不足，针对企业识别出来的社会责任主题，虽然在一定程度上描述了企业的行为和应当达到的绩效水平，但对于衡量、检测或审验绩效则描述较少，使利益相关者无法获得全面的企业履行社会责任的信息，其认同感也因此有所降低。

⑤在可比性指标上，山东高速和深高速得分最高，为 0.83 分，福建高速、吉林高速、四川成渝得分均为 0。山东高速和深高速在跨年度纵向可比方面，得分较高，都至少会披露近三年的信息，如山东高速对股东责任方面数据的披露，不仅数据翔实规范准确，并且利用图表形式使得数据对比更加一目了然。福建高速、吉林高速、四川成渝通篇未出现明确的 2014 年绩效指标值，更不用说跨年度对比和行业对比，企业在各个指标上的发展趋势不能为利益相关方和各路机构所了解。

⑥在可信性指标上，是在八个一级指标中得分最低的。深高速得分最高也仅有 0.33 分，有 8 家企业得分为 0。深高速在利益相关方评论和信息数据来源声明方面各得 0.5 分，没有隐瞒客户对公司的投诉和负面评价，使得公司的形象更加完整，也提升了报告的严谨性和科学性，报告中的数据主要来自企业本身，缺乏外界数据对比。高速公路业的 11 家企业均没有通过第三方审验，使得报告在可信性和可靠性方面有所缺失。

⑦在创新性指标上，四川成渝得分最高，为 1 分，皖通高速得分最低，为 0.11 分。行业整体缺乏结构创新，行业内企业社会责任发展报告结构普遍简单僵化，缺少创新。理念创新方面，四川成渝不仅在报告形式上大量使用了文字配图的形式令报告更加生动，同时在许多分指标中都说明了企业秉承的不同理念。得分较低的企业，与 2013 年的报告相比，没有一定的创新性，纯粹文字描述，形式单一，在报告的创新性方面有待进一步的加强。

⑧在可获取性指标上，深高速得分最高，为 1.67 分，四川成渝次之，得分为 1 分，其余企业有 4 家为 0.83 分，5 家为 0.67 分，行业内差距较小。深高速和四川成渝在报告的可读性指标上的得分较高，采用文字和图片互补的形式，辅以图表使得报告简洁明了，结构清晰，逻辑紧密，可供其他企业观摩学习。在语言版本多样性上，只有深高速一家发布了中英双语的报告，其他企业只提供中文版的报告。高速运输业企业发布社会责任报告的渠道普遍多样化，有 4 家企业在本报告中提及的 4 个渠道上全部发布社会责任报告，方便利益相关者获取。

总而言之，从企业社会责任报告质量评价的结果来看，高速公路业企业社会责任报告质量比较分散，行业内既有得分较高的深高速、山东高速，也有排名靠后的中原高速、皖通高速、赣粤高速。整个行业在八大指标上的完整性、回应性、实质性指标上得分较高，在可信性、可比性、包容性指标上得分较低，整个行业都应该提升对社会责任的认知及建立企业社会责任形象的重要性。

2 高速公路业企业社会责任报告应用等级评价

2013—2014 年间高速公路业企业社会责任报告应用等级评价结果如表 10-3、图 10-11~ 图 10-14 所示。

高速公路业企业社会责任报告应用等级分布　表 10-3

企业名称	年　份	战略与概况	管理方法披露	绩效指标	综合评价
山东高速	2014	C	C	C	C
	2013	C	B	B	C
皖通高速	2014	D	C	C	D
	2013	D	B	C	D
中原高速	2014	D	B	C	D
	2013	D	B	C	D
赣粤高速	2014	C	C	C	C
	2013	C	B	C	C
宁沪高速	2014	D	B	C	D
	2013	C	B	C	C
四川成渝	2014	D	C	C	D
	2013	D	B	B	D
深高速	2014	C	B	C	C
	2013	C	B	B	C
福建高速	2014	D	C	C	D
	2013	D	B	D	D
吉林高速	2014	B	B	C	C
	2013	C	B	C	C
现代投资	2014	D	C	C	D
	2013	D	B	C	D
浙江沪杭甬	2014	D	C	C	D
	2013	—	—	—	—

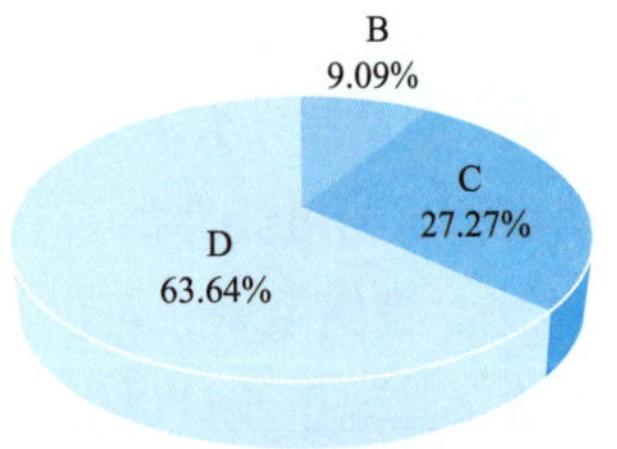

图 10-11　2014 年战略与概况应用等级分布

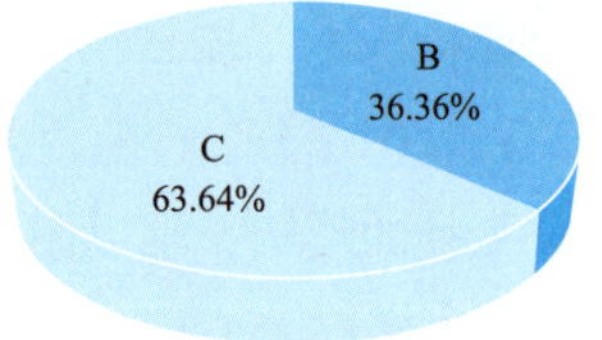

图 10-12　2014 年管理方法披露应用等级分布

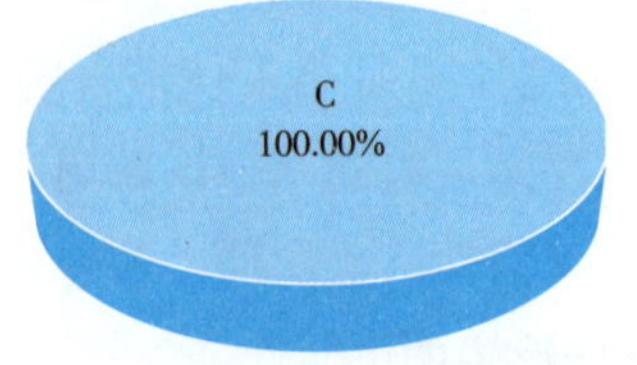

图 10-13　2014 年绩效指标应用等级分布

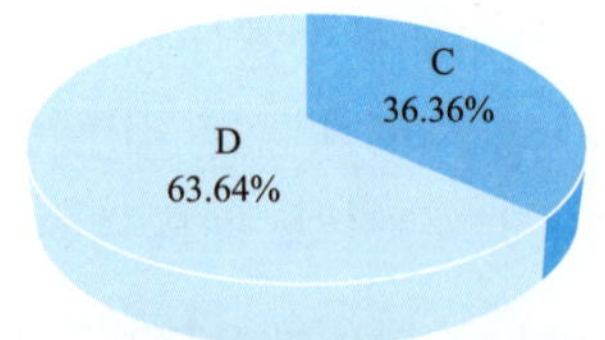

图 10-14　2014 年综合评价应用等级分布

从表 10-3、图 10-11~ 图 10-14 可知，与 2013 年相比，今年高速运输业企业社会责任报告应用综合评价等级，只有宁沪高速发生了变化，由 C 级变为 D 级，其他企业均无变化，且全部集中于 C 和 D 等级。

在战略与概况这一维度上，共有 24 个指标。除吉林高速由 C 变为 B 外，吉林高速等级变化的原因在于信息披露较 2013 年更为全面，不仅涵盖关键信息点，也增加了其他相关信息，如：在“机构概况”中，覆盖全部指标，信息全面，同样也设置了一定数量的报告参数。但在宁沪高速、四川成渝、浙江沪杭甬三家企业并未涉及“机构概况”相关信息，指标得分为零，其他企业虽涉及相关信息，但信息披露不全。

在管理方法披露这一维度上，6 家企业由 B 变为 C 级。十家企业对管理方法披露的七个部分：经济发展、环境、劳动实践、人权、社区、公平运营以及消费者问题等，基本有所提及。如："公平运营"方面，一共涉及 5 个指标，而福建高速、吉林高速、现代投资一分未得，并未披露关键性指标，可见企业对于“公平运营”方面不够重视，在报告中披露信息较少。

在绩效指标这一维度上，共 117 个指标，所有企业均为 C 及。整体而言，绩效指标是企业践行社会责任绩效的体现，涵盖八个主题，十家企业报告中，基本涉及绩效指标的八个方面，但是信息披露不够全面，且一些主题披露程度接近零。如：浙江沪杭甬在“责任治理”方面，只涉及“责任回应”主题，在责任治理方面的关注度仍缺失。

总之，高速公路运输业的企业社会责任报告应用等级普遍为 D 级，对企业社会责任报告的重要性的认知有待进一步提升，企业社会责任报告不仅是与利益相关者进行沟通的有效工具，而且也是企业管理自身社会责任的有效手段，希望高速公路业未来能够按照国际标准发布企业社会责任报告。

3 高速公路业企业社会责任绩效评价

3.1 总体绩效情况

该行业企业社会责任绩效评价结果及排名变化对比较如表 10-4、图 10-15 所示。

高速公路企业社会责任绩效得分及排序　　表 10-4

企业名称	2014 年度			2013 年度		
	总　分	行业排名	总体排名	总　分	行业排名	总体排名
深高速	18.67	1	14	11.45	2	14
四川成渝	17.85	2	16	7.04	5	27
浙江沪杭甬	17.22	3	18	—	—	—
现代投资	16.59	4	19	4.64	8	34
皖通高速	16.44	5	20	8.71	4	18
宁沪高速	16.34	6	21	11.45	1	13
吉林高速	16.04	7	22	6.80	6	28
中原高速	15.50	8	23	2.04	10	37
山东高速	13.75	9	26	9.12	3	17
赣粤高速	12.80	10	31	3.80	9	35
福建高速	10.86	11	35	4.74	7	33
均值	15.64			6.94		

注：得分已经转化为“百分制”。

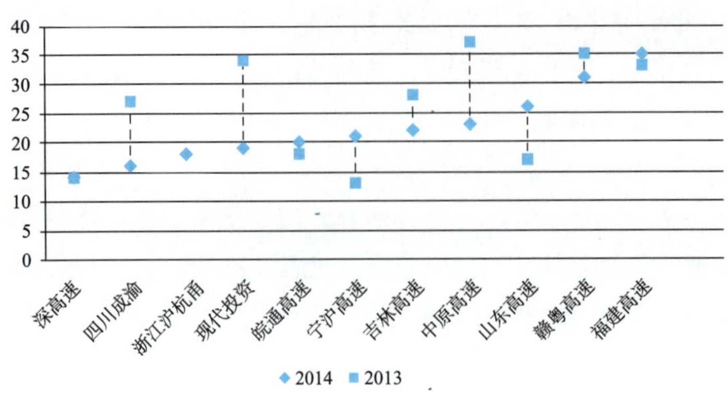

图 10-15 高速公路企业社会社会责任行业排名变化趋势

由表 10-4 可知，高速公路业 2014 年的绩效得分均值为 15.4 分，高于 2013 年的 6.94 分。从图 10-15 可知高速公路行业今年排名变化较大，其中四川成渝、现代投资、吉林高速、中原高速、赣粤高速总体排名上升，其中上升幅度较大的是现代投资和中原高速，分别上升了 15 名和 14 名，皖通高速、宁沪高速、山东高速、福建高速排名下降，其中山东高速下降了 9 名。今年高速公路行业的得分均值为 15.64 分，低于行业的平均分 18.73 分，纵观整个高速公路业企业社会责任报告水平较低，高速公路业对促进我国现代物流业的发展也起到了重要的作用，但是随着高速公路的发展，公路事故、收费标准不统一、乱收费等问题也日益突出，高速公路行业在发展经济的同时，也应该承担相应的社会责任，为和谐社会的发展贡献自己的力量。

3.2 社会期望主题情况

根据高速公路业企业社会责任各个主题的得分情况，计算出 2014 度该行业在八个主题上的平均得分，如表 10-5、图 10-16~ 图 10-24 所示。

2014 年高速公路业企业社会责任各主题得分及均值 表 10-5

企业名称	环境绩效	劳动实践	人权	公平运营	产品责任	社区发展	责任治理	经济绩效
皖通高速	0.444	0.465	0.294	0.352	0.046	0.440	0.200	0.191
中原高速	0.613	0.440	0.272	0.159	0.028	0.446	0.096	0.104
福建高速	0.375	0.446	0.272	0.159	0.027	0.134	0.131	0.052
赣粤高速	0.462	0.404	0.242	0.159	0.029	0.353	0.104	0.061
山东高速	0.533	0.378	0.198	0.146	0.079	0.326	0.173	0.086
宁沪高速	0.626	0.510	0.242	0.168	0.109	0.442	0.131	0.070
深高速	0.541	0.654	0.320	0.340	0.142	0.460	0.110	0.246
四川成渝	0.561	0.415	0.242	0.498	0.081	0.531	0.104	0.191
吉林高速	0.500	0.402	0.220	0.605	0.090	0.175	0.222	0.209
现代投资	0.623	0.440	0.320	0.181	0.040	0.424	0.219	0.070
浙江沪杭甬	0.587	0.539	0.469	0.190	0.035	0.537	0.068	0.087
均值	0.533	0.463	0.281	0.269	0.064	0.388	0.142	0.124

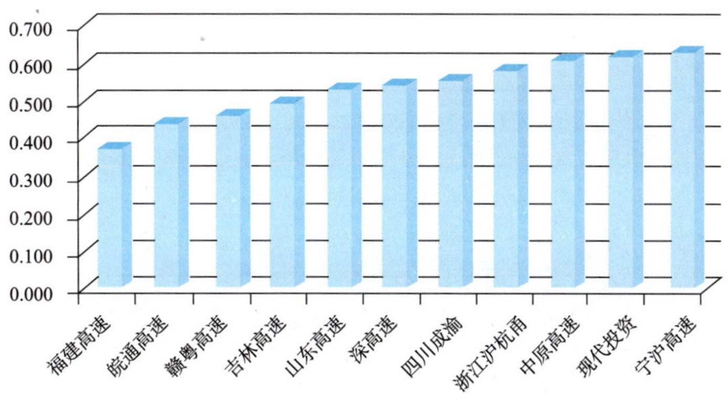

图 10-16 高速公路业企业社会责任主题—环境得分

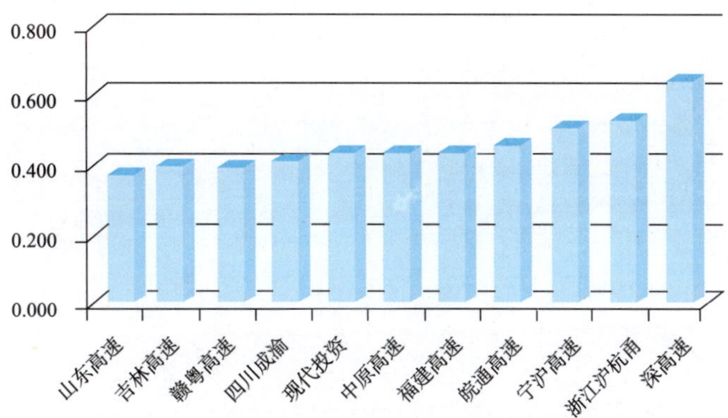

图 10-17 高速公路业企业社会责任主题—劳动实践得分

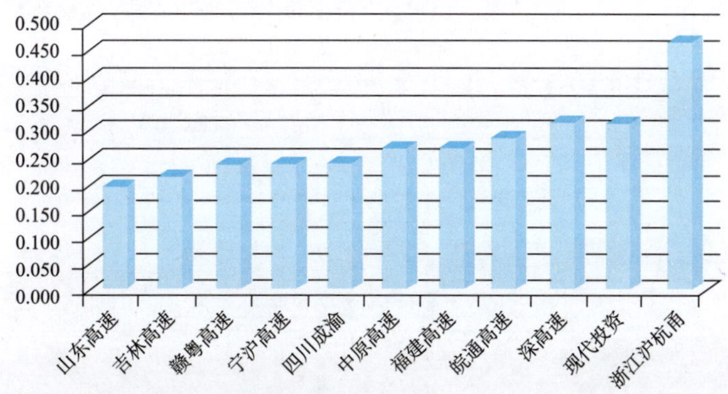

图 10-18 高速公路业企业社会责任主题—人权得分

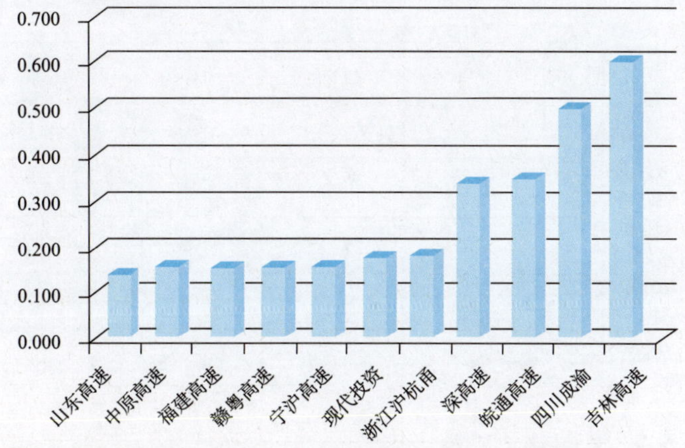

图 10-19 高速公路业企业社会责任主题—公平运营得分

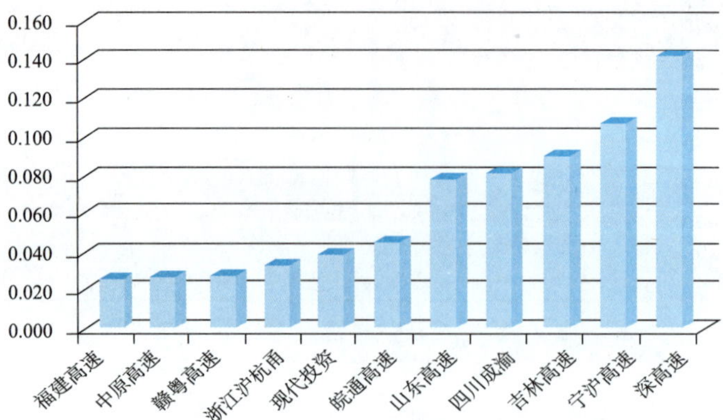

图 10-20　高速公路业企业社会责任主题—产品责任得分

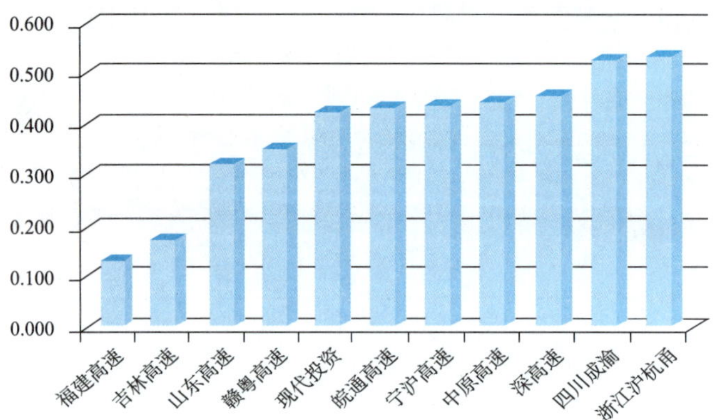

图 10-21　高速公路业企业社会责任主题—社区发展得分

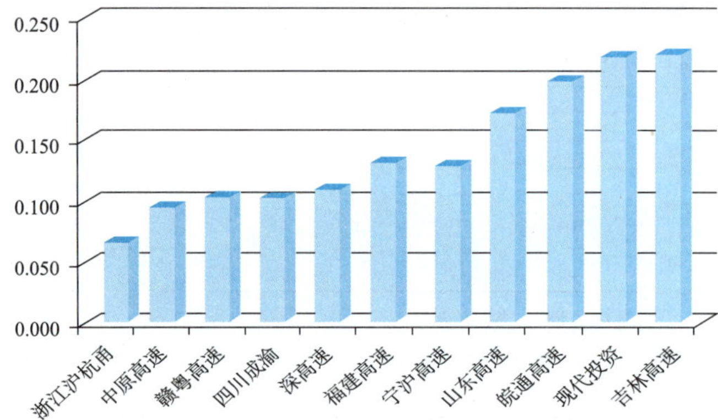

图 10-22　高速公路业企业社会责任主题—责任治理得分

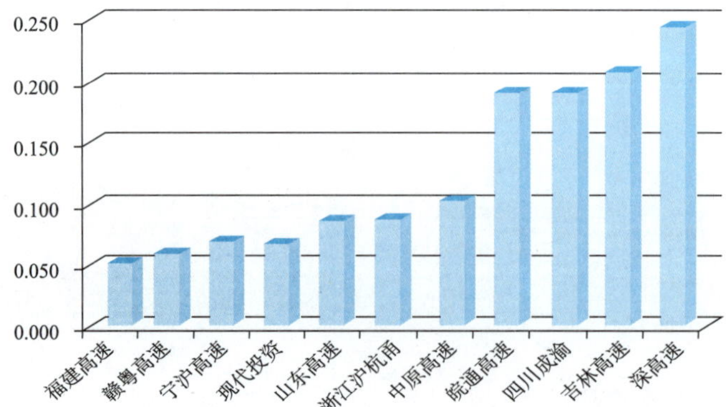

图 10-23　高速公路业企业社会责任主题—经济发展得分

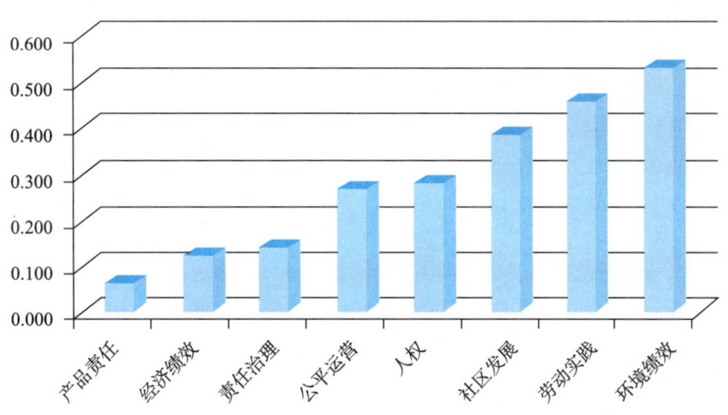

图 10-24　高速公路业企业社会责任八大主题得分均值比较

针对企业社会责任的八大主题的评价结果，汇总表 10-5、图 10-16 ~ 图 10-24 的信息，可以看出：

①在环境保护方面。高速公路业 2014 年度在这一主题下的得分均值为 0.533 分，在交通运输行业包含的八个分行业中排第五。其中，皖通高速、中原高速、福建高速、赣粤高速、山东高速、宁沪高速、深高速、四川成渝、吉林高速、现代投资和浙江沪杭甬的得分题项所占比例分别为 55.56%、72.22%、66.67%、50%、61.11%、72.22%、61.11%、72.22%、72.22%、77.78% 和 77.78%。整体上看，高速公路业在这一企业社会责任维度的行为涉及面较为广泛，但从各家企业的得分情况可知，行动的深度还有待加强。能全面开花固然是好事，但如果能使每一朵花都开得绚丽多彩，必将更加的“快人心”。具体来说，所有的高速公路业企业都能够在减少水源污染程度、提高可持续资源及二次能源利用程度、减少“三废”排放和保护生态系统方面做出一定的贡献，积极关注和改善产品和服务对环境的影响，全部实现了全年没有发生重大污染事件。不仅如此，皖通高速、中原高速和福建高速还在为保护生物多样性制定战略规划、积极参与保护和修复栖息地方面有所作为。另外需要说明的是，公路运输业整体在供应商环境评估以及环境问题申诉机制的建立方面都没有给予足够的关注。四川成渝、吉林高速、现代投资和浙江沪杭甬在识别和评估供应链中的重大实际和潜在的环境相关的负面影响方面有所尝试，但力度有限，有待重视和加强。

②在劳动实践主题上，高速公路业的均值是 0.124，整体来看，高速公路业在交通运输行业八个分行业中排名居中，位于第四位。深高速、皖通高速、宁沪高速涉及的指标得分题项占比分别为 82.1%、73.91%、60.87%；吉林高速、现代投资、浙江沪杭甬涉及的指标得分题项比例为 69.56%；中原高速、福建高速、赣粤高速、四川成渝、山东高速涉及的指标指标得分题项占比为 65.22%。得分最高的企业是深高速，在对员工的年龄、性别、工作地点以及离职员工数量进行披露，按员工类别划分，每名员工每年接受培训的平均时数，或职业培训教育投入人均水平，各管理部门成员确保平等雇佣这两方面的表现比较突出，得分较高。得分最低的是山东高速，得分为 0.378，企业在各指标的得分普遍较低，其中在员工休产假 / 陪产假时为其保留工作，假后能够回到原有岗位工作，为从事职业病高发或高职业病风险的员工提供相关保障及福利待遇（工资补偿、工作时间等），与工会达成包含职业健康与安全条款的正式协议指标得分低于平均水平，导致了企业在劳动实践主题得分较低，未来应在报告中增加对其披露的信息。

③在人权主题上，高速公路业的均值是 0.281，在交通运输行业八个分行业当中的排名位于最末尾，说明该行业对于人权主题的认识有待加强。浙江沪杭甬、皖通高速、中原高速、福建高速、深高速、

现代投资涉及的指标得分题项占比分均为33.33%；赣粤高速、宁沪高速、四川成渝、吉林高速、山东高速涉及的指标得分题项占比均为25%。排名第一的浙江沪杭甬，在支持员工参与公共事务、自由选举和被选举以及自由结社，保障公民人身自由、安全、人道及尊重，以及杜绝使用童工，保障自由平等就业、基本生活薪酬福利、公正良好工作，消除强迫与强制劳动方面的得分较高，报告中详细披露了有关非歧视、结社自由与集体议价权、童工、强迫与强制劳动等方面的信息。而得分最低的山东高速，在报告中只是简单地披露了保障公民人身自由、安全、人道及尊重，以及杜绝使用童工，保障自由平等就业、基本生活薪酬福利、公正良好工作，消除强迫与强制劳动，导致企业得分较低，建议企业以后多披露相关方面的信息。

④在公平运营方面。高速公路业2014年度在这一主题下的得分均值为0.269分，在交通运输行业包含的八个分行业中排第三。其中，皖通高速、中原高速、福建高速、赣粤高速、山东高速、宁沪高速、深高速、四川成渝、吉林高速、现代投资和浙江沪杭甬的得分题项所占比例分别为69.23%、46.15%、46.15%、46.15%、38.46%、46.15%、53.85%、76.92%、69.23%、53.85%和61.54%。具体来说，11家企业都能够承诺对确认的腐败事件采取必要的行动和补救措施并且保证雇员和代表仅从合法服务中获得恰当的报酬，然而尚没有一家企业建立了确保举报人员及后续行动相关人员免遭报复的保障机制。相关保障机制的建立对于推动全员反腐具有重要意义，各家企业应当对此有一定的响应。在政治性捐赠、反竞争以及合规经营方面，各家企业均有所表现，但多是"被动防守"的1分，没有"积极主动"的表现。其他需要加强的方面包含有负责任的政治参与、尊重产权、供应商公平运营评估以及公平运营问题申诉机制建立。目前，将供应商的公平运营表现纳入到筛选标准中的企业有皖通高速、深高速、四川成渝和吉林高速，开始酝酿建立公平运营问题申诉机制并有所行动的企业包括宁沪高速、四川成渝、现代投资和浙江沪杭甬。

⑤在产品责任方面。高速公路业2014年度在这一主题的得分均值为0.064，在交通运输行业包含的八个分行业中的排名为第6位，排名较为靠后，皖通高速、中远高速、福建高速、赣粤高速、山东高速、宁沪高速、深高速、四川成渝、吉林高速、现代投资、浙江沪杭甬的得分题项占比例分别为56.25%、37.5%、25%、25%、43.75%、75%、56.25%、50%、50%、37.5%和31.25%；总体来看，高速公路也在产品责任主题的实施情况差异较大，其中得分最高的是深高速，在38家上市公司中排名第9位，但多数企业的完成情况都较差，其中排名最靠后的福建高速在38家企业中的排名中垫底。分析可知，在供应商的筛选管理以及风险保障机制的建立中，只有宁沪高速将产品责任的相关内容纳入到了体系中，其他企业在此方面都鲜有提及；同时宁沪高速在生产经营活动中也比较关注企业的可持续性的生产以消费模式的建立。在市场推广方面，11家企业都没有这方面的描述，主要原因是在多数企业的企业社会责任报告中，会较少的强调企业是否销售有争议的产品或者是否承诺进行公平的广告竞争，虽然在实际行为中没有发生违反企业社会责任的事件，但是在企业的运营过程中必须时刻关注这一方面。

⑥在社区参与和发展方面，高速公路业2014年的得分均值为0.388，在交通运输行业包含的八个分行业中排名第五位。其中，皖通高速、中原高速、福建高速、赣粤高速、山东高速、宁沪高速、深高速、四川成渝、吉林高速、现代投资和浙江沪杭甬得分项所占总题项的比率分别为：56.25%、50.00%、25.00%、56.25%、62.50%、56.25%、56.25%、56.25%、43.75%、56.25%和56.25%。具体来说，福建高速在履行社区参与和发展方面责任时仅对健康问题做出关注，说明他们对社区参与和发展的责任理解和认识不够，希望在今后履行社会责任时能够更加积极的关注社区参与和发展这一方面。浙江

沪杭甬是今年新增的企业，其在 2014 年第一次发布企业社会责任报告，在扶贫助学、关注健康方面积极采取行动，支持社会投资发展，并通过自身或价值链活动整合社区居民来创造就业，减少贫困，并对其开展的当地社区参与、影响评估、发展计划的情况有较明确的说明。十家企业都在扶贫助学、关注健康方面积极采取了相关行动。除中原高速外，其他九家企业都会通过自身或价值链活动整合社区居民，帮助其创造就业来减少贫困，为社区的经济发展做出贡献。然而十家企业没有将社区参与标准纳入到企业的供应商筛选、合作管理体系中，也未能识别和评估供应链中的重大实际和潜在的社区参与相关的负面影响，没有就社区参与管理相关问题建立申诉机制，因此在这三方面有待进一步的行动。

⑦在责任治理主题上，高速公路的行业均值为 0.142 分，在八大行业中排名第七，得分较为不理想，皖通高速、中原高速、福建高速、赣粤高速、山东高速、宁沪高速、深高速、四川成渝、吉林高速、现代投资和浙江沪杭甬得分项所占总题项的百分比分别为 36.36%、18.18%、27.27%、27.27%、36.36%、36.36%、27.27%、36.36%、27.27%、36.36% 和 9.09%，该行业内企业在该主题得分普遍较低，得分最高的是吉林高速但得分也仅有 0.222 分，吉林高速在报告中详细的披露了企业的组织架构，也是高速公路行业唯一一家在报告中披露企业组织架构的企业。得分最低的是浙江沪杭甬得分仅有 0.068 分，仅在企业使命陈述指标上得 1 分外，在其他指标上均没有得分，行业内所有企业在公司治理机构方面披露的信息不够充分，公司治理机构是公司的核心，影响着公司发展的方向，企业在落实企业社会责任的过程中加强社会责任治理机构方面的建设，有利于更好地推动企业的社会责任发展，使企业社会责任融入到企业的经营中。

⑧在经济发展方面，高速公路的行业均值为 0.124 分，得分较低，在八大行业中排名第七，皖通高速、中原高速、福建高速、赣粤高速、山东高速、宁沪高速、深高速、四川成渝、吉林高速、现代投资和浙江沪杭甬得分项所占总题项的百分比分别为 44.44%、22.22%、11.11%、11.11%、11.11%、22.22%、55.55%、33.33%、33.33%、22.22% 和 33.33%，行业内得分普遍较低，得分最高的企业深高速为 0.246，得分最低的福建高速为 0.052，福建高速仅在机构产生和分配的直接经济价值指标上得 1.2 分，在其他指标上均未得分。对于高速公路整个行业来说在气候变化对机构活动产生的财务影响及其风险、机遇、机构固定收益型养老金所需资金的覆盖程度、政府给予的财务补、不同性别的工资水平与机构重要运营地点当地的最低工资水平、机构在重要运营地点聘用的当地高层管理人员以及采购行为上均没有得分。

综合来看，高速公路业企业的社会责任绩效表现在整个交通运输行业中处于较落后的位置。从不同维度的情况来看，环境和劳动实践的责任绩效表现要好于其他六个维度的得分。该行业在产品责任维度的得分表现很不尽如人意，说明高速公路业企业还需要加大力度提升服务的质量和“责任度”。

4 高速公路业企业社会责任演进阶段评价

4.1　总体演进阶段及变化趋势

高速公路业 10 家上市公司 2013 和 2014 年企业社会责任演进阶段情况如表 10-6、图 10-25 所示。

高速公路业企业社会责任演进阶段　　表 10-6

企业名称	2014 年度企业分级	2013 年度企业分级	企业名称	2014 年度企业分级	2013 年度企业分级
深高速	III	II	吉林高速	II	I
中原高速	II	I	现代投资	II	I
赣粤高速	II	II	浙江沪杭甬	II	—
山东高速	II	II	福建高速	II	I
宁沪高速	II	I	皖通高速	I	I
四川成渝	II	II	行业演进阶段	II	I

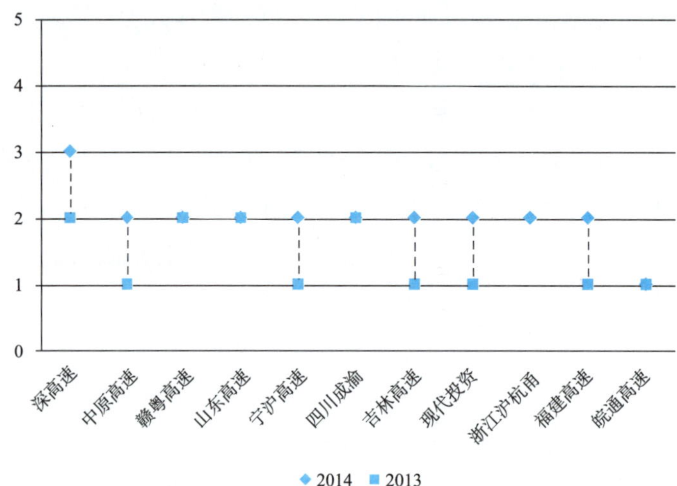

图10-25　港口运输业企业社会责任演进阶段对比

由表 10-6 所示的结果可知，2014 年高速公路业的企业社会责任演进阶段等级为 II 级，处于参与阶段，较之 2013 年有所提升。需要明确提出的是，浙江沪杭甬是 2014 年新增加的企业。纵观高速公路业十家企业，除皖通高速外，其他九家企业的等级均在 II 级以上，说明高速公路业企业社会责任发展这一年的进步是可喜的。高速公路业更是今年报告中企业社会责任演进阶段提升最高的一个行业。

4.2　不同维度演进阶段及变化趋势

通过对高速公路业各企业的社会责任演进阶段的分维度评价，得到了各企业在七个维度上所处的演进阶段，如表 10-7 所示。其结果可作为企业社会责任的战略规划和决策依据。

高速公路业企业社会责任演进阶段分维度评价　　表 10-7

企业名称	年　度	战略意图	承诺目标	责任主题	相关者关系	管理措施	透明度	绩效评价
皖通高速	2014	II	I	I	III	I	II	I
	2013	II	I	I	I	I	II	I
中原高速	2014	II	I	I	II	I	II	I
	2013	II	I	I	I	I	II	I
福建高速	2014	III	I	I	III	I	II	I
	2013	II	I	II	I	I	II	I
赣粤高速	2014	II	I	II	III	I	II	I
	2013	II	I	II	II	I	II	I

续上表

企业名称	年　度	战略意图	承诺目标	责任主题	相关者关系	管理措施	透明度	绩效评价
山东高速	2014	II	II	II	II	I	II	I
	2013	II	I	III	II	I	II	I
宁沪高速	2014	II	II	II	III	I	II	I
	2013	I	I	II	II	I	II	I
深高速	2014	III	II	II	III	I	III	I
	2013	II	II	II	III	II	II	I
四川成渝	2014	II	II	I	III	I	II	I
	2013	II	II	II	II	I	II	I
吉林高速	2014	II	I	II	III	I	II	I
	2013	II	I	II	I	I	II	I
现代投资	2014	II	I	I	II	I	II	I
	2013	II	I	I	I	I	II	I
浙江沪杭甬	2014	II	II	I	II	I	II	I
	2013	—	—	—	—	—	—	—

由表 10-7 可知，2013-2014 年高速公路行业在企业社会责任绩效评价维度上表现较差，十家企业绩效评价整体得分均比较低，因此全部处于 I 级水平上。此外管理措施维度也全部处于 I 级水平，说明高速公路行业在企业社会责任绩效管理措施以及实施效果上表现还有待提高。透明度维度上除深高速是 III 级以外，其他九家企业均为 II 级，说明高速公路业的企业社会责任报告编写还主要是用非规范和简单方式来发布的。在相关者关系维度上整体表现较好，高速公路业十家企业均在 II 级水平以上，且有七家企业达到了 III 级水平。整体来看 2014 年高速公路业企业社会责任演进阶段分维度评价结果好于 2013 年。

深高速是整个高速公路业在高速公路业企业社会责任演进阶段分维度评价中表现最好的企业，战略意图、相关者关系和透明度这三个维度上都达到了 III 级水平。在战略意图这一维度上，深高速不仅能够满足社会对快速出行的需求，还能有效促进区域经济和社会的发展，创造社会价值。在相关者关系这一维度上，公司设立了以信息收集发布、应急生产调度、道路救援、顾客投诉管理、客户满意度调查等业务为主要职能的客户服务中心，并以此为信息枢纽搭建多层次的沟通平台，倾听客户诉求，持续提升顾客满意度。在透明度这一维度上，深高速按照上海证券交易所《公司履行社会责任的报告编辑指引》的要求编制，并参考了香港联合交易所有限公司《环境、社会及管治报告指引》的内容，发布了全面、规范的企业社会责任报告。此外，深高速的承诺目标、责任主题是 II 级水平，管理措施只有 I 级水平，说明深高速在管理措施以及实施效果上表现还有待提高。

福建高速战略意图维度为 III 级，相关者关系和透明度这两个维度为 II 级，在高速公路业表现较好。在战略意图这一维度上，以公司的发展实现股东利益、员工成长、客户满意、政府放心，促进经济发展、社会和谐，为企业和社会可持续发展做贡献。在相关者关系维度上，福建高速不断完善公司治理结构，公司董事会按照股东大会的有关决议设立战略、审计、提名、薪酬与考核等专门委员会。还先后建立了不同的规章制度，并在公司经营管理过程中不断完善有关规章制度，为股东和债权人权益保护提供了有力的保障。承诺目标、责任主题、管理措施和绩效评价这四个主题等级为 I 级，说明深高速在这几方面的表现还有待提高。

浙江沪杭甬虽是在2014年第一次发布企业社会责任报告，但从绩效分维度等级来看，在高速公路业中其表现在中等水平。其在战略意图、承诺目标、相关者关系、透明度这四个维度上都处于II级水平，在报告中对这些维度都有较详细的描述。但在责任主题、管理措施和绩效评价这三个维度上表现差强人意，有待提高。

山东高速和宁沪高速除相关者关系主题上分别为II级和III级外，其他各维度的等级均一样，整体情况表现较好。且除管理措施和绩效评价这两个维度为I级外，其他五个维度均在II级以上。

皖通高速、中原高速、福建高速、吉林高速、现代投资这五家企业在七个维度上表现相较其他四个企业来说较为一般，但比2013年好很多，在责任主题、管理措施、绩效评价这三个维度上表现较差，基本上全在I级水平；在战略意图、相关者关系、透明度这三个维度上表现较好，5家企业均在II级水平以上；在承诺目标维度表现次之，除四川成渝达到II级外，其余均在I级水平，说明这几家企业需要在承诺目标这方面做出更积极的表现。

值得肯定的是，这一年来高速公路业的发展很快，整体水平上升到II级水平，但各家企业在各维度表现上有好有坏，并不平衡，需要认识到表现较差维度的原因，积极承担更多的社会责任。

5 高速公路业企业社会责任发展评述

①高速运输业企业社会责任报告质量评价得分为23.22分，在八个行业中排名第七。整体表现较差。

②高速运输业企业社会责任报告应用等级为C级。

③高速运输业企业社会责任绩效评价的得分为15.64分，在八个行业中排名第五。

④高速运输业企业社会责任演进阶段为II级。

⑤高速运输业企业社会责任报告质量八大指标中均值得分最高的可获取性。

⑥高速运输业企业社会责任报告八大指标中排名第二的是回应性，排名倒数第一的是可信性。

⑦高速运输业企业社会责任报告应用等级表现最好的是管理方法披露维度。

⑧高速运输业企业社会责任绩效评价八大主题得分最高的是环境，在八大行业中排名第五，得分最低的是产品责任。

第十一章

机场运输业企业社会责任发展报告

1 机场运输业企业社会责任报告质量评价

截至 2015 年 8 月 1 日，发布 2014 年度企业社会责任报告的机场运输业企业仅白云机场一家，与上年度情况一样。对于社会责任问题，机场业当前的低迷表现不能让人满意。相关企业应认识到发布企业社会责任报告的必要性和重要意义，向前走出一步，尽早把发布报告提上企业日程。

1.1 报告质量评价

2014 年，4 家机场运输业上市公司中只有白云机场发布了企业社会责任报告，较之 2013 年没有变化，白云机场的企业社会责任报告质量评价得分及排名情况如表 11-1 所示。

机场运输业企业社会责任报告质量评分及排名　　表 11-1

企业名称	2014 年度			2013 年度		
	总　分	行业排名	总体排名	总　分	行业排名	总体排名
白云机场	19.52	1	31	14.12	1	35

从表 11-1 所给数据可以看出，白云机场企业社会责任报告质量评价总得分由 2013 年的 14.12 提升至 2014 年的 19.52，在整个交通运输行业总体排名由 35 上升为 31，略有长进。作为今年唯一一家发布报告的机场企业，其表现可谓一枝独秀。

1.2 报告质量维度评价

2014 年白云机场企业社会责任报告质量八个一级指标的得分情况如表 11-2、图 11-1 所示。

机场运输业企业社会责任报告质量八大指标得分及均值　　表 11-2

	完整性	包容性	实质性	回应性	可比性	可信性	创新性	可获取性
白云机场	0.50	0.17	0.50	0.33	0.17	0.00	0.50	0.67
均值	0.50	0.17	0.50	0.33	0.17	0.00	0.50	0.67

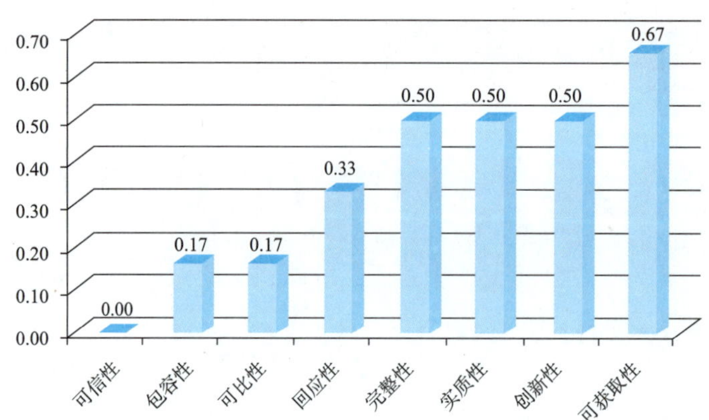

图 11-1 高速公路业企业社会责任报告质量八大指标得分均值比较

针对白云机场社会责任报告质量评价的八大指标的评价结果，从表 11-2 和图 11-1 可以看出：

①在完整性这一指标上，白云机场的得分为 0.5，较 2013 年略有升高，在其八个指标中得分排在第二位，但是，相比于交通运输行业其他行业，差距依旧巨大。今年在完整性指标上无一满分，且继 2013 年之后在“决策者声明”，“主要影响、风险、机遇的描述”和“报告结构设计”三项上再次全部得分为零，体现出了白云机场对企业社会责任理解尚有不到位之处且尚未意识到这一点，最终导致其完整性指标得分偏低。

②包容性这一指标，是企业同利益相关者一起对可持续发展作出负责任和战略性的回应，2014 年白云机场得分为 0.17，相较 2013 年的 0 分有所提升但无本质变化。企业只有在与利益相关者对话的基础上，通过各种合作的关系进行企业社会责任的各种价值决策才是有意义的。因此，尽快完善相关的机制和管理办法，积极地促进利益相关者的参与，提升对利益相关者的重视程度是企业的当务之急。

③在实质性这一指标上，白云机场的得分为 0.5 分，连续两年走高，但仍不尽如人意。今年白云机场在实质性主题确定流程方面没有得分，在目标和表现是否可测量方面也表现不佳。整体看来，报告缺乏对具体的事件描述，使利益相关者不能够很好地识别企业在社会责任方面的突出表现。

④在回应性这一指标上，白云机场得分为 0.33 分，相比 2013 年提升较大。在目标体系建立得分为零，说明白云机场仍需建立一个完备的有效体系，在绩效衡量、监测或审验和回应的平衡性得分均为 0.5，说明白云机场在绩效指标的科学性和可测量性方面仍需加强。总体来说，企业对影响其可持续发展绩效的利益相关者的主题做出的回应不够全面。

⑤在可比性指标上白云机场仅为 0.17 分，其在行业内可比和跨年度纵向可比两项上的得分均为 0。由此可见，公司在发布报告时，更多的关注当年的情况，缺乏对企业践行社会责任的纵向比较和发展趋势的关注。

⑥可信性指标是对企业发布报告内容真实性的基本保障，而白云机场在三项指标上均为 0 分，显示出报告在客观性和可靠性方面的缺失。许多企业不了解报告编制的规范性，最终导致相应信息披露的缺失，有负大众期望。

⑦在创新性指标上，白云机场得分为 0.5，三个二级指标均为 0.5 分。证明企业对报告的理念，形式和结构有所创新。但其内容相对简略，并且缺少图表，从而导致企业报告质量不高，为了提高报告的质量，企业应该加强报告的创新，从理念、结构和形式上进行更多的努力和尝试。

⑧在可获取性指标上，今年白云机场得分为 0.67 分，位于八个指标之首。报告内容的可读性得分为 1 分，以后应着力于报告的详实性和逻辑性。作为机场考虑到受众群体，单一语言的报告显然不能

完全满足大众需求。

总而言之，白云机场整体的报告质量水平已经达到报告编制的基本要求，但仍有许多不足之处，需进一步努力。

2 机场运输业企业社会责任报告应用等级评价

白云机场在 2013—2014 年间企业社会责任报告综合评价等级如表 11-3 所示。

机场运输业企业社会责任报告应用等级评价情况 表 11-3

企业名称	年份	战略与概况	管理方法披露	绩效指标	综合评价
白云机场	2014	D	B	C	D
	2013	D	B	C	D

由表 11-3 可知，相比 2013 年，2014 年白云机场企业社会责任报告综合评价等级，以及各分维度等级均没有发生变化，其报告综合等级为 D，在报告质量和报告结构上均有待于加强。

战略与概况这一维度等级处于最低水平，为 D 级，其对第一部分“战略与分析”和第四部分“利益相关方参与”均没有描述，得分为零，对第二部分“机构概况”8 个指标其中的“名称、主要品牌、产品（服务）”和“机构的资产、员工、市场规模”有所描述，而对第三部分“报告参数设置”方面披露了 52 个指标，信息揭露程度为 44.1%，较之 2013 年的 22% 有相当的进步。

管理方法披露这一维度上，包括：经济发展、环境、劳动实践、人权、社区、公平运营和消费者问题等七个部分，涉及 30 个指标。而白云机场仅披露其中的 11 个，披露率为 36.7%，但其中在劳动实践方面披露了 5 项指标中的 4 项，可见白云机场将企业社会责任重点放在与员工相关的方面。在公平运营方面无信息披露。最终定级为 B。

绩效指标这一维度上，一共 117 个指标，它满足了全部指标中的 52 个，占 44.1%，由于未达到 65% 的 B 级标准线，最终确定为 C 级。

总体来说，在机场运输业仅一家企业发布企业社会责任报告的情况下，白云机场的报告等级和现有体系还不足以扛起行业领头的大旗，但我们也看到了白云机场的进步之处，希望企业持之以恒的重视企业社会责任，在与社会形成良好互动的同时提升企业声誉，扩大市场，引领行业。

3 机场运输业企业社会责任绩效评价

3.1 总体绩效情况

机场运输业企业社会责任绩效评价结果及排名变化对比如表 11-4 所示。

机场运输业企业社会责任绩效评价得分及排名 表 11-4

企业名称	2014 年度 总分	2014 年度 行业排名	2014 年度 总体排名	2013 年度 总分	2013 年度 行业排名	2013 年度 总体排名
白云机场	12.9761	1	30	6.7893	1	29
均值	12.98			6.79		

注：得分已经转化为“百分制”。

表 11-4 中可看出机场运输行业中只有白云机场一家企业发布企业社会责任报告，从发布数量上也足以说明整个机场运输行业对发布社会责任报告的重要性认识严重不足。今年白云机场得分 12.9761 分，远高于 2013 年的 6.7893 分，上升了 91% 之多，可以肯定白云机场在企业社会责任信息披露方面的进步很大。但在 38 家交通运输行业上市企业中的排名依然靠后，希望白云机场以及其他机场运输业公司能够重视企业社会责任信息披露的重要性。

3.2 社会期望主题情况

根据机场运输业企业社会责任各个主题的得分情况，计算出 2014 度该行业在八个主题上的得分，如表 11-5、图 11-2 所示。

机场运输业企业社会责任八大主题得分及均值 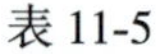 表 11-5

企业名称	环境绩效	劳动实践	人权	公平运营	产品责任	社区发展	责任治理	经济绩效
白云机场	0.484	0.400	0.294	0.146	0.027	0.371	0.068	0.061
均值	0.484	0.400	0.294	0.146	0.027	0.371	0.068	0.061

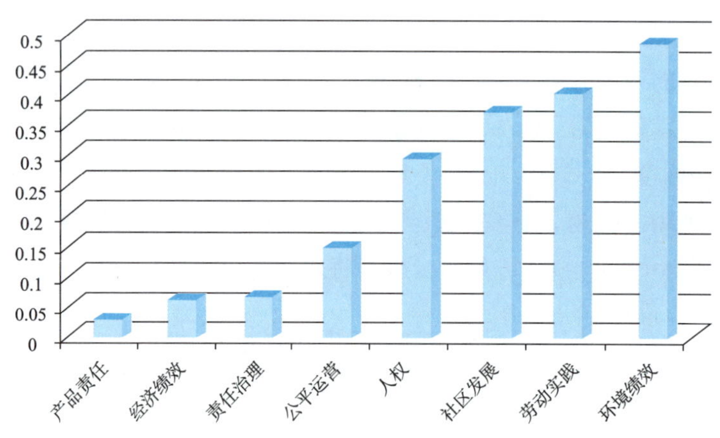

图 11-2 白云机场企业社会责任八大主题得分均值比较

针对企业社会责任的八大主题的评价结果，从表 6-23 和图 6-24 中可以看出：

①在环境保护方面。白云机场 2014 年度在这一主题下的得分为 0.484 分，在交通运输行业包含的八个分行业中排第七，得分题项所占比例为 44.44%。具体来说，白云机场重视提升其运营过程中可持续资源和二次能源的利用程度，并努力地通过提高技术水平以减少对传统资源的需求。此外，其在减少水源污染的程度、减少“三废”排放、处理有害废气物方面都采取了一定的行动，重视评估和改善运营过程对环境的影响，实现了在 2014 年度全年没有发生重大污染事件的目标。然而，白云机场在生物多样性的保护以及栖息地的恢复方面尚没有积极有效地行动，其在供应商环境评估以及环境问题申诉机制的建立方面还需给予更多的关注。

②在劳动实践主题上，白云机场的得分是 0.4，机场运输行业在交通运输行业八个分行业中排名靠后，仅排名第七，与本行业企业社会责任八大主题比较，排名第二。白云机场涉及的指标得分题项比例为 73.91%。白云机场在职业健康与安全、工作场所中人的发展与培训这两个三级指标上的表现良好，注重员工身心健康及员工的职业发展，其他指标上均有得分。

③在人权主题上，白云机场的得分是 0.294，机场运输行业在交通运输行业八个分业中排名居中，

排名第五。在本行业企业社会责任八大主题的比较中，人权排名第四。白云机场涉及的指标得分题项比例为 33.33%。白云机场对于非歧视、童工、强制劳动等方面白云机场有着良好的表现，但未将人权标准纳入到供应商筛选、管理体系中，企业应予以加强。

④在公平运营方面。白云机场 2014 年度在这一主题下的得分为 0.146 分，在交通运输行业包含的八个分行业中排第八，得分题项所占比例为 38.46%。具体来说，白云机场能够做到对确认的腐败事件及时采取必要的行动和补救措施，保证雇员和代表仅从合法服务中获得恰当的报酬，并且在政治性捐赠、反竞争以及合规经营方面守住“本分”。然而，在腐败风险的识别、对员工和代表进行相关的培训、为举报人员建立保障机制、负责任的政治参与、尊重产权、供应商公平运营评估、公平运营问题申诉机制的建立方面，白云机场在 2014 年度的行动有所缺失，希望能够尽快得到恢复。

⑤在产品责任方面。白云机场在这一主题的得分为 0.027，在交通运输行业包含的 38 家上市公司中排名第 37 位，得分题项占比例仅为 25%，处于垫底位置，说明白云机场的企业社会责任的实施情况较差，除了没有发生安全事故以及没有侵犯客户隐私事件的发生外，仅在评估产品安全及风险和进行客户满意度调查方面有一定的措施，总体表现差强人意，仍有待于进一步的提高。

⑥在社区参与和发展方面，机场运输业 2014 年的得分均值为 0.371，在交通运输行业包含的八个分行业中排名第六位。机场运输业下只有白云机场一家上市公司发布了企业社会责任报告，其得分项所占总题项的比率为 68.75%。其在履行社会责任时主要在扶贫助学，关注健康方面采取积极行动，支持社会投资发展，并通过自身或价值链活动整合社区居民来创造就业为社区发展做出贡献，还通过培训、建立伙伴关系等方式扩大社区的技术获取渠道，对其开展的当地社区参与、影响评估、发展计划的情况有较简单的说明。但没有将社区参与和发展标准纳入到企业的供应商筛选、合作管理体系中，也未能识别和评估供应链中的重大实际和潜在的社区参与和发展相关的负面影响，没有就社区参与管理相关问题建立申诉机制，因此今后在这三方面有待进一步的行动。

⑦在责任治理主题上，白云机场的得分为 0.068 分，在八大行业中排名第八，得分项所占总题项比例为 9.09%，公司仅在企业使命陈述或价值观指标上得 1 分，其他指标均没有得分，说明企业并没有企业社会责任纳入到企业治理结构中，也从侧面反映了公司高层对企业社会责任的漠视。

⑧在经济发展主题上，白云机场的得分为 0.061，在八大行业中排名第八，得分项所占总题项比例为 11.11%。在经济主题下公司仅在机构产生和分配的直接经济价值指标上有得分外在其他指标上均没有得分，说明公司在经营过程中只是考虑了自身经济价值的最大化，并没考虑企业的经营对社会产生的影响以及企业的社会经济价值。

综合来看，白云机场在公平运营、产品责任、责任治理和经济发展四个维度的绩效是各分行业中排名最低的，且其绝对的得分表现也难以在“责任竞争力”时代为企业带来优势。诚然，从一定程度上来说，机场业具有较大的市场独占性，但是作为地区的重要的门面，企业在多大的程度上展现了其负责任的形象对地区来讲还是具有重要意义的，因此，我们有理由期待看到更有“责任”的白云。

4 机场运输业企业社会责任演进阶段评价

4.1 总体演进阶段及变化趋势

白云机场 2013 和 2014 年企业社会责任演进阶段如表 11-6 所示。

机场运输业企业社会责任演进阶段 表 11-6

企业名称	2014 年度企业分级	2013 年度企业分级
白云机场	II	II
行业演进阶段	II	II

由表 11-6 的结果可知，2014 年白云机场的企业社会责任演进阶段与 2013 年相同为 II 级，处于参与阶段。较之 2012 年以前，这两年白云机场的社会责任发展在稳步提升，但发展仍处于尚不成熟阶段，提升空间依然很大。

4.2 不同维度演进阶段及变化趋势

通过对白云机场企业社会责任演进阶段的分维度评价，得到了该企业在七个维度上所处的演进阶段，如表 11-7 所示。其结果可作为企业社会责任的战略规划和决策依据。

机场运输业企业社会责任演进阶段分维度评价 表 11-7

企业名称	年份	战略意图	承诺目标	责任主题确认	利益相关者关系	管理措施	透明度	绩效评价
白云机场	2014	II	II	I	II	I	II	I
	2013	II	II	I	I	I	II	I

2014 年，白云机场全年旅客吞吐量突破 5478 万人次，居全国第二，广州已成为全球关注的航空地标之一。从表 11-7 可知，白云机场在战略意图、承诺目标、透明度维度仍处于参与阶段，即 II 级水平，表明白云机场已从战略上开始关注企业社会责任，并且承诺了行业基本目标。在责任主题确认、管理措施、绩效评价方面仍处于起步阶段，即 I 级水平。值得一提的是，相关者关系由 2013 年的 I 级水平上升为今年的 II 级水平，表明 2014 年白云机场与利益相关者之间的关系有所改善，逐步注重与股东等主要利益相关者就经济利益进行单方面的沟通。白云机场公司在管理措施方面表现较差主要是因为企业未设置人员针对法律风险进行监督。

5 机场运输业企业社会责任发展评述

①机场运输业企业社会责任报告质量评价得分为 19.52 分，在八个行业中排名第八。整体表现较差。

②机场运输业企业社会责任报告应用等级为 C 级。

③机场运输业企业社会责任绩效评价的得分为 17.52 分，在八个行业中排名第五。

④机场运输业企业社会责任演进阶段为 II 级。

⑤机场运输业企业社会责任报告质量八大指标中均值得分最高的可获取性。

⑥机场运输业企业社会责任报告八大指标中排名倒数第一的是可信性。

⑦机场运输业企业社会责任报告应用等级表现最好的是管理方法披露维度。

⑧机场运输业企业社会责任绩效评价八大主题得分最高的是环境，环境在八大行业中排名第四，得分最低的是产品责任。

第十二章

物流运输业企业社会责任发展报告

1 物流运输业企业社会责任报告质量评价

与机场运输业同样，2014 年物流运输业 27 家上市公司，仅有中储股份一家物流运输业企业发布了企业社会责任报告，暴露出了物流运输业整体行业既缺乏发布社会责任报告的热情，也对企业社会责任的重要性认识不足。发布社会责任报告，让各利益相关方在信息方面少一些盲点，是有利于企业的发展进步的。关于这一点，希望能为更多的企业所认识。

1.1 报告质量评价

物流运输业 27 家上市企业中 2014 年只有中储股份发布了企业社会责任报告，较之 2013 年没有变化。发布企业社会责任报告的比例仅有 3.7%，为八大行业最低。中储股份的企业社会责任报告质量评价得分及排名情况如表 12-1 所示。

物流运输业企业社会责任报告质量评分及排名　表 12-1

企业名称	2014 年度			2013 年度		
	总分	行业排名	总体排名	总分	行业排名	总体排名
中储股份	38.01	1	13	23.66	1	26

从表 12-1 所给的数据可以看出，2014 年中储股份总分 38.01 分，总体排名第 13 名。相对于 2013 年的总分 23.66 分，总体排名第 26 名可谓突飞猛进。2014 年中储股份的报告质量已经跻身交通运输行业的上游水平，作为物流运输业的独苗，中储股份更应该发挥带头作用带动行业发展。

1.2 报告质量维度评价

2014 年度中储股份企业社会责任报告质量八个一级指标的得分如表 12-2 所示。

对于中储股份社会责任报告质量评价的八个指标的评价结果，如表 12-2、图 12-1 所示。

物流运输业企业社会责任报告质量八大指标得分及均值　　表 12-2

	完整性	包容性	实质性	回应性	可比性	可信性	创新性	可获取性
中储股份	1.36	0.67	0.50	0.67	0.67	0.17	0.83	0.83
均值	1.36	0.67	0.50	0.67	0.67	0.17	0.83	0.83

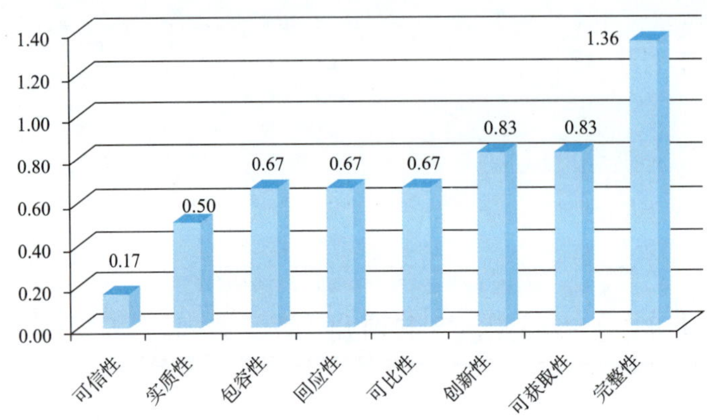

图 12-1　物流运输业企业社会责任报告质量八大指标得分比较

①在完整性这一指标上，中储股份的得分为 1.36 分，领先于其他七个指标，位居首位。其中在机构概况和报告结构设计两个指标均得到了 2 分。机构概况涉及的是公司的基本信息，中储股份详尽的对企业社会责任报告的信息问题进行了披露，完整的展现出了公司的架构和特色。而得益于整体的规划和完善的机制保障，报告的结构逻辑紧密，环环相扣。但在主要影响、风险、机遇的描述方面仍有不足。

②包容性这一指标主要表明了企业与利益相关者一道对可持续发展作出负责任的和战略性的回应，中储股份拿到了 0.67 分。虽然在报告中利益相关者参与流程和制度以及针对利益相关者的报告发布范围均有提及，部分体现了利益相关者对企业社会责任的参与，但详细程度不足，也不够系统。

③在实质性这一指标上，得 0.5 分。其报告中只简单交代了“实质性主题识别”方面的相关信息，没有详细的展开，仅得 1 分，而对“实质性确定流程”方面没有涉及，1 分未得。在目标和表现是否可测量方面具体的数据和实例不足。整体看来，报告缺乏对具体的事件描述，不乏有避重就轻的嫌疑，利益相关者也很难通过企业披露的这些信息来充分了解企业的各种工作的开展，进而失去了报告应该起到的沟通、交流的作用。

④在回应性这一指标上，为 0.67 分。其中在“回应的平衡性”方面，中储股份强调并建立了禁止商业贿赂和商业腐败的长效机制，得分为 1 分。而对“建立与主题相对应目标体系”和“绩效衡量、监测或审验”两个方面也有所涉及，但由于体系尚未构筑完全，绩效审验机制尚未形成，均得 0.5 分。

⑤在可比性指标上，中储股份的得分为 0.67 分。报告在“经济业绩”“生态文明”等均涉及到 2014 年与往年的数据对比，并且专门使用图表表示出来，但由于数据较少，所以得 1 分，此外报告的内容和结构编制有一定的行业可比性和跨行业可比性，均得 0.5 分。

⑥在可信性指标方面，中储股份只得到了 0.167 分，相对于其他指标，得分最低。报告中既未谈及到“利益相关方评论”的内容，也缺失第三方审验。而报告中对信息数据的来源语焉不详，仅得 0.5

分。同样的，第三方审验的缺乏不是个别企业的问题。第三方审验是能否取得利益相关者的信任和支持的重要因素，同时也是确认企业所披露数据和信息的可信度的必备指标。而利益相关方的评论关系到公司声誉及评价，不可忽视。

⑦在创新性指标上，中储股份得到了0.83分。在其报告中较多的使用了表格和关系图，使得报告的枯燥性大大降低的同时，更加富有直观性，在观感上也显得丰富多样。同时报告在理念方面有所突破，不仅仅局限于简单的描述各个方面，而是将公司对社会责任各方面的理解先加以说明再一一加以阐述。

⑧在可获取性指标上，中储股份的得分为0.83分。报告逻辑紧凑，具有新意，要点充分，可读性高，得1.5分。报告没有发布其他语言版本，所以这项得分为0。另外，中储股份在巨潮资讯网和公司网站上都有发布企业社会责任报告，这项得分为1。

中储股份作为物流运输业的一枝独秀，在本次评选中创造了不错的成绩，也让大家看到了该企业在社会责任方面的巨大进步。也希望更多的物流企业能够在中储股份优秀成绩的号召下发布自己的企业社会责任报告，满足大众需求，拓展企业机遇。

2 物流运输业企业社会责任报告应用等级评价

中储股份在2013-2014年间企业社会责任报告综合评价应用等级如表12-3所示。

物流运输业企业社会责任报告应用等级分布 表12-3

企业名称	年份	战略与概况	管理方法披露	绩效指标	综合评价
中储股份	2014	B	B	C	C
	2013	D	B	B	D

由表12-3可知，相比2013年，2014年中储股份企业社会责任报告综合评价应用等级由D级变为C级，今年相比2013年不仅披露核心指标还增加了其他相关指标的信息。

战略与概况这一维度，中储股份被评为B等级。其中在第一部分“战略与分析”的信息披露较为完整，均有得分。其余部分信息披露较全面，但在“报告参数”设置中，缺少数据测量方法及计算基准等说明。

中储股份在管理方法披露这一维度上共达到了14个指标，涉及到经济、环境、消费者问题、人权、和劳动实践5个方面，社区、公平运营没有涉及，整体描述不够详细，所以，最终其等级定为B。

在绩效指标这一维度上，一共117个指标，其报告中披露的总指标数达到了76个，占64%。根据评价标准，中储股份被评为C级。总体看来，中储股份的报告还处于起步水平，尚未认清企业社会责任报告披露的真正意义所在。

3 物流运输业企业社会责任绩效评价

3.1 总体绩效情况

物流运输业企业社会责任绩效评价结果及排名变化对比如表12-4所示。

物流运输业企业社会责任绩效得分及排序　　表 12-4

企业名称	总分	2014 年度		总分	2013 年度	
		行业排名	总体排名		行业排名	总体排名
中储股份	17.5166	1	17	7.2120	1	26
均值	17.5			7.2		

注：得分已经转化为“百分制”。

从表 12-4 中可以看到，中储股份今年的得分为 17.5 分，远高于 2013 年的 7.2 分，上升了 242.88%，中储股份今年在 38 家企业中排名 17，整体排名较之 2013 年提升了 9 名，在企业社会责任的履行中，相比于 2013 年，企业更加注重劳动实践以及环境方面责任的承担。由于在物流运输行业中只有一家上市公司发表了企业社会责任报告，并未能对行业的整体状况进行分析。

3.2 社会期望主题情况

根据中储股份企业社会责任各个主题的得分情况，计算出 2014 年度该企业在八个主题上的平均得分，如表 12-5、图 12-2 所示。

物流运输业企业社会责任八大主题得分及均值比较　　表 12-5

企业名称	环境绩效	劳动实践	人权	公平运营	产品责任	社区参与	责任治理	经济绩效
中储股份	0.623	0.460	0.294	0.190	0.103	0.308	0.312	0.207
均值	0.623	0.460	0.294	0.190	0.103	0.308	0.312	0.207

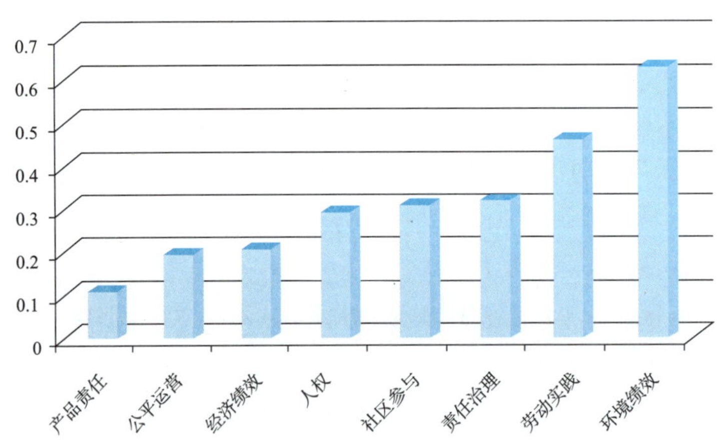

图 12-2　中储股份企业社会责任八大主题得分均值比较

针对企业社会责任的八大主题的评价结果，汇总表 12-5、图 12-2 的信息，可以看出：

①在环境保护方面。中储股份 2014 年度在这一主题下的得分为 0.623 分，在交通运输行业包含的八个分行业中排第四，得分项所占比例为 66.67%。具体来说，中储股份在 2014 年度继续重视对可持续资源及二次能源的利用、提高运营过程中有关可再生、循环物料的利用程度，积极地通过技术上的改进来减少对传统资源的需求。能够做到积极地采取措施减少“三废”的排放、妥善处理有害废弃物、持续评估并改善运营过程中对环境造成的影响，此外，公司建立了相应的环境问题申诉机制。然而，

公司在生物多样性的保护与自然栖息地的恢复以及供应商环境评估方面的依然缺少实际上的行动。

②在劳动实践主题上，中储股份的得分为 0.46，在交通运输行业八个分行业的比较中，物流运输行业的排名第五，处在中间偏后的位置，在本行业企业社会责任八大主题中排名居中，位列第五。中储股份涉及的指标得分题项比例为 82.61%。公司在完善劳动关系管理，保障员工利益方面进行了大量披露，建立了完善的薪酬管理体系，注重安全生产，关注员工发展，公司积极支持公会依法开展工作，通过多种渠道听取员工意见，关心重视员工的合理要求。

③在人权主题上，中储股份的得分为 0.294，在交通运输行业八个分行业的比较中，物流运输行业的排名靠后，为第七名，在本行业企业社会责任八大主题中排名靠后。中储股份涉及的指标得分题项比例为 33.3%。在报告中，中储股份详细介绍了公司对员工权益的保护行动，增加了员工归属感，调动了员工的积极性。

④在公平运营方面。中储股份 2014 年度在这一主题下的得分为 0.190 分，在交通运输行业包含的八个分行业中排第六，得分题项所占比例为 61.54%。具体来说，中储股份能够做到采取积极措施识别腐败的风险、坚决地抵制腐败与勒索并且对员工和代表金星反腐败政策和程序的培训和信息传达、提供激励。也能够保证在一旦确认了腐败事件的发生，及时采取必要行动和补救措施，且保证其雇员和代表所获报酬来自合法服务。此外，2014 年度，公司在政治性捐赠、反竞争和合规经营方面都没有发生相关的负面事件。其中方面，包括负责任的政治参与、尊重产权、供应商公平运营评估以及建立公平运营问题申诉机制方面的绩效表现还有较大的提升空间。

⑤在产品责任方面。中储股份在这一主题的得分是 0.103，虽然物流运输业仅中储股份一家发表了企业社会责任报告，但是在交通运输行业包含的八个分行业却排名第四位，产品责任主题下的得分题项占比例为 68.75%，该主题下 38 家企业得分排名中排名第 13 位。具体来说，中中储股份十分关注客户健康的安全，制定了多个管理方法及规定来保证产品安全，评估并防范潜在风险，企业更加重视客户的满意度，能够根据客户不同需求，使客户得到充分的信息，多途径、多方式的实现共赢；此外企业开始积极建立产品责任相关的风险保障机制，不断将企业社会责任融入到企业的经营活动中。

⑥在社区参与和发展方面，物流运输业 2014 年的得分均值为 0.308，在交通运输行业包含的八个分行业中排名第七位。物流运输业下只有中储股份一家上市公司发布了企业社会责任报告，其得分项所占总题项的比率为 68.75%。其在履行社会责任时主要在扶贫助学、改善健康方面采取积极行动，支持社会投资发展，并通过自身或价值链活动整合社区居民来创造就业，为社区发展做出贡献，还通过培训、建立伙伴关系等方式来扩大社区的技术获取渠道，对其开展的当地社区参与、影响评估、发展计划的情况有较简单的说明。但没有将社区参与标准纳入到企业的供应商筛选、合作管理体系中，也未能识别和评估供应链中的重大实际和潜在的社区参与相关的负面影响，没有就社区参与管理相关问题建立申诉机制，因此今后在这三方面有待进一步的行动。

⑦在责任治理主题上，中储股份的得分为 0.312 分，在八大行业中排名第四，得分题所占总题项比例为 45.45%，在报告中披露了企业董事会的人数，公司内设战略与投资管理、薪酬与考核、审计、提名 4 个专业委员会，此外公司还列出了公司加入的企业社会责任相关的行业协会。

⑧在经济发展主题上，中储股份的得分为 0.207，在八大题项中排名第四，得分项所占总题项比例为 22.22%，主要得分项为机构产生和分配的直接经济价值和间接经济影响，这两项经济主题对企业的基本要求，也是每家企业必须达到了，而对于其他指标均没有得分，希望企业在今后可以加强在这些指标上信息的披露。

综合来看，中储股份在环境和劳动实践两个维度的表现要显著好于在另外六个维度下的表现，在整个交通运输行业中也处于中等水平。然而，与所有的交通运输行业上市公司相似，在人权、产品责任维度下的表现远远不能够满足作为一个有责任的上市公司的要求。在越来越激烈的未来市场中，中储股份应当与所有的交通运输行业企业一道卯足力气，以“责任”构筑持续的优势。

4 物流运输业企业社会责任演进阶段评价

4.1 总体演进阶段及变化趋势

中储股份 2013 和 2014 年企业社会责任演进阶段情况如表 12-6 所示。

物流运输业企业社会责任演进阶段 表 12-6

企业名称	2014 年度企业分级	2013 年度企业分级
中储股份	II	I
行业演进阶段	II	I

由表 12-6 的结果可知，2014 年中储股份的企业社会责任演进阶段较之 2013 年有所上升，今年为 II 级，处于参与阶段。这说明中储股份在企业社会责任发展方面有所提升。

4.2 不同维度演进阶段及变化趋势

通过对中储股份企业社会责任演进阶段的分维度评价，得到了该企业在七个维度上所处的演进阶段，如表 12-7 所示。其结果可作为企业社会责任的战略规划和决策依据。

物流运输业企业社会责任演进阶段分维度评价 表 12-7

企业名称	年份	战略意图	承诺目标	责任主题确认	利益相关者关系	管理措施	透明度	绩效评价
中储股份	2014	III	I	II	II	I	II	I
	2013	I	II	I	I	I	II	I

从表 12-7 可以看到，2014 年中储股份在透明度这个维度上仍为 II 级，处于参与阶段。而管理措施和绩效评价这两个维度仍然是 2013 年的 I 级，处于起步阶段，表明中储股份企业社会责任做得不够好，管理还有待提高。责任主题确认维度为 II 级，尚处于参与阶段，中储股份在编写企业社会责任报告时依据依据国务院国资委《关于中央企业履行社会责任的指导意见》(国资发研究 [2008]1 号)，上海证券交易所《关于上市公司承担社会责任工作通知》、《公司履行社会责任的报告》编制指引及《上交所上市公司环境信息披露指引》等要求，并未依据比较系统的企业社会责任标准。利益相关者关系维度为 II 级，处于参与阶段。公司通过网站多种方式积极与股东进行有效沟通并确保股东及时了解公司的生产经营状况及重大事项的进展情况。表明企业比较重视其与主要利益相关者之间的关系。战略意图维度为 III 级，处于整合阶段，在中储股份公司官网上明确给出了公司发展战略以及相应的保障措施，公司所秉承成的企业文化以及对社会的承诺等。另外，中储股份企业社会责任报告中并未涉及承诺目标这一维度相关的内容。

5 物流运输业企业社会责任发展评述

①物流运输业企业社会责任报告质量评价得分为38.01分,在八个行业中排名第三。整体表现较好。

②物流运输业企业社会责任报告应用等级为C级。

③物流运输业企业社会责任绩效评价的得分为12.97分，在八个行业中排名第八。

④物流运输业企业社会责任演进阶段为II级。

⑤物流运输业企业社会责任报告质量八大指标中均值得分最高的完整性。

⑥物流运输业企业社会责任报告八大指标中排名第二的是创新性和可获取性，排名倒数第一的是可信性。

⑦物流运输业企业社会责任报告应用等级表现最好的是管理方法披露维度。

⑧物流运输业企业社会责任绩效评价八大主题得分最高的是环境，在八大行业中排名第七得分最低的是产品责任。

附录

论 文 集

北极航线对于中国的非经济影响及中国责任研究

李振福　刘　超

（大连海事大学，大连 116026）

摘　要：面对北极航线的开通预期，各相关国家对于北极航线问题的研究愈加深入，但我国目前的相关研究主要偏向经济性分析，对于北极航线非经济性的战略意义研究也往往局限于某一方面。在综合分析北极航线对于我国的政治、外交、军事、贸易、能源、环境、文化等非经济影响基础上，并针对性提出充分发挥中国的北极航线责任的建议，研究结果对于探讨中国如何加强北极航线战略具有重要的现实意义。

关键词：北极航线；非经济影响；模糊综合评价；层次分析法

1　问题的提出

随着全球气候变暖趋势的加剧，北极冰层范围逐渐缩减，北极地区潜在的战略价值日益明显。而伴随北极冰盖的逐渐消融，由绕过西伯利亚北部连接北欧—东亚的东北航线和跨越加拿大北极群岛连接太平洋和大西洋的西北航线组成的北极航线，将成为连接北美、北欧和东北亚国家之间的最近海上通道。其航运价值和战略地位越来越突出，被视为一条新的全球战略通道和关键战略竞技场。

近年来，国内众多学者从北极航线通航所面临的问题、北极航线通航价值和北极航线政治问题及中国应对北极航线的战略研究等方面对北极及北极航线问题进行了深入探讨[1]。张侠等（2009）从航程和运输成本方面分析了北极航线相对于传统航线对于我国远洋运输的影响，认为其经济性优势明显，并将进一步影响我国沿海地区产业分工以及经济发展战略布局[2]。王杰等（2011）在充分考虑船舶运营成本和航线营运状况的基础上，以集装箱船舶为例计算了北极航线相对于现有中欧航线的成本缩减情况，分析了其对我国贸易和航运业发展的战略意义[3]。徐骅等（2013）同样着眼于北极集装箱航线运输，通过成本分析法研究了在固定航次周期且无破冰船协助的条件下，亚欧集装箱航线可节约的航运成本，并对东北航线的经济优势作出了评估[4]。贺书锋等（2013）运用随机前沿引力模型计算出了北极航线对于我国与欧美国家的出口潜力和进出口潜力的平均提升幅度，说明了北极航线作为改善中国贸易效率、提升贸易潜力的有利因素具有重要意义[5]。

但随着经济性分析的不断深入，我们发现，虽然北极航线会明显缩短中欧、中北美的航距，降低航次运输成本，但是即使气候变暖使北极航线按照预计实现夏季全线通航，其大部分海域在一年中的7~9个月的时间里仍将被海冰覆盖，不适宜通航，这就造成了北极航线船舶固定成本的大幅增加。再加之高昂的冰级船制造费用、俄罗斯强制收取的破冰领航费用和由于特殊地理环境造成的其他费用增

基金项目：国家自然科学基金项目（61174166）、国家社科基金重大项目（13&ZD170）、2013 年教育部新世纪优秀人才支持计划项目。

作者简介：李振福（1969-），男，吉林榆树人，大连海事大学交通运输管理学院教授，博士生导师，主要研究方向：世界海运网络及北极航线问题研究；刘超（1990-），女，辽宁大连人，大连海事大学交通运输管理学院硕士研究生，研究方向为北极及北极航线问题。

加，使得北极航线在经济性上的优势存在一定的争议。

然而，北极及北极航线问题是全球战略性问题，北极航线对于我国的意义远远不能只用经济性来衡量。北极问题的不断深化和北极航线的开通预期已经对国际政治局势和全球安全形成重大挑战，而北极所具有的自然资源和科考价值也是不容忽视的。环北极国家更是纷纷制定出台本国的北极战略，加强对于北极和北极航线资源的控制，积极维护和争取更多的北极权益。而目前，我国专家学者对于北极航线非经济性的战略意义研究往往局限于某一方面，没有综合各个角度利用科学的方法进行系统的研究，不利于我国对于北极航线战略意义的全面把握。因此，本文将从非经济性角度，采用模糊综合评价法，利用定性分析与定量分析相结合的方式，研究北极航线对于我国的非经济重要意义，进一步探讨中国加强北极航线战略的必要性。

2 北极航线对于中国的非经济影响

2.1 非经济影响

非经济影响是相对于经济影响而言的。在以往专家学者的研究中，大多是以对研究目标造成影响的非经济因素作为非经济影响指标的。而本文以研究北极航线将会对中国造成怎样的非经济影响为基础，以判断其必要性。因此，非经济影响评价指标的确定应立足于影响结果，也就是航线开通所造成的非经济影响结果。

同时，经济影响与非经济影响并非完全独立，在经济影响指标中也可能存在着非经济方面对其的影响，如贸易影响属于经济影响，但北极航线对于我国对外贸易对象、贸易渠道等方面的影响就属于非经济影响。同样，非经济影响评价的指标中也可能存在着经济方面对其的影响。因此，在选取非经济影响评价指标时需要尽可能地考虑航线开通所带来的除了可量化的经济影响之外的非经济影响。

2.2 北极航线对于中国非经济影响角度

（1）政治影响

北极航线在地理位置上连接了亚洲、欧洲和北美三大洲，是一条重要的国际运输通道和海上战略通道。因此，以北极航线为对象的权益争夺将会极大影响相关权益国家的政治关系，进而对北极航线及其延长线范围内国家的地缘政治产生重大影响。

目前，在以北极及北极航线事务为中心的国家相互作用的网络结构中，起着中心角色的是加拿大、俄罗斯、美国、挪威、丹麦、冰岛、芬兰和瑞典 8 个环北极圈的国家，人们习惯称为 A8。其中被称为 A5 的俄罗斯、加拿大、美国、丹麦和挪威五国有着更为核心的地位。一直以来，核心五国极力排斥其他国家对于北极航线地缘政治权益协调的话语权，使其逐渐失去了参与北极航线地缘政治权益竞争和协调的机会与权利。但随着北极航线全线开通预期的日益临近，A5 国家间的战略性动作频繁，五国间的利益冲突愈加显现。而北极圈外的其他北半球国家为争取北极航线相关权益正积极寻求机会，加强与环北极国家的外交沟通和经济联系，积极建立合作关系。因此，在北极地缘政治权益争端不断加深的背景下，北半球范围内极易形成新的北极地缘政治利益集团，改变国家间的政治关系。而我国作为近北极国家，可以利用国际形势，选择适当的方式维持或发展与环北极国家的政治关系，为我国参与北极事务和争取北极航线权益谋求机会。

（2）军事影响

冷战时期，北极地区一直是美苏等国战略核潜艇的争夺舞台，也是战机和导弹攻击对方的最短路径。冷战结束后，这种格局也没有改变，反而有加强的趋势。世界上主要大国和军事强国都在北半球，且北极圈距离这些国家均相对较近，因而北极便成了地球上最安全、最理想的潜射弹道导弹发射阵地[6]。随着北极航线开通在即，北冰洋周边的美国、俄罗斯、加拿大、丹麦和挪威等国相继宣布对邻近北极地区拥有主权，纷纷加大军事投入，围绕北极的军事博弈正在快速升温。俄罗斯2009年出台的《2020年前后俄联邦在北极的国家政策基础》，首次宣布要使用军事力量保障俄北极地区边境安全和北方海路安全，为俄开发北极地区资源创造良好环境，并计划在2020年前部署一支能在北极航线附近海域使用的特殊海岸警卫部队。2011年，美国国防部出台《北极地区行动报告》，宣布将在2011—2015财年内，配合海岸警备队和其他机构，整理出适合在北冰洋进行军事活动的水面舰艇、设备、人员等方面的数据，同时摸清北冰洋的情况，为建造一支北冰洋舰队做好准备[7]。而中国虽不是环北极国家，也不存在北极主权争端，但作为太平洋沿岸的近北极世界大国，在俄美两国的地理位置包夹下，我国在北极航线区域将要面临的国家海上安全隐患和军事挑战不言而喻。但如若中国能参与北极航线的良性建设与运营，将有力地缓解北极地区权益争端的力度与强度。与此同时，我国应加强北极航线海上战略通道军事保障力，使北极航线成为我国北方海洋安全的缓冲器。

（3）资源能源影响

资源是一个国家生存发展的基础，石油与天然气更是当今社会经济发展最重要的能源。而随着我国经济社会的高速发展，石油、天然气能源的需求日益扩张，2013年全年进口原油达到2.82亿吨，排名世界第二，仅次于美国。据估计，2020年我国石油对外依存度将达到65%~70%，2035年对外依存度将达到80%[8]。我国为确保油气能源安全，一方面积极提高油气资源的利用率，另一方面分别从沙特阿拉伯、安哥拉、俄罗斯等多个国家进口石油，并且通过外交方式与相关国家积极开展能源合作。但目前，我国对中东石油依赖性愈加强烈。过分依赖中东石油，将对我国能源安全造成巨大威胁。当前，中东地区局势动荡，纷争不断，对我国的中东能源输入造成严重威胁。同时，中东对我国的石油运输大多采用海上集中运输，其必经的马六甲海峡安全隐患突出，并受制于他国。因此，加大与欧洲国家的能源贸易，特别是与俄罗斯的石油贸易，对我国石油能源安全有着重要的战略意义。目前中欧之间的油气运输主要通过管道进行，受限于途经国家的政治因素和复杂地理条件的影响，油气管道的建设进度缓慢，同时花费巨大。北极航线，尤其是东北航线的开辟将为我国油气能源进口打开新通道，中国从欧洲进口油气将既节省时间，又节省成本。伴随着近期中俄石油气合作项目的实质性突破，北极航线的能源运输功能将充分显现。而由于北极拥有丰富的油气资源和稀有矿产资源，使其有可能成为我国新的能源采购地。

（4）贸易运输影响

海上运输的优越性使得海运承担了全球90%以上的货物运输。中国现有8条远洋运输航线，组成了我国的远洋运输网络，它们分别为：中国—红 海、中国—东非、中国—西非、中国—地中海、中国—西欧、中国—北欧及波罗的海、中国—北美和中国—中南美。目前，中欧航线主要由苏伊士航线和好望角航线组成，其中经过苏伊士运河的中欧航线是中欧贸易最重要的一条航线。但由于苏伊士运河受到船舶吨位（21万吨以下）的限制，超大型船舶需选择距离较远的好望角航线进行运输[9]。中国至北美东海岸的海上运输路线为东下经过巴拿马运河，穿越加勒比海进入太平洋，后北上抵达目的港。因此，我国的贸易通道主要依赖马六甲海峡、霍尔木兹海峡、曼德海峡、巴拿马运河等国际战略要道。目前，海盗和恐怖主义活动的猖獗已经严重威胁到这些战略要道的通航安全，这些通道还随着国际贸易的扩张愈加拥堵。受制于自然条件，部分海峡、运河无法通过超大型船舶，绕行则使运输成本大大提升。部分运河，如巴拿马运河进行了扩建，但即使扩建完工仍无法满足日益增长的通航需求。有专家认为，巴拿马运河将在10~15年内出现航运拥堵现象。同时，这些重要运河均受到所属国控制，一旦切断必将对我国的正常对外贸易产生致命影响。因此，北极航线的开通将为我国寻求新的贸易战略通道提供新的选择。北极航线位于北冰洋海域，超大型船舶通行限制和拥堵现象几乎不会存在。复杂的地理环境和高规格的船舶技术要求，势必大大降低海盗和恐怖分子袭击的可能性。而北极航线沿岸的港口城市将很可能成为我国新的贸易可选择对象，为我国进一步发展对外贸易提供更多机会。

（5）外交影响

随着中国步入海陆复合型发展道路，海上通道逐渐成为我国对外交流的重要渠道。未来由北极航线通航形成的“大西洋—太平洋轴心航线”，使我国向西连接了俄罗斯、冰岛、挪威等欧洲国家，向东加强了与美国、加拿大的战略联系。目前，在我国已有的53个合作伙伴和战略伙伴国家中，欧洲占得17席，其中环北冰洋五国中的俄罗斯、丹麦与我国建立了全面战略伙伴关系。但不能忽视，仍有个别欧洲国家与我国在文化交流与外交关系上存在隔阂。但随着环北极国家相继同意中国加入北极理事会成为正式观察员国，中国与北欧国家外交关系的发展重现转机。不难推测，北极航线的贯通将加强我国与北欧国家的经贸联系与文化交流，并以此推进相互的政治认同感，缓和并发展彼此的外交关系。同时，北极航线也将进一步推动我国与其他北冰洋沿岸国家及北极航线延长线上的欧美多国进行双边与多边对话，以奉行和平外交政策为基础，倡导海洋发展的综合理念，以文化认同带动政治外交，增强互信与互利，增强我国的外交影响力，为我国参与北极及北极航线事务提供更多机会，为我国的和平崛起奠定稳定的国际环境。

（6）环境影响

北极的自然资源尚未被大规模开发，环境洁净，而北冰洋海域也拥有众多古老又奇异的海洋动植物，价值非凡。北极航线的开通势必给北极地区及北冰洋海域带来相应的环境改变。针对中国而言，我们面临更多的将是海洋环境破坏的威胁。船舶行驶会带来废物排放和海洋污染，而北极航线区域海底环境复杂，气候多变，因此其间行驶的船舶较易发生事故，更易造成燃油泄漏，形成严重的海洋污染。我国作为北极航线延长线上的重要沿海国家，也面临着海洋环境破坏的威胁和治理北极燃油污染的挑战。因此，我国应积极推动国际海事组织制定针对北极航线海域的船舶行驶安全和防污染的规定，并努力探索防治燃油污染的科学方法，制定我国北方海域的防污染应急措施，将北极航线开通对我国的海洋环境破坏威胁降到最低。

（7）文化科考影响

北极航线不仅是有形的货物运输渠道，也是无形的文化传播通道，它将承担起传递中华文明和中华文化的重任。北极航线的开通将加强中欧、中美文化沟通交流，更重要的是它打通了我国与北极地区原住民的联系，特别是人口最多、占地最广的因纽特人。在加强民族文化交流，进一步传递中华文化的同时，积极开发北极航线上的旅游资源，这也将成为北极航线带给我国的文化价值。另外，北极蕴藏着丰富的自然资源，也是对全球气候变化反应最敏感的地区，各个国家均积极开展北冰洋区域的海洋学、地质学、气象学、生物学等学科的科学考察。我国政府与科研机构也曾六次进行北极科考，获得了丰厚的研究成果。但是受到北极及北冰洋地区特殊的自然条件和复杂的海洋环境影响，组织北极科考成本大、难度高。因此，北极航线的运营将为收集海冰情况、航道条件、通导设备运行状况等信息提供便利条件，进而为中国的极地考察、科学研究起到重要的推动作用。

3 充分发挥中国的北极航线责任的建议

3.1 经济策略与非经济策略并行推进中国北极航线战略

北极航线对于中国有着非常重大的经济影响和非经济影响，因此，我国在制定北极战略时，不应仅立足于经济方面单边突进，而应全方位考量北极航线影响，有针对性地提出中国北极航线的非经济策略。如积极加强与北欧国家的经济合作，加强政治认同，为我国参与北极航线事务获得有利的国际环境；逐步加强我国北海海域的军事力量部署，以降低环北极国家的北极军事战略对我国可能造成的安全威胁；预先加强我国北极航线相关港口的硬件设施和物流网络建设，以满足北极航线全线开通后我国的对外贸易需求。

3.2 以新型综合模式参与北极航线事务

北极及北极航线事务是国际性事务，其资源价值为全世界共有。但由于地理位置上处于劣势，在环北极国家的共同排斥下，我国在参与北极事务方面存在许多障碍，以至于不能很好的争取北极航线相关权益。面对如此的外部局势和内部需求，中国应首先放低姿态，不以政治利益和经济利益为主要诉求，而是以新型综合模式参与北极航线事务，积极开展北极科学考察，加强与北极地区原住民的文化交流，深入参与北极环境变化对于世界气候影响的研究。特别是对于北极航线及其延长线区域内的海洋环境保护，我国应担负起海洋大国的责任，加强防油污技术的开发，联合周边国家共同创造、维护北极航线及其延长线海域良好的通航环境。

3.3 选择重点国际组织和国家主体进行合作

虽然在参与北极航线事务上，中国存在着许多障碍，但同时，我国应看到面对的机遇和拥有的有利因素。北极并非全球治理的空白地带，中国参与北极及北极航线事务有法可依。中国也已得到北极五国的支持成为北极理事会正式观察员国。而且北极国家之间的矛盾与分歧，客观上将有利于中国参与北极航线事务。我国应利用有利条件，选择重点的国家主体进行合作。加强与环北极弱势国家的交流，提高与欧盟的合作范围和力度，同时联合日韩等北极航线权益相似国家，共同谋求参与权，使我国北极航线权益最大化。

3.4 航运企业充分履行企业的先导责任

2015 年 7 月 8 日，中远集团永盛轮“再航北极、双向通行”启航仪式在大连港隆重举行。这是继 2013 年永盛轮成功首航北极东北航线后，中远船舶再次穿越北极，并将航次任务升级为往返双向通行。按计划，永盛轮去程将于北京时间 8 月初进入白令海峡，8 月中旬抵达瑞典的瓦尔贝里港。回程于 9 月底抵达维利基茨基海峡西口，10 月中下旬回到国内。

北极东北航线在降低碳排放、减少污染、降低通航成本等方面拥有巨大的潜力和提升空间。航运企业应履行探索北极航线资源的责任，进一步挖掘北极商业利用价值，努力拓展服务客户航线，逐渐积累冰区航行技术，积极履行绿色环保企业责任。作为与新中国共命运的远洋船队，中远集团勇敢地承担了这项责任，为中国航运企业和广大客户探索北极航线资源开发，做出了新的贡献。

4 结论

随着全球气候变暖速度的加快，北极航线的开发利用成为必然，然而北极航线对于我国的意义绝不仅仅局限于航线缩短所带来的经济效益，更有对于我国非经济方面的影响。通过层次分析法和模糊综合评价方法的综合运用，纵观政治、外交、军事、资源、贸易、环境、文化七个方面，分析得出北极航线对于我国的非经济方面的影响将达到较大影响等级，其中对于军事方面和资源能源的影响尤为突出。我国必须提高对于北极航线的关注度，结合中国实际情况，循序渐进地制定出北极航线相关战略，并积极应对北极航线对于我国军事安全、经济安全、能源安全方面带来的机遇和挑战。

参考文献

[1]李振福，王文雅，尤雪，等．北极及北极航线问题研究综述[J]. 大连海事大学学报，2014年(8):26-30.

[2]张侠，屠景芳，郭培清，等．北极航线的海运经济潜力评估及其对我国经济发展的战略意义[J]. 中国软科学，2009年(2):86-93.

[3]王杰，范文博．基于中欧航线的北极航道经济性分析[J]．太平洋学报，2011年(4):72-77.

[4]徐骅，尹志芳．北冰洋东北航道夏季集装箱航运经济性研究[J]．世界地理研究，2013年(3):10-16.

[5]贺书锋，平瑛，张伟华．北极航道对中国贸易潜力的影响[J]．国际贸易问题，2013年(8):3-12.

[6]程群．浅议俄罗斯的北极战略及其影响[J]．俄罗斯中亚东欧研究，2010年[1]:76-84.

[7]方明．北极，军事博弈不断升温[N]．解放军报，2014-01-13.

[8]党帅，刘养洁，贾文毓．地缘政治视域下的中俄油气贸易分析[J]．山西师大学报，2013年(9):31-33.

[9]王杰，范文博．基于中欧航线的北极航道经济性分析[J]．太平洋学报，2011年(4):72-77.

城市隧道掘进机行业发展与企业社会责任建设

张立超　刘怡君
（中国科学院科技政策与管理科学研究所，北京 100190）

摘　要：隧道掘进机是城市轨道交通建设的重要施工装备，也是高端装备制造业现代化程度的重要标志之一。通过实地调研，对隧道掘进机行业的产业价值链环节、行业发展现状、关键性驱动因素进行深入分析，对隧道掘进机行业的市场需求进行了定量测算，绘制了隧道掘进机行业生命周期图，最后结合企业社会责任建设提出了相关发展建议。

关键词：隧道掘进机；盾构；高端装备制造；轨道交通；企业社会责任

高端装备制造业发展是国家先进生产力水平的标志，培育与发展以航空装备、卫星及应用、轨道交通装备、海洋工程装备和智能制造装备为代表高端装备制造业是关系到国家综合实力、技术水平和工业基础的重点任务。隧道掘进机作为城市轨道交通建设的重要施工装备，其行业发展情况关系到我国高端装备制造业的整体现代化进程。一直以来，企业社会责任都是国内外研究的热点问题。近 30 年我国城市化进程呈现加速发展的趋势，城市数量快速增多，城市人口的聚集效应日益明显。同时，由于经济活跃度的提升及关联性的增强，城市内及城市间人员、物资的流动呈现出快速增长的趋势，对城市交通提出大容量、快速的要求。国际经验表明，当一国城镇化率超过 60%，城市轨道交通将实现高速发展以解决城市拥堵问题。2011 年我国城镇化率已突破 50%，面临的交通拥堵问题也日益严重[1]。因此，大力发展准时、高效、快捷、客运量大、能耗低的轨道交通，成为我国当下优化交通结构、缓解交通供需矛盾、提升企业社会责任、实现交通可持续发展的重要途径。

1　行业概述

1.1　隧道掘进机定义

隧道掘进机是用于交通隧道、市政隧道、水工隧洞等地下工程施工的大型机械化施工设备，一般可分为软土隧道掘进机（俗称“盾构机”）和硬岩隧道掘进机（即“全断面隧道掘进机”）[2]。其中，盾构机一般用于以土为围岩的隧道工程施工中，大型盾构机主要适用于地铁等软岩隧道的施工，小型盾构机主要用于市政水利隧道；硬岩掘进机一般用于以岩石围岩的隧道工程施工，主要适用于铁路山岭等硬岩隧道的掘进。由于采用隧道掘进机施工具有掘进速度快、隧道成型好、围岩扰动小、机械化程度高以及对周边环境影响小等优点，因此成为隧道施工的主要方式，广泛应用于世界各国的交通、城建、

作者简介：张立超（1986–），男，江西南昌人，博士生，研究方向为可持续发展与产业经济；
刘怡君（1978–），女，辽宁沈阳人，副研究员，博士，研究方向为创新社会管理。

水利、能源等行业的地下工程建设[3]。

1.2 隧道掘进机的行业价值链模式

隧道掘进机的制造特点是以工程为依托，根据施工环境进行模块化设计和制造。隧道掘进机施工的特殊性决定了隧道掘进机产业链体系建立在以工程为依托，系统设计为核心，相关配件制造企业加盟生产，施工单位配合使用的基础上，其设计、制造必须与工程项目紧密结合，如图 1 所示。

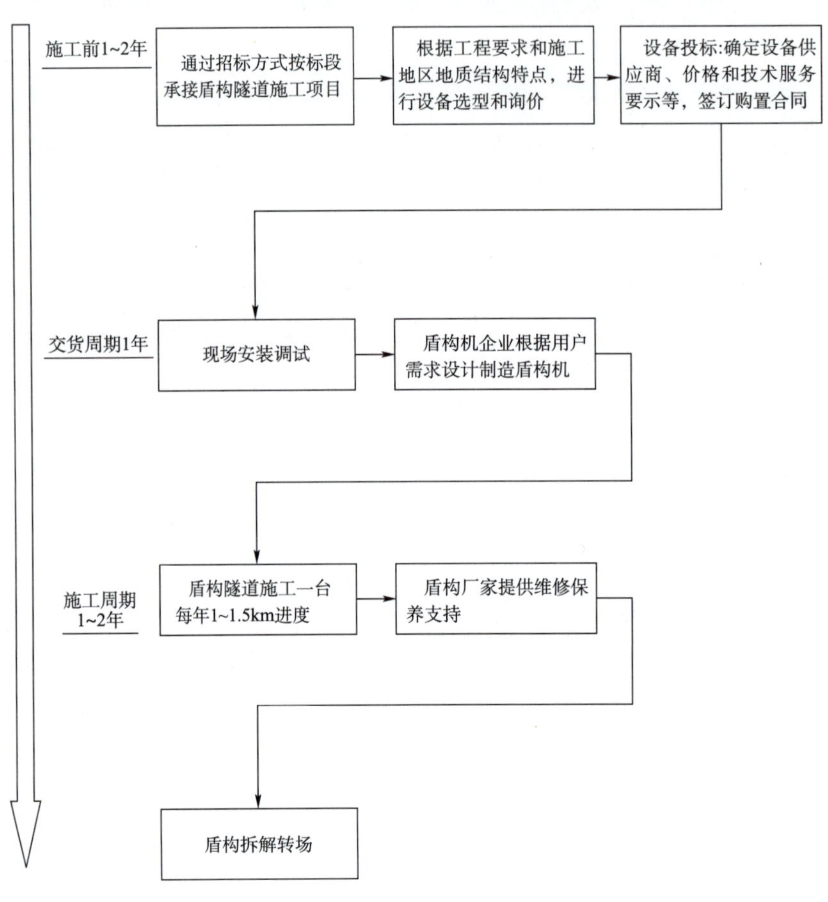

图 1　隧道掘进机的基本施工流程

2　隧道掘进机行业的发展现状与驱动因素

2.1　现状分析

盾构技术自 1823 年应用于英国伦敦的泰晤士河水底隧道工程以来，至今已有 190 多年的历史。20 世纪初，盾构技术开始在英、美、德、法、日等国推广。近 30 年来，盾构法得到了快速发展，成绩卓著，尤其是日本发展十分迅速[4]。由于隧道掘进机的制造工艺复杂，技术附加值高，目前只有美国、加拿大、德国、法国、日本等少数几个工业发达国家能够设计制造盾构机，市场集中相对较高，价格高昂，主要生产厂商有日本三菱重工、川崎重工、德国海瑞克、加拿大的罗法特等。从全球来看，盾构机处于发展中国家使不起，发达国家城市交通建设基本结束无大用的状态。在中国这样一个当前盾构机需求量大、极具潜力的市场面前，雄踞世界技术前沿的外资公司，在国际市场日渐萎缩的形势下，明显加剧了进入中国市场的步伐与速度，开始了中国制造本土化的比赛。

我国盾构技术的研究从20世纪50年代开始，但未能取得明显进步，直至20世纪90年代才取得一些进展。目前，国内有近30家企业进入或准备进入盾构机行业，形成了两个阵营，一类是国内隧道施工企业外延扩展成立的装备公司或合资公司，典型代表是中铁隧道和上海隧道；另一类是专业装备制造企业或与外资的合资公司，以北方重工传统机械行业企业。这其中大多数企业还处在以市场占领为主的起步阶段，质量提升和种类拓展尚未提上日程，很难有企业投入到盾构机的基础研究，只有中铁隧道和上海隧道自称拥有自主知识产权[5-6]。近几年，随着国内地铁建设开展，盾构需求呈较快速度增长，2010年市场销量达130台，市场容量为46亿元，市场保有量约在400台左右，成为当今世界最大的盾构机需求地，如图2所示。

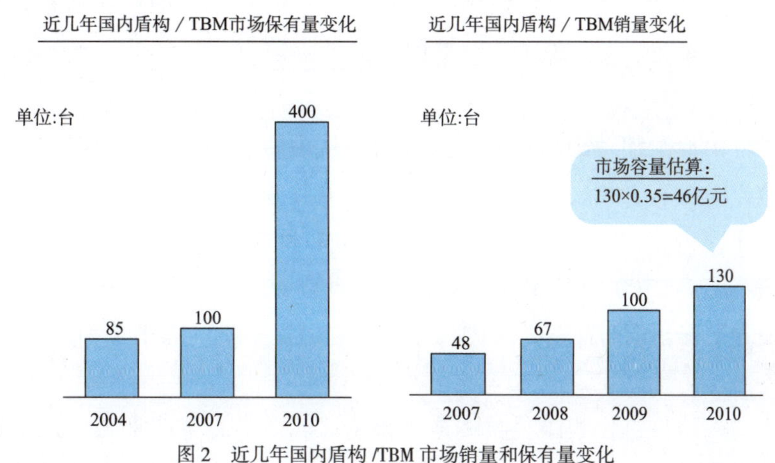

图2 近几年国内盾构/TBM市场销量和保有量变化

资料来源：中国工程机械工业协会

2.2 关键驱动因素分析

隧道掘进机行业未来需求量依赖于所服务领域的工程量发展趋势。地铁隧道、铁路隧道、越江公路隧道、市政公用、水利水电隧道是掘进机械需求的主战场，如图3所示。

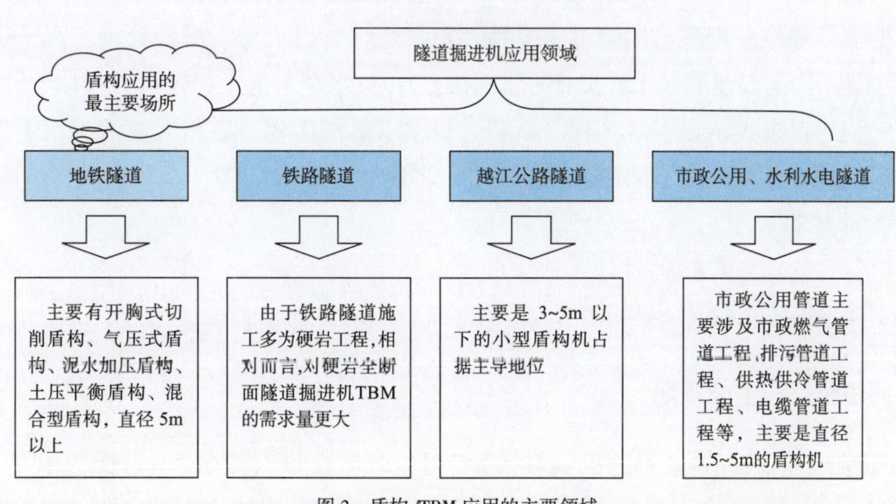

图3 盾构/TBM应用的主要领域

伴随着我国经济建设的快速发展，我国已进入大量使用盾构机的时期。近年地铁、铁路、公路、市政、水利水电等企业相继进入盾构施工领域，对盾构机产生大量的需求。此外南水北调、西气东输等重大工程正在大量引入盾构机，盾构机施工和制造正形成一个巨大的市场。从未来来看，城市隧道掘进机行业发展的关键驱动因素有以下这些：

（1）地铁工程建设

从我国城市轨道交通建设历程可以看出，2000年以来我国每年新运行轨道交通里程都在50公里以上，有多个年份（2003、2005、2007、2009、2010）通车里程在100公里以上，显示出我国地铁及轻轨建设步入快速发展期。就目前来看，我国城市轨道交通建设正步入跨越式发展阶段，且集中在经济发达区域。根据现有规划，2011—2015年我国将新增地铁里程2500公里，2016—2020年将新增地铁里程3200公里，未来十年共将累计新增地铁里程5700公里；从区域上看，这些城市仍主要集中在环渤海、长三角、珠三角等经济发达区域，三个重点区域2020年新增里程占全部比重达65%以上，其中北京、上海、广州、深圳、南京等城市增量相对较大。

（2）铁路隧道工程

在修建铁路的过程中，为缩短距离和避免大坡道而从山岭或丘陵下穿越的称为山岭隧道，目前国内铁路隧道约有半数以上分布在川、陕、云、贵四省，尤其是成昆、襄渝两条铁路干线隧道总长分别为342公里及282公里，占线路总长的比重分别为31.6%和34.3%。随着我国铁路建设的全面展开，“十二五”期间新建铁路隧道2700公里，铁路隧道的施工将在一定程度上拉动盾构机械的需求。特别是，铁路隧道施工多为硬岩工程，相对而言，对硬岩全断面隧道掘进机的需求量相对更大。

（3）越江公路隧道

随着城市化进程的逐步推进，我国公路隧道（含越江隧道）有望迎来新一轮增长。以上海为核心的长三角地区、渤海湾及港珠澳等越江隧道工程仍有大量项目处于规划之中，有望拉动相关设备需求。越江隧道涉及大连渤海海峡、长江口、钱塘江口等特长隧道；上海、杭州、南京、重庆等长江流域主要城市越江隧道；连接青岛和黄岛的湾口海底隧道，连接辽东半岛和胶东半岛的渤海海底隧道，连接上海和南通的长江水底隧道，上海至宁波的杭州湾水底隧道等。

（4）市政公用、水利水电隧道

20世纪日本的建设经验显示，随着大拆大建工程的逐步结束，以城市市政基础设施建设为核心的城市环境改造建设工程会进入大规模发展阶段，从而有望给小型盾构机械带来需求，其中3~5米以下的盾构机将占据主导地位。市政公用管道主要涉及市政燃气管道工程、排污管道工程、供热供冷管道工程、电缆管道工程等，主要是直径1.5~5米的盾构机。另外，水利水电工程建设涉及南水北调西线工程、新疆北疆调水工程、辽宁大伙房引水工程、新疆大板输水隧洞工程、惠州大亚湾引水工程、甘肃洮河引水隧道工程等，均在不同程度上采用盾构施工[7]。据统计，市政公用、水利水电隧道施工量到2015年新增里程将达到3750公里。

3 隧道掘进机行业发展与需求预测

3.1 隧道掘进机行业生命周期

结合2.2节的隧道掘进机行业的关键驱动因素，可以判断在投资激增、基数低的条件下，“十二五”期间隧道掘进机行业将有规划地快速增长，增速达16%左右，2020年后将进入缓慢增长或持平的成熟发展阶段通过我国地铁线网密度与世界其他国家的比较分析，如果 2050 年我国按规划新增地铁 9000 公里，运营里程将达到美国平均地铁线网密度，盾构机市场需求将出现萎缩，行业步入衰退期，见图 4。

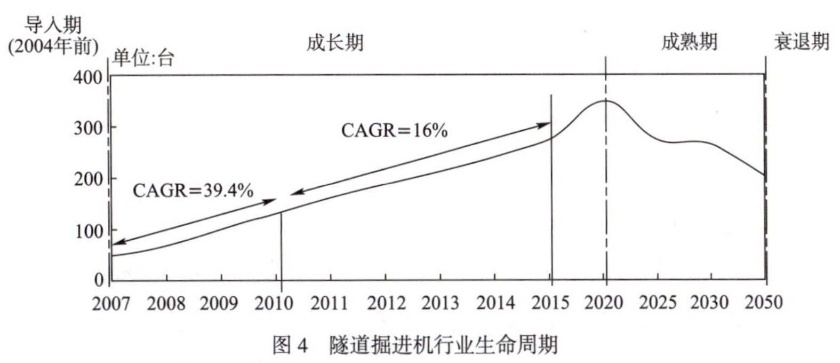

图 4　隧道掘进机行业生命周期

3.2　隧道掘进机行业需求的定量测算

引入经济学模型对隧道掘进机市场需求进行预测，综合考虑隧道掘进机市场保有量、使用寿命、单位造价并参考地铁、铁路、公路、市政水利水电等工程建设里程，预计“十二五”期间，城市隧道掘进设备新增市场需求量约为 1085 台左右，市场规模 330 亿元，年均将近 66 亿元，如表 1、图 5 所示。

“十二五”期间隧道掘进机行业需求预测　　表 1

开挖方式	“十二五”建设里程（公里）	“十二五”总需求（台）	目前保有量（扣除折旧）	“十二五”新增需求（台）	市场规模（亿元）	备　注
地铁隧道	2500	350	180	600	600 × 0.35+485 × 0.25=331.3	测算说明： 1. 平均单台盾构机的使用寿命为 7 公里； 2. 平均单台地铁、铁路、公路用盾构机的价格为 0.35 亿元，市政水利用盾构机价格为 0.25 亿元，且五年内价格基本保持不变
铁路隧道	2700	385				
越江公路隧道	300	45				
市政公用、水力水电	3750	535	50	485		
合计	9250	1315	230	1085		

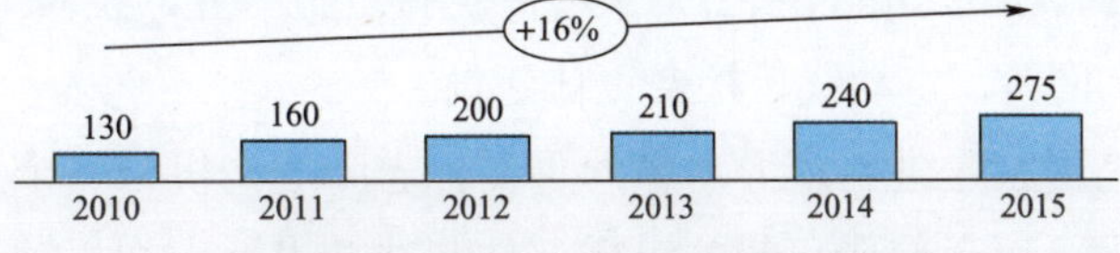

图 5　隧道掘进机行业年度销售预测（单位：台）

4　隧道掘进行业的企业社会责任建设

当期，已有越来越多的企业开始关注社会责任问题，其实质是促进经济社会的可持续发展。对于处在成长阶段的中国企业而言，正在迎接全球范围内兴起的“绿色和责任”浪潮的挑战，必须承担起可持续发展的社会责任[8]。长期以来，交通拥堵、环境污染一直是困扰着城市可持续发展的顽疾。城市的健康绿色发展需要一大批具有社会责任意识的企业来出谋划策，中国企业应在城市的生态文明建设方面有所担当。根据上述分析，可以看到我国的城市隧道掘进机行业正迎来历史上的最好时期，全行业的技术、产品和营销都取得了长足的进步，企业实力明显提升。在此形势背景下，我国隧道掘进机相关企业应抓住发展契机，结合中国国情以及目前的节能减排、绿色生产的政策，开展城市隧道掘进机再制造的研究与实施，继而提升交通运输行业的企业社会责任。

4.1 城市隧道掘进机行业对低碳交通的有效推动

世界各国普遍认识到，解决城市交通问题的根本出路在于优先发展以轨道交通为骨干的城市公共交通系统。城市轨道交通以其高效、快捷、低碳的优势，正改变着公众的出行方式。21世纪是地下空间的世纪，随着我国城市规模的高速发展，在今后相当长的时期内，国内的城市地铁隧道、水工隧道、越江隧道、铁路隧道、市政管道等隧道工程建设正步入跨越式发展阶段。隧道掘进机，作为一种高智能化，集机、电、液、光、计算机技术等为一体的隧道施工重大技术装备，以其机械化程度高、施工速度快、适用范围广、环境影响小，被广泛应用于各种交通及市政工程，且需求逐渐加大。在发达国家，使用隧道掘进机施工的比例已占到隧道总量的90%以上[9]。由此可见，城市隧道掘进机行业的发展能显著提升城市轨道交通的施工效率，进而对于改善现有交通拥堵状况、降低碳排放水平、推动低碳交通建设带来有效的推动作用。

4.2 加强城市隧道掘进机企业社会责任建设

目前来看，各地盾构机厂的投资几乎完全是政府行为，地方保护主义形成了市场割据。许多地方政府希望盾构装备能够由本地区内的企业制造，用以带动地方产业发展；也有的建设单位则希望由本系统内企业制造，以期获得最大利益。凡此种种，造成了我国盾构机市场的人为行政分割，企业社会责任意识薄弱，企业社会责任建设也几乎处于空白。因此，亟需打破地方保护主义、行业垄断、权力寻租等盾构市场人为分割的局面，加强城市隧道掘进机企业的社会责任建设。

（1）紧密围绕国家政策需要，形成企业社会责任意识

伴随着经济全球化和世界区域经济一体化的新经济时代的到来，越来越多的企业开始逐渐意识到将追求利润作为其唯一目标的经营理念必须得到改变，加强企业社会责任建设已日益成为我国不少企业的共识。城市隧道掘进机行业作为我国高端装备制造业的代表，更应在企业社会责任建设过程中有所担当。相关隧道掘进机企业应积极围绕国家政策需要，自觉将社会责任纳入其经营发展战略当中，主动发布企业社会责任报告，让更多的社会公众关注隧道掘进机行业的发展。

（2）积极鼓励企业自主创新，主动践行社会责任建设

高端装备制造业发展是国家先进生产力水平的重要标志。盾构机是一个技术含量较高的机种，综合了机、光、电、液等技术，而当前在一些关键零部件制造技术上，如主轴承、减速器、液压泵和马达以及控制系统，我国盾构机企业几乎尚未完全掌握，进口依赖度很高。因此，在当前创新驱动型经济的背景下，十分有必要加强液压电控等核心技术的攻关，注重客户资源、商业模式经验的积累，培育核心竞争力，搭建孵化平台；同时主动承担起对政府、股东、消费者、员工和社会的责任，创新社会责任建设模式，实现企业的可持续发展。

（3）改变招投标不透明现状，让公众成为监督的主体

盾构机的生产方式主要是典型的“订单式生产”，根据不同的地质和水文地质条件“量体裁衣”，盾构产品量体裁衣的特点决定了盾构生产企业是专家型企业主导市场。因此，装备的研制必须以工程为依托、以施工单位为主体，由施工单位提供设计参数，并进行设备的调试和验收。厂商接到订单后先去现场进行产品定型设计，设计完成后开始生产，最后交付给施工单位。但是，在招投标采购的执行过程不透明，系统内保护主义色彩浓郁，市场化程度整体偏低。只有对现行的招投标办法做必要的

调整，才能真正体现出发展国内自主重大技术装备的国家行为和企业的自主性。这需要进一步强化行业协会、网络媒体等社会群体组织的监督功能，以社会责任建设为导向，让招投标过程阳光化和透明化。

参考文献

[1] 牛文元. 中国新型城市化报告 2013 [M]. 北京：科学出版社，2013.

[2] 叶飞，黎柯军. 隧道掘进机技术及其在我国的发展和应用 [J]. 中外公路，2006，26 (4)：166-171.

[3] 彭琦. 隧道掘进机技术的发展和研究现状 [J]. 隧道建设，2013,33 (6) :443-448.

[4] 刘宣宇，邵诚. 盾构机自动控制技术现状与展望 [J]. 机械工程学报，2010，46 (20)：152-160.

[5] 和讯网. 中铁装备“双胞胎”盾构机成民族工业骄傲 [EB/OL]. [2011-06-22] .http://news.hexun.com/2011-06-22/130775068.html .

[6] 新华网. 我国自主知识产权首台商品化国产地铁盾构下线 [EB/OL]. [2006-12-13]. http://news.xinhuanet.com/tech/2006-12/13/content_5478134.htm.

[7] 陈馈，李建斌. 盾构国产化及其市场前景分析 [J]. 建筑机械化，2006，27 (5)：59-64.

[8] 匡海波等. 交通运输行业 2009~2011 年度企业社会责任发展报告 [M]. 北京：人民交通出版社，2012.

[9] 陈馈. 隧道掘进机产业化及发展方向 [J]. 铁道工程学报，2007，24 (3)：56-59.

大连市公共交通系统复杂网络特性分析

马　宁　李倩倩

（中国科学院科技政策与管理科学研究所）

摘　要："公交优先"战略是城市解决拥堵、低碳发展的重要手段。本文利用 Space-L 方法构建了大连市公共交通网络拓扑连接，从物理结构上分析大连公交网络的复杂统计特性，挖掘关键公交站点信息。研究表明：（1）大连市公交网络呈现无标度和小世界特性；（2）大连市公共交通"单中心集聚"效应仍然较强，应该向"多中心发散"转变，合理引导城市布局和人口集聚。

关键词：公共交通；复杂网络；无标度；小世界

1　引言

常见的公共交通方式包括轨道交通、快速公交和常规公交。其中，常规公交指地面公共交通，是常见的公交方式，可以在专用道路和混行道上行驶，常规公交相比轨道交通和快速公交，运量低，造价低，灵活方便，一定宽度的城市道路上均可设置。本文以大连市的常规公交为研究对象，将其抽象为典型的复杂网络系统，交通网络的复杂特性是重要的关注领域。1998 年小世界网络 [1] 和 1999 年无标度网络 [2] 出现后，复杂网络建模成为很多学科的重要研究方法 [3, 4]。城市交通网络结构抽取有：

（1）Space-L 方法，将公交站点抽象为网络中的节点，若某一公交线路上的两个站点是相邻的，则认为它们之间存在连边。

（2）Space-P 方法，也是将公交站点抽象为网络中的节点，连边建立由两个站点之间是否有直达线路决定。文献 [5] 建立了北京市公交线路、公交换乘和停靠站点三个复杂网络，分析了北京市公交网络的静态几何特征；文献 [6] 选取北京、上海和杭州三个城市作为研究对象，同时分析三个代表性城市公共交通网络在 Space-L 空间和 Space-P 空间的统计特征，发现在 Space-L 下网络对随机故障具有高度鲁棒性，而在 Space-P 下新增站点和原有站点的连接是随机连接。本文在应用 Space-L 方法构建大连市公共交通复杂网络拓扑连接基础上，一方面了解大连市公交网络的基本特性；另一方面通过挖掘大连市公交网络中的关键枢纽节点和负载节点，为深化大连市公交发展战略提供研究支撑。

2　大连市公交系统复杂网络特性

对于复杂网络，人们通常使用网络节点的数量、边的总数、平均度、平均路径长度、聚类系数等

作者简介：马宁，中国科学院科技政策与管理科学研究所，助理研究员。研究方向为社会治理、复杂网络分析和可持续发展。E-mail:maning@casipm.ac.cn；

李倩倩，中国科学院科技政策与管理科学研究所，助理研究员。研究方向为舆论动力学、社会稳定预警和可持续发展。E-mail: lqqcindy@casipm.ac.cn。

指标对网络进行度量[7]。下面给出本文使用的主要网络特征属性的定义，并对大连市公交系统复杂网络进行实例计算。

2.1 度及度分布

复杂网络中节点的度是指与该点连接的边的总数目，用 k_i 表示；所有节点的 k_i 平均值即为网络的平均度，定义为（k）；网络中节点的度分布则由概率分布函数 P（k）来刻画，其含义为一个任意选择的节点恰好有 k 条边的概率，也等于网络中度数为的节点的个数占网络节点总个数的比值。

在构建大连市公交系统复杂网络的基础上，对该网络的节点度相关指标进行统计，发现该网络中，节点 N（即站点）为 986，节点间连边数 Q 为 1729，平均度为 1.754。应用 MATLAB 对该网络的累积度分布进行统计，对数坐标下的度分布如图 1 所示。节点累积度分布遵循幂律分布，幂律指数为：

$$P(k) \sim k^{-(r-1)}$$

其中，$r-1=2.41$，根据已有研究对复杂网络的实证分析可知，该网络符合无标度特性。

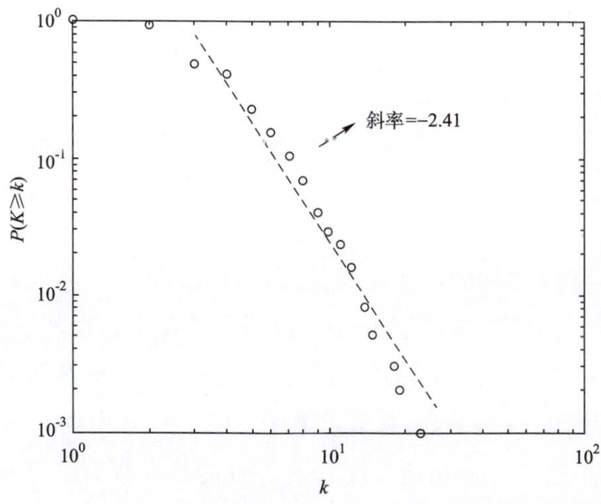

图 1 大连市公交系统复杂网络节点累积度分布图

2.2 平均路径长度

网络的平均路径长度是所有节点对之间距离的平均值，它描述了网络中节点间的分离程度，即网络有多小。平均路径长度计算公式如下：

$$L=\frac{1}{N(N+1)/2}\sum_{i\geq j} d_{ij}$$

其中，N 为网络节点数，d_{ij} 为网络中节点 i 与 j 节点之间的距离，即连接这两个节点的最短路径上的边数。

复杂网络研究中的一个重要发现就是绝大多数真实的平均路径长度比想象的小得多，称之为“小世界效应”。通过对大连市公交复杂网络的属性分析，发现该网络的平均路径长度为 19.838，符合小世界网络特性。

2.3 聚类系数

聚类系数 C 用来描述网络中节点的群聚情况，即网络有多紧密，整个网络的聚类系数 C 是对所有节点 C_i 的平均值。

设网络中节点 i 通过 i 条边与其他 k_i 个节点相连接，如果这个 i 点完全连接的话，将有 i 条边，而节点 i 与这个 k_i 节点间的连接边数仅为 E_i，则定义节点 i 的聚类系数 C_i 为：

$$C_i = \frac{E_i}{k_i\left(k_i - 1\right)/2}$$

显然，$0 \leqslant C \leqslant 1$，当且仅当所有的节点均为孤立节点，即没有任何连边时，$C = 0$；当且仅当网络时全局连通时，即网络中任意两个节点都直接相连时，$C = 1$。

通过实例分析计算，大连市公交复杂网络平均聚类系数 $C = 0.083$，具有较高的聚类系数，亦符合小世界网络特性。

3 大连市公交系统关键站点分析

3.1 公交枢纽站点

复杂网络分析中，节点的介数定义为网络中所有的最短路径中，经过节点的数量所占比例，用 B_i 表示。

$$B_i = \sum_{m,n} \frac{g_{mn}\left(i\right)}{g_{mn}} \qquad m,\ n \neq i, m \neq n$$

其中，g_{mn} 表示节点 m 与节点 n 之间的最短路径，$g_{mn}(i)$ 为节点 m 与节点 n 之间经过节点 i 的最短路径。

在公交系统复杂网络中通过介数大的节点的最短路径条数最多，反映了该节点在网络中的影响力，我们将这些介数大的节点称为“公交枢纽站点”。通过对大连市公交复杂网络中各节点介数值的统计发现，绝大多数节点的介数值小于 0.15，约占总节点数的 99%，且其中约 12% 节点的介数值为 0；在整个网络中，仅有 8 个节点的介数值大于 0.15，且大于 0.20 的节点仅有“五一广场”一个站点（图 2）。同样，应用网络分析软件 Gephi 对大连市公交系统网络中节点介数值进行作图分析，更直观识别出该网络中节点介数值较大的 8 个站点（图 3）。

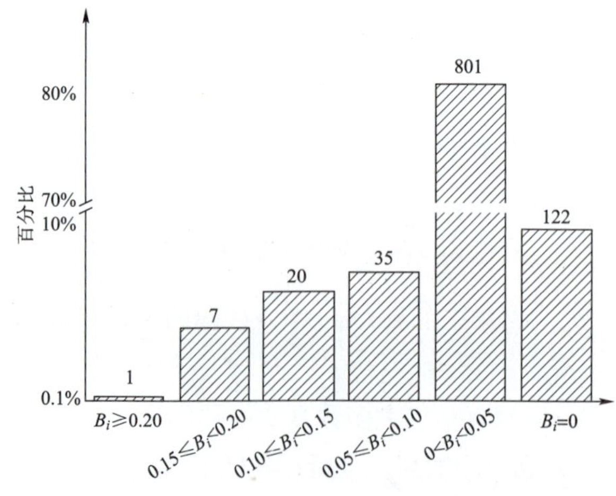

图 2 大连市公交系统复杂网络节点介数分布

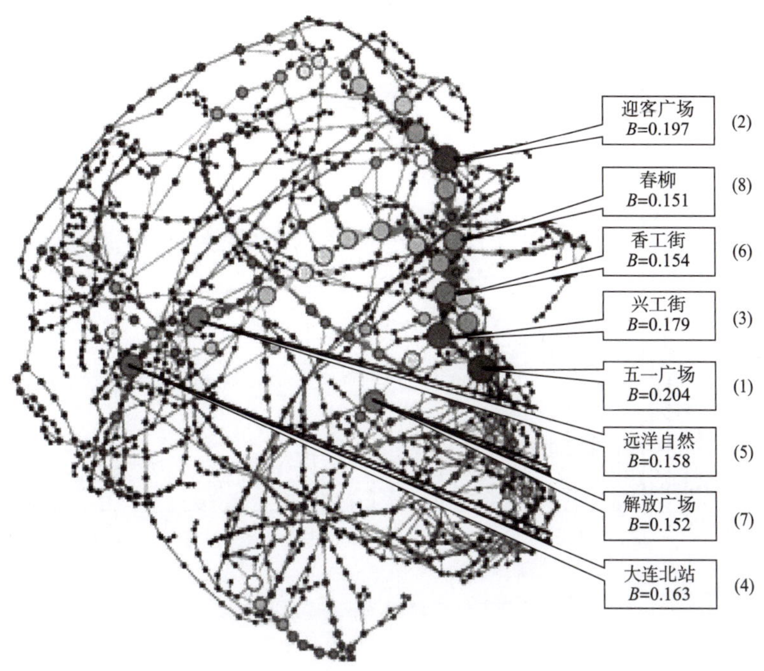

注：节点越大，表示其介数值越大;序号表示节点度值大小排序。

图 3　大连市公交系统复杂网络中的主要“公交枢纽站点”

网络中非相邻的节点联系依赖于网络中的其他成员，而尽快到达目的地是选择公交出行市民的希望。此时，那些位于出发地与目标地之间最短路径的站点对二者具有重要的控制和制约作用。介数大的站点可以理解为从出发地到达目的地对其的依赖性越强的站点。从图 3、表 1 可以看出大连市具有多个交通枢纽中心，但主要位于沙河口区和甘井子区，“单中心集聚”效应仍然较强。

大连市公交枢纽站点地理信息　　表 1

公交枢纽能力	公交站点	行　政　区
1	五一广场	沙河口区
2	迎客广场	甘井子区
3	兴工街	沙河口区
4	大连北站	甘井子区
5	远洋自然	甘井子区
6	香工街	沙河口区
7	解放广场	沙河口区
8	春柳	沙河口区

3.2　公交负载站点

通过对大连市公交系统复杂网络节点度分布的统计发现，绝大多数节点的度小于 15，$k < 15$ 的节点占节点总数的 99%，仅有 5 个节点的节点度大于或等于 10，且最大为 k=23（图 4）。

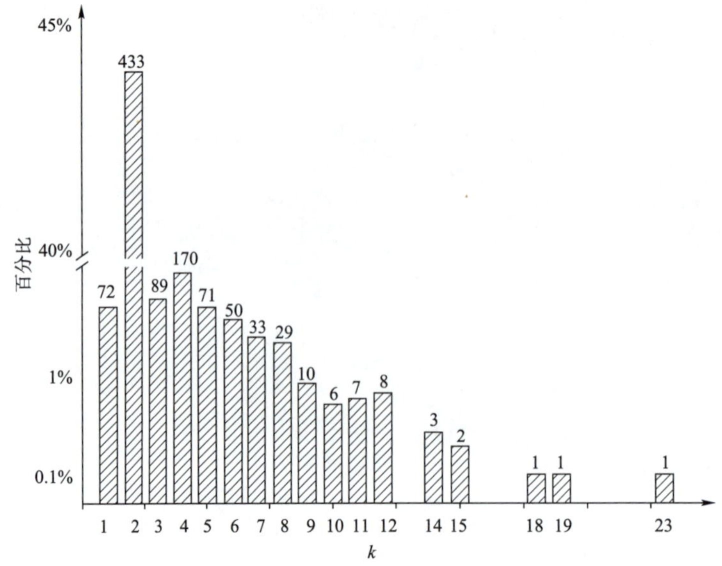

图 4 大连市公交系统复杂网络节点度分布

应用网络分析软件 Gephi 对大连市公交系统复杂网络进行作图分析（图 5），从图中可以更直观的识别出这些度值大的节点，即交通网络运行时负载最重的节点，我们将这些节点对应的站点称为“公交负载站点”，它们在城市公交系统复杂网络中起着至关重要的作用，同时连接了众多公交站点，经过该站点的线路也很多。

度数较大的公交站点体现了其在公交网络中不可缺少的重要作用，是城市人口的重要集聚中心，也通常是交通拥堵严重的地区。从表 2 中可看出，主城区仍然是大连市的核心区，应该配套设置大型换乘枢纽站，使公交线路聚合，提高公交线路的节点集散能力。

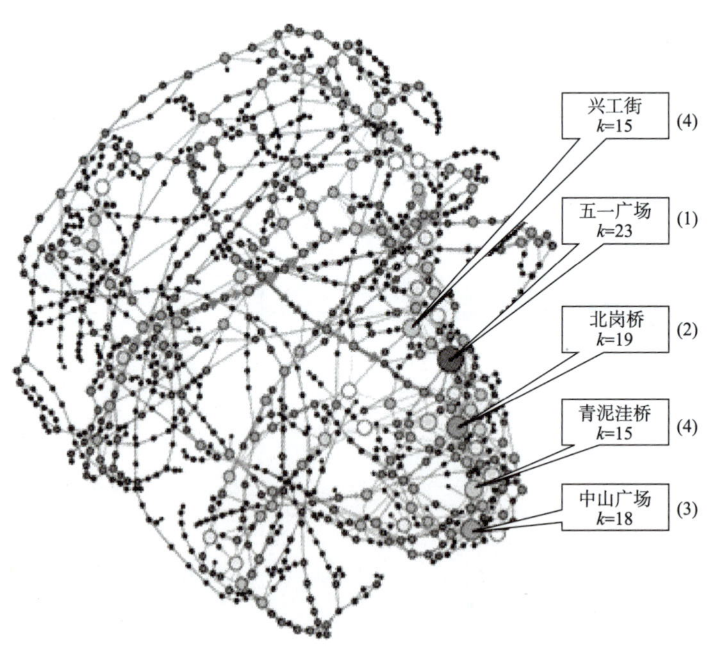

注：节点越大，表示其度值越大;序号表示节点度值大小排序。

图 5 大连市公交系统复杂网络中的主要“公交负载站点”

大连市公交负载站点地理信息 表 2

公交负载能力	公交站点	行 政 区
1	五一广场	沙河口区
2	北岗桥	西岗区
3	中山广场	中山区
4	青泥洼桥	中山区
4	兴工街	沙河口区

4 结语

城市公交系统应从出行者的角度，聚焦“低碳”和“便捷”目标，所谓便捷，即走路少和时耗少，也包括拥挤少和事故少。在追求便捷性目标的同时，也应依照可持续发展的要求实现低碳目标，做到“四少”，即用地少、排碳少、能耗少、投资少[8]。要实现大连城市公共交通系统的低碳和便捷目标，首先要对公共交通网络有全面的认识：无标度和小世界是大连市公共交通复杂网络的基本统计特性；19.838 的平均路径长度和 0.083 的聚类系数表明大连市仍然要继续坚持“公交优先”战略，在路权分配、财政补贴等政策上有效探索公交优先思路和方法，减少城市公交的平均距离，提高公交站点的集团性；同时，要通过有效识别公交网络中的关键节点，合理配置公交运力资源，提高公交网络的节点集散能力。

提供方便、舒适、快捷公共交通体系是政府基本职责，也是交通运输行业企业的社会责任。除以上针对大连市公共交通系统网络拓扑结构特征提出的发展建议外，还要做到：①重视交通路线与土地利用的整合规划，做好综合交通枢纽规划设计；②继续落实“公交优先”战略，推进城市公交、自行车（如公交站点的免费单车）加步行的城市交通模式；③完善道路安全设施，强化精细的交通工程设计，如安全岛、隔离护栏、标志标线等；④推进清洁能源应用，降低公共交通工具碳排放水平，如降低单位车辆油耗、逐步淘汰现有的高碳排放公共交通工具、使用氢、乙醇等可再生清洁能源等。

参考文献

[1] Watts, D. and S. Strogatz, Collective dynamics of ‘small-world’networks. nature, 1998. 393(6684): p. 440-442.

[2] Barabasi, A.L. and R. Albert, Emergence of scaling in random networks. science, 1999. 286(5439): p. 509-512.

[3] Boccaletti, S., et al., Complex networks: Structure and dynamics. Physics Reports, 2006. 424（4）: p. 175-308.

[4] Albert, R. and A.L. Barabasi, Statistical mechanics of complex networks. Reviews of modern physics, 2002. 74（1）: p. 47.

[5] 赵金山，狄增如，王大辉．北京市公共汽车交通网络几何性质的实证研究［J］．复杂系统与复杂性

科学，2005, 2（2）:45-48.

[6] 顾前，杨旭华，王万良，等 . 基于复杂网络的城市公共交通网络研究 [J]. 计算机工程，2008, 34（20）:266-268.

[7] 汪小帆，等 . 复杂网络理论及其应用 . 2006. 北京：清华大学出版社 .

[8] 陆锡明，刘明姝 . 便捷低碳出行与优质公共交通体系 [J]. 城市交通，2014,（5）:5-10.

关于提高辽宁省港口岸线利用效率的建议

栾维新
（大连海事大学，大连 116026）

摘　要：本文对辽宁省港口建设发展的现状进行了细致的分析，并对面临的形势进行了深入的评估、预测。研究发现，目前辽宁省的港口岸线资源存在着低效利用的隐患，主要表现为：吞吐能力过剩；“一市一港”现象突出；港口规划盘子过大。为了消除隐患，实现港口岸线利用效率的提高，本文提出了五点建议：区域港口联盟一体化；港口规划建设的再评估；海洋功能区划的空间调控；控制港口建设节奏；统筹规划。

关键词：港口；岸线资源；联盟一体化

党中央、国务院近日印发了《关于加快推进生态文明建设的意见》，对我国生态文明建设进行了总体部署，国务院各部委和各地区纷纷出台行动计划和方案，加快转变经济发展方式，提高资源利用效率和经济发展质量。

辽宁省大陆海岸线 2200 多公里，具有较丰富的港口岸线资源和良好的建港条件。经过 30 多年的大规模建设，一方面基本突破了港口对区域经济发展的制约，另一方面已经开始出现规划的港口岸线过长、港口规划布局不尽合理、港口航运用海与渔业等行业用海矛盾突出等苗头。根据东北区经济发展实际需要，科学合理地布局沿海港口、提高港口岸线的利用效率，不仅是实施辽宁省海洋生态文明建设的重要举措，而且也是提高港航业发展质量的重要途径。

1　辽宁省港口建设的主要成就和面临的形势

1.1　辽宁省港口建设实现了跨越式发展，基本形成了层次分明、功能齐全的现代化港口体系

改革开放 30 多年来，特别是“十一五”以来，辽宁省港口航运系统围绕辽宁沿海经济带战略的部署，大力推进“大港口、大通道、大物流”的建设。2005 至 2013 年间，全省累计完成港航投资 1251.9 亿元，新增生产性泊位 94 个，新增货物吞吐能力约 4 亿多吨，沿海已建成生产性泊位 382 个，其中万吨级以上泊位 194 个。港口货物吞吐量从 2005 年的 3.0 亿吨增长至 2013 年的 9.84 亿吨，年均增长 15.5%，集装箱吞吐量由 2005 年的 378 万 TEU 增长至 2013 年的 1798 万 TEU，年均增长约 21.5%。辽宁省沿海已具备停泊 30 万吨级油轮、30 万吨级矿石船舶、5 万吨级滚装船等泊位条件，大连港更是具备了接卸 3E 级世界最大集装箱船舶的作业能力。2013 年大连港完成吞吐量 4.07 亿吨，集装箱吞吐量 1001.5

作者简介：栾维新；为大连海事大学教授、博士生导师，国家社科基金重大项目“建设海洋强国背景下我国陆海统筹战略研究”（14ZDB131）首席专家。

万 TEU，居全国第 7 位。辽宁省沿海已经形成了以大连和营口港为主、其他港口加快发展、功能齐全的现代化港口体系。辽宁省沿海各港口 2013 年主要统计指标如表 1 所示。

辽宁省沿海主要港口基本情况表 表 1

港口	大连港	营口港	锦州港	丹东港	葫芦岛港	盘锦港	合计
生产性泊位（个）	212	76	23	38	16	11	376
万吨以上生产性泊位（个）	96	50	21	21	6	0	194
港口岸线长度（米）	38149	16363	6119	6407	2147	1437	70622
年货物吞吐量（万吨）	40746	32013	8533	12019	2045	2997	98353
年集装箱吞吐量（万 TEU）	1001.5	530.1	95.9	150.8	0	19.8	1798.1
年货物吞吐量增长率（%）	8.9	6.3	16	25.1	-9.2	70.7	15.5
年集装箱吞吐量增长率（%）	24.2	9.3	10.4	20.7	—	—	21.5

1.2 港口建设有力地推动了辽宁沿海经济带的快速发展，也是东北经济区扩大对外开放的重要平台

沿海地区是辽宁省的经济密集区，六个沿海城市的陆地面积合计约占全省 39.64%，却承载着 42% 的人口。其经济总量占全省的比例从 1990 年的 42.77% 上升到 2013 年的 49.03%，进出口总额占全省的 70.9%，利用外资占全省的比例接近 70%。港口建设有力地推动了沿海地区经济的快速发展和对外开放程度的不断提高。以主要港口为基础设立的金普新区、大连保税区和长兴岛等多个临港工业区，成为吸引国外资本和发展对外加工产业的重要基地；同时这些工业区通过汇集各种外部资源，促进各类关联产业的聚集布局，产业链条不断延伸和日臻完善，有力拉动了区域产业结构升级，也是东北经济区扩大对外开放的重要平台。

1.3 辽宁省港口规划建设正在处于决策的关键时期

主要体现在三个方面：一是处于港口发展模式选择的关键时期。随着大规模的投资建设，辽宁省港口运输能力不足的问题得到有效缓解，特别是 2008 年以来，港口进入由建设阶段转向建成投产的高峰期，沿海港口通过能力已经完全满足区域经济发展的需要。未来一个时期，辽宁省的港口建设需要在港口吞吐能力与货运需求基本平衡、适度超前、过度超前等几种发展模式中做出战略选择。二是处于港口布局模式选择的关键时期。辽宁省沿海适宜建设港口的位置较多，是在现有港口格局基础上，充分发挥大连和营口等自然、腹地和后方集疏运条件优势，尽力通过挖掘潜力提高货运通过能力，走集约规模化的港口布局道路？还是按照沿海各市的港口规划，再布局一些新港口，走分散的港口布局道路？也需要做出选择。三是处于逐步形成港口“绿色发展理念”的关键时期。目前，我国已经进入经济增长速度换挡期，结构调整阵痛期和前期刺激政策消化期“三期叠加”的新阶段。经济发展正从高速增长转向中高速增长，经济发展方式正从规模速度型粗放增长转向质量效率型集约增长，经济发展动力正从传统增长点转向新的增长点。这对辽宁省港口岸线资源供给和利用提出新的要求，要坚持节约集约利用港口岸线资源、保护海洋环境放到优先的位置。但是，沿海一些地区粗放、不合理的海洋资源利用和配置方式还存在，传统的惯性发展思维还没有彻底改变，亟需从对数量和速度的追求转向对经济发展质量和效益的追求。

2 辽宁省的港口岸线资源存在低效利用的隐患

2.1 某些港口的吞吐能力已经过剩

根据相关分析显示，2013 年全省港口的通过能力已经满足区域经济发展的需要，某些港口的吞吐能力已经过剩，如葫芦岛港口年吞吐能力为 2425 万吨，实际吞吐量仅为 2044 万吨。随着集装箱码头的大规模建设，大连港和营口港集装箱泊位的设计吞吐能力已供过于求。

辽宁省单位码头岸线产出率较低，沿海相关省份港口有较大差距，辽宁全省港口平均产出率仅为 1.4 万吨 / 米，而宁波 - 舟山港高达 2.5 万吨 / 米，港口岸线利用率有比较大的提升空间。

2.2 港口对地区经济发展作用被放大，“一市一港”现象突出

地方政府力图在行政区内形成独立的经济体系，把建设港口作为对开放的前提条件，希望以港口吸引外贸进出口和外资企业的落户，促进地区经济发展。不恰当的放大了港口对地区经济发展的作用，港口建设存在争先恐后、贪大求全的倾向，小港口争做中型港、中型港争做大型港口、大型港争做国际航运中心，港口布局分散化趋势较为明显。如丹东港规划 2 亿吨发展目标，锦州港确定 1.5 亿吨以上发展目标；大连将建港重心由大连湾移至长兴岛和瓦房店太平湾港区；锦州港和葫芦岛港间的港池距离大约 2 海里，共用一个锚地，驶出锦州湾后航道也基本重合，两个港口拥有相似的货种构成、相同的腹地和相似的定位，只因分处两市，所以岸线资源不能整合利用，有限的货源你争我抢。沿海一些建港条件不十分适宜的市县，也无视客观条件的限制提出港口建设的要求。

2.3 港口规划盘子过大，全面实施将严重降低港口岸线利用效率

根据辽宁省沿海六个地级市港口规划统计分析，全省规划了 27 个港区，规划形成港口岸线长度约 288.7 公里(表 2)。按目前辽宁省 70 公里码头岸线完成近 10 亿吨货物运输的单位码头岸线产出率估算，港口规划全部实施后可能形成 30 亿吨以上的吞吐能力（美国全国的海上货运也仅为 25 亿吨左右），显然远超过东北区经济发展的需求。辽宁沿海港口面临严重降低港口岸线利用效率的局面。

辽宁省沿海港口航运区岸线情况表

表 2

功能区名称	岸线长度（公里）	面积（平方公里）	功能区名称	岸线长度（公里）	面积（平方公里）
石河口港口航运区	9.7	81.1	双岛湾港口航运区	19.8	15.4
台子里港口航运区	2.7	7.7	海猫岛西部外海港口航运区	0	80.1
曹庄港口航运区	0	12.4	羊头洼港口航运区	8.1	37.2
锦州湾港口航运区	23.5	435.7	大连湾港口航运区	15.8	82.5
龙栖湾港口航运区	0	127.3	大窑湾港口航运区	27.2	57.4
盘锦港口航运区	0	81.5	金石滩港口航运区	2.7	0.8
鲅鱼圈港口航运区	14	283.3	登沙河港口航运区	7.1	22.6
仙人岛港口航运区	7	122.2	皮口港口航运区	0	64.3
太平湾港口航运区	51.6	158.2	庄河港口航运区	2.9	13.7
长兴岛港口航运区	19.3	235.7	庄河黑岛港口航运区	2.7	45.3
董家口湾港口航运区	0	55.6	海洋红港口航运区	29.5	108.8
松木岛湾港口航运区	7	7.2	丹东港港口航运区	22.7	129.9
三十里堡港口航运区	3.6	2.4	合计	288.7	2282.6
七顶山港口航运区	11.8	14.3			

在经济发展处于“新常态”的大背景下，加速转变经济发展方式、调整宏观产业政策是基本国策，重化工、机械和能源等主要海运需求产业难以维持目前高速增长态势，2020年辽宁省沿海港口的货运量需求应该在13亿吨以内，按辽宁省港规划平均岸线产出率1.3万吨/米计算，仅需要占用100公里港口岸线，规划港口岸比实际运营需求要多占用约200公里的海岸线。

3 港口岸线低效利用可能造成的经济损失和负面影响

国内外港口建设的理论与实践均表明，深水港口岸线资源仅仅是建设港口的自然基础，港口是投资巨大的基础性服务业，其经济效益和社会效益是通过为客户运输货物实现的，腹地货运需求是决定建设港口的首要因素。如果不加控制的全面实施辽宁省港口规划，势必造成港口岸线低效利用的局面，并存在以下几个方面的隐患。

3.1 可能造成巨大的经济损失

一是可能形成巨大的“沉没”成本。根据统计资料分析，每增加一延长米的码头岸线，需要直接投资约40~50万元，每增加1亿吨吞吐能力，直接投资约40~50亿元。二是可能形成一定量低效的间接投资。为了发挥港口运输能力，一般需要配套堆场、疏港公路及铁路、吊运设备、物流园区等辅助设施，每增加1亿吨的港口吞吐能力，需要辅助设施的间接投资在50亿元以上。三是高昂的机会成本。港口建设占用珍稀岸线和海域，必然挤占其他用海产业的用海空间，形成机会成本。根据功能区划资料分析，辽宁的港口建设主要挤占的是旅游和滩涂浅海养殖业。若以规划港口岸线比实际运营需求要多占用岸线均为养殖用海估算，可能损失海水养殖业的机会成本10亿元/年以上。

3.2 造成比较大的海洋环境影响

辽宁省的港口主要布置在近岸海湾内，港口及临港产业园区的建设将明显加大海湾近岸海域环境的压力。第一，宜建港口的海湾也多是海水养殖或滨海旅游的适宜水域，建设港口后海域的水质将降为污染严重的4类水质海域；由于主要海湾的水交换条件较差，航运污染物扩散受到限制，对海域环境影响的累积效应将比较明显。第二，港口码头、临港工业区和物流园区等用地需求使围海造地规模急剧增加，海湾对围填海活动更为敏感，湾内大规模的围填海，引起水动力条件减弱和沉积环境的改变，原有的海湾生态系统被人为地改造为陆地生态系统，将造成整个海湾的生态环境改变，从而将部分丧失海湾属性。第三，由于港口建设，必然带动火电、石化、冶金等临港工业区的建设，从而成为新的污染及热污染源。

港区的后方土地往往优先用于港口疏港道路、通讯、物流园区等外部配套设施的建设。从辽宁省的实际情况看，丹东大东港区、锦州港区、盘锦辽滨沿海经济区、营口鲅鱼圈临海工业区、营口仙人岛港区等都启动了一定规模的围填海工程。但是，目前各围填海区签约率较低、荒废时间长、经营困难，在土地供应紧张的今天，港口配套设施占地所导致的高昂机会成本损失也不容忽视。

3.3 加剧港口的恶性竞争

目前，辽宁省内已发展形成大连、营口和丹东三个亿吨级港口，几个主要港口的后方腹地存在一定程度的交叉，港口建设上更呈现地方政府一头热现象。在有限并交叉重叠的港口腹地范围内，彼此之间长期互相排斥，难以形成区域内合理分工、优势互补、协调发展的局面。港口综合产能过剩将加剧相互间的同质化竞争，经营环境和竞争态势持续恶化性演变，突显出港口资源经济性差、经营效益低的特点，过度竞争的后果必然导致俱败俱伤。

4 对策与建议

4.1 促进区域港口联盟一体化

加快推进区域港口一体化联盟是改变区域港口间的同质化竞争最有效的办法之一。政府在区域港口发展布局规划上，可以更多考虑有利于区域港口联盟形成的方案，主导港口资源整合和引导港口联盟体系的建立；区域港口联盟在发展定位上应以“科学发展观”为指导，更多考虑港口间的功能互补、分工合作和协调发展；在港口建设上，适度超前的总体把握可更好地服务经济发展，避免重复超前建设下的产能过剩和社会资源浪费，以及由此引发的同质化或恶性竞争；解放思想，加快行业成长方式转变，通过区域港口联盟体的综合优势来参与市场竞争、腹地拓展；重建区域港口市场竞争秩序，依托联盟体系，以及既有的关检港联动、码头业务协调机制、口岸管理部门或行业协会等各种沟通平台，建立更加符合市场或更有效的沟通平台与机制，统一费率机制，制定服务流程等行业标准，协调区内服务竞争，简化操作环节手续，强化市场控制力，改善口岸环境，不断提升服务品质，提高行业整体盈利水平，创造多方共赢的良好发展局面。目前，“长三角”、“珠三角”和“环渤海湾”等区域港口群已率先并积极地探索区域港口结盟发展的问题，辽宁省更应紧跟行业发展大势，及时科学地调整区域港口总体发展布局规划，以区域港口综合条件最好最成熟的大连港为中心，积极探索推动沿海港口群的一体化联盟。

4.2 重新评估各地正在或规划建设的港口

建议相关部门采取措施，重新评估辽宁沿海在建和规划建设的港口。根据港口建设和产业发展需要，立足当地资源环境承载力，科学定位港口的功能，提出港口科学合理的建设规模及其临港工业区的主导产业，明确产业发展方向与重点，并严格按照《港口法》等相关规定，将各港的发展规划纳入全省港口总体规划之中，确保各地港口建设规模和全省港口总体需求保持一致。要坚决遏制不顾资源与生态环境承载能力，肆意扩大港口建设规模、随意占用岸线和海域等行为。

4.3 充分发挥海洋功能区划的空间调控作用

目前，辽宁省海洋功能区划已经通过国务院审批，沿海六市的海洋功能区划也已经基本编制完成。海洋功能区划依据《海域法》、《海环法》、《海岛法》等对海域使用实行空间管制，全省可以建设港口的岸线已经基本划定。为了更科学合理的发挥海洋功能区划优化配置海域资源的空间管制作用，需要制定相关的配套措施。

（1）按一定比例控制港口岸线的利用

建议辽宁省政府组织港口规划主管部门、发改委、海洋与渔业管埋部门等充分协商，邀请相关部门领导和专家充分论证，重新评价大连港、营口港等港口的发展规划，在保障港口合理用海并留有一定余地的前提下，压缩港口的规划岸线长度。由港口规划主管部门根据压缩港口岸线的要求优化布局港区和作业区，原则上应从取消一些条件比较差的港口作业区入手。

（2）对港口作业区的分类分级

建议根据对辽宁省各港口作业区的水文泥沙情况、资源状况、集疏运条件、腹地经济需求等因素综合评价结论，结合压缩规划港口岸线的协调结果，对辽宁省海洋功能区划中港口航运区管理要求分为三个类型。第一类是必须保障的港口航运用海，按程序申报审批；第二类是经过严格论证才能审批的港口航运用海；第三类是港口航运的储备性用海，在本轮海洋功能区划执行过程中原则上不宜审批港口航运用海，但审批的其他用海应以不改变海域的自然属性为原则，为长远的港口建设需求留足空间。

4.4 严格管控深水岸线资源的使用审批，控制港口建设节奏

《港口法》明确规定“交通部负责编制全国港口布局规划，并会同省级人民政府审批主要港口的总体规划，不得违反规划建设任何港口设施”，“使用港口深水岸线的必须由交通部批准”。根据“严格控制其他投资主体占用港口岸线建设码头，提倡和促使货主的货运需求由现有港口企业来实现”的规划原则，积极引导愿意参与港口投资的各种经济成分，与现有港口企业联合开发建设和经营管理，严格准入标准，确保岸线资源的集约开发；积极探索岸线资源的有偿使用制度，对热点岸线的开发利用宜采取市场运作办法，运用经济手段调控，优化岸线资源配置，努力使黄金岸线发挥最佳效益。

随着技术的进步，港口建设能力不断加强，港口建设周期日渐缩短，因而应科学估算港口需求，控制港口建设节奏，科学投资。建议在“十三五”期间严格控制新建港口的审批，逐步消化已经形成的过剩吞吐能力。政府主管部门应当密切关注国内外经济贸易形势发展，预测并及时公布市场需求变化和可能存在的投资风险，引导地方政府和港口企业主动调整供给规模，把港口建设发展思路从加快步伐向合理把握节奏转变。

4.5 统筹规划，全力守住几个重点海湾

港口航运用海与旅游、养殖用海的矛盾比较突出，相互间的比较效益也呈现此消彼长的态势。一方面，随着港口吞吐能力和货运需求关系的变化，港口建设的边际效益将逐步降低，特别是在港口吞吐能力过剩的情况下，港口航运用海的比较效益将随之降低。另一方面，随着我国滨海旅游和海水产品需求的增加，滨海旅游和养殖用海的边际效益将逐步上升。从滨海旅游的角度分析，随着我国人均收入水平和生活质量要求的提高，国内旅游迅速增长是可以预期的，辽宁省某些海湾也具备发展旅游和建设海上游艇码头的条件，需要超前规划。从海水产品的需求分析，一些珍稀海产品价格继续上涨也是可以预期的，如果能通过区划守住几个重点养殖海域，有可能达到保护生态和提高海水养殖效益的双重目标。另外，新一轮海洋功能区划要重点落实建设环境友好型社会、保障和改善民生等转变经济发展方式的基本要求。在保障和改善民生方面，将保障渔民生产基本生活和现代化渔业发展的用海需求纳入海洋功能区划目标，加强渔业资源的保护，保证重要渔业水域不受破坏。

交通事故舆论危机形成和发展的仿真分析

王光辉[1,2,3]　刘怡君[1,3]

（1. 中国科学院科技政策与管理科学研究所，北京 100190；2. 中国科学院大学，北京 100190；
3. 中国科学院自然与社会交叉科学研究中心，北京 100190）

摘　要： 随着交通流量的迅速增长，交通事故舆论危机已成为日益突出的社会问题，并逐渐受到学者的关注和社会的重视。本文从交通事故和社会舆论的关系入手，探讨交通事故舆论危机的基本内涵和特点，并对舆论危机形成和发展的原驱动力、内驱动力和外驱动力进行系统梳理。随后，利用系统动力学理论，从传统媒体子系统、网络媒体子系统和网络社区子系统入手，构建交通事故舆论危机形成和发展的动力学模型。最后，本文以“7·23”甬温动车事故为例，对交通事故舆论危机的系统动力学模型进行实证分析。

关键词： 交通事故；舆论危机；系统动力学；甬温动车事故；仿真分析

1　引言

随着经济社会的快速发展，各地交通网络逐渐形成和完善，但交通流量的迅速增长，导致各类交通事故频繁发生并成为严重的社会问题。由于交通事故多涉及社会民生，经过传统媒体或网络媒体的报道，易引起社会公众和广大网民的高度关注，并逐渐发展成为更为严重的交通事故舆论危机事件，如 2010 年“8·24”伊春坠机事故、2011 年“7·23”甬温动车事故、2012 年“8·26”延安特大道路交通事故、2013 年“6·7”厦门公交车起火事故等。交通事故舆论危机频发也将相关行业或部门推至舆论的风口浪尖，严重考验着交通行业的企业社会责任，并逐渐引起社会学者、管理专家和政府官员的关注和重视。

目前，国内外学者已经从不同的学科角度对交通事故舆论危机展开研究。从舆论传播的角度，陈芊芊等从具体的交通事故入手，对其在微博、论坛等自媒体上的传播特性和演化方式进行总结[1-2]。从政府管理的角度，国内学者主要以特定的危机沟通理论为分析框架，如彭茜运用“情境式危机传播理论”，从“媒体效能”和“公众效能”的视角对“甬温动车事故”中政府所采取的危机沟通策略进行分析[3-4]。从公共管理的角度，康伟等学者利用社会网络分析等工具绘制特定交通事故的信息传播网络拓扑图，并对其网络舆论场的形成机制和关键节点等进行分析[5-6]。当前研究主要采用社会学和传播学的理论定性分析交通事故舆论危机形成的特征，却较少从系统学视角对交通事故舆论危机的动态发展规

作者简介：王光辉，山东招远人，中国科学院科技政策与管理科学研究所博士研究生，研究方向：社会物理学、舆论动力学。E-mail：wangguanghuiflame@163.com；

刘怡君，辽宁沈阳人，中科院科技政策与管理科学所副研究员，硕士生导师，博士。兼任中科院自然与社会交叉科学研究中心主任助理，中科院科技政策与管理科学所社会治理与风险研究中心执行副主任等职务。2004 年开始研究虚拟社会，网络舆情等相关内容。已主持和承担了多项国务院应急办、国家自然科学基金等的重要科研任务，发表相关论文 50 余篇。E-mail: yijunliu@casipm.ac.cn。

律进行定量分析。本文通过分析交通事故舆论危机形成和发展的驱动力，明确影响舆论危机发展的因果关系，建立相应的动力学模型，并利用该模型对“7・23”甬温动车事故进行实证分析。

2 交通事故舆论危机的系统解析

2.1 交通事故舆论危机的内涵

社会危机是人们面对重大社会问题而使个体感到难以解决和把握的状态，其研究涉及社会学、管理学和传播学等学科领域。本文所提出的舆论危机是社会危机研究的主要方面，具体是社会事故引发舆论快速聚集的产物，其实质是舆论作为最大的风险传播载体，给社会事件带来的一系列危机。因此，舆论危机的研究多与某特定突发事件相关，具体是指面对负面突发事件，作为主体的民众对作为客观存在的事件或现象表达自己的信念、态度、意见等情绪，当这些和情绪极具汇总，其舆论影响范围空前扩大，并给当事人造成危机感的现象。结合交通事故的主要特征，本文将交通事故舆论危机作如下定义：交通事故舆论危机的参与主体包括交通行业、政府部门、各类媒体、网民等；引发交通事故舆论危机的源头是交通事故发生前后个人或组织的不当行为；舆论危机传播的主要形式包括传统媒体的新闻报道、网络媒体的新闻跟帖、网络自媒体（论坛、微博）的二级传播。

作为典型社会危机问题，交通事故舆论危机不仅具有危害性、不确定性、蔓延性及多样性等舆论危机的一般特征，还具有三高性、敏感性和群体性等特点。三高性是指交通事故舆论危机具有高发、高危和高关联性，即交通事故经媒介传播，可能迅速引爆全国舆论，而与当前存在的社会风险因素相互关联，还可能产生危及社会稳定的舆论危机[7]。敏感性是指交通事故关系到社会民生问题，当涉及人身安全的交通事件一旦发生，必将牵动整个社会的敏感神经，并进一步引发高强度的舆论危机事件。群体性则指交通事故发生后，涉事司机或乘客形成的利益相关群体，在事故问题的讨论上容易冲动，并在环境因素的作用下，极易失去理智、难以自控，盲目地跟从群体行为。例如，“钱云会事件”就是交通事故发生后，当地村民与政府、警方存在利益冲突所导致的“警民间”群体突发事件。

2.2 交通事故舆论危机的驱动力分析

舆论危机源于社会事故的舆论关注，其形成和发展规律受媒介内外部因素的制约和影响。对于交通事故舆论危机，事故的等级、类型等因素构成舆论形成的原驱动力，并进一步通过传统媒体和网络媒体的新闻报道引发公众和网民的高度关注，即由原驱动力转化为内驱动力。此外，政府和交通行业以外驱动力的方式对媒体和公众的舆论等进行干预和引导，进一步强化或放大了舆论危机的影响。本节以公共危机事件为分析始点，将交通事故、媒体和公众、政府分别总结为原驱动力、内驱动力和外驱动力，并进一步分析交通事故舆论危机形成的驱动力关系（图1）。

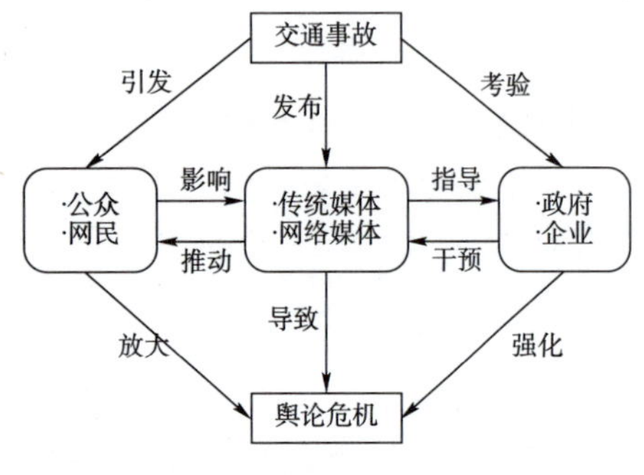

图1 交通事故舆论危机的形成

（1）原驱动力：交通事故

交通事故多涉及社会民生，其一旦发生将引起社会公众和广大网民的高度关注和热烈讨论。当交通事故涉及现实社会矛盾时，突发事件极易在公众间产生共鸣，并进一步呈现出民众与交通行业或国家管理者之间利益的“非一致”与“非和谐”。

因此，交通事故是社会舆论爆发的导火索，是舆论危机形成的原驱动力。

（2）内驱动力：传统 / 网络媒体

媒体包括传统媒体和网络媒体。传统媒体包括电视、报纸和广播等；网络媒体则包括新闻网站、网络社区和微博等。媒体的参与是社会舆论蔓延和传播的主要渠道和平台：传统媒体的参与将使交通事故舆论快速进入公共领域而成为公共议题；网络媒体的参与将加速事故舆论的传播，并形成更大规模的舆论危机。

（3）内驱动力：公众 / 网民

公众和网民是社会舆论形成和传播的主体，其通过参与媒体互动来发表个人见解，讨论和评论交通事故，从而表达自己的情绪、态度和意见。而对于涉及社会民生问题的交通事故，网络积极分子和带有不满情绪的社会公众在媒体上快捷地散步和传播个体观点，在进一步取得更广范围内民众关注的基础上，利用媒体的炒作煽动公众和网民的情绪，并导致更大范围内舆论危机的爆发。

（4）外驱动力：交通行业 / 部门

交通行业或部门面对交通事故所呈现出的应对策略是影响社会舆论及其生命周期长短的主要外部驱动力。有学者研究认为政府面对事故社会舆论管理的各种缺位，如态度的缺位、信息的缺位等，是舆论危机形成的主要原因[8]。交通事故社会舆论通过内驱动力的作用而被过度放大，交通行业或部门若干预不当，将进一步激化社会矛盾，如杭州飙车案，民众对警方调查结果的不满导致警民冲突的发生。

3 交通事故舆论危机的系统建模

系统动力学是美国麻省理工学院福瑞斯特（J. W. Forrester）教授提出的一门认识系统规律和解决系统问题的交叉综合学科[9]。本节利用系统动力学，以舆论危机的驱动力分析为基础，对交通事故社会舆论进行动力学建模。

3.1 基本假设

模型的研究对象是交通事故引发的社会舆论，具体包括传统媒体、网络媒体和网络社区等内驱动力主体。为简化建模过程，做如下假设：①假设上述舆论主体以某交通事故为始点，彼此相互影响导致社会舆论的形成，其他主体在此不予考虑；②假设模型仅考虑原发性危机事件，不考虑事件的耦合和衍生；③假设各类媒介信息的传输是通畅的，不会因为网络硬件问题影响舆论传播；④假设政府具有一定的舆论引导能力，但不会采取过于极端的行为干预媒体和网民的言论自由，禁止舆论的产生。

3.2 系统分析

根据对舆论危机形成的内驱动力分析，系统的存量流量图主要由 3 个流位变量、6 个流率变量和其他变量构成，共计 33 个变量。因此，交通事故舆论危机的动力学模型主要包括传统媒体子系统、网络媒体子系统和网络社区子系统。这些子系统分别反映传统媒体、网络媒体和网络社区活跃新闻或帖子数随时间的变化情况。

（1）传统媒体子系统

传统媒体子系统反映电视、报刊和广播等传统媒体对交通事故的报道。交通事故的影响力越大、事故社会暴露性越强，传统媒体新闻增加率会越高，传统媒体活跃新闻数量会越多。传统媒体的新闻数量反映了媒体对事件的关注度，也会间接反映交通事故舆论危机的强度。

（2）网络媒体子系统

网络媒体子系统与传统媒体子系统的原理相同，即交通事故的影响力和暴露性影响网络媒体活跃新闻的数量，并进一步反映网络对事件的关注度。近年来，随着互联网的普及，政府对网络舆情的重视程度增加，网络媒体也逐渐成为传统媒体和网络社区舆论沟通的桥梁。

（3）网络社区子系统

网络社区子系统通过对活跃帖子数量及其增加率和减少率的描述，反映网络社区对交通事故的关注度。在网络社区子系统中，事故影响力、传统媒体新闻关注度、网络媒体新闻关注度、网民好奇心、网民对社会的满意度影响网民的关注度，并通过网民采取看帖和回帖等行为影响网络社区帖子的增加率和活跃帖子的数量，进一步反映交通事故舆论危机的强度。

在交通事故舆论危机的动力学模型中，不仅需要考虑由传统媒体、网络媒体和网络社区组成的三级舆论形成系统，还需涉及政府对社会舆论的干预过程，即政府通过提升政府处理能力等行为对舆论危机进行引导。综合考虑上述舆论危机形成的过程，可以构建社会舆论系统的存量流量图，分析影响反馈系统动态性能的积累效应及其改变的速率，如图 2 所示。

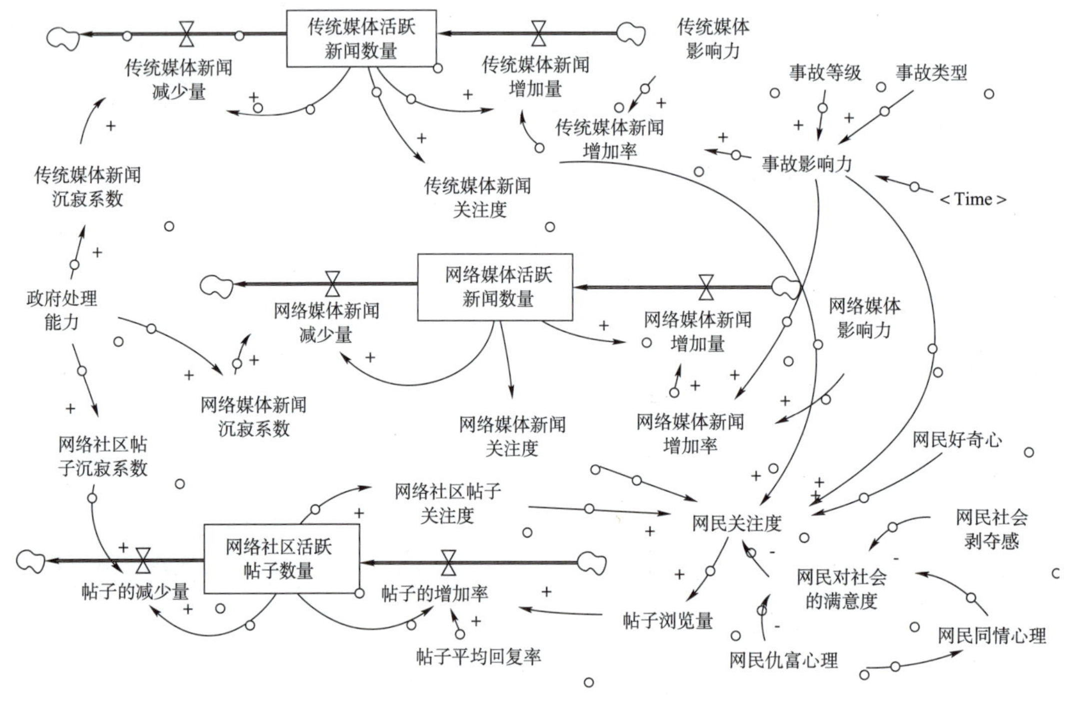

图 2　交通事故舆论危机动力学模型的存量流量图

3.3　主要公式

系统动力学的建模仿真，不仅需要描述变量间的流量存量关系，还需构造变量间的方程关系 [10]。利用 SPSS 软件对变量数据进行回归分析，得出动力学模型的主要方程式如下：

①事故影响力 =STAN［事故因素 ×EXP（-TIME/50）］，STAN［　］表示 0~1 标准化；

②新闻增加量 = 事故影响力 × 媒体影响力 × 活跃新闻数量；

③网民关注度 = 事故影响力 × 网民好奇心 ×（0.2× 传统媒体关注度 +0.5× 网络媒体关注度 +0.15× 网络社区帖子关注度 −0.15×DELAY［网民对社会满意度 ,5,0］)，DELAY［ ］表示延迟函数；

④ 网络社区帖子增加量 = 网络社区活跃帖子数量 × 帖子平均回复率 + 帖子平均浏览量；

⑤ 新闻 \ 帖子沉寂系数 =S［DELAY（$a,t_i,0$）］+b× 政府处理能力，a、b 是系数；t_i 为时间变量。

4 舆论危机动力学模型的仿真分析——以甬温动车事故为例

4.1 甬温动车事故回顾

2011 年 7 月 23 日晚间，北京开往福州的 D301 次动车组列车运行至甬温线永嘉至温州南间，与前行的杭州开往福州南 D3115 次动车组列车发生追尾事故，造成 40 人死亡、近 200 人受伤。事故发生后，公众和媒体高度关注政府和交通部门对事故处置的进展，网友们纷纷通过微博、网上论坛等形式对事故发生原因、救援措施、伤亡人数及善后、中国高铁安全、铁道部、动车事故责任追查、主流媒体表现等方面提出深刻质疑。例如，7 月 24 日，公众和网民纷纷质疑为何宣布无生命迹象后又救出一名女孩，并怀疑政府掩埋车体是为了掩盖事故真相；7 月 25 日，事故原因仍未查明，网民开始质疑中国高铁技术，并对铁道部善后处理工作不满；8 月 4 日，网友质疑动车追尾事故赔偿金额过低，并呼吁人大代表介入、督促调查[11]。总之，甬温动车事故的舆论和谣言以新闻、帖子和微博的形式在媒介迅速聚集，引发全社会的舆论危机。结合动力学模型对事故变量的定义，甬温动车事故等级属于重大社会安全事故，变量取值为 4；事故类型属于民生类安全事故，变量取值为 8。

4.2 甬温动车事故网络新闻仿真的拟合分析

事故发生后，媒体和网民借助报纸、电视、网站和微博等方式，高度关注事故处理的进展。但铁道部却忙于掩埋车体，并迟迟未公布事故原因和调查结果。直至 7 月 27 日，国务院召开常务会议，确定调查小组名单后，政府逐渐采取具体的干预措施包括召开新闻发布会、公安部门辟谣等。在这些干预措施中，政府对甬温动车事故及舆论危机事件进行声明，其目的是提高事故信息透明度，挽回政府公信力，引导社会舆论。因此，对甬温动车事故的仿真拟合分析，应该采取考虑政府宏观干预后的预测值与舆情系统挖掘到的真实值进行对比。参考人民网舆情监测室的数据，本文认为政府宏观干预策略无效，故将“政府处理能力”变量的取值定为 0.2，并抽取“网络媒体活跃新闻数量”指标来验证舆论危机动力学模型的可靠性。其中，网络新闻数量的真实值采用百度指数 2011 年 7 月 23 日至 8 月 11 日的甬温动车事故相关数据；预测值是通过系统动力学仿真得到的结果。图 3 描述了具体的曲线拟合图，其相关系数 R 为 0.93，拟合效果基本满意，可用于仿真分析。

4.3 甬温动车事故舆论危机的仿真分析

为反映甬温动车事故舆论危机的形成和发展规律，本节选取三个变量描述社会舆论，分别为传统媒体新闻关注度、网络媒体新闻关注度和网络社区帖了关注度。其中，关注度是各时刻新闻或帖子数量的标准化数据，取值区间为 [0，1]。其中，1 表示舆论关注度最高，0 表示舆论关注度最低。由于舆论关注度的变化受到“政府处理能力”变量的影响，本节将分别从不考虑、0 时刻考虑和峰值时刻考虑“政府处理能力”的角度，对甬温动车事故舆论危机的形成和发展规律进行仿真分析。

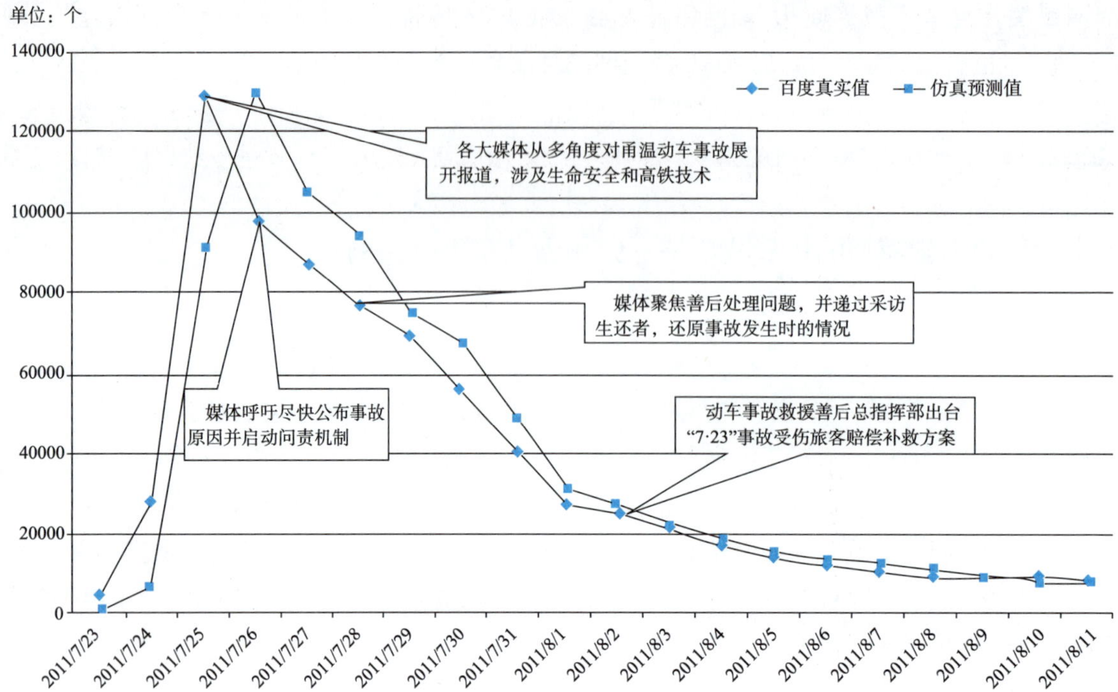

图 3　网络新闻数量预测值与真实值的拟合效果

（1）不考虑政府处理能力

不考虑政府处理能力是指在交通事故发生后，政府对舆论不采取具体的引导和控制措施，任凭事故舆论在媒体和网络社区中形成、发展和沉寂。图 4 描述了甬温动车事故社会舆论的形成和发展规律，曲线 1、2、3 分别表示的传统媒体、网络媒体和网络社区的舆论关注度均在不同时刻达到最高值。通过对比分析，发现甬温动车事故传统媒体和网络媒体新闻关注度、网络社区帖子关注度分别在第 5、4、6 天达到最大值，且相互之间呈现逐级放大的趋势。网络社区帖子关注度升高和降低斜率的绝对值最高，表明其对公共危机事件的反映较为敏感；传统媒体、网络媒体新闻关注度的形成曲线则较为相似。此外，舆论关注度的变化率在事后 20 天内发生多次变化，这主要是由于不同媒介新闻或帖子随时间变化的沉寂系数不同所致。

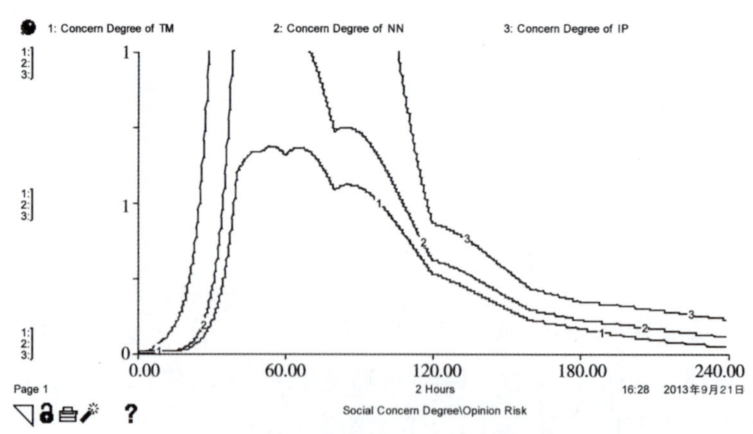

图 4　甬温动车事故舆论危机的仿真（不考虑政府处理能力）

（2）0 时刻引入政府处理能力

0 时刻引入政府处理能力是指在交通事故爆发后，相关政府部门迅速采取应对措施，对事故舆论进行必要的引导和干预。参考人民网舆情监测室的数据，本文将舆论危机动力学模型中干预变量“政府处理能力”的取值均定为 0.6，并在事故发生第 1 天就引入交通事故舆论危机动力学模型，具体的仿真结果如图 5 所示。对比图 5 和图 4 的曲线，得到如下结论：“政府处理能力”变量的引入可以有效地干预交通事故的舆论危机；“政府处理能力”变量对传统媒体和网络媒体新闻舆论的干预效果更为显著；第 1 天引入“政府处理能力”变量，交通事故社会舆论可以在事后第 3 天得到有效控制。

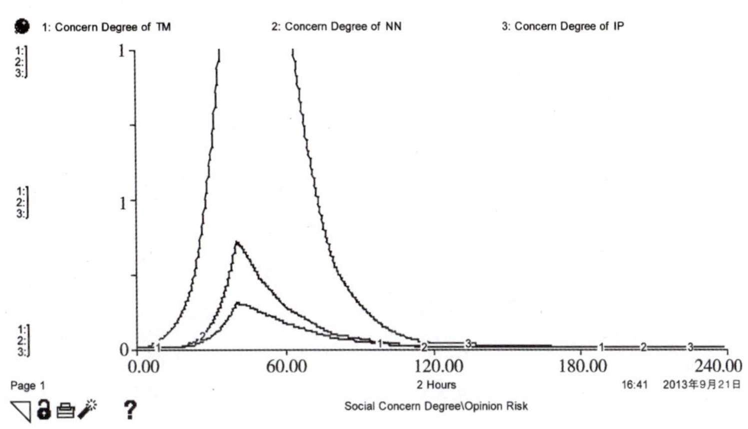

图 5 甬温动车事故舆论危机的仿真（第 1 天引入政府处理能力）

（3）峰值时刻引入政府处理能力

峰值时刻引入“政府处理能力”是指在交通事故舆论危机发展的峰值点，相关政府部门采取应对措施，对事故舆论进行必要的引导和干预。考虑图 4 的峰值点在事故发生后的第 4 天或第 5 天，本节从第 4 天引入“政府处理能力”变量，并将其取值定为 0.6，具体的仿真结果如图 6 所示。对比图 4~图 6 的曲线，得到如下结论：峰值时刻引入“政府处理能力”变量，可以加速舆论危机的沉寂速度，减少其持续时间；“政府处理能力”变量介入时间的选择同样可以影响舆论危机的干预效果，干预时间越早对舆论危机的影响效果就越明显。

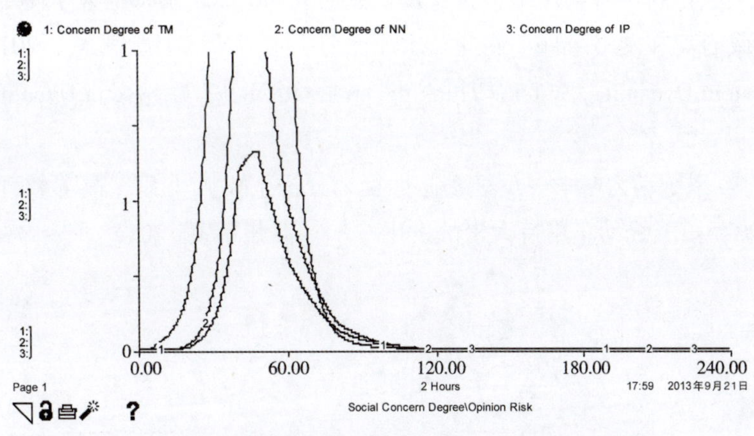

图 6 甬温动车事故舆论危机的仿真（第 4 天引入政府处理能力）

5 结语

交通事故引发的社会舆论及其危机事件，严重阻碍着经济社会的稳定发展，考验着交通行业的企业社会责任。本文从交通事故和社会舆论的辩证关系入手，探讨交通事故舆论危机的基本内涵和特征，并对舆论危机形成和发展的原驱动力、内驱动力和外驱动力进行系统梳理。在理论建模环节，本文在国内外较早利用系统动力学理论对交通事故社会舆论的形成和发展规律进行分析。其中，舆论动力学模型的存量流量图全面反映交通事故舆论危机的形成和发展机理。在模型的实证环节，本文选取“7·23”甬温动车事故作为案例，对社会舆论形成和舆论危机发展的动力学模型分别进行拟合分析和仿真分析。其中，在模型的仿真分析环节，本文从“是否引入”和“何时引入”两个维度探讨“政府处理能力”变量与交通事故舆论危机发展的关系，主要结论包括：“政府处理能力”变量对传统媒体和网络媒体新闻舆论的干预效果更为显著；“政府处理能力”变量介入时间的选择影响社会舆论的干预效果，介入时间越早对舆论危机的干预效果就越明显；第 1 天引入“政府处理能力”变量，交通事故社会舆论可以在事后第 3 天得到有效控制。

参考文献

[1] 陈芊芊 . 微博对重大突发事件报道的影响研究——以“7·23”甬温线特大铁路交通事故报道为例[J]. 东南传播，2011（12）:92-93.

[2] 赵铭玮 . 自媒体时代网络舆论事件的应对——以“7·23 甬温特大铁路交通事故”为例［J］. 新闻世界，2012（5）:95-96.

[3] 彭茜 . 突发事件中的政府危机沟通策略与效果［J］. 新闻世界，2013（6）:234-236.

[4] 刘小刚 . 网络舆论危机及其应对［J］. 理论探索，2011（5）:110-113.

[5] 周亚楠，尉天骄 . 公共事件网络舆论场形成机制探析——以“5·7 杭州飙车案”在“强国论坛”中的讨论为例［J］. 广播电视大学学报（哲学社会科学版），2010（4）:73-77.

[6] 康伟 . 基于 SNA 的突发事件网络舆情关键节点识别——以“7·23 动车事故”为例[J]. 公共管理学报，2010, 9（3）:101-113.

[7] 张一文 . 突发性公共危机事件与网络舆情作用机制研究［D］. 北京邮电大学博士学位论文,2012 年 .

[8] 陈虹，鞠海鸥 . 政府莫在网络事件“癌变”后才操刀手术［N］. 社会观察，2010（5）:46.

[9] Forrester JW. System Dynamics, Systems Thinking, and Soft OR［J］. System Dynamics Review，1994, 10（2）:245-256.

[10] 贾仁安，丁荣华 . 系统动力学——反馈动态性复杂分析［M］. 北京：高等教育出版社，2002.

[11] 李淑蕙 .“7·23”甬温线动车重特大事故发生［Z］. 温州年鉴，2012.

企业社会责任与利益相关者的互动关系研究

吴 荻

（辽宁对外经贸学院，大连 116052）

摘 要：企业社会责任是企业与利益相关者履责的媒介，企业及其利益相关者通过自身的行为影响与推动着企业社会责任的优化与演进。基于此，本文通过对企业与利益相关者间关系的重构，构建起基于企业社会责任的多主体互动关系理论模型，并通过对企业社会责任与利益相关者间互动机理的分析，为企业社会责任的发展提供理论支持和借鉴。

关键词：企业社会责任；利益相关者；互动关系

1 引言

近年来，企业危及公众安全的事件频繁发生，从涉及食品安全的毒奶粉事件、到关呼人身安全的丰田召回门事件，乃至威胁国民生存安全的中石油中石化“雾霾门”事件，都深刻的昭示着企业社会责任的缺失。这一系列的事件为人们敲响了警钟——企业社会责任问题不容忽视。企业社会责任作为经济转型时期对企业发展所提出的一种新要求，已成为今后企业发展所必须履行的一项重要责任。在企业社会责任的发展中，利益相关者始终扮演者重要的角色，它们不仅是企业社会责任的履责对象，也是推动企业社会责任演进的关键要因。然而目前该领域的研究主要集中在企业社会责任的履责领域，对利益相关者对企业社会责任的作用研究相对匮乏，这种割裂式研究方式也造成了利益相关者与企业社会责任研究的系统缺失，从而无法从整体而全面的视角发掘企业社会责任与利益相关者的内在联系。

因此，本文拟从企业与利益相关者所共同构成的契约网络的视角出发，将企业社会责任与利益相关者之间的作用关系从单边延伸至多变，探讨各个主体在企业社会责任的履责过程中发挥的作用以及由此而产生的正负反馈效应，从而梳理出企业社会责任与利益相关者间的互动关系，为企业社会责任的推广与演进提供理论借鉴。

2 企业社会责任与利益相关者

2.1 企业社会责任

Sheldon（1924）首次提出了“企业社会责任”一词，但迄今为止，学术界对于企业社会责任的概

基金项目：国家自然科学基金项目（71303027,71273037,71273038）；教育部人文社会科学研究青年基金项目（12YJC630230）；辽宁省高等学校优秀人才支持计划资助（WJQ2014050）；辽宁省教育厅人文社会科学研究一般项目（W2012182）；辽宁省社会科学规划基金项目（L13DJY067）；辽宁省教育科学“十二五”规划课题（JG13DB028），辽宁省社科联 2015 年度辽宁经济社会发展立项课题（2015lslktjjx-09）；大连市社科联（社科院）重点课题（dlskzd201320）；辽宁对外经贸学院优秀人才支持计划资助（2012XJYQ05），辽宁对外经贸学院博士科研启动基金项目（2013XJLXBSJJ006）。

作者简介：吴荻（1980-），女，辽宁沈阳人，博士后，辽宁对外经贸学院副教授。主要研究方向：企业社会责任与区域可持续发展。

念仍然是莫衷一是[1]。其中比较有代表性的是Burmmer的“企业四责任”观点，即企业经济责任、企业法律责任、企业道德责任和企业社会责任。以及Carroll（1979）的企业社会责任“四责任”学说，即企业社会责任是社会对企业在经济、法律、伦理和慈善方面的综合的期望与要求，它既是企业的责任也是企业的任务[2]。可以说Carroll的观点已经奠定了企业社会责任研究的基本理论框架，尽管后期依然有相关学者提出新的观点，但依然未能摆脱此学说的影响。而更多的学者转而研究企业社会责任的行为的细化研究，如Davis(1984)根据企业社会责任利益相关者的不同将企业社会责任划分为对股东、对职工、对政府、对债权人等10类责任[3]。Abbott & Monsen（1979）认为企业社会责任包括环境问题、对雇员平等的机会、人力资源、社区参与、产品安全与质量等6个大类别28种企业社会责任行为[4]。Pava & Krausz（1997）认为企业社会责任行为包括了对环境问题的关注、员工的自主性和责任感以及对当地经济、教育等方面的推动等10项活动[5]。而我国学者对对企业社会责任的研究始于2000以后，尤其是近年来更受到广泛的关注，其研究的内容大多集中在企业社会责任行为与企业绩效、消费者意愿、企业战略、信息披露、市场营销等的互动关系领域，这也意味着企业社会责任领域的研究已经由宏观研究向微观深入研究方向转移，因此也为企业社会责任的作用机理研究奠定了良好的研究基础。

2.2 利益相关者

利益相关者一词最早于1927年出现，直至1963年，斯坦福研究院才首次提出利益相关者的概念。然而直到今日，尽管众多的学者提出了利益相关者的概念表述，但仍没有公认的概念。比较有代表性的定义当属Freeman[6]（1984）和Clarkson[7]（1995）。前者从企业的所有权、经济依赖性和社会利益三个视角对利益相关者进行认定。后者分别从承担风险和关联紧密性两个视角对利益相关者进行分类和界定。总体而言，企业的利益相关者具体包括股东、员工、债权人、顾客、供应商、零售商、竞争者、政府、团体、媒体、公众、社区等。由于利益相关者通过社会契约关系介入到企业的经营管理活动中，因此不可避免的与企业社会责任产生相互影响。由此引发了众多学者对不同利益相关者涉及的企业社会责任的深入研究。然而现实中各个主体间的互动均具有相互性，在相互的交互影响下才能出现彼此间的均衡状态，因此在企业社会责任对各个利益相关者的履责过程中，各个利益相关者也在不断影响和引导企业社会责任的发展和变迁。

基于此，本研究力求突破传统的利益相关者对企业社会责任的单边研究范式，从利益相关者与企业社会责任互动的视角出发，力求挖掘企业在对利益相关者履责基础上，利益相关者对企业社会责任的影响，从而梳理出企业社会责任与利益相关者的互动机理，为企业与利益相关者所构成的社会契约网络的企业社会责任能力的提升提供理论支持与借鉴。

3 企业社会责任与利益相关者的互动机理

企业在与各个利益相关者进行结构嵌入与关系嵌入的同时，作为交互媒介的企业社会责任也与各个利益相关者之间进行着互动交流，通过企业先行将社会责任推向各个利益相关者，各个利益相关者也在潜移默化中优化自身的社会责任，从而形成了企业社会责任引领的全社会范围内对社会责任的广泛参与与协同发展。

3.1 企业社会责任与利益相关者间的关系架构

利益相关者视角下的企业契约理论认为，企业是通过与诸多的利益相关者之间建立的社会契约关系来实现自身价值提升以及社会福利递增。因此，同具有私利性的企业责任相比，具有普遍性的企业社会责任更能清晰而准确的定位企业在社会网络中的意义和价值。基于此，根据 Carroll（1979）的观点，企业社会责任包括经济责任、法律责任、伦理责任和自愿责任[2]。与企业建立广泛契约关系的利益相关者则包括顾客、员工、股东、债权人、供应商、分销商、竞争者、公众、媒体、政府、社区和环境（Freeman，1984; Charkham，1993; Frederick，2005）。为便于梳理二者之间的相互关系，本文根据利益相关者构成成分的不同将其分为人员利益相关者、组织利益相关者和公共利益相关者，其中人员利益相关者分为内部人员利益相关者和外部人员利益相关者，具体分类见表 1。

利益相关者的分类

表 1

利益相关者类型	利益相关者内容	
人员利益相关者	内部人员利益相关者	外部人员利益相关者
	顾客、员工、股东	债权人、供应商、分销商、竞争者、公众、媒体
组织利益相关者	政府、社区	
公共利益相关者	人类社会、自然环境	

由于企业社会责任与各个利益相关者之间社会契约关系类型的不同，企业社会责任与各个利益相关者之间的责任与义务也有所不同。根据各个利益相关者与企业间的互动关系，本文构建出企业社会责任与利益相关者之间的互动关系模型，用以全面刻画二者之间的互动机理。具体见图 1。

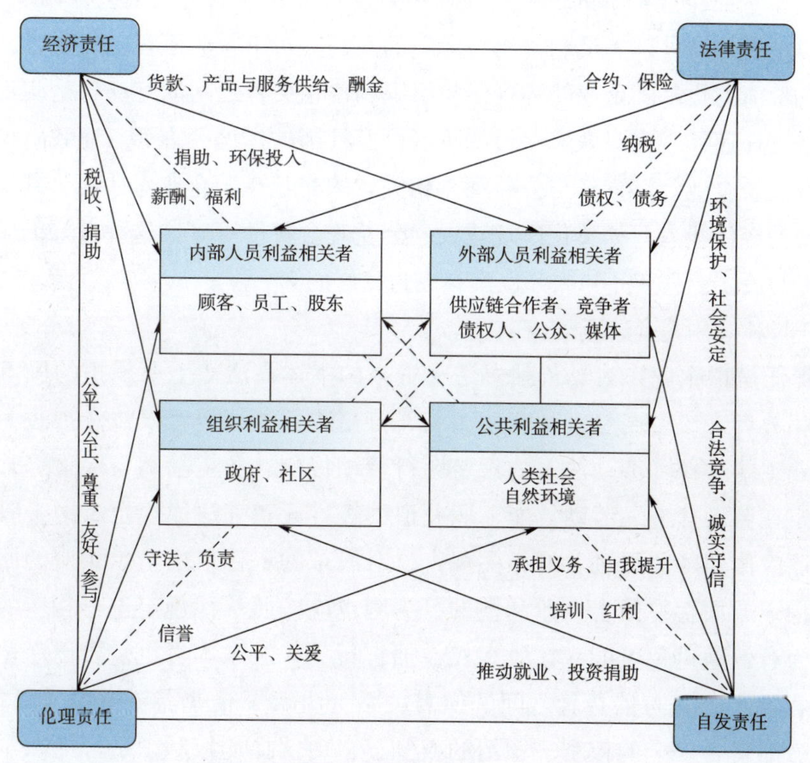

图 1 企业社会责任与利益相关者的互动关系模型

企业通过经济、法律、伦理和自发四类社会责任嵌入到诸多利益相关者的社会网络。经济责任主要是通过企业资本输出的方式与利益相关者建立社会契约；法律责任主要体现在企业为主体对其他利益相关者所需承担的法律责任和义务；伦理责任主要通过公平、关爱、诚信和履责建立与各个利益相关者的互动关系；自发责任则通过慈善、自我提升、诚实守信的方式参与各个利益相关者间的互动。这四类责任通过投入、履责、诚信以及自我提升的方式使各个利益相关者感受到企业作为社会的组织单元对社会发展以及自然环境的全方位的贡献与关爱。同时各个利益相关者也会对企业社会责任的作用产生反馈机制，从而不断的推进企业社会责任的履约层次和水平，并进一步增强利益相关者与企业间在社会责任领域的契合，从而推动全社会的组织与个人的综合素质向更高层次演进。

3.2 企业社会责任与利益相关者的互动机理

（1）经济责任与利益相关者的互动

尽管企业社会责任的研究主要是侧重于企业的伦理道德责任，但企业作为市场运作的主体，经济责任始终是其广义社会责任的核心，即使投资者的收益最大化。因此对于企业的经济责任而言，满足内部人员利益相关者的经济诉求是首要任务，其中对股东的利益回报是关键，在此基础上，为保障企业的良性运作，一方面企业通过薪酬与福利安抚员工，使其在实现自我价值的基础上将自身收益与企业发展紧密联系；另一方面，企业通过向顾客提供安全、优质、价格公平的产品和服务赚取用以维系其自身生存与发展的利润。同时，由于竞争的存在，企业间的竞争不仅仅局限于个体间，而是更广阔范围内产业网链的竞争，既包括横向供应链也包括纵向产业链，这也直接导致了企业经济责任与产业链上各个相关主体间的分享，即企业通过货款、产品与服务供给的方式使经济责任突破了企业内部范围的限制，形成了以产业链经济责任为代表的资本流通方式，为法律责任、伦理责任以及自发责任的履行积累了原始资本。而企业资本的产生与流通也直接推动企业满足广大公众以及媒体需求的能力，从而实现了企业经济责任与外部人员利益相关者间的互动。对于企业而言上交税收，推动就业是企业对整个社会的最大价值的贡献。企业经济责任与组织利益相关者之间的互动就是实现该目标的唯一途径，此外企业经济责任还体现在对政府项目的投资以及社区的建设等方面。而政府也通过创新创业基金来支持企业的发展。企业经济责任与公共利益相关者的交互在于企业对社会公共设施、福利以及公益环保项目与活动的经济投入，如文化广场建设、公益晚会赞助等等。这种良好的舆论以及公众认可会使企业受到更多的关注，其产品和服务也具有更为良好的知名度。

（2）法律责任与利益相关者的互动

企业的法律责任是指企业作为具备独立法人资格的主体在法律上所承担的民事或刑事责任。对于内部人员利益相关者来说主要是指《劳动法》、《公司法》、《消费者权益保护法》以及《合同法》，如对员工来说企业主要遵照《劳动法》的规定履行劳动报酬、员工福利与保险等，而员工也需要遵从劳动合同的规定在劳动任务、劳动技能、职业道德等方面遵守法律规定。由于股东是企业的直接投资人，因此企业应按照《公司法》的相关规定，对股东的工作付出给予相应的回报，一旦股东在执业能力和职业操守方面存在损害企业利益的行为则也应按照法律规定进行相应的处罚。而面对激烈的市场竞争，为有效地避免可能存在股东权益损害行为，股东本身也需要以法律为武器，保障企业与自身的合法权益。企业与消费者之间的供需关系，决定了企业需要遵循《消费者权益保护法》的相关规定，保障消费者安全的权利、知情的权利、自由选择的权利、听证的权利以及获赔权，一旦企业触犯了消费者的相关权利，不仅需要承担法律责任也需要承担道德责任。企业与外部人员利益相关者之间的法律责任则主要通过《合同法》、《知识产权法》乃至《民法》、《刑法》等来维系。这主要是由于企业与外部人员间的关系大致包括两大类，一类是对产业链相关主体间的法律责任，一类是对舆论群体的法律责任。企业与前者之间建立的关系主要是基于债权、债务以及知识转移等，因此企业与这类利益相关者间的法律责任则是具有双方法律约束效力的对合同的共同遵守以及对知识转移途径的认可。对于后者的法律责任则主要表现在企业对舆论群体的知情权以及听证权的尊重与保障。企业对组织利益相关者的法律责任则主要体现在企业作为纳税主体对政府财政收入以及对社区建设的支持。而企业对公共利益相关者的法律责任则表现为对整个社会经济稳健发展的维护与支持以及对自身节能减排、污染防治和环境保护相关法律的支持。企业一旦出现违规和违法行为也需要承担相应的法律责任和舆论道德谴责。

（3）伦理责任与利益相关者的互动

企业的伦理责任在与不同的利益相关者间的互动中呈现不同的表征。对于内部人员利益相关者而言，企业的伦理责任主要表现为营造一种公平、公正、尊重、友好、团结和参与的企业文化，这种企业文化的建设与氛围的营造能够激发员工与股东除去利益外对企业发展的由衷关切，从而形成企业内部团结的向心力，并由此及彼的延伸至顾客，使顾客在产品与服务的消费过程中体会到这种企业文化所带来的伦理冲击。企业与外部人员利益相关者之间的伦理责任则由于合约关系的存在主要体现在彼此对于信誉的重视和违约的抵制。企业对组织利益相关者的伦理责任更多地表现为对法律的自觉遵守以及当违法行为出现时的自动履责。在对公共利益相关者的伦理责任方面，企业主要是一种公平与关爱的态度来对待社会的各个成员以及赖以生存的自然环境，并采取行动捍卫自然与社会的和谐发展，这种公平的观念不仅包括了代内公平也包括代际公平。

（4）自发责任与利益相关者的互动

自发责任是企业除去必须履行的责任外所愿意主动承担的一类社会责任，如慈善、培训、自我提升等。对于内部人员利益相关者而言，企业的自发责任在于对员工以及组织能力的提升、额外奖励以及对消费者的跟踪服务。其中企业通过对员工培训计划的制定、深造的支持使员工的能力获得提升，有利于人力资源综合水平的提升，而优秀人才所构成的团队则通过不断的创新与变革推动整个企业的发展，从而有利于企业综合竞争力的提升。额外奖励则从经济层面对员工、股东、债权人以及顾客进行激励，使他们更加积极主动的参与到企业的运作过程中，其中企业对顾客的额外奖励则有利于企业组织的简约扁平化发展，为客户引领的产品与服务研发奠定良好的发展基础。企业对消费者的服务跟踪则体现了企业产品全生命周期负责的管理理念，其本身也是环保与经营的有机融合，它在积极推进顾客忠诚外，也有利于企业对自身产品与服务设计的改进。企业的自发责任与外部利益相关者之间的互动主要体现在竞争与合作层面。对于与企业具有竞争关系的组织，企业的自发责任变现为理性竞争，避免以竞争为由采取非正当手段打击、排挤甚至消除竞争对手。而对于具有合作关系的组织和个人，则主要体现在合法经营、诚实守信方面，避免违法、违约、欺诈等行为。从自发责任看企业与组织利益相关者的互动则在于对于区域内人口就业的支持以及政府和社区公共公益项目的投资与捐助。而对于公共利益相关者，企业的自发责任在于对社会发展重大问题的持续关注、对节能降耗排污的自我约束以及对关乎上述问题的技术创新的关注与投入。尤其是企业自我约束下的绿色技术协同创新更是该类责任的典型代表。可以说，企业通过自发责任使其与各个利益相关者之间建立了一种基于信任、关爱和友善的非正式契约关系，随着彼此间频繁的交互是基于契约关系建立的社会网络的交易成本显著降低，网络的弹性不断增强，结构也区域稳定，因此对于各个利益相关者而言是一种具有长期经济效益的共赢。

4 结论

在企业与利益相关者形成社会网络内，企业社会责任是维系彼此间契约关系和非契约关系的一种重要的企业行为。因此企业社会责任绝不仅仅是企业单方面对利益相关者的履责，也包含着利益相关者对企业社会责任的认可、支持和理解。企业与利益相关者的共赢正是在以企业社会责任为媒介的交互中得以实现。基于此，本研究从企业社会责任的视角梳理出企业与利益相关者间的互动关系，通过对其内在机理的分析，为企业以及利益相关者义务与责任的履行指明了方向。

参考文献

[1] Ackerman R.. How Companies Respond to Social Demand[J].Harvard Business Review, 1973,51(4):88-98.

[2] Archle B., Carroll. A Three-Dimensional Conceptual Model of Corporate Performance [J] .The Academy of Management Review, 1979,4 (4) :497-505.

[3] Davis K, Frederick, Wililam C.Business and Society: Management Public Policy, Ethics [M] . New York: McGraw-Hill,1984.

[4] Abbott Walter, Monsen, R.Joseph. On the Measurement of Corporate Social Responsibility: Self-reported Disclosures as Method of Measuring Corporate Social Involvement [J] . Academy of Management Journal, 1979,22 (3) :505-515.

[5] Moses.L.Pava,Joshua Krausz.Criteria for evaluating the legitimacy of corporate social responsibility [J] . Journal of Business ethics,1997,16 (3) :337-348.

[6] Freeman, R. Edward. Strategic Management：A Stakeholder Approach [M] . Boston: Pitman,1984.

[7] Clarkson, M. Stakeholder Framework for Analyzing and Evaluating Corporate Social Performance [J] . Culifonia Management Review, 1995,20 (1) :92-117.

中国船员现状及航海技术未来发展趋势

刘天寿　邓顺江

（大连海事大学，大连 116026）

摘　要：中国船员在参与水路运输过程中，为中国经济快速发展、社会做出突出贡献。近年水陆收入差距缩小、船员的社会地位每况愈下、教育培养存在误区，以及船员的合法权益缺乏保障。特别是航海技术的迅猛发展的今天，建设一支能驾驭现代化船舶的高素质船员队伍，需各级主管机关、工会、社团等建立长效机制，如实行有利政策环境、完善的船员教育培养机制、全面保障船员的权益、社会关怀船员、不断拓宽船员就业渠道等举措。同时，随着人工智能、电子及控制技术、高精度导航技术等相关技术的发展，无人驾驶技术成为可能，也成为未来的发展趋势，无人驾驶技术将极大地促进人类生产力的发展。

关键词：中国船员；现状；主管机关；有效机制；航海技术；无人驾驶船舶；发展趋势

1　前言

我国船员在参与全球化进程中，成为海洋运输行业一支主力队伍，根据海事部门统计，截至 2014 年 10 月底，全国有注册船员约有 126 万人，占世界海员总数的 30%，规模居世界第一，其中注册海员约 60 万人，注册内河船员约有 66 万人。这支队伍整体素质不断提高，结构日趋合理，为建设航运强国奠定了基础。受 2008 年金融危机的影响，航运寒冬未退，队伍老龄化、高素质船员缺乏的情况日趋严重。船员职业吸引力下降、船员培养单位重视程度不够、船员缺乏保障等因素，加上船员长年以船为伴难以成家、薪酬待遇等原因使得航海类专业招生吸引力下降，毕业生上船就业的就不到一半，做满一个合同期（一般为 5~8 年）不到两成。航运未来的发展趋势是需要一支高素质船员队伍，这是一项复杂的系统工程，为提升船员的社会地位、维护其合法权益需各级主管机关、工会、社团等建立长效机制，如实行有利政策环境、完善的船员教育培养机制、全面保障船员的权益、社会关怀船员和通过多方努力不断拓宽船员就业渠道等举措。

2　利用有利政策环境,服务船员

船员管理的政策性很强，涉及国际、国内的法规、规章、条例很多，是一项专业性、政策性、技术性很强的工作，需要不断对新旧政策法规学习掌握和融会贯通，不断学习受理、审批方面的规定和要求，熟悉掌握船员业务知识，及时落实不断更新的船员履约任务，服务船员。

作者简介：刘天寿（1976-），男，广西玉林人，大连海事大学交通运输规划与管理博士研究生；

邓顺江（1977-），男，湖北十堰人，大连海事大学交通运输规划与管理博士研究生。

2.1 用心服务船员

利用现代化信息网络功能，推行电子政务服务，海事网络查询平台，快速对船员个人信息、证书信息、培训信息、资历信息、违法记分信息的查询，提供即时化服务，提高信息反馈的效率；开通海事咨询热线电话，对船员所提疑问及时答复；通过简政放权，服务于民的做法，通过流动执法、服务电话和邮件等手段预约上门办理相关业务。借鉴银行、移动公司等服务先进行业经验，制定船员服务标准和工作流程，明确人员分工、工作职责和事项办结时间节点。

2.2 传媒关注，落实到位

加大宣传力度，营造全社会关爱船员良好氛围。定期组织开展督查，对船员服务工作进行综合评价，不断提高服务质量。通过新闻媒体专题报道、短信平台、巡回报告、演讲等方式，向社会介绍海事服务，呼吁社会关心船员、关注船员、关爱船员，促使全社会尊重船员职业，树立船员的荣誉感和自豪感，并以此弘扬航海文化，普及民众的航海知识，推动本地航运经济稳健发展。

3 完善船员培养机制

目前，全国共有120多家公办、民办航海院校和船员培训机构，所培养层次包括中专（或技校）到本科，每年3万多名本专科毕业生，据统计，这些毕业生实际到船上工作的大约有八成，能在船上工作6年的本科生低于二成，专科生也不到一半，能把船员作为终身职业的更少，一般来说，培养一名水手或者机工大概需要半年的时间，若从一名水手成长为船长或者一名机工晋升到轮机长，大概需要8~10年。船员流失率居高不下，高学历、高素质船员的需求却难满足市场需要，船员队伍整体素质受到严重影响，人才流失动摇了航运业的根基。

3.1 船员教育培训市场准入条件影响毕业生质量

以申请无限航区、沿海航区船舶的适任证书为例，2004年8月1日起施行的《中华人民共和国海船船员适任考试、评估和发证规则》（以下简称“04规则”）要求船长、轮机长、大副、大管轮申请适任证书需有高等教育经历（即大专及以上学历），三副、三管轮申请适任证书需有2年及以上的航海类相关专业的职业教育或航海类中专教育；对申请值班水手、值班机工适任证书的船员，则要完成海事主管部门规定的适任培训时间（课时）或有航海类技校相关专业的毕业证。2012年3月1日起施行的《中华人民共和国海船船员适任考试和发证规则》（以下简称“11规则”）对申请适任证书淡化了学历要求，申请相应的适任证书时以海龄等换学历，11规则对一些学历层次较低的船员仅要求船上服务的资历换取晋升高一级适任资格。

本世纪初开放民办性质的航海院校、船员培训机构以来，由于适任考试门槛降低、培训频率加快等原因，导致三副、三管轮持证人数供过于求。

上述因素致使船员水平良莠不齐，用人单位在招生时很难在短时准确判断，扰乱了船员市场，这样的船员上船工作后，一定程度上难保航行安全。

3.2 船员培养方式和经费投入影响生源质量

海事管理部门对船员的考试无论是考大证和小证（即适任证书和培训合格证），航海院校和培训机构为提高考试通过率，一般使用题库式教育（大证每个科目约有8000~10000个题目，小证科目一般1000个题目，考试题很大部分从题库中随机抽取，考生为对付理论考试，在备考时间段，能把考试科目全背下来，考试也就基本能通过，尤其是外语，更能挑战人的大脑容量），培养出来的船员无论是理论素养还是实践技能都难符合船员市场和航运企业需要。从航海技术发展和船员人力资源战略的角度看，是调整航海教育体系的时候了，否则应试教育培养出来的人才很快就会体现其局限性。

尽管市场对航运人才需求甚大，但开设此类专业对教学硬件设施、师资要求较高，成本较大。据估计，每培养1名航海类专业本科毕业生至少需要10万元，我国这方面实际投入普遍不足。在现有投入条件下，不可能大量招生，限制了航海专业高级人才的培养。此外，船员考新证和知识更新换证培训费用也较高，有的证书是5年为限的周期，持有证书在有效期内一个轮回再有效的培训费用过高，时间长，收效不佳。建议增加对船员教育的专项经费投入，出台航海类全日制教育免费政策。对航海类专业学生实行免收学费政策，并设立船员教育发展基金，鼓励贫困地区的优秀生源加入船员职业。

3.3 加强师资建设，创新用人机制

对于培养高素质航海人才，师资是关键，航海类专业是特殊专业，师资属于“双师型”，部分民办航海院校或培训机构，在师资配备和设施配套仅能基本满足海事、教育管理部门的要求，有相应技术职务但理论水平偏低。对公办航海类专业，一般既要有研究生的高学历层次，又要有船上高级管理实践经验，尤其是外派船的高级管理实践经验的教师极为稀缺。一般来说，一个富有实践经验并有本科学历的远洋船长或轮机长相对容易招聘，但要招聘一个富有实践经验并有本科学历的外派船长或轮机长就有困难了，若要求有硕士研究生尤其是博士研究生的且有外派经验再加上用人单位对年龄的限制的船长或轮机长更为凤毛麟角，这些师资很难在一定时间内兼顾海上资历（海龄）、专业技术职务文凭和高校技术职称之间在时间上进行有效整合而获取，这有制度上的原因，用人单位给予这些师资的福利待遇差别也是主因，在船的船长或轮机长年收入比同职务师资高好几倍，院校对这些出色船员吸引力有限，收入上差异，甚至难留在校航海类师资。

此外，海事管理部门对于航海院校和培训机构的师资要求的是5年内有一年相应航海资历即可，笔者认为，对高校有高级船员证书的航海类师资在一定时期内角色互换，进行理论与实践更新。任职要求不单是当前适任证书的职务，还要在同一船舶的服务期内进行下一级的职务任职，比如有船长证书的船员公司派船时让其穿插服务一个远洋航次三副、二副、大副的职务，再复任船长的职务，轮机长也如此相应轮回任职，以此类推，使得他们在业务上更加精益求精，院校师资在船期间还要完成一定课题研究，这样理论和实践相结合，不但丰富教学内容，还可成为科研队伍里的优秀专家、学者。

3.4 船员知识层次影响发展高素质船员队伍

培养和稳定高素质船员队伍是提高企业核心竞争力的重要途径。随着航海技术的发展，船舶发展趋势是大型化、高速化、特种化和绿色化，船舶设备智能化程度越来越高，因而对船员的整体素质提出更高的要求，在海上安全、防污染和船舶保安等方面综合作用尤为凸显，一个国家或航运企业没有一支高素质的船员队伍，航运的转型升级、安全、可持续发展发展就无法实现。水陆收入的差距使得在职船员无法获得职业上的优越感而跳槽者大有人在，造成了船员大量流失。建议多方携手推动西部海员培养就业良性循环，西部海员发展最核心最紧迫的任务是提高培养素质，畅通就业

渠道，地方政府、海事、航运院校、航运企业合力推进局面。同时要处理好海事帮扶与西部海员教育自主发展的关系，将西部海员发展和西部实际结合，创新机制体制和操作流程，促进广大西部地区船员队伍发展。

4 全面保障船员合法权益

船员资源分布不均造成结构性短缺、船员劳资纠纷频发、船员的合法权益得不到保障等问题制约航运经济可持续发展。实现船员体面地劳动，需要政府、社会大众、船东和船员等多方面力量的参与和努力。

4.1 让船员体面地劳动

我国 2013 年 8 月 20 日实施的《2006 年国际海事劳工公约》提倡让船员体面劳动，将鼓励更多年轻人投入航海事业，使我国拥有一支稳定而优质的船员队伍，保障航运事业健康发展。

海事部门作为船员管理机构，为实现船员体面的劳动责无旁贷，在维护船员的合法权益和实现船员体面劳动制定相关规章制度，使船员为自己职业充满自豪感和荣誉感；建立服务船员的工作机制，即组建海上劳动关系三方协调机制，海员权益保障与国际接，规范船员非正常解职办理，最大限度保护船员合法利益。三方协调机制是由海事局、海员工会、海员管理协会组成，成为劳动双方公平协商、解决上述问题的平台；通过规范使用劳动协议和劳动合同范本，在签订海员集体劳动协议和标准劳动合同，协会及时对船员或单位反映的就涉及船员劳动关系、船员管理等有关重大问题进行共同协商解决，着力保护海上劳动关系各方面合法权益、促进航运经济健康发展和社会稳定，通过组织三方代表走访航运企业，了解其实际发展现状，提出解决和预防市内重大船员劳动争议的意见和对策，协助解决船员纠纷等事务，促进海上劳动关系和谐发展。

4.2 减免船员个人收入所得税

由于船员的专业性较强，尤其是高级船员，一般有航海类相应专业高等教育背景，并要求具备相应的专业资质。船员职业且有特殊和艰苦的工作性质，得到高收入回报是理所当然，尽管近年来船员的薪资在一再提高，我国现行船员个人所得税政策却不利于船员劳动所得。个税征收上不到实惠，造成船员思想不稳定，也会受利益驱动而流失。

船员是国际化的职业，需从国际视野来审视船员的薪酬和税收。纵观全球，很多国家的船员尤其是远洋船员的个人收入是免税的，如菲律宾、瑞典等国实行免征船员个人所得税政策，日本、英国等国对船员个人所得税则实行减征。我国在这方面还没有和国际接轨，尽管对船员征收个人所得税给予了一定优惠，但起征点较低、税率高。自 2006-2011 年相继实施新修订的个人所得税法，居民的个税起征点从 1600 元提高到 3500 元，船员的个税起征点仍为 4800 元。我国船员现行的工资模式是：上船工作拿在船工资，公休在家拿待派工资。船员每年的待派时间通常为 3~5 个月，待派期内，工资很低，有的低至本人“五险一金”的费用都支付不起，个体船员甚至没有待派工资。根据我国《个人所得税法》规定缴税方式是九级累进制，如果船员工资按月征收，他们在船期间缴纳的个人所得税呈现“累进”式增长，占其全部收入的很大比例。因此，高级船员在船服务一般不超 8 个月，造成高级船员人力资源上的浪费。

为了船员利益和国际接轨，建议尽快落实减免船员个人所得税措施，增强船员职业优越感，提高职业吸引力，为我国航运业发展注入动力，促进航运业的可持续发展。

5 良好的社会关怀

中国船员在中华民族伟大复兴、中国经济迅猛增长大流中，胸怀祖国、肩负重任，凭绝对的服从意识和同心的团队精神，同舟共济，用坚韧的毅力和果敢的行动，曾在抗击海盗、安全撤侨等活动做出重大贡献。但由于船员长期在船上工作，精神生活匮乏，需要社会各界给予更多的关心、关爱和支持。社会各界需更多地关注海洋运输事业，关注船员生活，关注船员队伍，使这支队伍后继有人。

5.1 为船员及其家属办实事、化解困难

有关部门全面摸清所辖口岸船员的工作、生活、家庭、健康，家属就业、孩子就读就业等实际情况，建立船员关爱基金，确立帮扶对象，采取社会捐款、企业赞助等形式，筹集资金帮助困难船员。针对船员流动性大，其子女在入户、入学等方面存在困难，建议公安、民政、教育、社区、卫生等部门联合解决。船员主管机关如为船员突遇意外事等故开绿色通道、为船员家属提供探亲帮助、甚至在节假日帮其网上订票等。

5.2 航运企业力所能及服务船员

对于条件许可的航运公司，为船员和家属配备通信系统，方便联系，最大限度解决问题；完善单位和船员家属站的联系工作，加强彼此联系，使船员安心在船工作；同时发挥工会作用，为船员开展的活动提供财力支持，如建立船舶电子书屋，定期更新电子书刊内容，配发文体娱乐器材，丰富船员们的业余生活；关注船员身体健康，如船舱存水长期饮用影响船员身体健康，可为船上配置净水器，保证身体健康。

6 利用现代人力资源管理，拓宽船员就业渠道

沿海地区经济发达，独生子女都不愿意报考航海类专业，目前全球经济疲软、区域战乱以及日益猖狂的海盗活动对船员生命构成威胁，船员就业市场不景气，严重挫伤了船员上船工作的积极性，多重因素的作用下，船员队伍结构不完整，使航运企业的生产经营和安全管理受到影响，将制约航运事业的可持续发展。

6.1 通过劳务派遣改变航运企业用人方式

用人单位根据工作岗位、工作性质的实际需要向派遣机构提出所需人员的标准条件，并通过第三方派遣机构（人力资源公司）为所聘用人员办理用工、发放薪酬以及代办社保、档案托管等一系列事务，也利于企业人事管理主力投入主营业务上。

通过探索转变航海教育和船员培训机构的办学模式，可探索校企合作、采用订单式培养模式培养普通船员，毕业生采取劳务派遣的方式，改变航运企业用人方式。针对当前航运经济持续低迷的现状创新人力资源管理模式，可缓解企业内部管理成本。

制定优惠政策，鼓励其他地区人才来沿海从事海运服务业。航运公司为吸引船员、培养船员和留

住船员制订相应的人力资源策略，培养更多的高级船员，增加船员储备。

6.2 拓宽就业渠道，增加船员派遣规模

我国船员劳务外派始于改革开放初，现已成为我国充分利用国内劳动力资源开拓国际劳务市场输出的有效途径，我国外派船员虽有一定的规模，但国际上以菲律宾、印度等主要外派船员输出国相比，数量仍偏低。国内经济发展是中国船员外派减少的重要原因；派员少的另外一个主因是外语沟通方面的障碍。尽管中国船员吃苦耐劳、善于钻研，在专业技术上优于菲律宾、印度船员，但语言沟通障碍影响团队工作的有效开展以及专业技术的正常发挥。整个国际外派船员市场供需上，菲律宾、印度、孟加拉、印尼、马来西亚籍船员凭借英语的优势，占去约 85% 的外派市场。据了解，中国船员外派的薪酬也偏低，船长的薪资差距最大，每月相差 2000 美元左右。随着技术级别下降，同级技术职务的薪酬差距缩小，如三副、三管轮月薪一般相差 1000 美元左右。

此外，船员外派机构从中国船员工资中抽成较高，船员与外派机构签订的劳务合同期一般为 6~8 个月，合同期短意味着船员交纳的劳务中介费更频繁。

建议加强对航海专业学生英语训练，有条件的院校对航海类学生或者个别班级进行全英教学，让英语基础过硬的毕业生参与外派。同时，规范船员外派收费标准，切实保护船员正当收入和合法权益。

7 航运业的未来发展趋势及对策

航运界通过对船舶事故的统计发现，80% 的事故发生是由人为因素引起，无人驾驶船舶能较大程度的排除人为因素的干扰，因此人们将兴趣转向无人驾驶船舶技术，并对无人驾驶技术的可行性进行广泛的研究和探讨。近期，更是随着一条“劳斯莱斯宣布将投入 660 万欧元用于开发无人驾驶船舶项目”新闻的发布，世界各国对无人驾驶船舶技术的关注度再度提高。

7.1 航运业的未来发展趋势

从技术方面来讲，无人驾驶船舶技术涉及国际海事组织和各国的法律和法规及技术标准、现代电子技术、自动控制技术、智能技术、卫星技术、船舶技术等多学科的综合技术，代表着未来航运业发展方向和趋势，其在国防安全领域也有广泛的应用前景。其优点表现为：可实用化的无人驾驶船舶技术有利于将船员从艰苦的航行生活中解脱出来和减少海难的发生，也有利于减少航运企业的开支和增加运费收入，促进电子和智能技术的发展，促进导航系统的发展，简化船舶的设计和强化绿色船舶的理念等。无人驾驶船舶驾驶技术的难点在于智能和控制技术，这也是该领域最核心的技术。无人驾驶船舶必须具备自主环境探测，正确识别目标和危险，自主避险和自动航线规划，设备的高可靠率和可信度，完善的岸基支持。

从目前无人驾驶船舶技术的发展阶段来看，我国还处于初步理论探索和技术储备阶段，但综合世界各国的技术水平，无人驾驶船舶技术正向可实用化阶段发展。纵观各种新技术和新发明的出现，其经历了概念的产生，理论探索和实际的应用及遵循先易后难的技术特点，因此，我国的无人驾驶船舶技术也可通过规划不同的技术层次和发展阶段，逐步发展和完善。具体来说，可分为以下三阶段：

阶段一：实现大洋高精度、实时无人驾驶导航。考虑到大洋航行相对简单，干扰因素和危险较少，比较容易实现。现阶段的全球导航系统的误差已基本满足大洋无人驾驶的要求，也可通过多种导航

系统的融合，相互比对和校正，减小位置误差。当前的高质量的雷达和自动标绘雷达已能识别绝大多数目标和危险，对于雷达存在的局限性可通过系统集成高清摄像头图像识别系统、红外识别和声纳识别系统，可有效应对不良天气和夜间的大洋航行及周围水下碍航物的识别。其次，建立天气分析及灾害识别系统，船舶航线规划系统能针对不同的天气系统、不同的洋流和碍航物建立有利航行的优化航线。最后，应针对不同的船型所装货物的不同，要建立航行途中货物的自动看管及自动调节能力。

阶段二：实现近海和沿岸及水道的无人驾驶。随着船舶接近陆地，到达近海、沿岸或水道时，船舶流密度增大，航行环境急剧恶化和复杂，需要更高智能化的规避和灵敏的控制系统，才能应对复杂的局面。具体来说，对无人驾驶船舶之间需要自动的船舶间（两船及多船）规避协调系统；对有人和无人驾驶船舶之间，应有类似的问询和应答协调机制系统。全球实时高速数据接入能力，有利于从自主无人驾驶状态转换为岸基航行控制和实时监控状态；高精度的全球卫星导航和精确的电子海图系统，有利于精确的船舶定位和导航；完善和广泛的岸基维修服务支撑系统，有利于船舶系统的完好性和高可靠性。

阶段三：实现自动靠离泊技术。第二阶段的完成为第三阶段奠定了坚实的基础。船舶的自动靠离泊技术类似于太空中的无人空间器的自动对接技术。通过岸基的指引系统和船舶的指引识别系统，根据实测的风、浪、流的影响，利于车、舵系统准确的靠在预定的泊位。

7.2 对策

无人船舶驾驶系统是一个多学科多领域的复杂大工程。因此，我国有必要在行业或国家层面建立一个统筹的无人驾驶船舶技术研究机构，集合国内外的先进造船技术、智能和自动控制技术、现代导航技术、船舶仪器和设备研制机构和生产厂家及世界航运界的法律专家，就无人驾驶船舶法律和技术标准进行研究和达成广泛的一致，标准的统一有利于推动实用化技术的发展和深化，使我国在技术标准和实用化技术方面走在世界前列。

8 结束语

当前，船舶往大型化、高速化、智能化和绿色化方向发展，对船员的整体素质和适应能力提出了更高的要求和标准，建立适应当前和未来发展方向的教育体系刻不容缓，有利的政策环境能保障船员合法权益，良好的就业渠道和薪酬收入使船员的工作和家庭无后顾之忧，如此，才能在世界航运及船员外派市场利于不败之地。从更长远的未来趋势来看，无人驾驶船舶技术已不再是梦想，随着智能和控制技术及空间技术的发展，无人驾驶船舶技术必将在民用和军事领域得到广泛的应用。

参考文献

[1] 中华人民共和国船员网 http://seafarers.msa.gov.cn.

[2] 中华人民共和国海船船员适任考试、评估和发证规则（04 规则）. 中华人民共和国交通部网站 http://www.gov.cn.

[3] 中华人民共和国海船船员适任考试、评估和发证规则（11 规则）. 中华人民共和国交通运输部网

站 http://www.moc.gov.cn.

[4] 中华人民共和国船员培训管理规则．中华人民共和国交通运输部网站 http://www.moc.gov.cn.

[5] 中华人民共和国海船船员值班规则．中华人民共和国交通运输部网站 http://www.moc.gov.cn.

[6] 中华人民共和国船员条例．中华人民共和国交通运输部网站 http://www.moc.gov.cn.

[7] 关于做好 STCW 公约马尼拉修正案履约准备工作有关事项的通知．中华人民共和国交通运输部网站 http://www.moc.gov.cn.

[8] 中华人民共和国海船船员适任考试和发证规则实施办法．中华人民共和国交通运输部网站 http://www.moc.gov.cn.

[9] STCW 公约马尼拉修正案过渡规定实施办法．中华人民共和国交通运输部网站 http://www.moc.gov.cn.

[10] 中华人民共和国海船船员培训合格证书签发管理办法．中华人民共和国交通运输部网站 http://www.moc.gov.cn.

[11] 中华人民共和国海船船员健康证书签发管理办法．中华人民共和国交通运输部网站 http://www.moc.gov.cn.

[12] 2006 年国际海事劳工公约．中华人民共和国交通运输部网站 http://www.moc.gov.cn.

[13] 齐国清，贾欣乐．船舶综合导航系统．大连海事大学学报，1998.

[14] 冯茂岩．无人驾驶在 20 年内会成为可能吗．江苏航海，1998.

我国公交优先发展政策变迁对公交企业社会责任的启示

孙 岩[1] 孙源远[2]

（1. 大连理工大学；2. 大连高级经理学院）

摘 要：在对公交优先发展的内涵和理念深入分析的基础上，本文回顾了我国公交优先发展政策的演进历程；结合公交企业的社会责任，探讨了公交优先发展政策对我国公交企业的政策启示，提出：公交企业应深刻理解公交优先政策的内涵，通过变革理念促进学习；建立现代化企业治理结构和制度，提高企业运营能力和效率；重视技术创新提升公共服务质量，发展智能化交通；推动绿色公交，承担保护环境节能减排的社会责任。

关键词：公交优先发展政策；公交企业；企业社会责任

我国已经进入城市化和工业化发展的关键的时期，土地、能源、环境等问题日益严峻，已经成为制约发展的刚性约束。实施公共交通优先发展政策，是国际上主要城市公交发展的有效途径，对于促进我国城镇化和城市交通的可持续发展均有极为重要的战略意义。我国城市公共交通政策历经几十年发展，尽管也有北京、上海、广州、昆明、杭州等城市的一些较为成功的实践，但是总体上我国“公交优先”的政策效果还远远不能适应城市交通发展的需要。“十二五”期间，优先发展公共交通已经成为国家层面重要战略。在这一公共政策中，公交企业作为主要行动者，如何深刻理解政策理念，积极履行企业社会责任，是这一政策实施的关键，也是我国公交企业可持续发展的前提。

1 公交优先发展的内涵和理念

所谓“公交优先”，从广义上理解是指有利于城市公共交通发展的一切政策和措施，在城市社会经济和交通发展当中，优先发展城市公共交通（包括常规公交和轨道交通），提高城市公共交通整体运行效率。具体来说，就是在城市经济发展政策、城市规划、建设与管理等方面，体现公共交通优先于其他个体交通方式的发展理念，如财政扶持优先、投资安排优先、设施用地优先、路权优先等，为公众出行提供更多、更快、更好的服务，实现城市经济、环境与交通可持续发展[1]。

国外一些城市的“他山之石”对我国发展公共交通有重要的借鉴意义。我国学者李晔等[2]对国际上典型公交城市如新加坡、香港和伦敦等长期演化形成的先进理念进行了总结，指出公交优先理念主要包括公民权利和城市发展两方面。首先，公民权利包括公平正义、选择权和参与权。城市公共交通

基金项目：国家自然科学基金资助项目（71103025）；中央高校基本科研业务费专项项目（DUT14RW124）。

作者简介：孙岩（1978–），女，大连理工大学行政管理系副教授，博士。主要研究方向：环境行为、资源环境政策与管理。E-mail:sunyan@dlut.edu.cn；

孙源远（1980–），女，天津人，大连高级经理学院，研究方向为资源环境管理。

服务应实现均等化，是指全体公民都能公平可及地获得大致均等的公共交通服务，其核心是机会均等，而不是简单地平均化和无差异化。香港、新加坡等公交都市公交优先发展的重要理念是建立多样化的公共交通体系，保障不同社会群体对城市公共交通服务的选择权利和机会。同时，公众有权在公共交通决策过程中有参与权，表达自己的意志。其次，公交优先发展引导城市发展的理念实质上可以归结为城镇化质量问题。以公交优先发展促进环境、能源、土地及经济可持续发展，降低城镇化的负外部性，是国际上最普遍的理念共识。优先发展城市公共交通是改善民生、提高居民生活品质和提高城市运行效率的重要途径。可以说，国外典型国家和城市通过立法明确保障公共交通的优先发展，坚持以公共交通发展为导向的土地开发模式，并通过财政、规划等措施具体落实，公交优先理念已经上升到了国家战略层面。

2 我国公交优先发展政策演进历程

我国公共交通管理体制是在计划经济体制下逐步形成的，改革开放以来，我国多次对城市公共交通管理体制进行了调整和改革，然而效果不佳。

20 世纪 80 年代，我国各大城市的公共交通相继萎缩，运营效率、服务水平、经济效益等方面都出现突出问题，公交企业依赖政府补贴，普遍处于亏损状态，进一步加剧了城市交通问题。当时，一批国内交通专家就提出了必须优先发展公共交通，这是我国大城市交通发展的必由之路。90 年代中后期，国家和北京、上海等一些地方开始相继出台有关政策措施，推动公共交通的发展。我国“十五”规划中提到，要“大力发展公共交通，建设严格标准、优良质量的城市轨道、高速公路和普通道路等，形成以城市交通轨道和高速公路为主要道路的城市交通发展方向”。2005 年 9 月，国务院办公厅发布《关于优先发展城市公共交通的意见》（国办发〔2005〕46 号），这是新中国成立以来，我国第一个较为全面系统论述城市公交优先发展的国务院文件，这一纲领性文件奠定了“公交优先”作为我国城市交通运输发展的一种战略思想。该《意见》号召各地区和有关部门要进一步提高认识，确立公共交通在城市交通中的优先地位，提高运营质量和效率，充分发挥公共交通运量大、价格低廉的优势，引导群众选择公共交通作为主要出行方式。2006 年，建设部和发改委等六部委公布了《关于优先发展城市公共交通若干经济政策的意见》，提出了若干优先发展城市公共交通的经济政策，包括加大城市公共交通的投入、建立低票价的补贴机制、认真落实燃油补助及其他各项补贴、规范专项经济补偿等政策。随着我国面临的环境和能源问题日益严峻，“十一五”规划中确定了在“十一五”期间单位国内生产总值能耗降低 20% 左右、主要污染物排放总量减少 10% 的约束性指标。随后，2007 年在《国务院关于印发节能减排综合性工作方案的通知》中明确指出，优先发展城市公共交通是强化交通运输节能减排的重要手段之一。

到了“十二五”时期，我国明确了节约资源和保护环境作为我国的基本国策，“环保”和“民生”日益成为我国社会经济发展中的关键词。“十二五”规划提出将“城市建成区公共交通全覆盖”纳入国家基本公共服务体系，体现了公交优先在国家层面战略地位的提升。2012 年底，国务院发布了《关于城市优先发展公共交通的指导意见》（国发〔2012〕64 号），从国家最高层面正式明确表述了城市公交发展思路以及模式：必须树立公共交通优先发展理念，将公共交通放在城市交通发展的首要位置。在以往原则基础上明确了“倡导公共交通支撑和引领城市发展的规划模式”这一全新规划思路。《意见》确定了强化规划调控、加快基础设施建设、增加政府投入、拓宽融资渠道、保障公交路权优先、规范重大决策程序等优先发展公共交通的八项重点任务，并要求：在“十二五”期间，对城市公共交通企业实行各种财税优惠政策，包括落实对城市公共交通行业的成品油价格补贴政策，对城市轨道交通运营企业实行电价优惠。此外，对新建公共交通设施用地的地上、地下空间，按照市场化原则实施土地综合开发，收益用于公共交通基础设施建设和弥补运营亏损。国发 64 号文件成为公共交通行业发展最新的纲领性文件。

从我国城市公共交通优先政策的演进可以发现，在不同阶段里，公交优先政策的重点和抓手有所不同。从早期侧重基础设施建设、到依赖经济手段推动、到目前强化规划调控和政策扶持的统筹安排。在这一过程中，公交优先政策的内涵和理念也在不断清晰。公交优先政策曾长期被较为狭隘的理解为“弱势群体公交”，而随着我国城镇化进程加快以及资源环境问题日趋严重，公交优先发展已经成为实现公共服务均等化、环境与可持续发展战略以及推动我国城市化进程的重要内容，公交优先已经全方位纳入国家整体战略体系。

3 公交企业社会责任与公交优先发展政策的启示

企业社会责任（CSR）是指企业在商业活动中受到社会和环境因素的作用，在处理与利益相关者关系时采取的一种自愿行为（European Commmission，2008）。一般来说，CSR 包括经济责任、法律责任、道德责任、慈善责任、保护消费者权益以及保护环境等。虽然目前中国企业、尤其是很多上市公司已经开始逐步认识到 CSR 重要意义，但是总体上，企业对 CSR 的理解和认识还比较肤浅，企业高管对 CSR 的意愿还不够强烈，而这正是制约中国企业 CSR 发展的关键问题。[3]

城市公共交通行业有公益和经营两种特性，长久以来，我国公交企业过于依赖政府管理和补贴，经营意识淡化、管理水平和技术落后，因而造成了运营效率低下、亏损严重。随着公交优先政策的确立，政府重新审视行业管理的手段，并通过实践和理念更新不断调整政策手段。众多公交企业也开始深入考虑自己的经营方式和发展方向。

我国传统的政策往往是一个由官员主导的封闭的过程，决策只需要决策者以及政府内部相关部门等少数人在封闭的“小圈子”里进行，政策过程本身也仿佛被置入“黑箱”中。[4] 近几年，公共行政的理念逐渐发生了转向，社会公平、响应、参与、社会责任感等取向越来越受到重视。作为公共交通政策学习背景的发展政策范式发生了转变，并借由中央领导的发声，新的政策话语和理念得以实现。2003 年胡锦涛总书记提出的“科学发展观”及其相关论述可视为发展范式转换的典型表达，而之后中央不断发出明确信号，转变发展模式，2009 年底的哥本哈根气候变化会议是一个标志性的事件：向低碳经济的全面转型已经成为世界各国的必然选择，会议上中国政府宣布了控制温室气体排放的目标。随后在十七大报告和“十二五”规划中，我国首次提出构建环境友好型的消费模式与生产方式具有同等重要的战略地位。而以习近平总书记为代表的新一届中央领导更是不断深化新的发展理念，并首次提出纠正“唯 GDP 论英雄”，习近平总书记提出树立正确的政绩观，民生和环保成为衡量发展最重要的指标。政策核心信仰体系由唯 GDP 论的经济发展主义转向“重环保、重民生”的“经济发展新常态”，这为具体政策领域的政策制定提供了准绳和话语库。

我国公共交通领域也随之经历了深刻的政策学习，从“十五”期间的“大力发展公共交通”到“十二五”“将公共交通放在城市交通发展的首要位置”，经历了“摸石头过河”的政策实验、各地试点示范实践、汲取其他国家或领域的经验教训等各种政策学习，已经建构起了以民为本和环保为核心的新的政策理念。伴随着交通领域行政体制加快转变与功能分化，公共交通政策网络也进一步开放和活跃，多元利益主体参与的格局已经形成。公交优先政策正是公共交通领域政策学习的成果之一。我国公交优先的实践虽然目前与国外先进做法还存在着较大的差距，然而政策理念上已经发生了根本性的转变。

公交运营企业作为公共交通政策网络中重要的行动主体，抓住机遇，积极转变理念和发展思路，理应成为参与和推动公交政策变革的主力，成为公共交通政策变迁的受益者，并积极承担改善民生、保护环境方面的企业社会责任，树立起负责任的社会形象。

①深刻理解公交优先政策的内涵，通过变革理念促进学习。公交企业应该主动学习公交优先政策，深刻理解当前大力发展公共交通对我国的战略意义，系统认识在大时代背景下公交企业应承担的社会责任，这与我国公交优先政策所传递的“环保”与“民生”政策内涵是完全一致的。公交企业应通过政策学习，理念革新，从国家战略高度上理解自身承担的责任与发展方向。

②建立现代化企业治理结构和制度，提高企业运营能力和效率。市场经济条件下，中国的公共交通发展正走向市场，公交企业必须处理好公益性和经营性两者的关系，不能依赖政府管理，一味靠政府补贴。如何提高企业竞争力是公共交通经营者首先要考虑的问题。这就需要通过建立现代企业制度，运用科学管理方法，提供有足够吸引力的高品质的公交服务。香港和纽约等国内外典型城市公交的发展案例告诉我们，公共交通不仅为整个城市提供了优质的服务，而且经营业绩十分突出。

③重视技术创新提升公共服务质量，大力发展智能化交通。积极利用高新技术改造传统公共交通系统，从交通管理、交通信息服务和运行监控等方面增强公共交通的方便性、安全性、舒适性和准时性，提高公共交通的运营水平和经济效益。

④推动绿色公交，承担保护环境节能减排的社会责任。纯电动公交车零排放、低耗能，目前由于车辆价格高、充电基础设施缺乏、车辆电池使用不成熟等诸多问题，但是可以预见，它是未来城市公共交通车辆普及和努力的方向。公交企业应根据条件逐步推广天然气和混合动力等各种新能源公交车，实现低噪音、低能耗、低排放，为推动全社会绿色出行、树立低碳生活方式承担应有的责任。

参考文献

[1] 朱芸. 公交优先发展政策研究——以无锡为例［D］. 上海：复旦大学,2008.

[2] 李晔, 邓皓鹏, 卢丹妮. 基于理念更新的城市公共交通优先发展制度框架［J］. 城市交通,2013,11（2）:41-46.

[3] 苏蕊芯, 仲伟周. 中国企业社会责任测量维度识别与评价——基于因子分析法［J］. 华东经济管理,2014,28（3）:109-113.

[4] 王锡锌. 公共决策中的大众、专家与政府——以中国价格决策听证制度为个案的研究视角［J］. 中外法学,2006, 18（4）: 462-483.

中国低碳交通发展政策研究

姜　景[1,2]　刘怡君[1]

（1. 中国科学院科技政策与管理科学研究所，北京 100190；

2. 中国科学院大学，北京 100190）

摘　要：为了应对全球气候变化，中国开展了一系列的节能减排工作，但在碳排放较大的交通运输业收效甚微，面临的减排形势依然严峻。低碳交通作为一种新的出行理念已成为降低能耗、较少污染的重要交通方式，是城市可持续发展的重要组成部分。本文从中国低碳交通的发展现状和存在问题出发，通过对现有的低碳交通政策的归纳，重点分析了我国在发展低碳交通时存在的问题，分别从构建低碳交通政策体系、鼓励选择公共交通出行、加快新能源和新技术研发、发展城市智能交通系统和深入宣传低碳交通理念五个方面为我国发展低碳交通提供政策建议。

关键词：交通运输业；能耗；碳排放；低碳交通；政策研究

1　引言

随着全球变暖和能源危机的日益加剧，节能减排已成为全球经济、政治和社会的主要议题。我国作为全球最大的碳排放国家，在国际社会饱受压力。为了应对全球变化，树立负责任的大国形象，我国在 2009 年 11 月底正式对外宣布控制温室气体排放的行动目标，决定到 2020 年单位国内生产总值二氧化碳排放比 2005 年下降 40%~45%。2010 年中央经济工作会议也明确指出要“推进节能减排，强化节能减排目标责任制，加强节能减排重点工程建设，开展低碳经济试点，努力控制温室气体排放，加强生态保护和环境治理，加快建设资源节约型、环境友好型社会”。节能减排的关键是降低碳排放，政府间气候变化专业委员会（IPCC）的研究表明，碳排放量主要来自于工业生产、交通运输和建筑产业三大部门。国际能源署（IEA）的报告显示，2010 年交通运输业的碳排放量仅次于电力行业，占全球碳排放总量的 22%[1]。交通运输业作为国民经济和社会发展的基础产业和服务行业，在国家经济和社会发展中具有重要作用。同时，交通运输业作为国家能源消费和温室气体排放的重点行业之一，也是国家推进节能减排工作的重要领域。因此，在我国发展低碳交通，促进交通运输业的节能减排势在必行。

2　中国低碳交通的发展现状

2.1　交通运输业与碳排放

改革开放三十年来，随着经济的快速发展，我国的交通运输业得到了较大发展，公路、铁路、航

作者简介：姜景（1984-），男，中国科学院科技政策与管理科学研究所博士生，研究方向：可持续发展战略、公共管理与社会治理；

刘怡君（1978-），女，中国科学院科技政策与管理科学研究所副研究员，研究方向：可持续发展战略、社会治理与风险。

空、水运等为国家的经济与社会的进步做出了巨大贡献。其中，铁路通车里程从 1978 年的 5.17 万公里上升到 2011 年的 9.32 万公里；公路通车里程从 1978 年的 89.02 万公里上升到 2011 年的 328.62 万公里；内河航运和民航里程分别达到 12.46 万公里与 349.06 万公里。随着交通运输方式的发展，中国交通运输业的运力也有了极大增长。货运总量与客运总量分别从 1978 年的 24.89 亿吨和 25.4 亿人增加到 2011 年的 369.7 亿吨和 352.6 亿人，分别增长了近 14 倍和 13 倍（详见表 1）。中国已经成为全世界交通运输产业的大国，目前我国已经建成全球第二大航空运输系统，港口吞吐量连年保持世界第一，铁路营业里程数和高速公路里程数均位居世界第二[2]。

中国交通运输业发展览表（1978 年与 2011 年） 表 1

	1978 年			2011 年		
	运输线路长度（万公里）	客运量（万人）	货运量（万吨）	运输线路长度（万公里）	客运量（万人）	货运量（万吨）
铁路	5.17	81491	110119	9.32	186226	393263
公路	89.02	149229	85182	410.64	3286220	2820100
水运	13.60	23042	43292	12.46	24556	425968
民航	14.89	231	6.4	349.06	29317	557.5

数据来源：国家统计年鉴 2012.

在我国交通运输业高速发展的背后，是碳排放的持续升高。由于交通运输系统中使用的能源主要是煤、石油和天然气等化石能源，交通运输业已成为能源消耗的主要部门。随着经济的发展，我国对于交通运输业的需求在不断加大，交通运输业的能源消耗也在不断提高。交通运输、仓储和邮政业的能源消耗总量从 2005 年的 18391.01 万吨标准煤增加到 2011 年的 28535.5 万吨标准煤，年均增幅近 8%（图 1）。由于仓储和邮政业所占比重不大，因此该数据在一定程度上能够客观反映出交通运输业的能源消耗情况。当前，我国交通运输业能源消耗的增速已经高于全社会能源消耗的增速，继工业生产和生活消费之后成为我国第三大能耗产业。

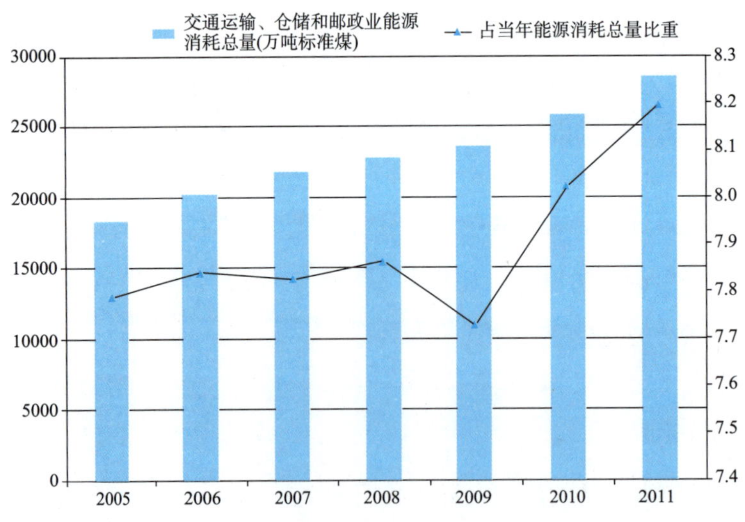

图 1 中国交通运输、仓储和邮政业能源消耗总量及其占能源消耗比重（2005–2011）

数据来源：中国能源统计年鉴 2012

我国当前的交通运输业的能耗主要以石油为主，化石能源的大量消耗必然会加剧二氧化碳等温室气体的排放，给人类的生存环境带来沉重的生态压力。同时汽车尾气排放导致的雾霾天气，对人体也会造成极大的伤害。据 IEA 测算，2010 年中国交通运输业的碳排放已占全国碳排放的 7%，到 2035 年可能会达到 13%[1]。世界银行的数据显示，截至 2010 年，中国交通运输业中的二氧化碳排放量已经达到 5.08 亿吨，在世界 GDP 排名前五的国家中位居第二位，仅次于美国的 16.22 亿吨（图 2）。当前，我国在工业和建筑业领域的节能减排工作已初显成效，而交通运输业的碳排放却不降反升，这势必会影响我国实现 2020 年的减排目标。因此，低碳交通的理念在国内已经受到学界和政府广泛关注。

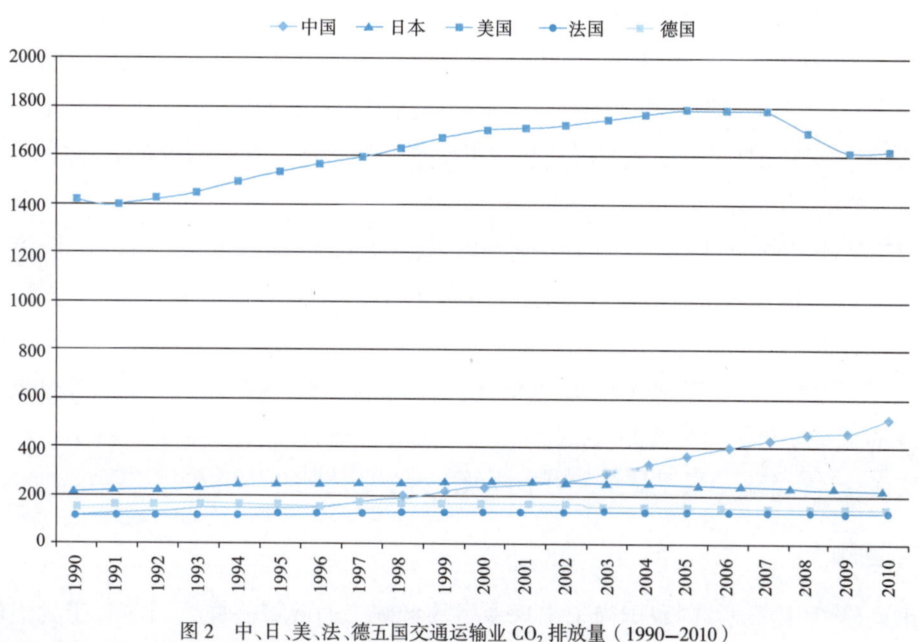

图 2　中、日、美、法、德五国交通运输业 CO_2 排放量（1990—2010）

数据来源：世界银行数据库

2.2　我国当前的低碳交通政策

制度保证是实现交通运输业低碳发展的重要因素，令人遗憾的是我国至今尚未出台专门而系统的低碳交通政策。但这并不意味着国家不关注低碳交通问题，相反我国很早就出台了诸如缓解交通拥堵、改善空气质量、推动交通运输业转型升级等一系列政策措施，这些政策措施的实施结果在一定程度上起到了节能减排、促进交通运输业可持续发展的作用。根据政策工具的选择，可以将这些政策措施分为基于政府的行政命令型、基于市场的经济激励型和基于道德的宣传教育型。

（1）基于政府的行政命令型

这类政策措施主要是借助政府的公权力强制实现，以政府出台的各种法律法规为代表，主要有《资源节约型环境友好型公路水路交通发展政策》、《建设低碳交通运输体系指导意见》、《建设低碳交通运输体系试点工作方案》、《公路水路交通节能中长期规划纲要》、《“十二五”节能减排综合性工作方案》等纲领性指导文件，以及《轻型汽车污染物排放限值及测量方法（Ⅰ）》、《乘用车燃料消耗量限值》标准、《轻型汽车污染物排放限值及测量方法（Ⅲ）》和《机动车环保检验合格标志管理规定》等标准化管理办法。《乘用车燃料消耗量限值》是国家的强制性标准，对乘用车燃料消耗量的限值做出了严格规定。《机动车环保检验合格标志管理规定》则是为统一全国环保标志标准，规范和加强机动车尾气排放的监督管理而制定，通过定期检验在用机动车污染物排放标准，核发机动车环保检验合格标志，达到控制机动车污染物排放的目的。《"十二五"节能减排综合性工作方案》首次将交通运输业纳入到国家的节能减排领域，其中一项重要工作就是要加速淘汰老旧汽车、机车、船舶，基本淘汰2005年以前注册运营的"黄标车"，加快提升车用燃油品质。"黄标车"是高污染排放车辆的简称，淘汰"黄标车"对于实现"十二五"氮氧化物减排目标具有重要意义。

（2）基于市场的经济激励型

这类政策措施以市场的供求关系为基础，通过市场的调节作用实现政策目标，以各种税、费、补贴等经济手段为代表，主要有燃油税、2009年7月财政部等10部位联合印发《汽车以旧换新实施办法》中的补贴措施。2009年开始征收的燃油税是指对在我国境内行使的汽车购用的汽油、柴油所征收的税，实际就是成品油消费税。在我国征收燃油税会对车辆的使用成本产生较大变化，在一定程度上能够影响私人汽车的发展。《汽车以旧换新实施办法》的补贴措施，就是利用经济手段激励车主在规定的时间内淘汰高污染排放车辆，对于报废老旧汽车和"黄标车"的车主，在换购新车是可以一定的补贴。

（3）基于道德的宣传号召型

这类政策措施不具备任何法律效力，完全是以道德为基础，通过官方宣传实现政策目标，以国家发出的各种倡议、号召为代表，主要有2006年6月1日由中国国际民间合作促进会和美国环保协会（Environmental Defense）在北京向全社会发出"绿色出行"的倡议以及从2007年开始由国家住房城乡建设部发起的"中国城市无车日活动"。绿色出行是指采取相对环保的出行方式，通过碳减排和碳中和实现环境资源的可持续利用和交通的可持续发展。绿色出行的方式有乘坐公共汽车、地铁等公共交通工具，步行或是骑自行车，目的是尽最大可能降低出行中的能耗和污染。

2.3 文献回顾

通过文献调研可以发现，同我国尚未出现专门的低碳交通政策一样，当前对于我国低碳交通政策的研究也未能涉及低碳交通政策本身，更多的是对低碳交通政策建议的探索。总的来说，这些研究可以分为三类。第一类是通过对我国交通运输业当前和未来碳排放量的测算，在碳减排的目标指导下构建降低碳排放的政策建议。这一类主要有：通过对交通运输业相关数据的测算，计算出交通运输部门的能源消耗和碳排放，并计算了潜在的节能能力[3]（刘建翠，2011）；通过对中国交通运输业碳排放的测度，并根据脱钩理论设计了三种未来低碳交通发展的情景[4]（关海波、金良，2012）。第二类是通过对我国交通领域的现状和现有政策的研究，从降低碳排放的角度构建我国低碳交通的相关政策。这一类主要有通过对我国广义上的低碳交通政策的梳理，在保障国家实现节能减排目标的基础上构建中国低碳交通的政策建议[5]（蔡博峰、冯相昭，2011）；针对当前我国交通运输业碳排放量激增的现状，从结构性因素，技术性因素，管理性因素和消费性因素等四个方面分析了我国低碳交通的主要影响，并从政策、规划、技术和制度四个层面分析了我国低碳交通的相应对策[6]（张雷，2013）。还有一类就是借鉴国际上低碳交通政策的经验，构建我国城市低碳交通发展的体系和政策。具有代表性的有：通过对12个国际大都市低碳交通实践经验的总结，归纳出五种低碳化策略，为现阶段我国大都市的低碳交通提供发展策略[7]（胡垚、吕斌，2012）；通过梳理和总结伦敦、东京、纽约三大国际大都市的低碳交通发展政策，提出我国大城市低碳交通发展的政策启示[8]（刘细良、张超群，2013）。

3 中国发展低碳交通存在的问题

虽然我国在发展低碳交通、构建可持续交通方面出台了一系列政策措施，同时也取得了一些成效，但是我国当前低碳交通领域依然存在很多问题，制约了低碳交通的发展。

3.1 交通能耗高

同发达国家相比，我国的交通行业能源利用效率偏低，总体上比美国低 7.2 个百分点，比日本低近 10 个百分点。当前国内的平均油耗要比国外先进水平高 10%~25%，货车百公里油耗更是高 30% 左右，内河运输船舶油耗比国外先进水平高 20% 以上 [9]。交通行业能耗高，特别是公路交通能耗偏高，一方面与近年来我国的交通运输业发展速度较快，国内旅客和货物的运输量逐年升高有关，另一方面还与国内车辆的发动机燃油能耗偏低有关。当前国内主要的发动机如柴油发动机燃油能效水平较低，只能将燃油中的 20% 转化为动力，浪费了绝大部分的能源。

3.2 交通结构不合理

目前，我国的交通运输结构以公路为主，2011 年全国的客、货物运输量的 93% 与 76% 都是由公路运输完成的。在运力的建设上，国家也主要向公路倾斜。目前，我国公路里程已有 410 多万公里，而铁路只有 9 万多公里，相差非常大（表 1）。根据测算，我国交通运输业中碳排放量从大到小依次为公路、水运、航空和铁路 [5]。从单位能耗上来看，航空的运输能耗最高，其后分别是公路、铁路和水运。与公路相比，铁路具有能耗低、速度快、安全系数高、运输货物量大等优点。但是为了满足实际运输情况和经济发展的需要，不能够单纯地发展单位能耗小的铁路运输，因此单位能耗较大的航空和公路运输方式在我国交通领域中地位在不断提升。

3.3 私人汽车保有量增多

随着我国经济的发展，民用汽车拥有量，特别是私人汽车的数量越来越多，从 2007 年的 2876.22 万辆增加到 2011 年的 7326.79 万辆，5 年间增长了 1.5 倍（图 3）。私人汽车的数量从 2009 年购置税优惠政策出台后，我国民用车销售量由 2005 年的不足 400 万辆，飙升至 2010 年的 1447.2 万辆，增长 2 倍多。

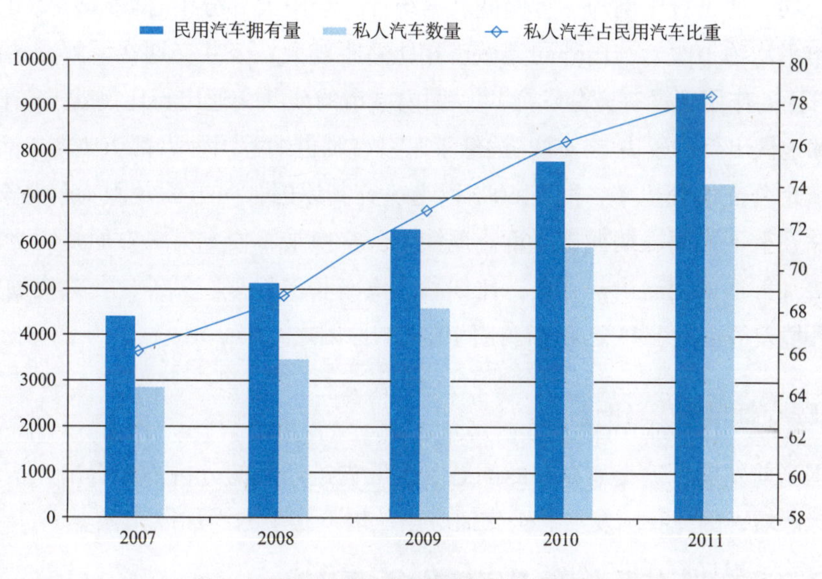

图 3 民用汽车与私人汽车数量变化图（2007—2011）

数据来源：中国统计年鉴 2012

近年来，我国大力发展公共交通，但私人汽车数量的迅猛增长使得公共交通的优势非但没有充分发挥，反而使得城市交通的优质资源都被机动车道占有。城市的交通资源越优越，就会促使更多的人选择购买私人汽车出行。然而在城市的客运交通工具中，私人汽车的能耗强度与碳排放强度是非常高的。根据测算，城市客运体系中不同交通工具的二氧化碳排放强度由高到低为：出租汽车、私人小汽车、摩托车、公共汽车、快速公交、轨道交通和自行车（图 4）[10]。根据《2012 年中国机动车污染防治年报》的数据显示，我国已连续三年成为世界机动车产销第一大国。私人汽车的增多不仅会直接增加碳排放量，由于车辆的增多造成的道路拥堵更加剧了碳排放，而且还是造成灰霾、光化学烟雾污染的重要原因，同时也给人民群众的身体健康造成极大影响。

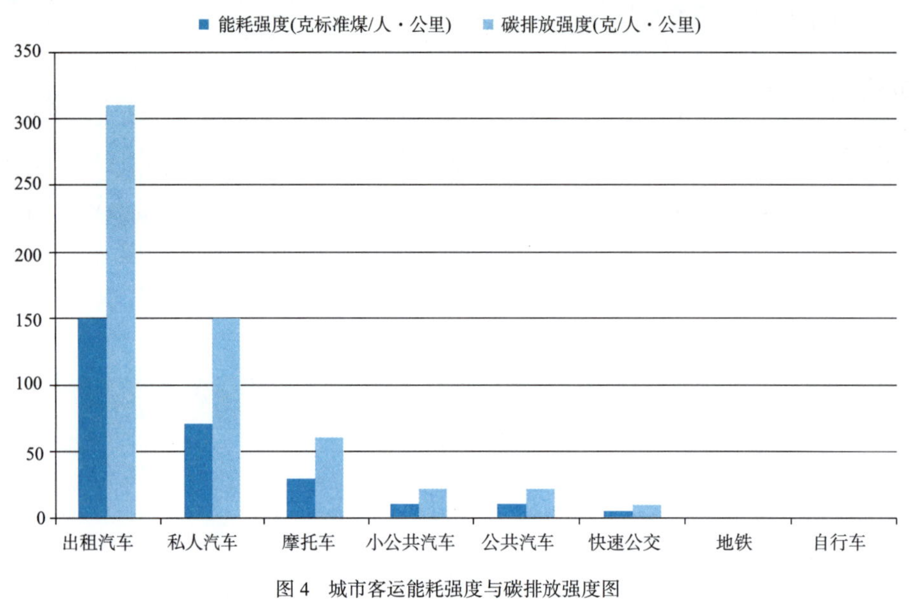

图 4　城市客运能耗强度与碳排放强度图

3.4　公共交通出行比例偏低

随着国内汽车销售量的增加，使得城市汽车保有量在逐年提高，能耗和碳排放也在升高。而作为绿色交通主体的公共交通出行比例却一直偏低。据统计，全国大部分中心城市公交出行分担率平均不足 30%，中小城市平均约 10%，与国外同类城市相比差距较大，公共交通在缓解交通拥堵、促进城市交通节能减排等方面的作用还没有充分发挥[11]。国内城市的公共交通出行比例普遍较低，以北京为例，搭乘公交、轻轨和地铁出行的仅占 54.4%，远低于东京、维也纳等国际大都市（图 5）[12]。而在管理较好的发达国家，城市公交的分担率一般在 60% 以上。究其原因，一方面是因为公共交通出行不方便、不舒适，某些线路在上下班高峰期拥挤严重，地铁与公交换乘不便；另一方面是因为随着生活水平的提高，人们向往更加舒适的交通出行方式，比如私人汽车和出租车。另外，公共交通等车时间长、行车速度慢、乘车环境差等也是公共交通出行比例偏低的原因之一。

4　中国发展低碳交通的政策建议

通过对于中国当前发展低碳交通存在的问题和国际先进经验的分析不难看出，实现低碳交通、绿色出行的形势依然严峻，因此我国发展低碳交通应当从以下几个方面加以完善。

4.1　构建低碳交通的政策体系，出台并完善相关配套法规

虽然当前我国制定了一系列间接促进低碳交通、可持续交通的措施，但是真正意义上的低碳交通

政策体系依然是空白。因此，构建我国发展低碳交通的政策体系已成为当务之急。目前我国有关节能减排、降低碳排放的政策措施出台了很多，可以以此为平台构建我国的低碳交通政策体系。首先，应当以《环境保护法》为基础，制定中长期的低碳交通规划，建立以低碳交通为对象的基本法如制定并颁布《低碳交通法》，将与低碳交通相关的制度内容提升到法律层面予以规范。其次，还应当参照国家对于交通运输业中降低碳排放的相关标准和实施细则，不断完善与《低碳交通法》相配套的政策、法规和管理条例，如《机动车提前报废管理条例》、《机动车能耗与碳排放监测管理办法》等，保证低碳交通基本法的顺利实施。最后应当低碳交通应当完成的具体指标细化，把工作进展写入当年的政府工作报告，将行业政策上升到国家的战略层面，给予低碳交通足够的重视。

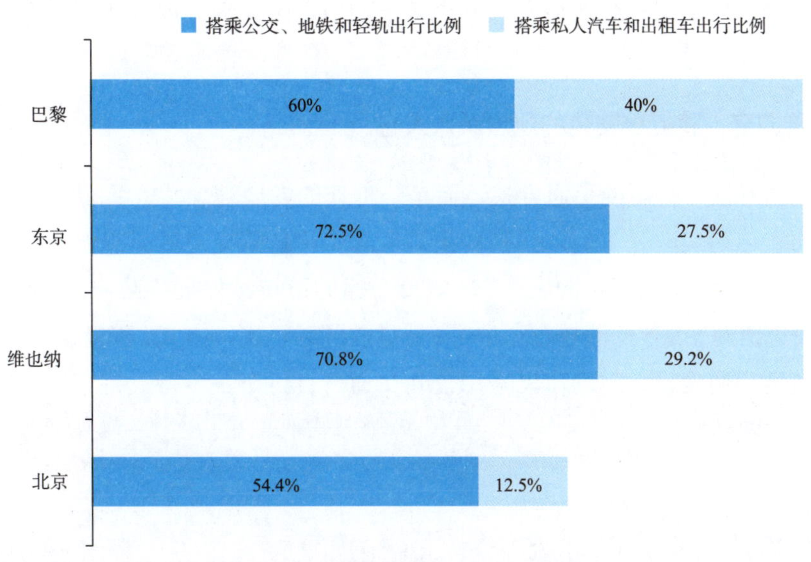

图5 国内外城市综合交通体系出行比例

4.2 控制私人汽车数量，鼓励选择公共交通出行

在国内的各大城市，市民并不是不愿选择价格低廉的公共交通出行，而是选择私人汽车出行更加便捷。但是私人汽车的增多必然会导致城市的交通拥堵,从而进一步削弱公共交通速度快的优势。因此，提高公共交通的出行率首先应当适当控制私人汽车的数量。可以通过税收提高购车的成本、通过竞拍、摇号等措施适当提高私人汽车的准入门槛，使那些不是特别需要私人汽车的市民选择公共交通出行；通过补贴等措施鼓励需要购车的市民选购小排量汽车或者新能源汽车，进一步降低碳排放；通过限号等管制措施减少私人汽车出行。此外，政府应当致力于提高公共交通服务的质量，改善公共交通的运营环境,从软硬件两个方面升级公共交通。此外,还应当开辟公交专线,大力发展快速公交系统（BRT),做好公交、地铁等公共交通之间的衔接换乘工作，充分发挥公共交通资源的优势，让更多的市民自愿选择公共交通出行。

4.3 提高能源利用率，加快新能源和节能新技术的研发

提高化石能源的利用效率，不仅是建设两型社会的重要内容，也是发展低碳交通的基础。此外，提高城市交通系统的能源利用率，不仅可以更好地保障国家的能源安全，同时也可以减轻城市污染、交通拥堵等城市扩张带来的负面效应。提高交通领域的能源利用效率关键在于技术创新，通过节能技术推动传统汽车生产工艺的改进，挖掘生产过程中的节能潜力，进一步降低汽车发动机的能耗。同时，

应加快新能源汽车的研发和市场开发，适时推出燃料电池、电力、混合动力汽车等环保型汽车，降低汽车尾气排放量，提高城市空气质量。

4.4 发展城市智能交通系统，合理利用公共交通资源

智能交通系统（ITS）是将先进的信息技术、通讯技术、传感技术、控制技术以及计算机技术等有效地集成运用于整个交通运输管理体系，而建立起的一种在大范围内、全方位发挥作用的，实时、准确、高效的综合的运输和管理系统。城市智能交通系统应当以交通综合信息平台、交通信息发布平台为基础，为不同的群体选择合适的出行方式、路线和换乘方案提供综合服务。城市智能交通系统具有最大限度地提高交通出行效率，科学组织交通运力，解决城市拥堵、降低碳排放等优点，在今后大城市的交通体系中具有重要作用。

4.5 加大宣传力度，将低碳交通的观念深入人心

城市的低碳交通不是一种新的交通方式，而是一种新的发展理念[17]。因此，应当充分调动市民的积极性，通过大力宣传切实改变人们的认知和出行理念，将低碳交通的思想渗透到城市交通的方方面面，成为城市交通建设的基本指导思想，促进城市交通的可持续发展。政府应当通过制定相关政策、完善基础设施建设等措施，倡导低消耗、低污染和低排放的绿色出行方式，积极探索免费自行车出租点、快速公交系统和轨道交通建设，鼓励市民采用公共交通、自行车、步行、拼车等方式减少对私人汽车的依赖和使用，真正做到低碳出行。

参考文献

[1] IEA, CO_2 EMISSIONS FROM FUEL COMBUSTION Highlights（2012 Edition）[R]. 2012. p9, p27. http://www.iea.org/co2highlights/co2highlights.pdf.

[2] 中国统计信息网，“十一五”经济社会发展成就系列报告之七：交通运输业成就卓著[EB/OL]. http://www.stats.gov.cn/tjfx/ztfx/sywcj/t20110304_402707886.htm.

[3] 刘建翠．中国交通运输部门节能潜力和碳排放预测[J]．资源科学，2011,33（4）:640-646.

[4] 关海波，金良．中国交通运输碳排放测度及未来减排情景模拟[J]．未来与发展，2012（7）:55-59.

[5] 蔡博峰，冯相昭．中国交通领域的低碳政策与行动[J]．环境经济，2011（10）:38-45;39.

[6] 张雷．我国低碳交通的现状和对策分析[J]．节能技术，2013（1）:79-83.

[7] 胡垚，吕斌．大都市低碳交通策略的国际案例比较分析[J]．国际城市规划，2012,27（5）:102-111.

[8] 刘细良，张超群．城市低碳交通政策的国际比较研究[J]．湖南社会科学，2013（2）:160-164.

[9] 徐建闽．我国低碳交通分析及推进措施[J]．城市观察，2010（4）:14.

[10] 梅娟，范钦华，赵由才．交通运输领域温室气体减排与控制技术[M]．北京：化学工业出版社，2009.

[11] 交通运输部．中小城市公共交通出行率平均约10%[EB/OL]．http://house.people.com.cn.

[12] 连玉明．中国国力报告2010-2011[M]．北京：中国时代经济出版社，2011.

[13] 肖主安，冯建中．走向绿色的欧洲：欧盟环境保护政策[M]，南昌：江西高校出版社，2006.

[14] 黄民，张建平．国外交通运输发展战略及启示[M]，北京：中国经济出版社，2007.

[15] 李珊珊,发达国家发展低碳交通的政策法律措施及启示[J].山西财经大学学报,2012(1):187.
[16] 张良,郑大勇.借鉴国际低碳交通经验良性发展我国低碳交通[J].汽车工业研究,2011(7):27.
[17] 张陶新,周跃云,赵先超.中国城市低碳交通建设的现状与途径分析[J].城市发展研究,2011(1):68.

中国智库推进公共政策及政府职能转变的实现路径与对策研究

姜滨滨

（大连外国语大学，大连 116026）

摘　要：本研究通过对现有涉及智库的研究的梳理，结合我国建设中国特色新型智库的目标，考察了中国智库在推进公共政策及政府职能转变中的缺位及作用弱化的原因，从运行机制和影响因素的角度加以解读，针对存在的不足，形成了中国智库推进公共政策及政府职能转变的实现路径和对策，以期为中国智库提供相应的理论依据和实践指导。

关键词：智库；公共政策；政府职能转变；实现路径

1　引言

2013 年 11 月，党的十八届三中全会提出“加强中国特色新型智库建设，建立健全决策咨询制度”，这是中央首提“智库”概念。今年 1 月，中央办公厅、国务院办公厅印发《关于加强中国特色新型智库建设的意见》，建设中国特色新型智库，已成为推进国家治理体系和治理能力现代化的重要组成部分。智库的产生是个巨大进步，极大推进了决策科学化和决策效能。之所以产生智库，缘于两个基本条件。

近年来，中央将智库发展提升到国家战略高度，“中国特色新型智库”的建设目标已经明确提出。2013 年，习近平同志做出了关于推动中国特色新型智库建设的重要批示。为此，中共中央政治局委员、国务院副总理刘延东在教育部主持召开的“繁荣发展高校哲学社会科学，推动中国特色新型智库建设”座谈会上指出，要充分发挥高校学科齐全、人才密集的优势，繁荣发展高校哲学社会科学，为建设中国特色新型智库作出贡献。十八届三中全会指出：“深入开展立法协商、行政协商、民主协商、参政协商、社会协商。加强中国特色新型智库建设，建立健全决策咨询制度。

智库是影响并健全政府决策、推进国家治理体系和治理能力现代化的重要力量，也是国家软实力的重要组成部分。当前，中国正处于深化改革的攻坚期、经济增长动力转换的过渡期，以及全面结构优化的“新常态”时期，世情、国情、党情发生深刻变化，所面临的发展机遇和严峻挑战前所未有，无论是改革方案还是重大政策所涉及的利益调整比以往更加复杂，这对政策的科学性、精准性提出了更高的要求，在这样的时代背景下，智库肩负的任务更加艰巨、责任更加重大。因此，在建设中国特色新型智库的目标指引下，从公共政策和政府职能转变的角度考察中国智库如何有效推进及其实现路径、对策就成为急需解决的现实问题。

作者简介：姜滨滨（1982-），男，辽宁庄河人，大连外国语大学经济与管理学院讲师，大连海事大学交通运输管理学院博士后。研究方向：战略联盟，校企合作等。

2 国内外主要研究梳理及评述

纵观现有涉及智库方面的研究，Dickson 被公认为是最早开始研究智库的学者，其早在 1971 年就出版了著作 Think Tank，并从社会职能的角度分析，指出智库是一种稳定且相对独立的政策研究机构，强调其可为政府、企业及大众密切相关的问题提供咨询 [1]。随后，学者们开始关注于对智库的研究，Peter（1988）从制度的角度对智库加以界定 [2]；Ricci（1993）以 20 世纪 70 年代的美国大环境入手分析了智库的发展对美国现代政治的影响 [3]；Stone 和 Denham（2004）研究发现 1998—2004 年间智库呈现出增加的变化，且智库的研究课题已经扩大到了超越英美国家的区域范围 [4]。在此之后，McGann（2013）梳理并统计了全球 182 个国家中的 6603 个智库的信息，形成了迄今为止对智库研究最权威的报告 [5]。阿贝拉（2011）开始专注于个案的研究，以兰德公司为例考察了其对美国政府的深入影响 [6]。

与国外学者对智库的研究起步较早不同，我国学者从 1982 年开始将智库纳入研究视野，吴天佑和傅曦（1982）汇总了美国 60 个具有影响力的思想库，对其加以介绍和分析 [7]。随后，朱旭峰（2009）通过模型构建、界定影响力衡量指标等分析了中国思想库在中国政策形成过程中的影响力 [8]。王莉丽（2010）从内涵界定、核心价值、实质、舆论传播机制等角度对美国思想库进行了深入而细致的研究 [9]，李安方等（2010）构建了我国智库综合竞争力的评价指标体系，从创新能力、影响能力和国际化能力等方面加以分析，为中国智库竞争力提升提供了客观依据 [10]。近几年，我国学者在智库领域的研究则专注于从国际化、全球化的视角分析，指出我国智库应当更多的体现全球智库的特征，更多的学习、借鉴国际知名智库的运行模式，在更大的层面上体现其智库作用，为公共政策乃至政府职能转变等提供支持。徐梓彦（2013）从作用条件、模式和实现路径的角度分析了我国智库在决策过程中的运行逻辑和实现路径 [11]，朱旭峰和礼若竹（2012）则重点强调了我国智库可试图从研究领域、交流活动、组织结构和影响力等四个角度实现国际化 [12]。孙蔚（2014）指出中国特色新型智库更应体现出其社会价值，从国家治理体系和治理能力的角度实现其现代化、新型化的特征 [13]。

总体上，现有关于智库的研究虽然从界定、作用机制等角度分析了其对政府决策的影响，但是对其如何推进公共政策以及政府职能转变的研究较少，因此，本文将结合中国特色新型智库建设的要求，从公共政策和政府职能转变的角度考察中国智库如何有效推进及其实现路径、对策等。

3 中国智库在推进公共政策及政府职能转变中缺位及作用弱化的原因分析

相比于当前国外众多智库在推进公共政策及政府职能转变等方面的作用而言，中国智库尚处于缺位或者可视为作用较弱的状态，究其原因，可从两方面加以探讨，其一是中国智库在公共政策及政府职能转变中的运作机制，其二是中国智库在公共政策及政府职能转变推进过程中的影响因素。

3.1 中国智库在公共政策及政府职能转变的运作机制

公共政策作为政府依据其目标所制定的行为准则，首先需要具备科学性，其次是其制定、执行过程中社会公众的参与等，因此中国智库在公共政策及政府职能转变过程中的缺位乃至作用弱化从某种程度上说也是其运作机制存在问题。

事实上，对于任何一项政策的制定都涵盖了政策目标确定、政策方案设计与论证等动态的过程，在这一动态中智库的有效参与就会促进其政策的有序推进。具体而言，中国智库在公共政策制定及政府职能转变中的运作可区分为以下几方面：其一是研究成果的上传，其次是与决策层的交流，第三则是借助媒体引导公众舆论切实推进政策的实施等。

（1）研究成果的上传

对中国智库而言，其重要的研究内容或研究课题是来自于政府部门的特定研究任务，所以其研究成果大多需要经历一个向上传达的过程，诸如各级政府的政策研究室、各高等学校的政策研究所或者研究中心等，往往围绕特定政府政策目标等展开，这在一定程度上就使得其研究成果的适用性本身较强，但同时也缺乏灵活性或者自主性。

（2）与决策层的交流

当前一个比较好的方面是部分智库有足够的机会向决策层汇报或者分享其研究成果，与决策层进行交流，或者直接把自己的研究观点讲解给决策层，进而通过决策层来影响或作用于公共政策。总体上，这种交流的机制有两种构成，其一是授课，其二是座谈会。当前，比较典型的授课模式是各级党校定期开展的培训项目、讲坛等，一定程度上加大了决策者对智库的关注；座谈会的形式也日趋常见，尤其是各级政府在论证特定项目或者区域规划时，往往会召集各领域专家、学者、咨政团等开展座谈会，以更好地促进其目标的实现。

（3）借助媒体引导公众舆论

当前，众多的中国智库仍存在于体制内，大多根据上级命令开展工作，与决策层交流较多或者其研究成果被上传的可能性较高，但其与公众交流的机会却很少，对公众舆论的控制和引导能力不强，这也影响了其在公众心目中的地位和影响力。反观众多的外国智库，其对某一社会问题的关注，往往会将其研究成果等借助媒体向公众公开，从而通过引导公众舆论等，引起社会公众的广泛参与，切实推进公共政策的实施。

3.2 中国智库在公共政策及政府职能转变推进的影响因素

中国智库要实现推进公共政策及政府职能转变的目标，其影响因素分析就显得尤为重要，总体而言，中国智库在公共政策及政府职能转变中作用发挥的影响因素包括以下四方面：内部环境的限制与制约、作用环境的欠缺、国际影响力不够、品牌影响力不足。

（1）内部环境的限制与制约

对于中国众多的智库而言，要想在公共政策乃至政府职能转变方面发挥更大的作用和影响力，首当其冲的是其内部环境的限制与制约。其一，当前中国智库队伍的主要构成是高等学校及科研机构的研究员、教授等团队，研究队伍尚有优化的空间与可能，部分科研机构的年龄结构不甚合理，人员构成及专业知识结构等也不合理，反倒是众多的高等学校层面的智库呈现出向好的变化，众多教授组成科研团队带领青年教授及博士生、硕士生等开展的研究呈现出较好的趋势；其二，研究课题的确立也一定程度上限制了其作用。对智库而言，如何发挥其在公共政策及政府职能转变中的作用取决于其所确立的研究课题及着力点是否合理、有效，众多的国外智库往往围绕自身的核心领域，结合国际形势加以分析，以重大国际事务、政策作为课题，这在一定程度上会收到很好的效果，而中国智库多数情况是下根据学术需求或者上级命令、指派等开展的被动研究，使得其研究的普适性乃至影响力就会大打折扣。

（2）作用环境的欠缺

对中国智库来说，其在公共政策制定、政府职能转变中作用的发挥需要决策机制的公开、开放等环境的影响，尤其是当前全球政治、经济环境复杂多变，使得政府意识到了智库的作用，但现实中中国智库的参与度仍十分有限，政府政策论证、评估及制定中的智库参与尚未形成制度，但这种非常态化参与使得智库的研究积极性及主动性就难以形成；与此同时，决策部门与智库间交流渠道、机制不多同样限制了智库作用的发挥，在美国政策制定过程中美国智库往往较多的参与到与政府的交流中，而在我国，这种基于公共政策制定所形成的交流渠道尚未构建，虽然存在一定的咨询过程，但决策过程仍较为神秘，使得很少能有智库有机会参与政策制定的沟通交流；第三，社会公众对智库的关注程度也限制了其思想的形成与发挥。总体上，美国智库在发挥其作用的过程中，社会公众的参与极大地促进了其政策制定，而在我国，一些智库试图通过社会调查而进行的政策研究很难开展，主要原因是公众参与的积极性不高，使得社会大众的诉求与现实难以对接，这在一定程度上成为制约政策作用效果的重要因素。

（3）国际影响力不够

虽然，我国智库逐渐的参与到一些国际事务、问题中，但总体而言，其国际影响力仍有很大的提升空间。首先，中国智库对国际性问题缺乏前瞻性的视野，多数中国智库仍立足于完成国家项目或者上级要求，而很少关注于国际问题，尤其是国际热点问题，这就导致了其对众多国际问题缺乏前瞻性的研究，使得其研究往往无法站在制高点上，缺乏足够的话语权。其次，中国智库的国际化程度不高。尽管一些科研机构、院所、高等学校与国外的智库、机构等开展了对外合作与交流，但这种交流仍有加深的空间，目前仅有少数的中国智库构成中包含外国专家、学者等，相比于众多的外国智库选择雇佣中国学者、专家而言，这种人员构成就凸显出其劣势；第三，较少有中国智库建立海外分支，与国外信息交流滞后。信息化一定程度上促进了全球各国间的信息交换，与此同时众多的国外智库间开展了深入和频繁的交流，而当前我国智库很少能够嵌入到国际智库网络中，使得其在信息获取、利用方面就存在了一定的滞后。

（4）品牌影响力不足

相比于众多、知名的外国智库，中国智库的影响力和品牌知名度等急需强化。当前，在全球视野中，各个领域均可以细数出知名的智库，如兰德公司、布鲁金斯学会、伦敦国际战略研究所等，而我国智库中虽然包括了中国科学院、中国社会科学院等规模较大且行政级别较高的机构，但其品牌影响力仅限于中国内部，而在世界上没有形成特定的、较强势的研究领域和研究课题，使得其品牌知名度仍不高。

4 中国智库推进公共政策及政府职能转变的实现路径及对策

以当前“中国特色新型智库”建设为契机，结合前文对中国智库在公共政策及政府职能转变中的缺位及作用较弱的问题及其原因，这里提出“释放→发挥→提升→塑造”的实现路径，以期实现中国特色新型智库建设，为智库影响力提升乃至为中国智库推进公共政策及政府职能转变提出相应的对策和建议。

4.1 优化内部环境释放智库影响力

首先，在现有中国智库的基础上，参考国外智库的运行模式和机制，强化中国智库尤其是高端智库的人才队伍建设，大力培养、吸引高素质人才建立或成为智库，为优秀的智库人才提供相应的、优良的成长环境；进一步强化高端智库的带头作用，促进高等学校、科研机构的教授及研究人员的学术影响力与现实社会的有效对接，加大中青年学者的培养力度，注重人才队伍、专业知识、学习能力的培养，提倡团队精神以及团队间合作，促进知识、技术等资源在智库间的整合、共享，智库运行的内部环境得到优化。

其次，借鉴国际上知名的智库，考虑到实用性及自身的研究特色、优势等，以国内外大背景为基础，专注中国特色，服务于国民经济发展，站在人民的立场上，选取关系到国家利益等现实性问题作为研究课题；与此同时，也要强调与国际的接轨，将研究视野拓展到国际领域中，诸如反恐、能源危机等关乎世界人民的课题也可逐步涉猎，从而提升自身的研究质量和影响力。

4.2 改善作用环境发挥智库的影响力

首先，相关政府部门可将政策出台之前的咨询、论证等形成常态化的运行机制，使得政策可以更好地体现科学化、民主化的效果，以此吸引更多的智库参与到政策的论证、评估、形成的过程中，从而促进其工作质量和工作的积极性。

其次，构建政府与智库间交流的渠道和机制。相关的政府机构可在现有的研讨会、座谈会以及论坛等基础上，进一步强化智库的参与，使其可以定期与相应部分交流思想，汇报成果，从而形成特定的研究报告，从而为政策制定提供一定的依据和基础；相应地，对于重大问题，可以开辟出专题研究或研究讨论，主动向智库们寻求解决方案和建议，使得这种政智间建立成为政府决策的例行程序，借助多渠道广覆盖的交流发挥智库在公共政策乃至政府职能转变转变中的智力支撑作用。

第三，社会公众的关注、支持和参与也会有助于智库作用的体现。研究表明，美国智库之所以在很多情形下能有效发挥其作用，很大程度上是由于公众的支持和参与所引致的。而我国经历了改革开放 30 多年的发展，社会公众对参与政策制定、评估的诉求也日益提升，因此对于智库而言，加强与社会公众的交互不仅可以促进其自身的发展，也会给公众带来更多高水平、有现实意义的决策咨询，使得社会公众、智库乃至国家三方共赢。

4.3 参与全球化过程提升智库国际影响力

首先，在全球化的大背景下，中国智库同样需要强化其全球化的视野及意识。一方面，中国智库需要主动发现问题，做出合理的分析，诸如国际贸易摩擦、金融安全等问题，中国智库可以结合自身的研究加以拓展，提出具有前瞻性的、有影响力的见解，抢占话语权；另一方面，中国智库也需要逐渐地参与到与外国智库的思想碰撞中，通过头脑风暴等选择出有前瞻性的、重大问题，引发讨论，扩大影响力。

其次，当前众多的国际知名智库已经选择在中国设立分支机构，参与到中国课题的研究中，试图在中国政策研究乃至众多领域占据一席之地，事实上这些智库最初选择的机制无不是借助国际间交流与合作为基础的，所以对于中国智库而言，可以有选择地参与到国际事务讨论中，通过与某些智库展开合作、交流来更好地了解国际问题，参与到国际性事务中，进而培养独立完成国际业务的能力，发挥自身的影响力。

第三，中国智库在全球化的大环境下，可以借助外籍专家、学者来拓展、充实其研究成果，聘请外国专家作为智库，结合不同的见解或视角来充实、扩大研究成果的普适性和科学性；或者直接到其他国家建立分支机构，专门负责特定国家的问题，利用其对本国国情、人文、政经环境的了解，实现对特定问题的研究；对于信息的国际化，中国智库同样需要加以重视，可以通过专门的数据库的建设，或者嵌入特定的智库网络获取信息资源，借助这些优势资源来加强与国际知名智库的交互，促进其研究成果的国际化和影响力。

4.4 强化品牌知名度塑造智库的品牌影响力

中国智库应进一步强化自身的品牌形象，树立品牌意识，通过合理、有效的定位，选择能够体现自身实力和价值的研究课题，不断拓展自身的品牌知名度，逐步形成品牌特色，细化出自身的重点研究领域，通过推进公共政策的实施增强其品牌影响力和知名度，成为其研究领域的领军性智库；通过定期发布研究成果，召集研讨会、座谈会、论坛等形式扩大研究成果的影响力，使其与其他智库的思想进行碰撞、交流等强化其成果的影响。

与此同时，也可有效利用媒体对智库进行传播来扩张其影响力。与国际知名智库不同，中国智库往往倾向于发表学术论文和出版专著等形式来传到自身的研究成果，而外国智库则惯常利用公共渠道来发布其研究成果，诸如报纸、杂志、官方网站、媒体链接等各种形式，进行信息的宣传和推介，很好地引导了公众舆论对其研究成果的关注，从而提升了品牌影响力和知名度，因此中国智库可借鉴外国智库的做法，通过媒体发布、信息交流的形式进一步强化其品牌影响力。

参考文献

[1] Dickson P. Think Tanks [M] . New York: Atheneum,1971.

[2] Peter K. Think Tanks Fall between Pure Research and Lobbying [N] . HoustonChronicle, 1988/3/9 (23) .

[3] Ricci D. The Transformation of American Politics: the New Washington and theRise of Think Tanks [M] . New Haven: Yale University Press, 1993.

[4] Stone D, DenhamA. Think Tank Traditions: Policy Research and ThePolitics of Ideas [M] . Manchester: Manchester University Press,2004.

[5] McGann J G. 2012 Global Go To Think Tanks Report and Policy Advice [R] .Philadelphia: University of Pennsylvania, 2013.

[6] 阿贝拉 . 兰德公司与美国的崛起 [M] . 北京 : 新华出版社 ,2011.

[7] 吴天佑 , 傅曦 . 美国重要思想库 [M] . 北京 : 时事出版社 ,1982.

[8] 朱旭峰 . 中国思想库 : 政策过程中的影响力研究 [M] . 北京 : 清华大学出版社 ,2009.

[9] 王莉丽 . 旋转门 : 美国思想库研究 [M] . 北京 : 国家行政学院出版社 ,2010.

[10] 李安方 , 王晓娟 , 张屹峰 , 等 . 中国智库竞争力建设方略[M]. 上海 : 上海社会科学院出版社 ,2010.

[11] 徐梓彦 . 中国思想库在决策过程中的运行逻辑及实现途径 [J] . 江西社会科学，2013 (1)：173-176.

[12] 朱旭峰，礼若竹 . 中国思想库的国际化建设 [J] . 重庆社会科学，2012 (11)：101-108.

[13] 孙蔚 . 国家治理视野下的中国特色新型智库 [J] . 中共中央党校学报，2014 (4)：65-68.

关于构建东北亚航空门户枢纽的对策研究

鲁 渤

（大连大学　大连 116034）

摘　要：辽宁建设东北亚航空枢纽不仅是辽宁省的重要发展战略，也是国家振兴东北工业基地和我国机场发展规划的重要战略布局。但现有研究主要从定性角度对指标进行分析评价，理论研究相对滞后。因此，本课题通过对东北亚空港进行调研与数据收集的基础上，将 2008 年诺贝尔经济学奖得主克鲁格曼为代表建立的空间经济理论具体运用到揭示空港集聚竞争力与空间经济集聚效应的内在联系机理。本课题是对原有空港竞争能力研究理论体系和框架的新突破，并拓展了现有空间经济学的研究领域。此外，课题通过构建空港合作竞争博弈模型研究辽宁建设东北亚航空枢纽的发展策略，并设计政策建议，较之定性的政策研究，在方法上有所创新。

关键词：东北亚区域；航空枢纽；空间经济集聚；战略管理

1　本选题研究现状评述、对辽宁经济社会发展的意义和价值

1.1　构建东北亚航空门户枢纽对辽宁经济社会发展的意义和价值

经济全球化背景下，民航与旅游、贸易、物流的相互促进发展，使得民航市场需求更加旺盛，未来航空运输潜力巨大。辽宁是京津冀、东北三省和内蒙的重要门户，与山东半岛隔海相望，与日本、韩国、朝鲜和俄罗斯远东地区相邻。作为东北亚地区的交通要塞，以及区域经济发展的重要口岸，必然要求辽宁加快建设成为我国在东北亚区域对外“对话”的第一窗口。因此，在国家以及辽宁省的发展规划中都明确指出要大力推动辽宁枢纽机场的建设。《中国民航“十二五”发展规划》明确指出：要全面振兴东北地区等老工业基地，继续加强沈阳等大型机场建设，研究建设大连新机场。《全国民用机场布局规划》在北方机场群规划中也同时强调：要加快发展区域枢纽机场，发挥沈阳、大连机场在东北振兴中的重要作用。由此可见，将辽宁打造成我国在东北亚区域的航空枢纽不仅是辽宁省的重要发展战略，也是国家振兴东北工业基地和我国机场发展规划的重要战略布局。

辽宁建设东北亚航空枢纽具有充分的可行性。主要总结如下：第一，政治经济优势。东北作为国家重要的行政区域和经济体，需要建设发展与其地位相适应的综合性航空枢纽，从而满足东北地区经济社会发展和对外开放的需要。辽宁是东北地区经济实力最强、发展潜力最大的区域，理应承担起我国建设东北亚航空枢纽的历史重任；第二，腹地优势。沈阳桃仙机场位于辽宁省的中部，在以沈阳为中心的 150 公里半径内集聚了鞍山、抚顺、本溪等 8 座拥有百万以上人口的城市，构成了世界罕见的城市群。同时，大连周水子机场位于辽宁省南部，是我国连接欧美和东北亚区域的主要桥梁。因此，

作者简介：鲁渤（1983-），男，辽宁大连人，大连大学经济管理学院副教授，硕士生导师，中国科学院大学管理学博士后。

这两个机场的航空运输市场的需求潜力巨大；第三，地空—海空联运优势。沈阳是东北交通枢纽，公路与铁路四通八达，地面运输快捷便利，具有地空联运优势。大连致力于打造东北亚航运中心，航运线路发达，具有海空联运优势；第四，硬件优势。沈阳桃仙机场与大连周水子机场的硬件条件优越，航空、地面保障能力可为航空公司提供可靠的服务保障。第五，频繁承接我国大型活动优势。随着辽宁地区经济的快速发展，推动了航空运输市场的不断扩大和迅速发展。近年来，省内城市承接了世界以及国家的各种大型活动。沈阳承办了 2006 年世界园艺博览会与 2008 年北京奥运会部分足球赛事；大连从 2007 年起，每隔一年承办一次世界经济论坛新领军者年会（夏季达沃斯论坛）；此外，锦州承办了 2013 年世界园林博览会。因此，国际国内大型活动的频繁承办，也需要将辽宁打造为东北亚的航运门户枢纽。

1.2 构建航空门户枢纽的研究现状评述

目前，国内外学者对航空枢纽竞争力的研究主要是以评价方法为主导来进行处理。大致包括两种研究方式：第一，综合评价法。该方法主要运用波特钻石模型、GEM 模型，以及 SWOT 模型等，分析影响航空枢纽竞争力的各种因素，对航空枢纽的竞争力进行综合评价，制定发展策略；第二，指标评价法。该方法主要通过构建航空枢纽竞争力的评价指标体系，综合运用基于熵理论的熵权 TOPSIS 法、主成分分析法、因子分析法、灰色综合分析法、模糊综合评价法、方差加权和熵值法相结合的非线性评价法等对指标体系进行综合评价，分析影响空港枢纽竞争力的主导因素，制定发展策略。现有方法虽然能够取得一定成效，但仍存在亟待解决的问题，主要表现为：现有研究主要以定性方式，对影响航空枢纽竞争力的要素进行评价，并从经验角度提出政策建议，缺乏必要的定量研究与实证检验。

航空港口带动所在区域经济产业的发展是一种聚集经济效应。随着空港的发展，将会吸引更多的资金、技术和劳动力向空港所在区域集中。空港在区域经济发展中扮演着“增长极”的作用，以其为核心枢纽将其他地域“极化”成一个商品流通整体。而这种集聚效应又将会产生吸引更多经济活动、物流和人流向空港靠近的向心力，增加空港的运输需求量，从而反补空港的发展。因此，空港集聚周边人流与物流的竞争能力与空间经济理论的经济集聚效应具有相同机理。

而令人遗憾的是，国内外学者通过空间经济产业集聚理论研究提高空港竞争力的经验和成果相对较少。课题立足于这一现状，首先从派生需求角度，研究腹地经济对空港运输需求的影响机理，解析影响需求的关键因素。其次，分析由多种运输模式组成的疏运网络对空港与腹地隶属关系的影响，划分辽宁枢纽空港的腹地范围。然后，基于空间经济理论建立需求模型预测辽宁航空枢纽运输需求量，揭示空港集聚周边人流与物流的竞争力与空间经济集聚效应的内在联系机理，将航空枢纽竞争力研究思路拓展到空间经济学的新领域。最后，从东北亚空港全局角度出发，构建辽宁省内沈阳与大连空港的合作竞争博弈模型，并将研究范围扩大到辽宁省枢纽空港与东北亚区域内其他枢纽空港的合作竞争博弈分析，进而研究辽宁率先建成东北亚航空枢纽的发展策略，据此设计政策建议。因此，本课题的研究注重将管理学方法应用于解决辽宁建设东北亚航空枢纽的实际问题，有重要的现实意义和学术研究价值。

2 课题总体框架、预期目标、基本内容和对策建议的重点

构建东北亚航空门户枢纽研究的总体框架与基本内容如下：

①辨析影响航空港口竞争力的关键指标及赋权。航空港口的集聚能力由空港所在区域经济发展水

平决定，影响空港集聚能力的因素主要包括：经济因素（空港所在城市经济整体水平和规模、经济产业结构和产品结构、空港所在城市经济空间布局、居民旅游出行情况等）、物流行业因素（物流设施和服务、物流费用等）、环境因素（技术进步、经济政策和经济体制等），以及空港因素等（空港地理位置、基础设施、空港管理水平和服务水平等）。因此，如何通过分析空港与所在区域经济的内在关系，揭示腹地经济对空港集聚能力的影响机理，在众多因素中选取和识别关键指标并进行赋权，从而解析影响辽宁构建航空枢纽的关键竞争因素，是课题在该方面需要研究的内容之一。

②准确划分航空港口的腹地范围。由于东北亚区域内的航空港口群和腹地间疏运网络的日益完善与复杂化，导致传统划分空港腹地方法（主要包括：行政区划法、经济区划法、圈层法、点轴法、隶属度法、区位商法、图表法、分析法、蚁群算法、牛顿引力模型、威尔逊模型等）难以保证划分精度。因此，如何分析由多种运输模式组成的疏运网络对空港与腹地隶属关系的影响，通过科学方法划分辽宁空港的腹地范围是课题在该方面需要研究的内容之二。

③基于空间经济理论构建模型预测辽宁航空枢纽港口的运输需求。基于空间经济理论构建空港运输需求预测模型，是在以克鲁格曼和藤田昌久等空间经济学家提出的产业经济集聚效应模型的基础上，引入能够直接影响空港运输需求水平的关键因素进行预测研究的。因此，如何揭示空港对运输集聚能力与空间经济集聚效应的内在联系机理构建模型进行预测，并通过实证研究检验模型，是课题在该方面需要研究的内容之三。

④构建空港合作竞争博弈模型研究辽宁构建东北亚航空门户枢纽的发展策略。后金融危机效应导致东北亚区域经济增速持续减缓，进而导致航空运业的整体需求萎缩，东北亚区域内同质化程度较高的共享腹地空港间的竞争将更加激烈。构建辽宁省内沈阳与大连空港的合作竞争博弈模型，并将研究范围扩大到辽宁省枢纽空港与东北亚区域内其他枢纽空港的合作竞争博弈分析，进而研究辽宁率先建成东北亚航空枢纽的发展策略，据此设计政策建议，是课题在该方面需要研究的内容之四。

3 基本思路和研究方法

对应研究内容，具体研究方法如下：

①基于多策略评价的指标权重确定方法研究影响空港竞争力的关键指标及赋权。本课题拟通过分析空港运输需求与区域经济的内在联系，辨析影响空港运输需求的各种因素，基于主观赋权、熵值赋权和神经网络相集成的多策略评价赋权思想，并将这些赋权方法有机地集成在一起，用权差异系数来调整主观赋权并用得到的评价结果作为学习样本，对神经网络进行训练，在众多的指标中选取和识别关键指标并最终用神经网络进行赋权，解析影响空港竞争力的关键因素。

②基于断—电模型划分空港腹地范围。本课题拟采用断—电模型划分空港腹地范围。通过研究空港与周边区域的距离，将研究区域划分出层次，引入电子云模型的概率密度公式，分别计算各层内研究区域的概率密度，然后通过概率密度计算出货物运输量，找到该空港的腹地区域。在此基础上，引入断裂点公式，分别计算确定好的腹地区域与邻近非腹地区域的断裂点，将断裂点之间连线以划分出空港的吸引范围。最后，将找到的腹地区域和该空港的吸引范围相加共同作为研究空港的腹地范围。

③基于空间经济理论建立空港运输需求模型。本课题拟在克鲁格曼和藤田昌久等空间经济学家提出的产业经济集聚效应模型中，引入能够直接影响空港运输需求水平的关键因素，构建基于空间经济理论的空港运输需求模型进行预测研究，揭示空港集聚周边人流与物流的竞争力与空间经济集聚效应的内在联系机理。

④基于 Minimax 定理求解空港合作竞争博弈均衡。在以上研究的基础上，本课题从东北亚全局角度出发，构建辽宁省内沈阳与大连空港的合作竞争博弈模型，并将研究范围扩大到辽宁省枢纽空港与东北亚区域内其他枢纽空港的合作竞争博弈分析，拟运用 Minimax 定理求解合作竞争博弈均衡。通过对同质化程度较高的共享腹地空港之间的竞争与合作问题进行描述，使自利的空港参与个体在竞争环境中，共同选择较好的联合行动，形成具有稳定均衡解的联盟，通过合作获得最大收益并保持和扩大自己的竞争优势，进而研究辽宁率先建成东北亚航空枢纽的发展策略，据此设计政策建议。

研究的技术路线如图 1 所示。

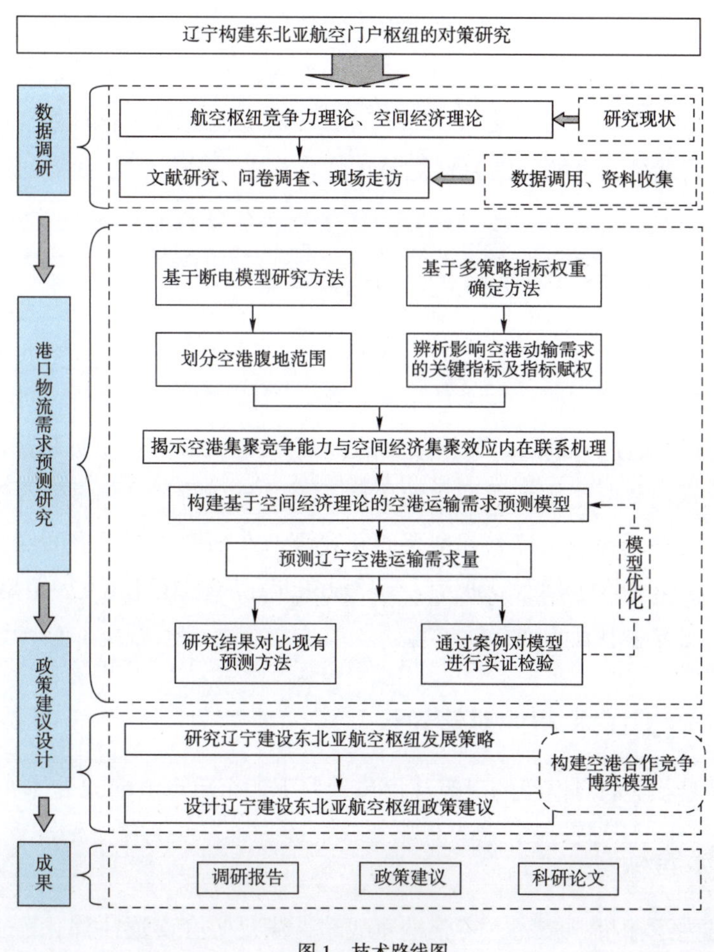

图 1 技术路线图

4 课题突破的重点、难点及主要特点和创新点

4.1 构建东北亚航空门户枢纽研究突破的重点与难点

①辨析影响空港运输需求的关键指标及赋权中神经网络的稳定性和合理性问题。本课题拟采用一种基于多策略评价的赋权思想，根据腹地经济对空港运输需求的影响，将多种赋权方法有机地集成在一起，用权差异系数来调整主观赋权并用得到的评价结果作为学习样本，对神经网络进行训练并最终用神经网络进行赋权，并在众多指标中选取和识别关键指标。但神经网络的稳定性和合理性尚需研究，从而成为本课题需要解决的关键问题之一。

②划分空港腹地中电子云分层方法以及计算断裂点的因素选择问题。本课题拟运用断—电模型方

法综合考虑多种因素对空港腹地隶属关系的影响，较其他方法，能进一步准确划分空港的腹地范围。但在实际应用中，运用断—电模型计算电子云分层所采取的方法和计算断裂点过程中的因素选择问题都没有详实参考标准，是本课题需要解决的关键问题之二。

③空港运输需求模型的实证检验问题。本课题通过揭示空港集聚能力与空间经济集聚效应的内在联系机理，构建基于空间经济理论的空港运输需求模型进行预测。但空间经济理论模型的解析式一般比较复杂，而且由于假设条件的限制，鲜有先前研究对模型进行实证检验，是本课题需要解决的关键问题之三。

④基于 Minimax 定理求解空港合作竞争博弈均衡的精确解问题。本课题构建空港合作竞争的博弈模型，运用 Minimax 定理导出求解空港合作竞争博弈的算法，并且该方法只要求空港参与方的支付系数函数为凸函数或凹函数，求解简洁方便，弥补了 NASH 均衡无法求解非对称合作博弈的缺陷。但如何用 Minimax 定理通过关键结构求解空港合作竞争博弈均衡的精确解问题尚需研究，是本课题需要解决的关键问题之四。

4.2 构建东北亚航空门户枢纽研究的主要特点和创新点

辽宁建设东北亚航空枢纽不仅是辽宁省的重要发展战略，也是国家振兴东北工业基地和我国机场发展规划的重要战略布局。但现有研究主要从定性角度对指标进行分析评价，理论研究相对滞后。因此，本课题通过对东北亚空港进行调研与数据收集的基础上，将 2008 年诺贝尔经济学奖得主克鲁格曼为代表建立的空间经济理论具体运用到揭示空港集聚竞争力与空间经济集聚效应的内在联系机理。本课题是对原有空港竞争能力研究理论体系和框架的新突破，并拓展了现有空间经济学的研究领域。此外，课题通过构建空港合作竞争博弈模型研究辽宁建设东北亚航空枢纽的发展策略，并设计政策建议，较之定性的政策研究，在方法上有所创新。

5 辽宁构建东北亚航空门户枢纽的对策建议

对于辽宁构建东北亚航空门户枢纽的对策建议包括以下四个重点方向，具体如下：

5.1 增强运输机场保障能力

第一，优化辽宁省内运输机场布局。实施枢纽战略，满足综合交通一体化需求。加强沈阳、大连地区机场的功能互补，促进辽宁枢纽机场体系的形成。加快发展沈阳、大连等区域枢纽机场在东北振兴发展中的重要作用。并进一步培育向远东地区、东北亚地区的门户功能。第二，加快运输机场建设。加快提升既有机场容量。积极推进沈阳、大连机场改扩建工程，提高机场保障能力，满足区域枢纽发展需要。适时考虑迁建锦州机场，研究建设大连新机场。第三，规划实施集疏运体系建设。建设以沈阳、大连枢纽机场为核心，多种交通方式汇集的“零换乘”、“一体化”的综合交通枢纽。吞吐量较大的沈阳、大连枢纽机场建设机场快速通道。第四，提高运营管理效率。深化机场管理改革，优化机场服务流程。整合辽宁省内机场信息资源，健全信息交换服务平台。完善服务设施和流程设计，不断缩短旅客进出港等待时间，提高机场货物处理效率。努力实现旅客无缝中转和中转航班行李直挂，降低行李分拣差错率。

5.2 建设现代空管服务系统

第一，完善空中交通网络。规划调整航路网，研究规划航路航线网络布局，形成辽宁枢纽航路网、区域航路航线网和支线航线网有机结合的航路航线网络构架。建设辽宁与国内大中城市的大能力空中通道。第二，提高空管运行效率。完善辽宁枢纽机场的空管运行协调机制，加强空管系统与航空公司、机场之间的运行决策协调和信息共享。完善空管系统内部运行信息通报和协同决策机制，做好空域管理体制改革的配套工作。第三，加强气象和情报服务能力建设。完善沈阳、大连机场气象探测设施，增强气象信息分析处理能力，提高天气预报的准确性和及时性。第四，加强空管技术保障。提高空管自动化水平，更新沈阳、大连老旧空管自动化系统，升级和扩容空管自动化系统。

5.3 提升航空运输服务能力

第一，大力发展旅客运输。提高沈阳、大连与国内其他省会城市、沿海开放城市、重点旅游城市的航班密度。引导航空公司提供多层次、差异化的航空服务，扩大国际航空运输。大力发展以沈阳、大连为枢纽化运作为支撑的国际旅客运输。优化国际航线网络，增加日韩航线航班密度，开辟连接南美、欧洲的国际航线，积极推进周边区域航空一体化进程。第二，积极发展货邮运输。鼓励辽宁省内货运公司间的并购、重组和业务合作，打造具有较强国际竞争力的全货运航空公司。积极稳妥、有序渐进地开放货运市场，引导辽宁航空货运企业开辟国际航线，加入国际航空货运联盟，扩展国际货运网络。加强与海关等联检部门的协作，实行便利通关、异地清关，提高货物通关效率。第三，全面保障航班正常。努力提高航班正常率。完善航班正常率统计办法，细化落实行业运输服务最低标准承诺的措施，建立主要机场航班正常率、平均延误时间的公众信息通报机制。明确航空公司、机场、空管等单位保障航班正常的责任，建立和完善奖惩机制。优化沈阳、大连等省内大型机场航班时刻安排，避免航班聚集拥堵。建立空管系统航班正常的激励和约束机制，提高管制水平。建立大面积航班延误预警和应急机制。拓展信息渠道，及时有效地将航班延误信息和应对方案向公众通报。

5.4 促进民航发展方式转变

第一，继续深化改革开放。深化行业管理体制改革，强化机场公益性质，发挥机场在地方经济社会发展中的作用，引导地方政府建设和运营机场的积极性。提高政府决策管理能力。继续推进政企分开、政事分开和政资分开，深化行政审批制度改革，减少政府对微观经济活动的干预，加快建设服务型政府。第二，优先推动科技进步。加快建立辽宁省以企业为主体、市场为导向、产学研相结合的技术创新体系。加大辽宁省与地方政府投入力度，建设开放型科技创新平台，重点引导和支持创新要素向企业集聚，力争科技投入增加一倍。健全辽宁民航科技计划体系。加强重点领域、核心关键技术、前瞻性战略技术、基础技术和薄弱环节的研究，力争将民航科技创新内容纳入国家科技计划体系。第三，深入实施人才战略。统筹推进辽宁航空人才队伍建设，培养造就规模适度、结构优化、布局合理、素质优良的民航业人才队伍。突出辽宁省内民航院校办学特色。民航大学要积极培养民航中高层、创新型的工程技术和管理人才，努力推进博士点建设，全面提升辽宁民航特色人才培养水平。

参考文献

[1] Babai, M.Z., Ali, M., Nikolopoulos, K., Impact of temporal aggregation on stock control performance of intermittent demand estimators: empirical analysis [J]. International Journal of Management Science, 2012, 40 : 713-721.

[2] Cheng-Lung Wu, Andy Lee. The impact of airline alliance terminal co-location on airport operations and terminal development[J]. Journal of Air Transport Management, 2014, 36：69-77.

[3] Florian Jaehn, Simone Neumann, Airplane boarding[J]. European Journal of Operational Research, 2015, 244（2）：339-359.

[4] Liliana Rivera, Yossi Sheffi, Roy Welsch. Logistics agglomeration in the US[J]. Transportation Research Part A, 2014, 59：222-238.

[5] Mohamad hossein Noruzo liaee, Bo Zou, Anming Zhang. Airport partial and full privatization in a multi-airport region: Focus on pricing and capacity[J]. Transportation Research Part E: Logistics and Transportation Review, 2015, 77：45-60.

[6] Wai Hong Kan Tsui, Hatice Ozer Balli, Andrew Gilbey, Hamish Gow. Operational efficiency of Asia-Pacific airports[J]. Journal of Air Transport Management, 2014, 40：16-24.

[7] 王爱虎，刘晓辉．港口竞争力研究综述[J]．华南理工大学学报（社会科学版），2013, 15（1）:9-24.

[8] 许利枝，汪寿阳．港口物流预测研究：基于 TEI@I 方法论[J]．交通运输系统工程与信息，2011, 12（1）：173-179.

[9] 彭语冰，李艳伟．枢纽机场竞争力评价研究[J]．技术经济与管理研究，2011，（9）.

[10] 魏晓芳，赵万民，黄勇，等．现代空港经济区的产业选择与空间布局模式[J]．经济地理，2010，30（8）：1328-1332.

参 考 文 献

[1] 常建娥，蒋太立 . 层次分析法确定权重的研究 [J] . 武汉理工大学学报 : 信息与管理工程版 . 2007, 29 (001) : 153-156.

[2] 陈共荣，曾峻 . 企业绩效评价主体的演进及其对绩效评价的影响 [J] . 会计研究 . 2005 (4) : 65-68.

[3] 黄群慧，彭华岗，钟宏武，等 . 中国 100 强企业社会责任发展状况评价 [J] . 中国工业经济 . 2009 (10) : 23-35.

[4] 哈罗德，孔茨，海因茨，等 . 管理学精要 [M] . 北京 : 机械工业出版社 , 2005.

[5] 何逢标 . 综合评价方法 MATLAB 实现 [G] . 北京 : 中国社会科学出版社 , 2010.

[6] 匡海波，买生，张旭 . 企业社会责任 [M] . 北京 : 清华大学出版社 , 2010.

[7] 刘芍佳，从树海 . 创值论及其企业绩效的评估 [J] . 经济研究 . 2002 (7) : 3-13.

[8] 迈克尔，波特，马克，等 . 战略与社会 : 竞争优势与企业社会责任的联系 [J] . 哈佛商业评论 . 2007, 11: 23-29.

[9] 迈克尔 · 波特 . 竞争论 [Z] . 北京 : 中信出版社 , 2009.

[10] 买生，匡海波，张笑楠 . 基于科学发展观的企业社会责任评价模型及实证 [J] . 科研管理 . 2012, 33 (3) : 148-154.

[11] 熊彼特，汉森，牛张力，等 . 经济发展理论 [M] . 北京 : 中国社会出版社 , 1999.

[12] 中国社会科学院经济学部企业社会责任研究中心课题组 . 中国 100 强企业社会责任发展指数 (2010) [J] . 学术动态 (北京) . 2010 (35) : 2-32.

[13] 钟宏武，魏紫川，孙孝文，等 . 中国企业社会责任白皮书 [M] . 北京 : 经济管理出版社 , 2012.

[14] 李伟侠 . 企业社会责任驱动机理及其实现路径 [D] . 大连理工大学 ,2014.

[15] 戴艳军 , 李伟侠 . 论技术的道德控制 [J] . 洛阳师范学院学报 ,2006,24 (6) : 40-43.

[16] 戴艳军 , 李伟侠 . 企业价值决策的伦理基础探赜 [J] . 大连理工大学学报 : 社会科学版 ,2014,35 (1) :48-51.

[17] 戴艳军 , 李伟侠 . 企业社会责任再定义 [J] . 伦理学研究 , 2014 (3) : 109-113.

[18] Agle B R, Kelley P C. Ensuring validity in the measurement of corporate social performance: Lessons from corporate United Way and PAC campaigns [J] . Journal of Business Ethics. 2001, 31 (3) : 271-284.

[19] Alexander I F. A taxonomy of stakeholders: Human roles in system development [J] . International Journal of Technology and Human Interaction. 2005, 1 (1) : 23-59.

[20] Aupperle K E, Carroll A B, Hatfield J D. An empirical examination of the relationship between corporate social responsibility and profitability [J] . Academy of management Journal. 1985: 446-463.

[21] Banerjee S B. Corporate social responsibility: The good, the bad and the ugly [J] . Critical Sociology, 2008, 34 (1) : 51-79.

[22] Basu K, Palazzo G. Corporate social responsibility: A process model of sense making [J]. The Academy of Management Review ARCHIVE. 2008, 33 (1): 122-136.

[23] Brammer, S. and Pavelin, S., 2004, Voluntary Social Disclosures by Large UK Companies [J], Business Ethics: A European Review, 13 (2-3) :86-99.

[24] Bhatia A. The Corporate Social Responsibility Report: The Hybridization of a "Confused" Genre (2007—2011) [J]. Professional Communication, IEEE Transactions on, 2012, 55 (3): 221-238.

[25] Bird R, D. Hall A, Momentè F, et al. What corporate social responsibility activities are valued by the market? [J]. Journal of Business Ethics. 2007, 76 (2): 189-206.

[26] Boulding K E. General systems theory the skeleton of science [J]. Management science. 1956, 2 (3): 197-208.

[27] Carroll A B. A three-dimensional conceptual model of corporate performance [J]. The Academy of Management Review. 1979, 4 (4): 497-505.

[28] Chen C M, Van Dalen J. Measuring dynamic efficiency: Theories and an integrated methodology [J]. European Journal of Operational Research. 2010, 203 (3): 749-760.

[29] Clarkson M B E. A stakeholder framework for analyzing and evaluating corporate social performance [J]. Academy of management review. 1995, 20 (1): 92-117.

[30] Cooper S. Corporate social performance: A stakeholder approach [M]. Ash gate Pub Ltd, 2004.

[31] Cronin, J, Michael K. Assessing The Effects of Quality, Value, And Customer Satisfaction Consumer Behavioral Intentions In Service Environments [J].Journal of Retailing, 2000, (2):193 -218.

[32] Dahlen, M. Lange, F. A. Disaster Is Contagious: How A Brand In Crisis Affects Other Brands [J]. Journal of Advertising Research, 2006, 46 (4) :388 -397.

[33] Dagiliene L. The research of corporate social responsibility disclosures in annual reports [J] .Incinerate Economical-Engineering Economics,2010,21 (2) :197 -204.

[34] Davis K, Blomstrom R L. Business and society: Environment and responsibility [M]. McGraw-Hill New York, 1975.

[35] De Grosbois D. Corporate social responsibility reporting by the global hotel industry: Commitment, initiatives and performance [J]. International Journal of Hospitality Management, 2012, 31 (3): 896-905.

[36] Elkington J. Partnerships from cannibals with forks: The triple bottom line of 21st - century business [J]. Environmental Quality Management. 1998, 8 (1): 37-51.

[37] Donaldson T, Preston L E. The stakeholder theory of the corporation: Concepts, evidence, and implications [J]. The Academy of Management Review. 1995, 20 (1): 65-91.

[38] Doh J P, Guay T R. Corporate Social Responsibility, Public Policy, and NGO Activism in Europe and the United States: An Institutional - Stakeholder.

[39] Freundlieb M, Teuteberg F. Corporate social responsibility reporting a transnational analysis of online corporate social responsibility reports by market listed companies: contents and their evolution [J]. International Journal of Innovation and Sustainable Development, 2013, 7 (1): 1-26.

[40] Ghandhi P R. International human rights documents [M]. Oxford University Press Oxford, 2006.

[41] Ghalayini A M, Noble J S. The changing basis of performance measurement [J]. International Journal of Operations & Production Management. 1996, 16 (8): 63-80.

[42] Golob U, Bartlett J L. Communicating about corporate social responsibility: A comparative study of CSR reporting in Australia and Slovenia [J]. Public Relations Review, 2007, 33 (1): 1-9.

[43] Greiner L E. Evolution and Revolution as Organizations Grow: A company's past has clues for management that are critical to future success. [J]. Family Business Review. 1997, 10 (4): 397-409.

[44] Halme M, Laurila J. Philanthropy, integration or innovation? Exploring the financial and societal outcomes of different types of corporate responsibility [J]. Journal of Business Ethics. 2009, 84 (3): 325-339.

[45] Hillman A J, Keim G D. Shareholder value, stakeholder management, and social issues: what's the bottom line? [J]. Strategic management journal. 2001, 22 (2): 125-139.

[46] Hou J, Reber B H. Dimensions of disclosures: Corporate social responsibility (CSR) reporting by media companies [J]. Public Relations Review, 2011, 37 (2): 166-168.

[47] Husted B W, de Jesus Salazar J. Taking Friedman Seriously: Maximizing Profits and Social Performance*[J]. Journal of Management Studies. 2006, 43 (1): 75-91.

[48] Kang Y C. Before-profit corporate social responsibility and stakeholder management systems[D]. (doctoral dissertation) University of Pittsburgh, 1995.

[49] Lessig. Consumer Store Images And Store Loyalties [J]. Journal of Marketing, 1973, (4):72 -75.

[50] Lieberwitz R L. What social responsibility for the corporation: A report on the United States [J]. Managerial Law, 2005, 47 (5): 4-19.

[51] Luo xue ming and Bhalttacharya C. B. Corporate Social Responsibility, Customer Satisfaction And Market Value [J]. Journal of Marketing, 2006, 70 (4):1-18.

[52] Mahoney L S, Roberts R W. Corporate social performance: Empirical evidence on Canadian firms [J]. Research on Professional Responsibility and Ethics in Accounting. 2004, 9: 73-99.

[53] Mahoney L S, Thorne L. Corporate social responsibility and long-term compensation: Evidence from Canada [J]. Journal of Business Ethics. 2005, 57 (3): 241-253.

[54] Margolis J D, Walsh J P. Misery loves companies: Rethinking social initiatives by business [J]. Administrative Science Quarterly. 2003, 48 (2): 268-305.

[55] Marquis C, Qian C. Corporate Social Responsibility Reporting in China: Symbol or Substance? [J]. Organization Science, 2013, 25 (1): 127-148.

[56] Marquez, A. & Fombrun, C. J. Measuring Corporate Social Responsibility [J]. Corporate Reputation Review, 2005, 07.

[57] Mcadam T W. How to put corporate responsibility into practice [J]. Business and Society Review/ Innovation. 1973 (6): 8-16.

[58] Meek, Gary K., Roberts, and Clare B., and Gray Sidney J.: Factors influencing voluntary annual report disclosures by US, UK and continental European multinational corporations. Journal of International Business Studies, 3rd Quarter, 1995.

[59] Mitnick B M. Commitment, revelation, and the testaments of belief: The metrics of measurement of corporate social performance [J]. Business & Society. 2000, 39 (4): 419-465.

[60] Mitchell R K, Agle B R, Wood D J. Toward a theory of stakeholder identification and salience: Defining the principle of who and what really counts [J]. Academy of management review. 1997, 22 (4): 853-886.

[61] Mirvis P, Googins B. Stages of corporate citizenship: a developmental framework [J]. California Management Review. 2006, 48 (2): 104-126.

[62] Morhardt J E. Corporate social responsibility and sustainability reporting on the internet [J]. Business strategy and the environment, 2010, 19 (7): 436-452.

[63] Morhardt, J. E., Baird, S. & Freeman, K. Scoring Corporate Environmental And Sustainability Reports Using GRI 2000, ISO14031 And Other Criteria [J] .Corporate Social Responsibility and Environmental Management, 2002,9 (4): 215-233.

[64] Nikolaeva R, Bicho M. The role of institutional and reputation factors in the voluntary adoption of corporate social responsibility reporting standards [J]. Journal of the Academy of Marketing Science, 2011, 39 (1): 136-157.

[65] Noronha C, Tou S, Cynthia M I, et al. Corporate social responsibility reporting in China: An overview and comparison with major trends [J]. Corporate Social Responsibility and Environmental Management, 2013, 20 (1): 29-42.

[66] Pedersen E R. Making corporate social responsibility (CSR) operable: how companies translate stakeholder dialogue into practice [J]. Business and Society Review. 2006, 111 (2): 137-163.

[67] Perrini F. Building a European Portrait of Corporate Social Responsibility Reporting [J]. European Management Journal, 2005, 23 (6): 611-627.

[68] Porter M E. On Competition, updated and expanded edition [M]. Boston, MA, USA: Harvard Business School Publishing Corporation, 2008.

[69] Prado-Lorenzo J M, Gallego-Alvarez I, Garcia-Sanchez I M. Stakeholder engagement and corporate social responsibility reporting: the ownership structure effect [J]. Corporate Social Responsibility and Environmental Management, 2009, 16 (2): 94-107.

[70] Reverte, C. 2009, Determinants of corporate social responsibility disclosure ratings by Spanish listed firms [J], Journal of Business Ethics, 88 (2) :351-366.

[71] Roberts.DeterminantsofeorporatesoeialresPonsibilitydisclosure:anaPPlicationofstakeholder theory, [J]. Accounting, Organizations and Society, 1992 Vol.17No.6, 595-612.

[72] Ruf B M, Muralidhar K, Paul K. The development of a systematic, aggregate measure of corporate social performance [J]. Journal of Management. 1998, 24 (1) :119-133.

[73] Schafer, H., 2005, International Corporate Social Responsibility Rating Systems [J]. Journal of Corporate Citizenship, 20: 107-120.

[74] Smith, N. C., 2003, Corporate Social Responsibility: Whether or How [J]. California Management Review, 45 (4): 52-76.

[75] Sierra L, Zorio A, Garcia-Benau M A. Sustainable Development and Assurance of Corporate Social Responsibility Reports Published by Ibex - 35 Companies [J]. Corporate Social Responsibility and Environmental Management, 2013, 20 (6): 359-370.

[76] The United Nations Conference on Environment and Development. Rio declaration on environment and

development [R] . 1992.

[77] United Nations (UN) . United Nations Guidelines for Consumer Protection [R] . UN Doc.No.A/C.2/54/ L.24.3752, 1999.

[78] Veltri S, Nardo M T. Integrating corporate social responsibility and intellectual capital report: a small sample research [J] . International Journal of Knowledge-Based Development, 2013, 4 (1) : 5-18.

[79] Wartick S L, Cochran P L. The evolution of the corporate social performance model [J] . Academy of management review. 1985: 758-769.

[80] Warren, R.C., 2003, The evolution of business legitimacy [J] , European Business Review, 15 (3) : 153-163.

[81] Wild S. Conformance and Deviance: Company Responses to Institutional Pressures for Corporate Social Responsibility Reporting [J] . Social and Environmental Accountability Journal, 2014, 34 (2) : 127.

[82] Windsor D. Corporate social responsibility: three key approaches [J] . Journal of Management Studies. 2006, 43 (1) : 93-114.

[83] Wilson I. What one company is doing about today's demands on business [J] . STEINER, GA. 1975.

[84] Wood D J. Measuring corporate social performance: a review [J] . International Journal of Management Reviews. 2010, 12 (1) : 50-84.

[85] Wood D J. Corporate social performance revisited [J] . Academy of management review. 1991, 16 (4) : 691-718.

[86] Xianzhong S, Mingxiao G. A Study of the Value of the Corporate Social Responsibility Information Furnished in Listed Companies'Annual Accounting Report [J] . Management World,2006,12:009.

[87] Zeghal, D. and S. A. Ahmed., 1990, Comparison of Social Responsibility Information Disclosure Media Used by Canadian Firms [J] , Accounting, Auditing and Accountability Journal, 3 (1) :38-53.

后　记

秋天，是一个收获的季节，粒粒饱满的粮食，硕果累累压枝头。有句诗说的好："春种一粒粟，秋收万颗子。"一粒粒种子播下时，突破厚重的土壤，伸出手来触摸熹微的晨光，只为期盼金黄色能铺满大地，结满果实，将更多种子撒入大地。一年又一年，丰收无限。我们一点一滴努力汇聚在一起，只为写出好《报告》，结出好果实，能为更多的企业提供参考及帮助，进而为祖国的发展及人民的幸福生活做出贡献。

《报告》已续几版，它的影响力也随之扩大，我们为之高兴也深感责任之重。《报告》背负的不再仅仅是我们这个团队的期望，而是要面对更多人，更多企业，更多组织的期望。对于这份报告，我们始终不忘初心，竭力编写，但仍担心它还不够优秀，不能为社会所需要；担心它不好用，不能为企业及组织方便地使用。更担忧我们的不足与疏忽给所有使用它的人或组织带来不便，为此，所有关于这份报告的建议和批评我们都用心对待，以争取做到更好。有人说，报告再续三版，我们日渐成熟，会结出更大更好的果子。但我们深知，我们必须更加的努力，前路漫漫，我们要走的路还很长，不能松懈。

今年，我们总共对38家交通运输行业上市公司发布的2014年度企业社会责任报告进行了绩效评价，还将其与往年进行了纵向的比较，以期展现出交通运输行业中的上市公司在企业社会责任方面的发展变化，这是非常繁杂且要求细腻的一项工作，需要很多的耐心和细心，所幸我们得到了一些老师和同学的帮助。在此，我们一并的予以感谢。我们感激他们的用心，感动他们的认真负责甚至经常加班加点工作到深夜只为写出更高质量的报告。他们所做的工作扎实而关键，对本书的成稿发挥了非常重要的"外援"作用。他们是：来自大连理工大学管理与经济学部的硕士研究生张碧波、李腾飞、郭亚楠、尚可，来自新疆石河子大学经济管理学院的硕士研究生伊其俊，以及大连海事大学的博士后李伟侠、博士骆嘉琪、硕士研究生张照、徐鑫、刑倩茹、于晨璐。衷心感谢他们在本书编写期间的不懈努力。

面对《报告》的未来，常常会有迷茫彷徨袭上心头。有幸得到牛老和武老的鼓励，让我们坚信，只要我们有信念，不骄不躁，这条路虽曲折但前途光明，虽坎坷但是值得我们一直走下去的道路。感谢二老几年来的关心和指导，我们一定更加努力，让《交通运输行业企业社会责任报告》更加符合广大相关者的期待。

编　者

2015年9月于大连